HIGHWAY
ENGINEERING

제4판

도로공학

권 호 진 저

도서출판
구미서관

머리말

우리나라의 도로는 지난 수십 년 동안 사회·경제개발의 중추적 역할을 해왔으며, 현재는 물론 장래에 있어서도 국가발전을 위한 동맥이자 경제발전을 위한 원동력으로서 중대한 역할을 담당하고 있다. 또한 그동안의 고속도로망의 확충과 국도 및 지방도의 확장이 이루어져 이제 전국이 일일생활권으로 되었다.

급증하는 자동차 교통수요에 대처하고 국토의 균형 있는 발전 및 생활환경의 개선을 위하여, 국가에서는 전국적인 도로망체계 정비계획을 수립하고 2030년까지 총 연장 20,000 km 이상의 간선도로망을 건설할 계획이다.

이처럼 중차대한 역할을 하는 도로에 관하여 연구하는 도로공학은 토목공학의 주요한 한 분야로서, 토목공학과를 졸업한 기술자가 실무에서 다루는 설계, 감리, 시공업무 중 가장 많이 취급하게 되는 필수적인 분야이다. 한편으로 도로공학은 도로설계, 교통공학, 지반공학, 포장공학 등을 포함하는 종합적인 학문이기도 하다.

그러나 이처럼 중요하고도 필수적인 도로공학을 습득하기 위한 대학교재나 기술자를 위한 적절한 참고서가 아직 많지 않고, 도로공학은 대학교 과정 중에서 상대적으로 소홀히 다루어져 왔다. 이를 매우 안타까이 여겨온 선배제현의 격려에 힘입어, 여러 해 동안 대학에서 도로공학을 강의해온 필자가 그 동안의 강의경험 및 실무경험을 바탕으로 하여 국내외에서 사용하고 있는 많은 참고문헌 및 시방서를 종합 분석하여 대학 강의 및 실무활용에 적합한 교재를 저술하게 되었다.

본서는 최근에 제정되거나 개정된 국내의 시방서와 지침서 및 외국 문헌의 내용을 평이하고 이해하기 쉽게 논술하였으며, 중요한 참고문헌으로는 최근에 개정된 「도로의 구조・시설기준에 관한 규칙」을 비롯하여 「도로포장구조 설계 요령」, 「도로 동상방지층 설계지침」, 「도로용량편람」, 「도로 포장 설계・시공 지침」, 「AASHTO 도로 포장구조 설계지침서」, 한국도로공사 발행 「도로설계 요령」, 기문당 발행 「최신 도로공학」, 구미서관 발행 「포장공학 총론」 등을 들 수 있다.

preface

본서가 기문당 출판사에서 1990년대 초반에 처음 출간된 이후 30여 년 동안 다행히 호평을 받아서 많은 대학에서 강의교재로 사용되고, 실무자들의 일목요연한 참고도서로 널리 활용되고 있다. 그동안 저자의 강의 및 여러 교수님들의 조언을 통하여 다소 미흡하다고 여겨진 부분을 보완하고, 2021년에 개정된 관련 규정까지 반영한 개정판을 구미서관 출판사에서 발행하게 되었다.

가능한 한 도로공학의 전 분야에 걸쳐 핵심적인 내용을 체계적으로 충실하게 기술하려고 시도하였으나 미흡하고 부족한 내용이 많을 것으로 생각되며, 선배제현의 지도편달 및 격려를 받아서 계속 보완하여 더욱 좋은 교재가 되도록 노력하고자 한다.

2024. 3. 1

저 자

차 례

제1장 총 론

제2장 도로와 교통량

제3장 도로조사와 도로계획

contents

Chapter 1

총 론

제1장
총 론

1.1 도 로

한 장소에서 다른 장소로 사람이 이동하거나 물품을 운반하는 행위를 교통이라고 부른다. 교통은 그 통로가 육상, 수상, 공중인가에 따라 육상교통, 수상교통, 공중교통으로 대별할 수 있다. 그중 육상교통은 다시 도로교통과 철도교통으로 구분할 수 있다.

도로(highway, road)는 보행자 및 차량을 위한 공공통로로서 철도와 같이 육상교통을 분담하는 중요한 교통시설이다. 도로교통은 세계 어느 곳에서나 가장 넓게 보급되어 있고, 태고시대부터 인류의 역사와 함께 하는 가장 오래된 것이다. 도로 위에는 보행자, 가축, 우마, 수레, 자전거, 자동차가 통행하고 있으나, 그중에서도 현대교통의 핵심을 이루는 것은 자동차이며 또 그 종류도 가장 많다.

도로법에서는 도로는 차도, 보도, 자전거도로, 측도, 터널, 교량, 육교 등의 시설로 구성된 것으로, 도로의 부속물을 포함한다고 규정하고 있다.

1.2 도로의 역사

1.2.1 세계도로사

태고의 원시인이 차츰 진보하여 일정한 곳에 정착하게 되면서 통행하기에 편리한 보잘 것 없는 농경도, 부락도가 만들어졌다. 이때가 자연도의 시대이다. 그 후 고대 도시국가시대에 이르러서 왕궁을 중심으로 하는 인공도가 건설되었다. 수레 발명의 연대는 분명하지 않으나 기원전 3,500년경이라고 추측되고 있다. 고대 중국, 아시리아(Assyria), 인도, 페르시아(Persia) 등지에는 돌로 포장된 도로의 유적이 아직까지 남아있다. 특히 이집트(Egypt)에는 B.C. 3000년경에 피라미드를 축조하기 위하여 두께 1.5m~3.0m, 폭 13.0m, 연장 1.6km의 석괴 포장 구조로 된 대도가 있었다고 한다.

B.C.300년경에는 로마를 중심으로 사방에 군용도로가 건설되었고, 이것이 대로마제국

통일에 중요한 역할을 하였다. 이 도로는 부순돌을 사용한 일종의 포장도로로서(그림 1.1 참조), 마차통행에 충분한 폭을 갖고 있었으며, A.D.200년경까지는 연장 12만 km에 달하였고 로마를 중심으로 29개의 간선도로가 방사선 도로망을 형성하였다.

그림 1.1 로마의 도로공법

로마제국이 멸망한 후의 암흑시대에서는 도로기술은 오히려 퇴보하여 이렇다 할 업적이 없었다. 다만 A.C.600년 전후 남미대륙 페루에서 잉카제국이 로마도로에 필적할만한 대도로망을 건설하였고, 여기서 로마도로에서는 볼 수 없었던 아스팔트 재료를 포장재로 사용한 점이 특히 주목된다.

프랑스에서는 1597년에 살리(Sully)가 부순돌을 사용한 노면을 축조하였고, 또 1764년에 트리사게(Tressaguet)가 깬돌을 기초로 하고 중간층과 표층에 부순돌을 쓴 공법(그림 1.2 참조)을 고안하였다.

그림 1.2 트리사게 공법

18세기 초에 영국에서는 텔포드(Thomas Telford)와 머캐덤(John London Macadam)의 두 도로기사가 각각 독자적인 도로공법을 고안하였다. 텔포드 공법(그림 1.3 참조)은 트리사게 공법과 흡사하나, 기초에 깬돌을 배열하고 중간층에는 자갈 및 부순돌을 사용하며 표층은 자갈층으로 피복한 것이었다. 머캐덤공법(그림 1.4)은 최대입경 7.5cm의 부순돌 층을 두께가 각각 10cm 되는 기초 및 중간층 위에 깔고, 그 위에 지름 2.5cm 이하의 모난 작은 부순돌로 두께 5cm의 표층을 설치한 것이다.

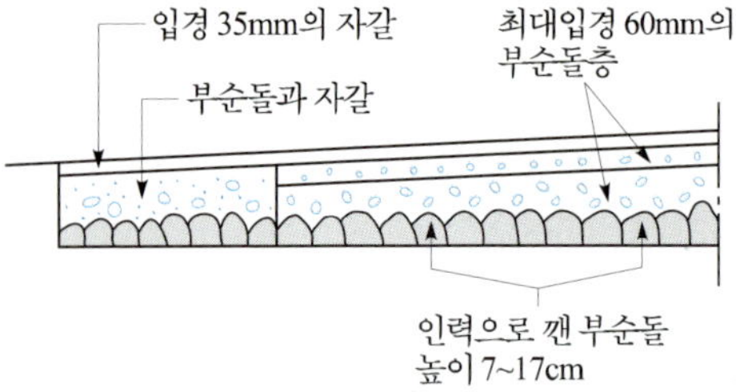

그림 1.3 텔포드 공법

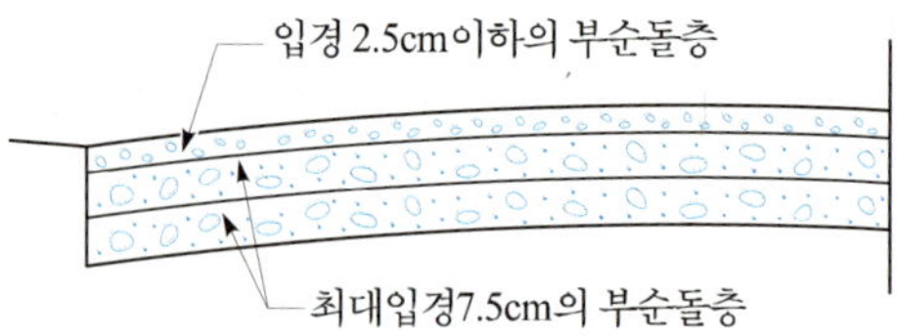

그림 1.4 머캐덤 공법

쇄석도로는 우마차교통에 적합하고 철륜에 의한 먼지도 비교적 적고, 강우 시에는 먼지와 미세입자가 부순돌의 공극을 메워주므로 내구적이고 좋은 노면을 형성하였다. 그러나 이러한 쇄석도로도 1892년에 자동차가 출현한 후부터는 그 속도와 중량 및 교통량에 견딜 수 없어서 점차 파괴되어 가고, 여기에서 쇄석도를 보강하는 대책이 필요하게 되었다.

자동차에 의한 도로의 파괴에 대한 대책으로서 다음에 등장한 것이 역청재료, 포틀랜드 시멘트를 사용한 포장이다. 이들 포장은 부순돌, 모래 및 자갈을 골재로 하고 역청재료 및 시멘트를 결합재로 한 것으로, 방진과 동시에 자동차교통의 속도, 중량 및 교통량에 견딜 수 있도록 한 현대 도로교통에 가장 적합한 노면을 형성하기에 이르렀다.

20세기 자동차시대에 접어들면서 세계 각국은 도로확충과 정비에 힘써오다가 제2차 대전 후 구미제국의 도로정책은 사회적 요청에 따라 고속자동차도로 건설에 본격적으로 박차를 가하기 시작하였다.

1.2.2 한국도로사

우리나라 고대의 도로에 관한 문헌이나 기록 같은 것은 찾아볼 길이 없다. 그러나 그 당시에도 고대적인 도로망이 발달한 것만은 사실이다.

고려・조선시대에 와서 주요 도로에는 대략 30리 거리마다 역을 설치하였고, 역과 역을 연결하는 도로망이 형성되었다. 중세시대의 도로는 폐쇄적 정치, 행정체제를 그대로 반영하듯이 도로는 좁고 불규칙한 오솔길 산길이었다.

선조 30년(1597년)부터 통신만을 주로 하는 파발제도가 생겼다. 전국의 파발연락망은 각 파발마다 간로까지 있었으며, 서발(서로파발, 서울–의주 간), 북발(북로파발, 서울–경원 간), 남발(남로파발, 서울–동래 간)의 3가지가 있었다. 그런데 이러한 도로망은 서울을 비롯한 지방 중심도시를 제외하고는 형편없는 노면과 노폭을 가진 좁은 자연도로서 사람과 우마 이외에는 통행이 곤란한 것이었다.

1890년대 말 대한제국 정부는 내부령으로 도로규정을 공포하여 서울 시내의 가로 및 건축물을 정비하였고, 1906년에는 일제의 침략과정 속에서 치도국을 설치하여 인천, 강화도, 해주, 진남포, 의주, 경흥, 나주, 목포, 군산, 영일만 등 주요도시 간을 연결하는 9개의 간선도로 총 1,320리의 신작로를 건설하여 산업도로로서의 도로망이 형성되었다.

1910년 이후 일제의 한국에 대한 도로정책은 식민지통치에 필요한 최소한의 도로축조와 개수에 그쳤다. 조선시대에 사용하던 대로, 중로, 소로의 등급 제도를 그대로 써서 1등, 2등, 3등 및 등외 도로로 구분하였다.

당시 우리나라는 일제의 대륙침략의 교두보로서 식량 및 원료공급지로서 수송력을 증대시킬 필요가 있었고 군사기지화 됨에 따라 군용도로망이 더욱 요청되었다. 이러한 도로사업은 1940년대에 들어서서 태평양전쟁의 확전으로 말미암아 제대로 도로정비도 하지 못한 채 해방을 맞이하게 되었다.

8·15 해방 당시 남한의 도로상황을 살펴보면 도로 총 연장 25,550km, 이 중 국도 6,111km, 지방도 10,668km, 그밖에 읍면도 8,777km에 이르고 있으며, 노면상태를 보면 토사도 22,005km, 포장도 1,067km, 미개수도 2,478km로서 포장률은 약 4%였다. 도로 폭은 국도가 대체로 6~7m, 지방도가 4~5.5m로서 겨우 자동차가 지나갈 수 있을 정도였다. 참고로 당시의 자동차 보유대수를 보면 전국적으로 7,326대였다.

1945년 8·15해방에서 1950년 6·25동란까지는 정치적 불안, 경제적 빈곤, 기술적 빈약 때문에 도로사업에 이렇다 할 진전이 없었다. 6·25동란 중에는 도로가 전부 파괴되어 자갈도 또는 토사도로 변하였다.

1953년 휴전 후부터 1962년까지는 전화복구기간이었다. 전화를 씻은 우리나라의 경제는 1962년을 기준연도로 추진한 여러 차례의 경제개발 5개년 계획의 성공적 수행에 따라 크게 성장하였다. 이러한 경제신장에 따른 수송량 수요 격증을 타개하기 위하여 1968년부터 고속도로를 위시하여 산업도로, 관광도로 등 각종 도로를 신설하는 한편 기존도로를 대폭 개수하였다.

1.3 한국도로망의 현황

우리나라 도로망의 총 연장은 약 110,000km이며, 30년 전의 약 50,000km에 비하면 약 2배의 증가를 보이고 있는 데 비해, 자동차 보유대수를 보면 같은 기간 중에 약 20배의 급진적 증가를 나타내고 있다. 이것은 도로의 정비 및 신설이 도로교통에 의한 수송량 수요를 충족하지 못하고 있음을 시사하는 것이다.

우리나라는 행정, 교육, 산업시설이 수도 서울을 비롯하여 수도권 대도시에 집중되어 있고, 자동차도 서울 및 6개 광역시의 자동차가 전국 자동차의 50%나 되어 좁은 지역을 누비고 있으므로, 대도시에는 교통 혼잡의 상태를 면치 못하고 있다.

이에 대비하여 가로의 정비확장을 서두르고 있지만 도로정비에 대한 투자가 부족하여 경제 신장과 자동차 증가에 따르지 못하고 있는 형편이다. 한편 자동차의 도시집중을 해소하기 위하여 위성도시 건설에 의한 인구분산, 산업시설의 지방분산, 도시의 고속자동차 전용도로의 건설 등 다방면으로 시책을 쓰고 있으나 재정상 여러 가지 난점이 많다.

우리나라의 국가도로망종합계획은 국토의 균형발전과 교통수요에 부응하는 고속도로망 구축, 산업의 경쟁력 제고와 국민 불편 해소를 위한 교통애로구간 정비, 통일 대비 및 동북아 중심지로서의 역할과 기능을 수행할 수 있는 간선도로망 체계의 구축 등을 기본방향으로 설정하였다. 이에 따라 다음과 같은 구체적인 계획 목표를 설정하였다.

① 산업입지 배치 등 국가개발계획과 연계노선 우선 구축
② 국토공간의 균형개발 촉진을 위한 접근거리의 균등화 추진
③ 장기적으로 남북 10개축, 동서 10개축의 국가간선도로망 구축
④ 전국의 반나절 생활권 형성(30분 내 간선도로 도달)
⑤ 서울, 부산, 대구, 광주, 대전 등의 대도시권에는 순환 고속도로를 건설하여 지역 간 통과교통을 분산시키는 방사순환형 도로망체계를 구축한다.

이상의 전국 간선도로망 구축의 기본방향과 기본계획에 따라 2020년까지 전국 간선도로망은 약 19,000km가 건설된 상태이다(그림 1.5 참조).

1.5 도로의 분류

1.5.1 도로법에 의한 분류

우리나라의 도로는 도로법에 의하여 고속국도, 일반국도, 특별시도·광역시도, 지방도, 시도, 군도, 구도로 분류한다.

① 고속국도 : 자동차의 고속교통용 도로로서 전국적인 자동차교통망의 중추적 부분을 형성하고 정치, 경제, 문화적으로 특히 주요한 지역을 연결한 노선이다. 그 노선의 지정, 구조, 관리 및 보전 등에 관한 필요한 사항은 별도 법률로서 정하고 있으며, 국토교통부로부터 한국도로공사에 그 관리가 위임되어 있다.

② 일반국도 : 고속국도와 같이 전국적인 간선도로망을 이루고, 중요도시, 지정항만, 중요비행장, 국가산업단지, 관광지 등을 연결하는 도로로서, 일반국도에 관한 계획, 건설, 관리의 주체가 되는 도로관리청은 국토교통부장관이다.

③ 특별시도·광역시도 : 서울특별시, 광역시의 구역안의 다음 중 하나에 해당하는 도로이며, 특별시장, 광역시장이 관리한다.

㉮ 자동차전용도로

㉯ 간선 또는 보조간선기능 등을 수행하는 도로

㉰ 도시 내 주요지역 간이나 인근도시 및 주요지방 간을 연결하는 도로

㉱ 도시기능 유지를 위하여 특히 중요한 도로

④ 지방도 : 지방의 간선도로망을 이루고 다음 중 하나에 해당되는 도로로서, 도지사가 그 노선을 인정, 관리한다. 국토교통부장관은 필요한 경우에 국가지원지방도를 지정할 수 있다.

㉮ 도청 소재지로부터 시청 또는 군청 소재지에 이르는 도로

㉯ 시청 또는 군청 소재지 상호간을 연결하는 도로

㉰ 도내의 비행장, 항만, 역 또는 이와 밀접한 관계가 있는 비행장, 항만 또는 역을 상호 연결하는 도로

㉱ 도내의 비행장, 항만 또는 역에서 이와 밀접한 관계가 있는 고속국도, 일반국도 또는 지방도를 연결하는 도로

㉲ 지방개발을 위하여 특히 중요한 도로

⑤ 시도 : 시내에 있는 도로로서 관할 시장이 그 노선을 인정, 관리하는 도로

⑥ 군도 : 군내에 있는 도로로서 다음 중 하나에 해당하며, 관할 군수가 그 노선을 인정,

관리하는 도로

㉮ 군청 소재지로부터 읍사무소 또는 면사무소 소재지에 이르는 도로

㉯ 읍사무소 또는 면사무소 소재지 상호간을 연결하는 도로

㉰ 군의 개발을 위하여 특히 중요한 도로

⑦ 구도 : 특별시 또는 광역시 구역 안의 도로 중 특별시도·광역시도를 제외한 구 안의 동 간을 연결하는 도로로서 관할 구청장이 그 노선을 인정, 관리하는 도로

1.5.2 노면의 재료에 의한 분류

도로는 도로노면에 사용한 표층재료에 의하여 다음과 같이 분류한다.

① 토사도(earthen road) : 자연지반의 흙으로 된 도로 또는 여기에 입도를 조정하여 인공적으로 개량한 도로가 이에 속한다.

② 자갈도(gravel road : 자연지반의 흙 위에 자갈을 표층으로 사용한 도로로서 포장도는 아니다.

③ 쇄석도(macadam road) :부순돌로 구성된 도로로서 19세기에 널리 쓰였으나 현재는 거의 쓰이지 않는다.

④ 아스팔트 콘크리트 포장도(asphalt concrete pavement) : 모래, 자갈, 부순돌 등의 골재와 아스팔트를 결합재로 사용한 포장도이며, 약자로 아스팔트 포장, 아스콘 포장이라고도 한다.

⑤ 시멘트 콘크리트 포장도(cement concrete pavement) : 모래, 자갈, 부순돌 등의 골재와 시멘트를 결합재로 사용한 콘크리트 슬래브로 만든 포장도이며, 약자로 시멘트 포장, 콘크리트 포장이라고도 한다.

⑥ 블록 포장도(block pavement) : 벽돌, 콘크리트블록, 아스팔트블록 등 일정한 크기로 만든 블록을 표층에 깐 도로이다.

1.5.3 도로의 구조시설기준에 관한 규칙에 의한 분류

(1) 도로의 분류

국토교통부에서 제정한 「도로의 구조시설기준에 관한 규칙」(약칭 : 도로구조규칙)에서는 도로를 기능에 따라 주간선도로, 보조간선도로, 집산도로 및 국지도로로 구분하며, 기능별 구분에 상응하는 도로의 종류는 표 1.2와 같다. 도로는 지역상황에 따라 지방지역도로와 도시지역도로로 구분한다.

표 1.2 기능별 구분에 따른 도로의 종류

도로의 분류	도로의 종류
주간선도로	고속국도, 일반국도, 특별시도 · 광역시도
보조간선도로	일반국도, 특별시도 · 광역시도, 지방도, 시도
집산도로	지방도, 시도, 군도, 구도
국지도로	군도, 구도

설계의 유연성과 도로건설비의 경제성 때문에 도로가 통과하는 지역을 도시지역과 지방지역으로 구분하는 것이 필요하다. 도시지역은 주택이나 건물이 연속되어 현재 시가지를 형성하고 있는 지역 또는 그 지역의 발전 추세로 보아 도로의 설계 목표연도에 시가지로 형성될 가능성이 있는 지역을 말한다. 지방지역은 도시지역 외의 지역을 말하며, 논밭이나 산지가 대부분인 지역이다.

자동차전용도로는 간선도로의 일정 구간에서 교통의 원활한 소통을 위하여 설치하는 도로이며, 소형차도로는 대도시에서 교통량의 대부분을 차지하는 승용자동차나 소형자동차만의 통행을 허용하는 도로이다.

(2) 도로의 주요 기능

도로의 주요 기능에는 이동성과 접근성이 있다. 이동성은 통행시점과 통행종점 간을 얼마나 빠르게 통행하는가를 말하고, 접근성은 주거단지나 도심 업무단지와 같은 교통유발시설에 얼마나 가까이 갈 수 있는가를 말한다.

주간선도로 및 보조간선도로는 주기능이 이동성이고, 국지도로는 주기능이 접근성이며, 집산도로는 그 중간에 위치한다(그림 1.6 참조).

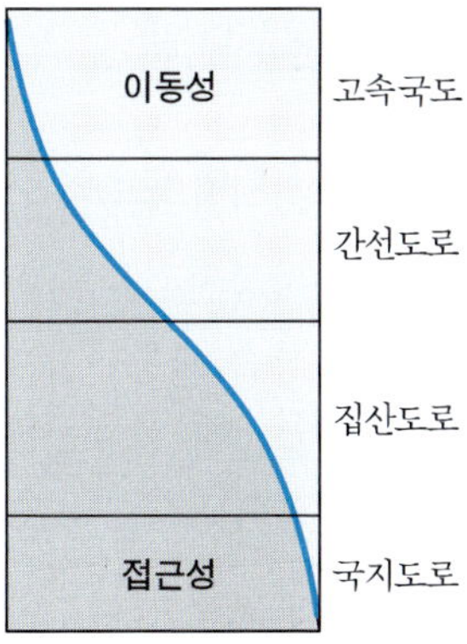

그림 1.6 도로기능에 따른 도로의 구분

(3) 지방지역 도로의 구분

① 자동차전용도로 : 고속국도와 기능은 유사하지만 통행거리가 짧으며, 도시권역 내의 순환도로, 시읍면급 국도우회도로나 주요 물류산업시설과의 연결도로에 적용한다.

② 주간선도로 : 전국 도로망의 주골격을 형성하는 도로로서, 주로 인구 50,000명 이상의 주요도시를 연결하며, 통행거리가 비교적 길고 통행밀도도 높은 도로를 말한

다. 주간선도로는 지역 간의 통과교통을 위주로 하며 4차로 이상을 원칙으로 한다. 고속국도는 국가 간선도로망을 형성하는 도로로서 자동차전용의 고속교통을 제공하는 도로이다.

③ 보조간선도로 : 지역도로망의 골격을 형성하는 도로로서 주간선도로를 보완하거나 시·군 상호간의 주요지점을 연결하는 도로이며, 비교적 통행거리가 짧다.

④ 집산도로 : 시·군 내부의 주요지점을 연결하는 도로로서 시·군 내부의 주거단위에서 발생하는 교통량을 흡수하여 보조간선도로에 연계시키는 기능을 갖는다.

⑤ 국지도로 : 군 내부의 주거단위에 접근하기 위한 도로로서 통행거리도 가장 짧고 기능상 최하위의 도로이며, 농어촌 도로도 여기에 해당된다.

이상과 같은 지방지역 도로의 기능, 기하구조, 교통량 등에 대한 개략적 특성을 요약하면 표 1.3과 같다.

표 1.3 지방지역 도로의 기능

구 분	주간선도로	보조간선도로	집산도로	국지도로
도로의 종류 및 등급	일반국도 이상	일반국도 일부와 지방도 대부분	지방도 일부	군도 대부분과 농어촌도로
평균 통행거리	5km 이상	5km 미만	3km 미만	1km 미만
유출입 지점 간 평균 간격(m)	700	500	300	100
동일기능 도로 간 평균 간격(m)	3,000	1,500	500	200
설계속도(km/h)	80 ~ 60	70 ~ 50	60 ~ 40	50 ~ 40
계획교통량(대/일)	10,000 이상	2,000 ~ 10,000	500 ~ 2,000	500 미만

(4) 도시지역 도로의 구분

① 자동차전용도로 : 도시고속국도와 기능은 유사하지만 통행거리가 짧으며, 도시의 상습 교통난을 해소하기 위하여 주요지점을 연결하는 내부순환망이나 시가지 간선도로에 적용한다. 설계속도는 60km/h 이상으로 한다.

② 주간선도로 : 도시지역 도로망의 골격을 이루는 도로로서 교통량이 많고 통행거리가 비교적 길다. 도시 내부의 주요시설물을 연결하거나 지방지역 주간선도로의 도시 내 통과기능도 갖는다.

지방지역 고속국도 노선이 도시지역 안으로 들어오면 도시고속국도라고 하며, 대도시 도로망에서 주요간선도로를 도시고속국도로 건설하기도 한다. 교통량이 매우 많고 완전출입제한을 적용하며 높은 수준의 설계기준을 요구한다.

③ 보조간선도로 : 주간선도로에 연결하여 주간선도로 기능을 보완하는 도로로서 주간선도로에 평행하게 설치하는 경우가 많다.

④ 집산도로 : 생활권 내에 위치한 주요시설물을 연결하며, 보조간선도로에 평행하게 설치하는 경우가 많다. 이동성보다는 접근성을 위주로 한다.

⑤ 국지도로 : 접근성이 가장 좋은 도로로서, 차량통행보다는 보행자나 자전거 통행을 우선으로 하며 대중교통수단을 배려해야 한다. 차로 수는 줄이고 보도 폭은 넓게 하여 통과교통을 억제한다.

주거지역이나 상업지구 내 국지도로 중 안전하고 쾌적한 보행환경 조성을 위하여 속도 제어를 통하여 보행이 우선되는 도로를 생활도로라고 한다.

도시지역 도로망의 배치 개념도는 그림 1.7과 같으며, 도시지역 도로의 기능, 기하구조, 교통량 등에 대한 개략적 특성을 요약하면 표 1.4와 같다.

표 1.4 도시지역 도로의 개략적 특성

구분 \ 분류	주간선도로		보조간선도로	집산도로	국지도로
	도시고속국도	그밖의 주간선도로			
주기능	우리나라 간선도로망 연결	해당 도시의 간선도로망 구축	주간선도로를 보완함	해당 도시 안 생활권 주요도로망 구축	시점과 종점
도로 전체길이에 대한 백분율(%)	5 ~ 10		10 ~ 15	5 ~ 10	60 ~ 80
도시전체 교통량에 대한 백분율(%)	0 ~ 40	40 ~ 60		5 ~ 10	10 ~ 30
배치간격(km)	3 ~ 6	1.5 ~ 3	0.75 ~ 1.5	0.75 이하	–
교차로 최소간격(km)	1	0.5 ~ 1	0.25 ~ 0.5	0.1 ~ 0.25	0.03 ~ 0.1
설계속도(km/h)	100	80	60	50	40
노상주차 여부	불허	원칙적 불허	제한적 허용	허용	허용
접근관리 수준	출입제한	강함	보통	약함	적용 안함
도로 최소폭(m)		35	25	15	8
중앙 분리 유형	분리	분리	분리 또는 비분리	비분리	비분리
보도설치 여부	설치 안함	설치 또는 비설치	설치	설치	설치
최소 차로 폭(m)	3.5	3.5 ~ 3.25	3.25 ~ 3	3	3

주) 설계속도가 40km/h 이하인 도시지역도로는 최소 차로 폭을 2.75m까지 적용 가능

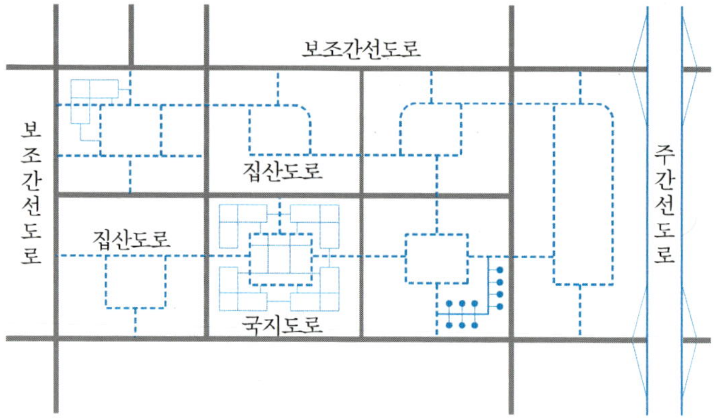

그림 1.7 도시지역 도로망의 배치 개념도

1.5.4 도시계획기준에 의한 분류

국토교통부의 「도시·군계획시설의 결정 구조 및 설치 기준에 관한 규칙」에서는 도로를 폭에 따라 소로(4~12m), 중로(12~25m), 대로(25~40m), 광로(40m 이상)로 구분하고 있으며, 도시지역 도로와 연계하여 구분하면 표 1.5와 같다.

표 1.5 도시지역 도로와 도시계획기준과의 관계

구 분	도시계획도로 분류 기준
주간선도로	광로, 대로
보조간선도로	대로, 중로
집산도로	중로
국지도로	소로

Chapter 2

도로와 교통량

제2장

도로와 교통량

2.1 교통류

같은 방향으로 진행하는 많은 보행자나 차량의 흐름을 교통류(traffic stream)라고 한다. 보행자와 차량의 통행이 명확하게 구분되어 있지 않은 경우도 있으나, 사람의 흐름과 차량의 흐름은 속도가 아주 다르므로 구별하여 취급하며, 교통류라 하면 보통 차량의 교통을 대상으로 한다.

도로의 교통류는 연속류와 단속류로 구분한다. 연속류는 교통흐름을 통제하는 외부영향이 없는 흐름이며, 단속류는 교통류가 연속적으로 진행하지 못하고 신호등이나 교통표지와 같은 교통통제시설에 의해 단절되는 흐름이다.

연속류 도로에는 2차로 도로, 고속도로(기본구간, 엇갈림구간, 연결로와 접속부), 다차로 도로가 있으며, 단속류 도로에는 신호교차로, 비신호교차로 및 교차로 간 링크구간을 포함하는 간선도로 등이 있다.

2.2 교통속도와 교통량

2.2.1 교통속도

보행자나 차량의 교통속도는 보통 1시간에 주행한 거리로 나타낸다. 즉, 교통속도는 보통 km/h로 표시하나 도로설계에는 초속이 필요할 때가 있다. 시속 V(km/h)와 초속 v(m/sec) 사이에는 다음과 같은 관계가 있다.

$$v = \frac{1}{3.6} V \tag{2.1}$$

주행속도(running speed)는 구간길이를 차량이 정지하지 않고 움직이는 데 소요되는 주행시간으로 나눈 값으로, 구간 평균속도라고도 한다. 통행속도 또는 운행속도(travel speed)

는 구간길이를 측정하고, 차량이 이 구간을 통과하는 데 소요된 통행시간으로 나눈 값이다. 통행시간에는 주행시간 이외에 신호등으로 인한 정지시간이나 교통지체시간 및 휴식시간을 포함한 값이다.

순행속도(cruising speed)는 구간길이를 통행시간에서 신호교차로에서의 정지시간 및 휴식시간을 제외한 시간, 즉 움직이고 있는 시간으로 나눈 값이며, 순간속도(time mean speed)는 도로상의 한 지점을 통과하는 차량들의 속도를 산출 평균한 값이다.

운영속도(operating speed)는 자유로운 교통흐름 상태에서 주행하는 승용차의 속도를 측정하여 85%째에 해당하는 속도(주행 승용차의 85%가 초과하지 않는 속도)를 말하며, 85백분위속도라고도 한다.

2.2.2 교통량과 교통류율

교통량(traffic volume)은 단위시간에 도로나 차로의 한 지점을 통과한 차량의 대수를 말하며, 교통류율(traffic flow rate)은 1시간보다 짧은 시간(보통 15분)에 통과하는 차량 대수를 시간당 교통량으로 환산한 값이다. 예를 들면, 15분 동안 200대의 차량이 통과하였다면 교통류율은 800대/h가 된다.

첨두시간계수(PHF : peak hour factor)는 1시간 교통량을 해당 1시간 동안의 최대교통류율로 나눈 값으로 식 (2.2)와 같이 정의하며, 식 (2.3)과 같이 계산한다.

$$PHF = \frac{\text{시간교통량}}{\text{최대교통류율}} \tag{2.2}$$

$$PHF = \frac{V}{4 \times V_{15}} \tag{2.3}$$

여기서, V : 시간교통량(대/h)

V_{15} : 첨두 15분간 통과한 차량 수

첨두시간계수가 1에 가까울수록 첨두시간대의 교통량 수요가 균등하게 분포되었음을 나타내며, 우리나라 고속도로의 첨두시간계수는 일반적으로 0.85~0.95 정도이다.

2.2.3 교통밀도

교통밀도는 주어진 구간의 차로 또는 도로구간에 있는 차량대수로 정의하며, 보통 대/km의 단위로 표시한다.

교통밀도 D는 평균통행속도와 교통량으로부터 식 (2.4)를 이용하여 구할 수 있다.

$$D = Q/V \tag{2.4}$$

여기서, Q : 교통량(대/h)

V : 평균통행속도(km/h)

예를 들면, 교통량이 2,000대/h이고 평균통행속도가 50km/h인 도로구간의 밀도는 40대/km이다.

2.3 속도, 교통밀도 및 교통량의 관계

2.3.1 속도와 교통밀도

도로상을 주행하는 차량의 수가 작을 때, 즉 교통밀도가 작을 때는 각각의 차량은 원하는 속도로 주행할 수가 있기 때문에 차량의 평균속도는 비교적 크다. 교통밀도가 커지면 차두 간격은 차츰 작아지고 각개의 차량은 다른 차량의 영향을 받아서 주행하게 되므로 평균속도는 작아진다(그림 2.1 참조).

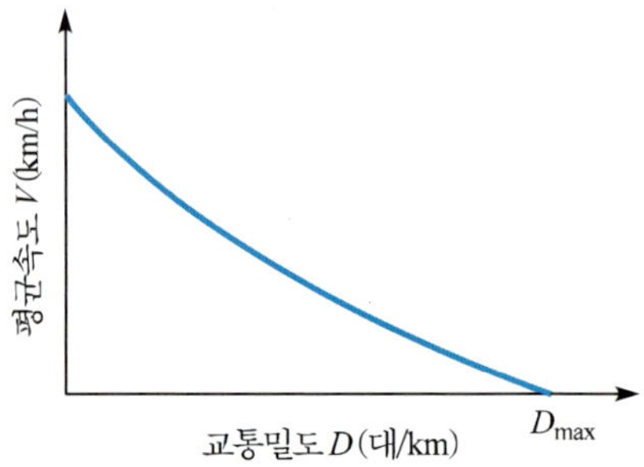

그림 2.1 평균속도와 교통밀도의 관계

2.3.2 교통량과 속도

교통량이 작을 때는 자유로운 주행을 할 수 있으므로 차량의 속도는 크다. 교통량이 증가하고 교통밀도가 커지면 추월의 기회가 줄어들고 속도는 저하한다. 교통량이 더욱 증가하여 추월이 전혀 허용되지 않는 상태가 되면 각 차량은 앞차에 뒤따라가지 않을 수 없게 되어 모든 차량은 거의 같은 속도로 주행하게 된다. 이때 교통량은 최대가 되지만 그 값은 도로가 통과시킬 수 있는 교통량의 한계를 나타내는 것으로, 이것을 교통용량(traffic capacity)이라고 부른다.

또 이때의 교통밀도를 임계밀도(critical density)라 한다.

교통량이 교통용량에 도달한 후 교통밀도가 더욱 증가하면 교통혼잡이 일어나고 평균속도는 점차 낮아지고 교통량은 감소한다. 그리고 혼잡이 심해지면 교통류는 정지하게 되고 교통량은 0에 가까워진다(그림 2.2 참조).

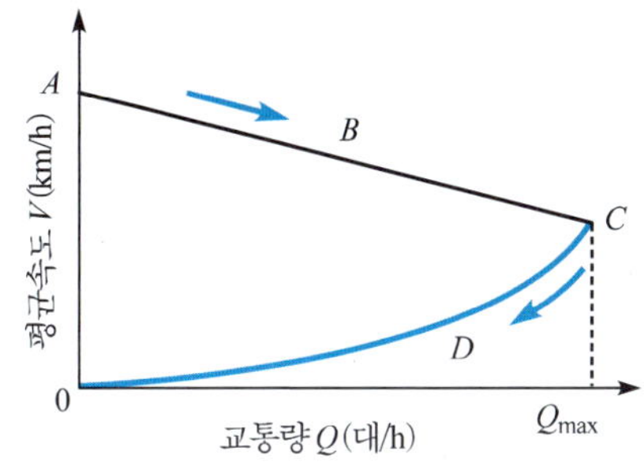

그림 2.2 교통량과 평균속도와의 관계

2.3.3 교통량과 교통밀도

교통량이 적고 자유로운 주행을 할 수 있을 때는 교통밀도가 작다. 교통밀도가 임계밀도에 도달할 때까지는 교통량이 증가함에 따라서 교통밀도도 증가하는 관계가 있으며, 그림 2.3에서 C점의 가로좌표는 임계밀도를 나타내고 세로좌표는 최대교통량, 즉 교통용량을 나타낸다.

교통밀도가 임계밀도보다 커지면 교통량은 점차 감소하고 교통밀도가 최대가 되면 교통량은 0이 된다.

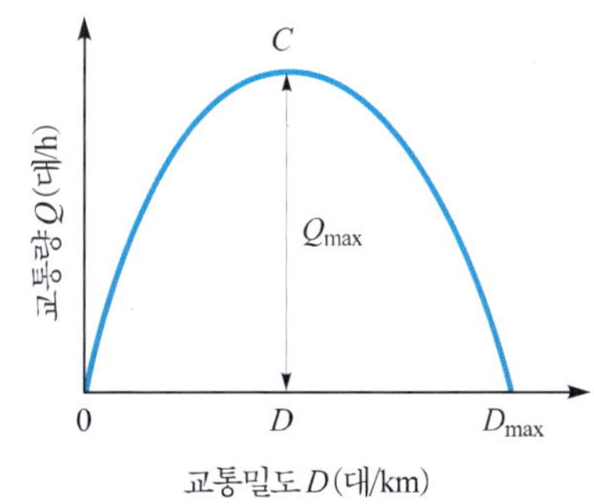

그림 2.3 교통량과 교통밀도의 관계

2.4 교통량 변동

교통량은 동일한 도로 내에서도 시간(월별, 요일별, 시간대별)과 공간(방향별, 차로별)에 따라 변화하므로 설계 시에는 이러한 시간대별, 방향별 특성을 고려해야 한다.

2.4.1 시간적 변동

(1) 월별 변동

보통 각 월의 평균 일교통량(각 월의 총 교통량을 그 달의 일수로 나눈 값)의 연평균 일교통량(1년간의 총 교통량을 그 1년의 일수로 나눈 값)에 대한 비율로 나타낸다. 이것을 월계수라 한다.

이 변동패턴은 수송의 경제적 또는 사회적 수요와 밀접한 관계가 있으며, 도로의 성격(대경제권의 간선도로, 대도시의 간선도로, 일반도로, 관광도로 등)에 따라서 특유의 패턴을 나타낸다. 연말에 교통량이 가장 많아지는 패턴이나 봄, 여름, 가을의 관광계절에 교통량이 아주 많아지는 패턴 등이 그 현저한 예로 볼 수 있다.

그림 2.4는 월 변동패턴의 예이다. 대도시의 가로에는 교통량이 1년간을 통해서 평균화되고 있으며, 특히 어떤 달에 교통량이 많다는 경향이 적다.

(2) 요일별 변동

1주간을 주기로 한 변동으로 각 요일의 1일 교통량을 그 주간의 평균 일교통량으로 나눈 비율, 즉 요일계수로 나타낸다. 요일변동의 패턴은 다음 3가지로 분류할 수 있다.

① 주간을 통하여 거의 변동이 없는 것
② 역U자형 변동 : 도시의 가로와 같이 일요일의 교통량이 평일보다 적은 경우
③ U자형 변동 : 관광도로와 같이 일요일의 교통량이 평일보다 많은 경우

그림 2.5는 이들 3가지 종류의 변동패턴을 나타낸 것이다.

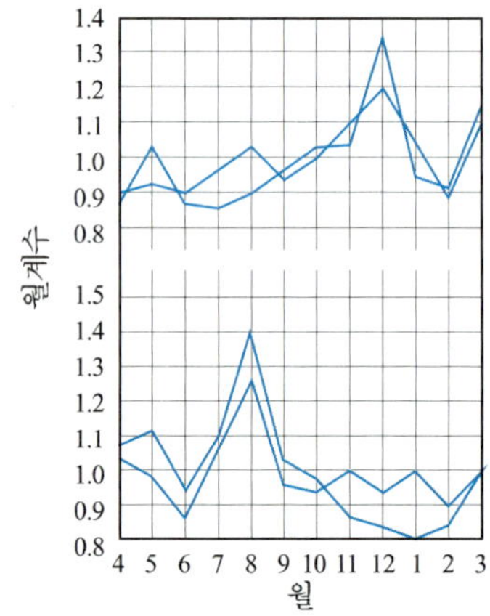

그림 2.4 교통량의 월별 변동

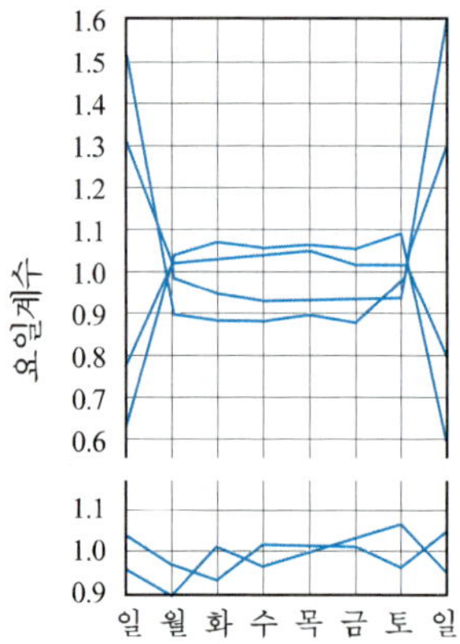

그림 2.5 교통량의 요일별 변동

(3) 시간대별 변동

1일 24시간의 각 시간교통량을 1일 교통량에 대한 비율, 즉 시간계수로 나타낸다. 일변동의 패턴은 도로의 성격에 따라서 다르며 각개의 도로는 각각 고유의 변동패턴을 갖고 있으므로, 한 번만 이 패턴을 구해놓으면 1일 교통량에 각각의 시간계수를 곱하여 임의의 시간교통량을 추정할 수가 있다.

그림 2.6은 도시교외부에 있는 몇 개 도로의 변동패턴을 나타낸 것이다. 이러한 도로의 24시간 교통량변동 패턴은 지극히 유사하다는 것을 알 수 있다. 통근교통이 많은 도로에는 이 그림과 같이 오전과 오후에 피크(peak)가 있는 이른바 쌍두형 패턴을 가진 것이 많다.

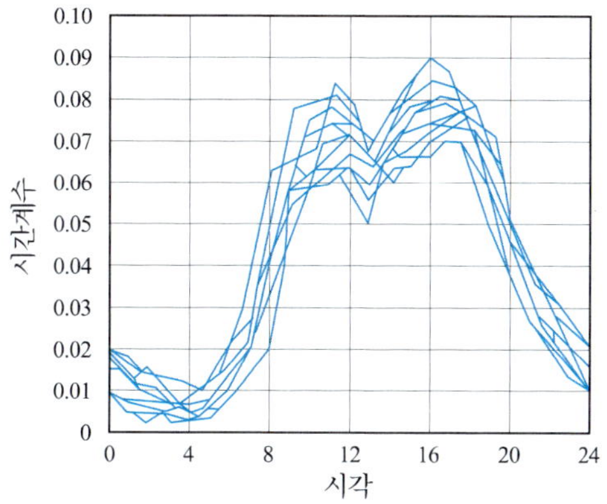

그림 2.6 교통량의 시간대별 변동

(4) 시간 내 변동

교통량의 시간변동 중 1시간 중의 단시간의 변동도 또한 중요하다. 첨두(peak)시간 교통량은 첨두시의 60분 동안에 도로를 통과한 교통량이나, 그 60분간 중에서 교통량이 균등한 비율로 통과하는 것이 아니고 15분간이라든가 5분간과 같이 짧은 시간으로 끊어서 교통량을 보면 여기에도 변동이 있음을 알 수 있다.

고속도로의 첨두시의 운용, 신호교차점의 설계에는 첨두시에 발생하는 단시간의 수요변동을 고려해야 하며, 교통류의 피크 특성으로서 첨두시간계수(PHF)를 생각해야 한다.

2.4.2 공간적 변동

도로는 보통 양방향 통행도로로서 운용되며, 교통상태는 항상 양쪽 방향이 같지 않고 또 다차로 도로에서는 각 차로가 같은 교통상태를 나타낸다고는 할 수 없다. 이와 같이 방향별 또는 차로별 차량의 분포상태를 교통량으로 표시한 것을 교통량의 공간분포라고 한다.

(1) 방향별 분포

방향별 분포에 대해서는 양방향 통행도로에서는 방향별 1일 교통량은 대개 같은 것이 많지만, 어떤 특정시간의 교통량을 보면 이 양방향의 교통량 사이에는 큰 차가 있을 때가 많다. 도로는 첨두시간(1일 중 교통량이 최대가 되는 시간)에서의 중방향(교통량이 많은 방향) 교통량을 대상으로 하여 설계하므로 첨두시간의 양방향의 분포비율을 아는 것이 중요하다.

이 비율은 도로의 성격에 따라 또 같은 도로라도 구간에 따라서 다르다. 일반적으로 지방지역 도로에서는 3 : 7~4 : 6, 도시지역 도로에서는 4 : 6~5 : 5로 되어 있다.

(2) 차로별 분포

1방향에 2차로 이상이 있을 경우에는 각 차로의 차량의 분포상태는 교통량, 저속차의 혼합비율, 교차점의 간격 등에 따라 크게 달라진다.

외측차로는 교차점에서 오는 유입차의 영향을 받기 때문에 교통량이 적을 때는 운전자가 이것을 피하는 경향이 있다. 교통량이 많아지면 운전자가 차로를 선택할 자유가 줄어들므로 차량이 각 차로에 고루 분포하는 경향이 생긴다.

2.5 서비스수준

2.5.1 서비스수준

서비스수준이란 도로이용자가 교통의 상태에 따라 받는 서비스의 정도를 나타내는 것으로, 도로의 통행속도, 교통량과 교통용량의 비율, 교통밀도와 교통량 등에 따른 도로운행상태의 질을 말한다.

서비스수준은 표 2.1과 같이 A~F의 6단계로 구분하며, 서비스수준은 A에서 F로 갈수록 나빠져서 교통속도는 감소하고 교통밀도는 증가하게 된다.

도시 및 교외 간선도로에서는 교통이 매우 혼잡한 상태를 구분하기 위하여 서비스수준 F를 F, FF, FFF의 3단계로 세분하기도 한다.

주행속도와 서비스수준과의 관계를 나타내면 그림 2.7과 같이 된다.

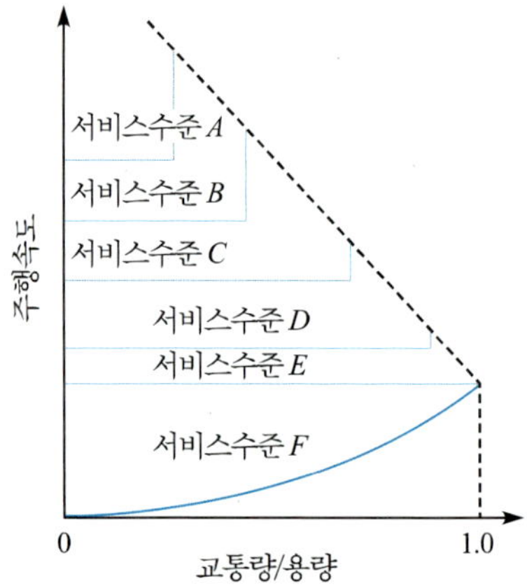

그림 2.7 주행속도와 서비스수준

표 2.1 서비스수준별 교통류의 상태

서비스 수준	구 분	교통류의 상태
A	자유 교통류	사용자 개개인들은 교통류 내의 다른 사용자의 출현에 실질적으로 영향을 받지 않는다. 교통류 내에서 원하는 속도의 선택 및 방향조작 자유도는 아주 높고, 운전자, 승객 그리고 보행자가 느끼는 안락감이 매우 우수하다.
B	안정된 교통류	교통류 내에서 다른 사용자가 나타나면 주의를 기울이게 된다. 원하는 속도 선택의 자유도는 비교적 높으나 통행 자유도는 서비스수준 A보다 어느 정도 떨어진다. 이는 교통류 내의 다른 사용자의 출현으로 개개인의 행동에 다소 영향을 받기 때문이다.
C	안정된 교통류	교통류 내의 다른 차량과의 상호 작용으로 인하여 통행에 상당히 영향을 받기 시작한다. 속도의 선택도 다른 차량의 출현에 영향을 받으며, 교통류 내에서의 운전도 운전자가 주의를 기울여야 한다. 이 수준에서 안락감은 상당히 떨어진다.
D	안정된 교통류 (높은 밀도)	속도 및 방향 조작 자유도 모두 크게 제한되며, 운전자 또는 보행자가 느끼는 안락감은 일반적으로 나쁜 수준으로 떨어진다. 그리고 이 수준에서는 교통량이 조금만 증가하여도 운행상태에 문제가 발생한다.
E	불안정 교통류 (용량 상태)	교통류 내에서의 방향조작 자유도는 매우 제한된 상태이며, 방향을 바꾸기 위해서는 차량 또는 보행자가 길을 양보하는 강제적인 방법을 필요로 한다. 교통량이 조금 증가하거나 작은 혼란이 발생하여도 와해 상태(break down)가 발생한다.
F	강제 교통류 (와해 상태)	도착 교통량이 그 지점 또는 구간의 용량을 넘어선 상태이다. 이러한 상태의 교통류는 연속적이고 반복적인 정지(stop and go)를 하게 되며 도로의 기능을 상실한 상태이다.

2.5.2 설계 서비스수준

설계 서비스수준이란 설계대상 도로의 서비스수준(혼잡상태)을 어느 수준까지 허용할 것인가를 말하는 것으로, 도로를 설계할 때 일반적으로 사용하는 설계 서비스수준은 표 2.2와 같이 C와 D이다.

도시지역 도로인 경우 운전자들이 혼잡상태의 도로에 비교적 익숙하고 도로부지의 확보가 어려우므로 설계 서비스수준을 낮게 잡고, 지방지역인 경우 교통량 변화가 많고 장거리 통행이 많으므로 설계 서비스수준을 높게 잡는다.

설계서비스 교통량은 도로에서 결정된 서비스수준에서의 교통량을 말한다.

표 2.2 도로별 설계 서비스수준

지역구분 / 도로구분	지방지역	도시지역
고속국도	C	D
고속국도를 제외한 도로	D	D

2.5.3 효과척도

도로의 서비스수준을 규정하는 데 이용하는 척도를 효과척도(measures of effectiveness)라고 하며, 이 효과척도로써 각 도로의 운행 상태를 나타낸다.

표 2.3은 연속류 도로의 서비스수준을 규정하는 데 사용하는 효과척도이고, 표 2.4는 단속류 도로에서 사용하는 효과척도이다.

2차로 도로에서의 효과척도인 총 지체율은 일정구간을 주행하는 차량군 내에서 차량이 평균적으로 지체하는 비율, 즉 운전자가 희망하는 속도에 대한 지체 정도를 말한다.

표 2.3 연속류 도로의 효과척도

도로의 구분		효과척도
고속도로	기본구간	· 밀도(승용차/km/차로) · 교통량 대 용량비(V/C)
	엇갈림구간	· 평균 밀도(승용차/km/차로)
	연결로 접속부	· 영향권의 밀도(승용차/km/차로)
다차로 도로		· 평균통행속도(km/h) · 교통량 대 용량비(V/C)
2차로 도로		· 총지체율(%) · 평균통행속도(km/h)
신호교차로		· 평균제어지체(초/대)
연결로-접속도로		· 평균제어지체(초/대)

표 2.4 단속류 도로의 효과척도

도로의 구분		효과척도
비신호교차로	양방향정지	· 평균운영지체(초/대)
	무통제	· 방향별 교차로 진입 교통량(대/h) · 시간당 상충횟수(회/h)
회전교차로		· 평균지체(초/대)
도시 및 교외 간선도로		· 평균통행속도(km/h)

2.6 설계시간교통량

2.6.1 개 요

계획교통량은 도로의 계획 목표연도에 그 도로를 통행할 것으로 예상되는 자동차의 연평균 1일 교통량을 말하며, 설계시간교통량은 도로의 계획 목표연도에 그 도로를 통행할 1시간 교통량을 말한다.

도로의 계획 목표연도는 20년 이내로 정하되, 그 기간은 도로의 종류, 교통량 예측의 신뢰성, 투자의 효율성, 단계적인 건설의 가능성, 주변여건, 주변지역의 사회·경제계획 및 도시계획 등을 고려하여 설정한다. 지방지역에서는 최대 20년으로 보며 도시지역에서는 10년으로 할 수 있다.

도로의 시설규모를 설계하기 위한 설계시간교통량으로는 1년 중 30~50번째 큰 시간교통량을 많이 사용한다.

2.6.2 설계시간교통량

1년의 365일을 시간으로 나타내면 8,760시간이 되고, 1년간을 통해서 도로의 시간교통량을 연속적으로 관측하면 8,760개의 값을 얻는다. 이 시간교통량을 연평균 일교통량에 대한 비율, 즉 시간계수로 표시한다. 이 비율을 세로좌표에 취하고 가로좌표에 시간교통량의 크기 순위를 취하면 그림 2.8과 같이 1년간의 시간교통량 순위도를 작성할 수가 있다.

이와 같이 작성된 곡선의 기울기가 급격히 변하는 점을 찾아, 그 지점에 해당하는 1시간교통량의 연평균 일교통량에 대한 비율을 설계시간계수 K라고 하며, 30번째 시간교통량을 이용할 경우의 설계시간계수는 K_{30}으로 나타낸다.

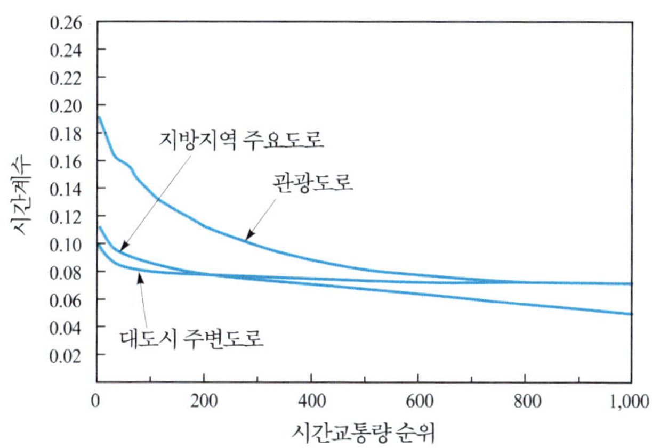

그림 2.8 시간교통량 순위도

설계시간계수가 클수록 교통량변화가 크며, 연평균 일교통량이 증가할수록 설계시간계수는 감소한다. 설계시간계수는 관광도로에서 가장 크며 지방지역도로, 도시지역 도로로 갈수록 작아진다.

대상 도로구간의 설계시간계수가 결정되면 설계시간교통량은 다음 식으로 구한다.

$$DHV = AADT \times K \tag{2.5}$$

여기서, DHV : 설계시간교통량(Design Hourly Volume)(대/h/양방향)

$AADT$: 연평균 일교통량(Annual Average Daily Traffic Volume)(대/일)

K : 설계시간계수

설계시간계수를 너무 크게 설정하면 설계시간교통량이 크게 계산되어 도로가 비경제적으로 건설되고, 너무 작게 설정하면 실제 교통량이 설계시간교통량보다 많은 시간이 자주 발생하여 교통 혼잡을 일으킨다.

표 2.5는 우리나라의 평균적인 설계시간계수를 제시한 것이다.

표 2.5 설계시간계수

도로 구분		지역구분		
		도시지역도로	지방지역도로	관광지역 도로
일반 국도	2차로	0.12* (0.10~0.14)**	0.16 (0.13~0.20)	0.23 (0.18~0.28)
	4차로 이상	0.10 (0.07~0.12)	0.12 (0.09~0.15)	0.14 (0.12~0.17)
고속국도 (4차로 이상)		0.10 (0.07~0.13)	0.14 (0.09~0.19)	

주) *설계시간계수 적용범위 중 상한값과 하한값의 산술 평균
**설계시간계수의 범위

2.6.3 중방향 설계시간교통량

양방향 교통량에 대한 중방향 교통량의 비를 중방향계수라고 하며, 하루 동안에는 큰 차이가 없으나 설계에 사용하는 첨두시간에는 0.55~0.70의 값을 보인다.

중방향 설계시간교통량을 구하는 식은 다음과 같다.

$$DDHV = DHV \times D = AADT \times K \times D \tag{2.6}$$

여기서, $DDHV$: 중방향 설계시간교통량(Directional Design Hourly Volume)(대/h/중방향)
D : 중방향계수(도시지역도로 0.60, 지방지역도로 0.65)

2.7 도로용량

2.7.1 도로용량

도로용량은 주어진 시간 동안에 주어진 도로조건 및 교통조건에서 도로의 한 지점을 승용차가 통과할 수 있는 최대교통량을 말한다.

도로용량은 15분 교통량을 시간당 교통량으로 환산하여 나타내며, 이는 안정된 교통흐름을 유지할 수 있는 최소시간을 15분으로 보기 때문이다.

도로용량은 주어진 도로조건, 교통조건, 운영조건 등을 고려하여 산정한다. 도로조건은 도로구간의 지역 및 지형 상황과 도로의 차로 폭, 선형 등의 기하구조를 말하며, 교통조건은 교통량 및 차종, 서비스수준, 교통관제시설, 보행자 통행 등의 조건을 말한다. 운영조건은 연속적인 교통의 흐름의 단절을 가져오는 교차로의 운영방식을 의미하며, 신호주기, 현시(시간비율) 등이 관련을 갖는다.

종단선형은 설계속도와 지형에 따라 결정되며, 연속류 도로의 경우, 지형은 다음과 같이 나눌 수 있다.

① 평지 : 중차량이 승용차와 동일한 속도를 유지할 수 있는 곳으로, 종단경사가 0~4%인 구간을 말한다.
② 구릉지 : 중차량의 속도가 승용차의 속도보다 현저하게 떨어지는 곳으로 종단경사 4~6%인 구간을 말한다.
③ 산지 : 중차량이 자주 오르막 한계속도로 주행하는 곳으로 종단경사가 6% 이상인 구간을 말한다.

여기서, 중차량은 6개 이상의 타이어가 도로면에 접촉하는 차량을 말하며, 오르막 한계속도는 주어진 긴 오르막경사에서 중차량이 일정하게 주행할 수 있는 최대속도를 말한다.

2.7.2 이상적인 조건

도로의 기하구조, 교통조건 그리고 주변 환경이 차량의 통행에 지장을 주지 않는 조건을 이상적인 조건이라고 한다.

고속도로의 이상적인 조건은 다음과 같으며, 고속도로에서 이상적인 조건이고 설계속도 100km/h일 때의 도로용량은 2,200대/h/차로이다.

① 차로폭 3.5m 이상
② 측방 여유폭 1.5m 이상
③ 승용차만으로 구성된 교통류
④ 평지

2차로 도로의 이상적인 조건은 다음과 같으며, 2차로 도로에서 이상적인 조건일 때의 도로용량은 3,200대/h/양방향이다.

① 차로폭 3.5m 이상
② 측방여유폭 1.5m 이상
③ 승용차만으로 구성된 교통류
④ 평지
⑤ 추월가능 구간이 100%인 도로
⑥ 교통통제 또는 회전차량으로 인하여 직진차량이 방해받지 않는 도로
⑦ 양방향 교통량 분포가 균등한(50 : 50) 도로

2.8 차로수 결정

2.8.1 차 로

차량이 안전하게 주행하기 위해서는 일정한 폭이 필요하며, 1열의 차량이 주행할 수 있을 정도의 폭을 가진 차도부분을 차로(lane)라고 한다.

차로의 수는 양방향 차로(오르막차로, 회전차로, 변속차로 및 양보차로 제외)의 수를 합한 것이다. 다차로 도로는 한쪽 방향에 적어도 2차로가 있으며 대향차로를 쓰지 않고도 추월할 수가 있다. 차로는 방향별로 안쪽으로부터 제1차로, 제2차로, 제3차로라고 부른다(그림 2.9).

차선은 차로와 차로 또는 차로와 길어깨를 구분하기 위하여 표시하는 선을 말한다.

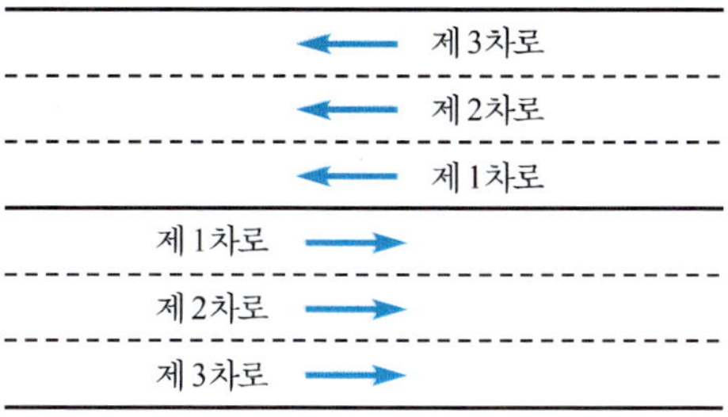

그림 2.9 차로의 명칭

2.8.2 차로수 결정

차로수는 설계시간교통량, 도로의 용량, 설계 서비스수준에 따라 달라지며, 설계 서비스수준은 도로특성, 입지, 교통특성 등을 고려하여 결정한다.

설계 서비스수준이 결정되면 도로가 설계 서비스수준을 유지하면서 처리할 수 있는 서비스교통량을 구하고, 식 (2.7)을 이용하여 차로수를 결정한다.

계획 목표연도의 연평균 일교통량에 설계시간계수를 곱한 값이 설계시간교통량이고, 이 값에 중방향계수를 곱한 것이 중방향 설계시간교통량이다. 이 교통량을 첨두시간계수로 보정한 것이 첨두 설계시간교통량이라고 하며, 이 값을 서비스교통량으로 나눈 값이 1방향 차로수이다(단수는 올림하여 정수로 만든다.). 이 값을 2배로 한 값이 양방향 차로수이다.

$$\text{차로수} = \frac{\text{첨두 설계시간교통량}}{\text{1차로당 서비스교통량}} = \frac{\text{연평균 일교통량} \times K \times D / PHF}{\text{1차로당 서비스교통량}} \tag{2.7}$$

여기서, K : 설계시간계수

D : 중방향계수

PHF : 첨두시간계수

예제 2.1

어느 도로의 연평균 일교통량이 20,000대이고, 설계시간계수 K는 0.15, 중방향계수 D는 0.6, 첨두시간계수 PHF는 0.9일 때 필요한 차로수를 구하라. 단, 1차로당 서비스교통량은 850대이다.

풀이

첨두 설계시간교통량 = 연평균 일교통량 $\times K \times D / PHF = 20{,}000 \times 0.15 \times 0.6 / 0.9 = 2{,}000$대

$$\text{1방향 차로수} = \frac{\text{첨두 설계시간교통량}}{\text{1차로당 서비스교통량}} = \frac{2{,}000}{850} = 2.4 \fallingdotseq 3$$

양방향 차로수 $= 3 \times 2 = 6$차로

2.9 차로의 운영

(1) 전용차로

도로에는 도로교통법의 규정에 따라 자동차의 종류에 따른 전용차로를 설치할 수 있으며, 버스전용차로, 간선급행버스체계(Bus Rapid Transit : BRT) 전용차로 등이 있다.

버스전용차로는 고속국도 및 기타 도로에서 버스에게 특정차로에 대한 통행우선권을 부여하는 것으로, 도로변 버스전용차로, 중앙 버스전용차로, 역류 버스전용차로 등이 있다.

도로변 버스전용차로는 도로의 도로변측 차로를 버스만 통행하는 것으로 시행이 간편하고 비용이 적게 든다. 중앙 버스전용차로는 도로의 중앙차로를 버스만 통행하는 것으로 효과가 확실하다. 역류 버스전용차로는 양방향 도로를 일방향 통행으로 바꿀 때 반대방향으로 1차로만 버스가 통행하는 것이다.

간선급행버스체계는 버스전용차로에 교차로 우선통행권, 편리한 환승시설 등을 갖추고 급행으로 대용량의 버스를 운행하는 교통체계를 말한다.

(2) 가변차로

양방향 통행도로에서 시간대에 따라 방향별 교통량이 현저하게 다른 경우, 교통량이 많은 쪽으로 차로의 수가 확대될 수 있도록 신호기에 의하여 차로의 진행방향을 지시하는 도로이다.

(3) 양보차로

2차로 도로에서 앞지르기 시거가 확보되지 않은 구간에 저속자동차가 다른 자동차에게 통행을 양보할 수 있도록 바깥쪽으로 설치하는 저속자동차의 주행차로이다.

(4) 앞지르기차로

2차로 도로에서 앞지르기 시거가 확보되지 않은 구간에 고속자동차가 저속자동차를 추월할 수 있도록 도로 안쪽으로 설치하는 고속자동차의 주행차로이다.

(5) 2+1차로

2+1차로 도로는 교통량이 2차로 도로에는 과다하고 4차로 도로에는 과소한 경우에 중앙차로 부분에 앞지르기차로를 교대로 연속적으로 설치하는 3차로 도로를 말한다(그림 2.10).

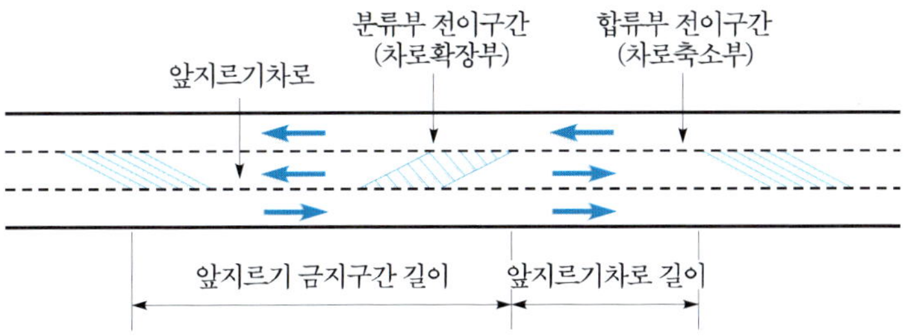

그림 2.10 2+1차로

(6) 능률차로

도시지역 도로를 홀수차로로 구획하여 가운데 차로를 방향별 좌회전차로로 활용하는 도로를 말한다(그림 2.11).

(7) 차등차로

교통량이 일방향으로 과다할 때 그 방향으로 차로를 많이 설치하는 도로를 말한다(그림 2.12).

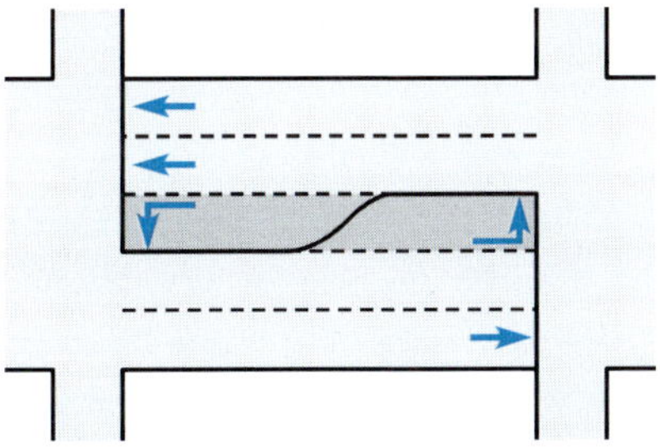

그림 2.11 능률차로

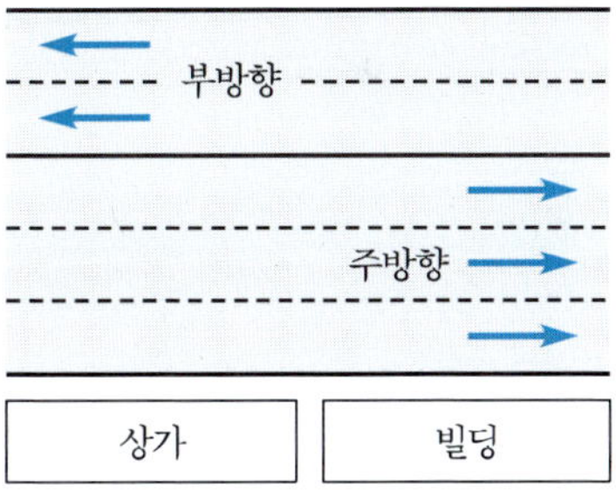

그림 2.12 차등차로

Chapter 3

도로조사와 도로계획

제3장

도로조사와 도로계획

3.1 개 설

도로건설은 우선 조사(investigation, survey)와 계획(planning)으로부터 시작된다. 최근의 경우처럼 도로건설의 규모가 방대해지고 도로가 맡은 역할과 환경에 미치는 영향이 다방면으로 걸쳐 있으면, 조사대상도 단순한 도로현황에만 그칠 것이 아니라 교통현상, 지역사회의 발전상황 등 폭넓은 조사가 필요하게 된다.

따라서 도로를 신설 개량할 때는 그 도로건설의 필요성, 그 도로의 현황과 교통상황, 그 도로가 속해 있는 도로망의 효과, 그 도로와 그 부근의 경제상황, 환경이나 지역사회에 미치는 영향, 그 도로의 건설규격 등에 대해서 과학적인 뒷받침을 가지고 음미, 검토할 수 있도록 사전에 면밀한 조사를 하여야 한다.

이러한 조사를 기초로 하여 계획을 수립하고 공사가 이루어진다. 즉, 조사는 계획에 직결되어야 하며 광범위한 조사의 내용이나 방법은 계획의 내용에 따라서 정해져야 한다. 조사에는 도로현황조사, 교통조사, 경제조사, 토질조사, 기상조사, 재료조사, 노무조사, 가격조사 등이 있다.

이러한 조사는 도로의 개량, 포장계획, 도로망계획, 노선선정, 시설계획, 고속도로계획, 교통규제계획, 교통신호설치계획, 주차장설치계획 등 내용에 따라서 몇 가지씩 적절히 선별하여 실시해야 한다.

3.2 도로현황조사

도로의 현황조사는 도로의 사정을 파악하여 이용, 유지, 관리의 기초적 자료를 정비함과 아울러 도로개량 등에도 기본이 되는 정보를 얻기 위하여 필요하며, 그 조사항목과 내용은 다음과 같다.

(1) 도로 연장

① 실 연장
② 개량, 미개량별 연장
③ 교량, 터널 등별 연장
④ 폭별 연장
⑤ 노면별 연장

보통 그다지 높은 정도를 필요로 하지 않을 때는 지도 또는 항공사진도상에서 측정하며, 이 방법은 비교적 간단하나 산지부에서는 실제 값과 차이가 생기므로 주의해야 한다. 가장 보편적인 측정법은 자동차에 설치한 거리계로 측정하는 방법이나, 이때는 타이어 지름의 변화와 노면상황에 따라 오차가 생기므로 그 영향에 유의해야 한다. 가장 정밀도가 높은 측정법은 거리측량에 의한 방법이다.

(2) 폭

① 총 폭
② 차도폭(고속차도, 완속차도), 차로수
③ 보도 및 자전거도로의 폭
④ 중앙분리대, 길어깨, 측대, 주정차대, 노상시설대, 식수대 등의 폭

보통 테이프로 측정하며 특히 폭이 급변하는 곳을 빠뜨려서는 안 된다.

(3) 곡선반경

곡선반경의 측정방법에는 실측에 의한 방법과 자동차에 설치한 간이컴퍼스에 의한 방법이 있다.

(4) 종단경사

핸드레벨(hand level), 경사계(clinometer) 또는 레벨로 실측하는 방법과 자동차에 설치한 간이 경사측정기로 측정하는 방법이 있다.

(5) 노면의 상황

① 노면의 종류와 유지상황
② 노면의 형상(요철의 유무)
③ 횡단경사 상황

노면의 요철상태의 측정방법에는 관측법과 기기측정법이 있으며, 관측법으로 측정할 때는 관측자의 주관에 좌우되기 쉬우므로 대략적인 판단을 할 때 쓰인다. 기기로 측정할 때는 프로필로미터(profilometer), 보수계(pedometer), 비얼로그(vialog), 진동분류계 등의

기기가 쓰인다.

프로필로미터는 노면요철 측정기로서 포장노면이나 노상, 보조기층 등의 평탄도를 측정하는 데 쓰인다. 긴 프레임 앞뒤에 여러 개의 차륜이 있고 그 중간부에는 노면의 요철에 따라 상하로 움직이는 계측차륜이 달려 있으며, 이 차륜의 상하 움직임을 종이테이프에 기록하여 연속적으로 노면의 요철을 측정한다. 타이어롤러나 자동차로 견인하는 형식과 인력으로 끄는 형식의 2가지가 있다.

보수계는 어느 일정한 상하방향의 가속도가 자동차에 가해질 때마다 침이 움직이며, 이 횟수를 읽음으로써 진동의 크기를 알 수가 있다. 가속도의 크기를 0.2g, 0.3g, 0.4g(g=중력가속도) 등으로 조절한 여러 개의 보수계를 달고 측정하면 진동의 크기별로 횟수가 측정된다.

비얼로그는 자동차 스프링의 힘을 그대로 전달하여 드럼에 기록하는 계측기이다. 진동분류계는 자동차에 가해지는 진동을 상하, 좌우, 전후의 3방향의 가속도로 분류 기록하는 계측기이다.

(6) 기타 조사

필요에 따라 시설한계, 시거, 배수의 상황, 입체교차의 상황 등에 대해서도 조사한다.

3.3 교통조사

교통조사의 결과는 여러 목적으로 이용할 수 있다. 예컨대 교통조사로 현재의 교통량을 알면 여기에 교통량의 신장률을 곱하여 장래의 교통량을 추정할 수도 있고, 또 해마다 같은 날에 교통량조사를 실시하여 이 조사 자료를 비교하면 교통량의 신장을 알 수 있다.

교통조사에는 교통량조사, 시종점조사, 주행속도조사, 교통사고조사 등이 있으나, 필요에 따라서는 교통지체, 주차 등의 조사도 실시할 때가 있다.

3.3.1 교통량조사

이 조사는 도로상의 특정구간을 통과하는 교통량을 교통의 종류별, 방향별, 시간별로 정확하게 기록하기 위한 것으로서, 도로의 이용 상황을 양적으로 직접 나타낼 수 있으므로 각종 교통조사 중에서 가장 널리 실시되는 조사이며, 전국적인 규모로 실시하는 일반 교통량조사(단기조사)와 일정 지점에서 상시로 교통량조사를 실시하는 상시 교통량조사가 있다.

(1) 일반 교통량조사(단기조사, 전역조사)

일반 교통량조사에서는 교통의 종류를 보행자, 자전거, 우마차, 동력이륜차, 자동차로 나누고, 그중 자동차를 승용차, 소형화물자동차, 보통화물자동차, 대형화물자동차, 특수차로 분류한다.

교통량조사는 15분 또는 1시간 단위로 조사하며, 관측일시는 교통량변화가 적은 봄철과 가을철이 좋고 우리나라에서는 10월에 실시하고 있다. 요일에 대해서는 토요일, 일요일, 월요일은 일반적으로 평균적인 교통상태로 볼 수 없으므로 화요일과 금요일 사이의 요일을 선정하고, 시간은 오전 7시에서 오후 7시까지의 12시간 또는 24시간으로 한다.

교통을 종류별로 관측할 때는 보통 관측원을 배치하여 기록 용지에 기록하고, 차종구분이 필요 없을 때는 교통량측정기로 계측하는 것이 편리하다.

(2) 상시 교통량조사

상시 교통량조사는 교통량측정기(traffic counter)에 의해 특정지점의 교통량을 연속적으로 장기간에 걸쳐 조사하는 것이다. 기기에 의한 교통량의 검지방법에는 노면 아래에 루프코일을 매설하고 자동차에 의해서 생기는 자기장의 변화를 감지하는 방법과 도로 위에서 초음파를 발사하여 통과하는 자동차에 반사되어 나오는 신호를 감지하는 방법을 사용하고 있다.

3.3.2 시종점조사

시종점조사는 OD조사(origin and destination survey)라고도 부르며, 조사내용으로는 자동차의 출발지와 목적지, 통행목적, 경로, 적재화물, 승차인원 등을 대상으로 한다. 이 조사로부터 자동차교통의 동향, 성격을 파악할 수 있으므로 도로망의 검토와 노선계획의 입안에 중요한 기초자료를 얻을 수 있다.

또 최근 대도시에서는 종합적인 교통계획의 검토가 필요하게 되어 자동차뿐만 아니라 모든 교통기관을 이용하는 사람의 움직임을 조사하여 유동상황, 교통수단 선택 등을 파악할 필요가 있게 되었다. 이것을 퍼슨 트립 조사(person trip survey)라고 한다.

(1) 조사방법

시종점조사에 앞서 대상지역을 몇 개의 구역으로 분할하여 구역간의 교통량을 조사한다. 구역의 크기는 조사대상이 되는 도로망의 밀도와 조사목적 등에 맞게 설정하며, 시, 군, 읍, 면 등의 행정구역과 일치시키는 것이 편리하다.

시종점조사는 시종점별로 차량의 대수를 조사하기 때문에 번잡한 조사가 된다. 따라서 보통은 전수조사를 하지 않고 통계이론을 응용한 표본조사방법을 채용한다. 조사방법은 다음과 같다.

① 노측에서 차를 세워서 직접 질문하는 방법
② 조사용 엽서를 운전자에게 주고 기입 후 우송을 부탁하는 방법
③ 주차하고 있는 차 또는 경계선을 출입하는 차의 등록번호로 조사하는 방법 : 전자는 조사지점을 목적지, 등록번호부의 차고 소재지를 출발지로 본다. 후자는 통과 자동차의 통과지를 연결시켜서 경로를 알고 최초의 통과지점을 출발지, 최후의 통과지를 목적지로 한다.
④ 어떤 지역에 들어올 때 조사표를 주고 나올 때 그 조사표를 회수하는 방법
⑤ 미리 조사표를 우송해 놓고 조사 전날의 자동차 운행상황을 조사하는 방법

(2) 조사결과

시종점조사는 일반적으로 표본조사로 실시되기 때문에 이에 관한 조사 결과는 확대하여 집계할 필요가 있다. 확대율은 구역별, 차종별로 자동차 등록대수와 조사대수의 비로서 구해진다.

시종점조사 결과는 검증선(screen line)에서 조사한 교통량을 이용하여 보정한다.

3.3.3 교통속도조사

자동차의 속도는 보통 어느 지점을 통과하는 순간속도를 말하나, 그 밖에 두 지점 간을 주행하는 평균속도가 있다. 전자를 지점속도, 후자를 주행속도라고 한다.

지점속도는 일정 거리만큼 떨어진 두 지점을 통과하는 소요시간을 측정하고 이 시간으로 거리를 나누어서 구한다. 최근에는 광전관식 속도계, 전자관식 속도계, 레이더식 속도계와 같은 기기가 개발되어 있다.

주행속도는 보통 두 지점 사이에서 통과하는 자동차의 번호판을 읽어 시각과 같이 기록하고 나중에 계산으로 구하고 있으나, 조사차를 주행시켜 구하는 수도 있다.

3.3.4 교통사고조사

교통사고에 대한 조사항목은 다음과 같다.

① 발생일시　　② 발생장소

③ 발생 시의 일기
④ 원인
⑤ 차종별
⑥ 관계되는 구조물(터널, 교량 등)의 구조
⑦ 도로조건(폭, 노면의 종류, 시거, 선형, 경사, 표지, 안전시설, 노면상태, 길어깨 상황, 도로조명의 상황 등)
⑧ 운전자의 상황
⑨ 차량의 적재상황
⑩ 자연환경 등

조사는 시기적으로 사고발생 시에 실시하는 것이 바람직하며, 될 수 있는 대로 정확한 기록을 남기도록 노력해야 한다. 이 조사결과는 기록에 남김과 동시에 1/5,000 정도의 지도에 사고발생 장소를 점으로 표시하여 사고다발 지점을 분명히 알고 대책을 세우는 자료를 얻을 수 있도록 한다. 이 사고다발 지점에 대하여 도로상황, 교통상황을 상세히 추적 조사하여 사고와의 관계를 구명하고 그 지점을 개선하는 데 도움이 되게 함은 물론 이후의 도로정비에도 도움이 되게 한다.

3.4 경제조사

도로는 인간의 사회활동에 직접 깊은 관계를 가진 시설이므로 지역적인 경제활동에 큰 영향을 미치게 한다. 그러므로 대규모의 도로건설을 계획할 때는 계획단계에서 경제조사를 하고, 그 도로가 지역경제에 주는 이익과 손실에 대하여 검토할 필요가 있다.

경제활동에 관한 본격적인 조사는 극히 큰 규모의 계획 이외에는 실시하기가 불가능하다. 보통은 현재 있는 자료를 사용할 수밖에 없다. 도로계획은 장래의 경제활동의 상태를 예측하여 수립하는 것이므로 이러한 자료를 바탕으로 한 예측이 세워진다.

조사 항목의 주요한 것을 들면 다음과 같다.

① 인구 및 산업인구
② 산업
③ 토지이용상황
④ 공장분포상황
⑤ 생산물 및 생산액
⑥ 상품판매액
⑦ 자동차 보유대수
⑧ 자동차교통 발생원시설
⑨ 자원
⑩ 시읍면 재정형편

이 통계값을 시계열적으로 연장하든지 또는 각 시읍면이 만들어 놓은 계획이 있으면 이것을 기초로 하여 장래를 예측한다.

조사에 착수하기 전에 대상도로 또는 도로망 계획에 영향이 미칠 것으로 생각되는 구역, 즉 세력권을 한정할 필요가 있다. 이 세력권은 지형, 도로망의 상황이나 교통량의 분포 상황으로부터 대략 판단할 수 있다. 반드시 시읍면의 경계와 일치한다고는 볼 수 없으나 자료 관계상 보통 시읍면을 단위로 하여 조사하는 경우가 많다.

경제활동조사에 의하여 도로계획의 기본이 되는 교통수요의 추정작업, 교통의 분포 및 배분계산에 필요한 자료가 얻어지나 도로 이외의 교통기관, 즉 철도, 수로, 공로 등에 대해서도 다음과 같은 사항을 조사한다.

① 경로
② 역, 항만, 공항 등의 거점 위치
③ 여객, 화물의 수송 추이

여객수송에 대해서는 특히 조석의 러시아워(rush hour)의 상황에 주목하고 버스노선망 및 그 수송상황의 조사도 아울러 해두어야 한다.

3.5 토질조사

토목, 건축공사를 할 때는 거의 예외 없이 토질조사를 실시하며, 도로공사에도 예외는 될 수 없고 오히려 다른 공사보다 토질조사가 차지하는 비중이 크다고 볼 수 있다. 도로계획에서는 도로를 만드는 장소의 흙의 상태를 조사하여 토층단면도를 만들고 채취한 흙의 시료를 시험하여 설계 및 시공방법을 정하기 위한 자료를 얻어야 한다.

토질조사는 보통 자료조사, 현지답사, 본조사의 순서로 실시한다.

3.5.1 자료조사

자료조사는 본 조사에 앞서 실시하는 조사로서 관계되는 지역일대에서 지형, 지질 및 토질에 관한 기존자료를 수집하고 이것을 검토하는 작업이다. 이것으로 총괄적인 지식을 얻을 수 있고 아울러 본조사의 기본방침 및 문제점을 찾아낼 수가 있다.

기존 자료에는 다음과 같은 것이 있다.

① 토질, 지질조사 자료
② 지형도, 항공사진
③ 도로, 철도의 공사기록
④ 산사태, 붕괴, 기타 재해기록
⑤ 지하수위의 관측자료
⑥ 기상기록
⑦ 기타

이상의 기록, 자료를 관계기관이나 회사 등에서 수집하여 참고로 한다.

3.5.2 현지답사

현지답사는 자료조사에서 수집한 자료를 기초로 하여 본조사의 준비도 포함시켜 세밀하게 실시한다. 또 현지에서의 탐문도 도움이 될 때가 많다. 이 대상범위는 도로노선에만 한정시키지 말고 어느 정도의 폭을 가진 넓은 범위로 확대하여 실시하는 것이 좋다.

조사방법으로는 지표조사, 시추, 사운딩, 시료채취 등이 있으며, 조사내용으로는 지형, 지표지질, 자연재해상태, 지표수의 흐름, 지하수위, 연약층의 대략적인 분포, 풍향, 수심, 현장의 교통, 작업조건 등이 있다.

3.5.3 본조사

자료조사, 현지답사의 결과로부터 본조사의 범위와 규모, 조사방법을 결정한다. 이를 위해서는 미리 자료조사의 결과를 충분히 검토하고, 동시에 현지답사에서 얻은 지식을 잘 토의하여 조사의 목적을 충분히 이해해 두어야 한다.

조사항목은 다음과 같다.

① 성토재료의 선정
② 원지반의 안정과 침하(지반지지력, 지하수)
③ 성토, 절토의 비탈면 안정
④ 토공계획

이상의 조사를 실시하기 위해서는 토질시험, 원위치시험이 필요하다.

3.6 기타 조사

3.6.1 기상조사

기상에 관한 조사는 도로계획에 있어서 기본적인 조사이며 대단히 중요하게 쓰여진다. 노선선정, 구조물의 설계, 공사계획, 유지관리계획, 방재, 관리계획 등 각 단계에서 각종 기상자료가 필요하게 된다.

노선을 선정할 때는 강수량, 적설량, 안개의 발생 빈도 등이 중요한 자료가 되고, 비탈면이나 배수공의 설계에는 강우강도, 적설량, 기온 등이 각각 중요한 자료가 된다. 터널의 환기에 대해서는 풍향, 풍속, 기온이 문제가 되고, 동상에 대해서는 지하수위, 기온, 지중온도, 동결깊이 등이 문제가 된다.

3.6.2 가격조사

도로건설비의 적산기초가 되는 노무인건비, 재료비, 운송비 등의 가격이나 각종 재료의 종류, 필요량을 확보하는 방법 등의 조사이다.

3.6.3 용지 및 보상조사

계획노선에 따라서 토지, 가옥, 구축물, 수목 등의 물건, 상점의 영업 상태를 조사한다. 토지에 대해서는 도로용지의 경계를 소유자와 함께 확인하고 면적측량을 하여 토지가격을 평가한다. 물건에 대해서는 건수, 면적 및 가격평가, 영업에 대해서는 이전에 따른 영업 손실을 조사한다.

3.6.4 재해조사

도로의 건설 중 또는 사용개시 후의 지진, 해일, 대홍수 등의 자연재해를 가능한 한 방지하기 위하여 재해의 원인이 되는 사항을 조사한다.

그 밖에 하천 및 배수로, 농업용수 등의 자연적 조건이나 문화재, 매장 문화재, 천연기념물 등의 분포, 도시계획을 위한 각종 제한, 규칙 등의 조사도 중요하다.

3.7 장래교통량의 추정

3.7.1 장래교통량

장래교통량은 일반적으로 기본교통량과 증가교통량의 합으로 나타나며, 각각의 교통량은 다시 다음과 같은 교통량으로 되어 있다.

기본교통량은 기존도로를 그대로 생각할 때는 현재교통량만으로 구성되지만, 신설, 개량 또는 포장을 했을 경우에는 다른 도로 및 경합관계에 있는 다른 교통기관으로부터 전환해 오는 교통량으로 구성된다. 도로를 신설할 때는 전환교통량만이 기본교통량이다.

자연증가교통량은 일반적으로 경제발전에 따른 자동차대수 및 그 이용의 증가에 기인하는 교통량의 증가이다.

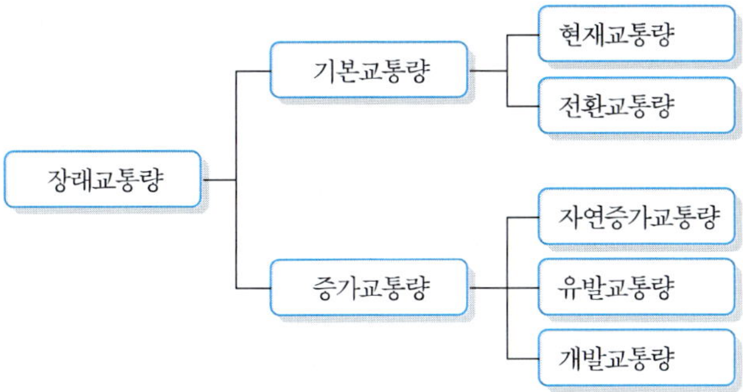

유발교통량은 도로의 신설 또는 개량이 없으면 발생하지 않는 것으로서 다음과 같이 생각할 수 있다. 즉, 관광지에 신설한 도로의 교통량처럼 지금까지는 없었던 것이 새로 발생한 교통량, 도로를 신설 또는 개량했을 때 그 매력에 끌려 행선을 바꿔서 이 도로에 들어오는 교통량, 또 다른 교통기관, 즉 철도, 선박 등으로부터 전환해 오는 교통량이다. 특히 고속도로와 같이 쾌적하고 안전한 운전을 할 수 있는 도로에서는 일반도로에 비해서 유발교통량이 많다.

개발교통량은 도로가 생김으로 인하여 장기적으로 개발이 진척되고 그 결과 증가한 교통량이다. 개발교통량의 추정에 있어서는 먼저 현재의 토지이용상황을 파악함과 아울러 다른 도로에서 실시한 조사성과를 참고로 하여 장래의 변화를 알고, 교통량을 인구, 경제, 토지이용상황 등과 관련시켜서 분석을 하고 장래의 개발계획에 입각하여 개발교통량을 추정한다.

3.7.2 장래교통량의 추정

장래교통량의 예측은 주로 도로계획을 구상할 때나 예비적인 검토나 노선계획을 할 때 실시한다. 일단 완성된 도로는 장기간에 걸쳐서 사용되기 때문에 교통량의 예측도 상당히 장기간의 추정이 필요하다. 이 예측기간에는 연도지역의 인구, 소득, 산업구조, 교통상황 등에 변화가 생기므로 이것을 고려하여 추정작업을 진행한다.

교통량의 추정법에는 개략적 추정법과 종합적 추정법이 있다.

(1) 개략적 추정법

개략적 추정법은 단기적인 교통계획이나 지구와 같은 소규모 지역 등 구체적이고 미시적인 분석이 필요하지 않거나 자료를 쉽게 구할 수 없는 경우에 이용하는 방법으로, 과거추세연장법과 수요탄력성법이 있다.

과거추세연장법은 과거의 교통량 증가 추세를 장래의 목표연도까지 연장시켜 장래교통량을 추정하는 방법이다. 수요탄력성법은 교통량 증가에 대하여 영향을 미치는 변수에 대하여 민감도를 추정하고, 이들 변수의 영향을 토대로 장래교통량을 추정하는 방법이다.

(2) 종합적 추정법

종합적 추정법은 현재의 경제사회체계에서의 통행특성과 시종점조사 결과를 기초자료로 하여 교통수요 추정 모형을 만들고 이들 모형을 사용하여 장래교통량을 추정하는 방법으로, 추정치의 정도가 높지만 방대한 양의 자료를 수집 분석하기 위하여 시간과 경비가 많이 소요되므로 계획도로가 대규모이거나 영향범위가 넓을 경우에 사용한다.

종합적 추정법은 통행발생(trip generation), 통행분포(trip distribution), 수단선택(modal split), 통행배분 또는 노선배정(traffic assignment, route assignment)의 4단계로 나누어 순차적으로 추정하며, 4단계 추정법이라고도 한다.

통행발생은 토지이용 관련 자료를 토대로 구분한 각 구역(zone)에 대해 사람통행과 화물통행의 유입 및 유출 교통량의 발생을 예측하는 것이고, 통행분포는 통행발생 단계에서 예측한 각 구역의 발생교통량이 각 구역 간에 어떻게 분포되는가를 예측하는 것이다. 수단선택은 각 구역 간에 분포된 예측교통량이 어떤 교통수단을 이용하여 통행할 것인가를 예측하는 것이며, 통행배분은 예측교통량이 교통망 또는 도로망 중 어느 경로로 통행을 할 것인가를 예측하는 것이다.

3.8 도로망계획

도로계획은 정책적인 차원에서 수행하는 도로망계획과 도로망계획을 토대로 하여 기술적인 차원에서 특정노선에 대한 타당성 조사와 기본설계를 실시하는 세부적인 도로계획으로 구분할 수 있다.

도로계획의 목표연도는 20년 이내로 정하되, 그 기간은 도로의 종류, 교통량 예측의 신뢰성, 투자의 효율성, 단계적 건설의 가능성, 주변여건, 주변지역의 사회·경제계획 및 도시·군계획 등을 고려하여 설정한다. 도로의 기능별 구분에 따른 대략적인 계획목표연도는 표 3.1과 같다.

표 3.1 도로의 기능별 구분에 따른 계획목표연도

도로의 기능별 구분		계획목표연도	
		도시지역	지방지역
간선도로	고속국도	15~20년	20년
	그 밖의 도로	10~20년	15~20년
집산도로		10~15년	10~15년
국지도로		5~10년	10~15년

주) 1. 터널, 교량 등으로 확장이 어려운 노선은 큰 값, 토공 등으로 확장이 용이한 노선은 작은 값을 적용
2. 토지이용 변화가 심한 곳은 작은 값을 적용
3. 광역계획에 포함된 노선일 경우는 광역계획상의 계획목표연도 적용
4. 도시·군계획 등의 제약을 받을 경우 도시·군계획상의 계획목표연도 적용, 필요시 도시·군계획 변경
5. 단계건설일 경우 경제성 분석 후 결정
6. 도로의 부분 개량일 경우 작은 값 적용

교통이 발달한 나라의 지도를 보면 도로가 마치 망을 형성하듯이 넓게 국토를 덮고 있다. 이것을 도로망이라고 한다. 도로망을 형성하고 있는 개개의 도로는 각각 기점과 종점이 있는데 이것이 노선이며, 도로망은 많은 노선의 집합으로 되어 있다. 도로망을 설정할 때는 다음 사항을 만족해야 한다.

① 도로망에 속해 있는 지구 내에서는 어디에서든지 도로를 이용할 수 있게 한다.

② 자동차교통량과 도로의 통과능력, 즉 교통용량이 균형을 이루게 한다.

국가도로망은 고속국도, 일반국도, 지방도 등이 구성한 도로망을 말하며, 국가간선도로망은 전국적인 도로망의 근간이 되는 노선으로서 고속국도와 일반국도로 구성된다.

3.9 도로계획

도로계획의 순서를 그림으로 나타내면 그림 3.2와 같다.

도로망계획은 국토종합개발계획, 국가 기간 교통망 계획 등과 같은 상위계획을 토대로 하여 사회·경제적인 차원에서 수행하는 개략적인 계획을 말한다.

도로망계획을 바탕으로 개략적인 경제성 평가와 투자우선순위 결정의 단계를 거쳐 사업대상 노선대를 선정한다.

예비타당성 조사는 공공건설사업의 타당성 조사를 하기 전에 사업의 정책적 의의와 경제

성을 판단하기 위하여 거시적·중립적 입장에서 사업의 타당성을 조사하는 것을 말한다.

타당성 조사는 선정된 노선대에 대한 경제성 검토를 통하여 최적노선을 결정하는 것을 말한다. 타당성 조사에는 사회경제현황, 도로 및 교통현황, 환경현황 등에 대한 조사, 재정조사, 장래교통수요 예측, 비교노선 설정 및 최적노선 결정 등의 과정이 포함되어있다.

사업대상 노선대 선정 후 타당성 조사 등 계획 초기단계에서 입지의 타당성, 주변 환경과의 조화 등 환경에 미치는 영향을 검토하기 위하여 사전환경성 검토를 시행하며, 최적노선 결정 후 도로건설에 따른 각종 영향들에 대한 평가를 시행하며, 이러한 평가에는 교통영향분석·개선대책, 환경영향평가, 사전재해영향성 검토 등이 있다.

기본설계는 타당성 조사 및 각종 영향평가의 결과를 바탕으로 하여 사전조사사항, 주요설계기준의 결정, 구조물 형식 및 단면의 결정, 개략적인 건설방법, 공정계획, 공사비 등의 기술적 자료를 작성하고 설계도서에 표시하는 것이다. 기본설계는 타당성 조사와 동시에 시행하는 경우가 많다.

실시설계는 기본설계를 구체화하여 실제 건설공사에 필요한 내용을 설계도서에 구체적으로 표시하는 것을 말하며, 도로계획 단계가 아니라 시행단계에 속한다.

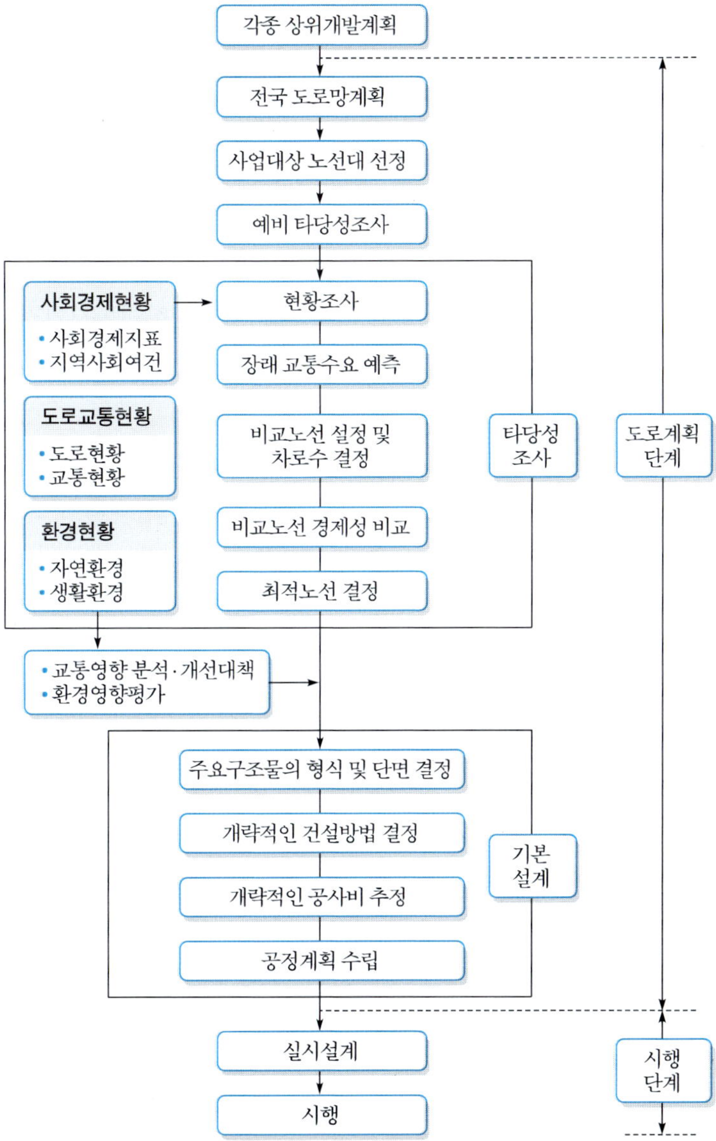

그림 3.1 도로계획 흐름도

3.10 타당성 조사

3.10.1 예비타당성 조사

예비타당성 조사는 사업의 타당성 조사를 하기 전에 사업의 정책적 의의와 경제성을 판단하기 위하여 국민경제, 국토개발계획, 정책적 등 거시적 차원으로 사업의 타당성을 조사하는 것을 말한다.

타당성 조사는 사업주관부서에서 시행함으로써 사업시행을 합리화시키려는 경향이 있으나, 예비타당성 조사는 예산당국이 중립적인 위치에서 시행하여 예산반영 여부와 투자우선순위를 결정한다.

조사내용으로는 경제성 분석을 위한 수요예측, 비용추정, 편익추정 등의 조사와 정책적 분석을 위한 지역경제 파급효과, 지역균형개발, 국고지원의 합리성, 재원조달, 환경성 등의 조사가 있다.

3.10.2 타당성 조사

타당성 조사는 선정된 노선대에 대한 경제성 검토를 통하여 최적노선을 결정하는 것을 말한다.

타당성 조사에는 사회경제현황, 도로 및 교통현황, 환경현황 등에 대한 조사, 재정조사, 장래교통수요 예측, 대안노선 설정 및 최적노선 결정 등의 과정이 포함되어 있다.

타당성 조사과정은 다음과 같다.

① 1/50,000 정도의 지도 위에 개략적으로 통과노선을 그린다.

② 1/5,000 정도의 지도 위에 통과노선을 따라 몇 개의 비교노선을 그린다.

③ 각각의 노선에 대하여 사회적, 환경적, 경제적, 기술적 요인을 비교한다.

④ 여러 요인을 고려하여 최적노선을 결정한다.

일반적으로 타당성 조사는 기본설계와 동시에 실시하는 경우가 대부분이며, 선정된 노선에 대한 기본설계를 토대로 공사비를 산출하고, 세부 교통 분석 등에 관한 자료를 토대로 하여 경제성 분석을 실시한다. 실제로 경제성 분석이 타당성 조사의 대부분을 차지한다.

3.11 노선 선정

3.11.1 노선 선정의 절차

노선 선정은 노선계획 중에서 다수의 비교노선 중에서 사회적, 기술적, 경제적 및 환경적 요인을 고려하여 최종적으로 한 개의 최적노선을 선정하는 것이다.

최적의 노선 선정은 도로계획에 있어서 매우 중요한 사안이며, 표 3.2와 같은 절차에 의해서 결정된 후에 세부 실시설계를 한다.

표 3.2 노선 선정 단계별 주요 내용

단 계	주요 내용
최적노선대 선정	• 후보노선대 선정 후 경제성 분석을 통한 최적노선대 선정 • 1/50,000 지형도 활용
비교노선 검토	• 최적노선대를 근간으로 2~3개의 비교노선 검토 • 1/50,000~1/5,000 지형도 활용
최적노선 결정	• 기술적, 경제적, 사회적, 환경적 측면 등을 고려하여 최적노선 결정 • 1/5,000 지형도 활용
세부설계	• 세부 선형설계 및 상세설계 • 1/2,000 지형도 활용

3.11.2 노선 선정의 결정요인

노선을 결정하고 그에 대한 평가를 할 때 사회적, 환경적, 경제적, 기술적 요인의 4가지 측면을 평가하고, 평가결과에 따라 최적노선을 선정한다.

(1) 사회적 및 환경적 요인

도로는 연도지역에 대한 사회적 영향이 크고 또 연도주민의 생활환경에도 영향을 미치므로, 노선 선정을 할 때는 사회적 영향에도 충분한 배려를 하고 연도의 자연환경이나 생활환경을 되도록 손상하는 일이 없도록 주의해야 한다.

① 지역계획과의 관계 : 노선이 통과하는 지역에 토지이용계획, 도시계획, 도로계획 등 각종 장래계획이 수립되어 있을 경우가 있으므로, 이들의 사업계획과의 관계를 검토하고 필요에 따라서 이들 계획과의 조정을 꾀해야 한다.

② 피해야 할 물건 : 중요한 유적이나 문화재는 노선 밖으로 떨어져야 한다. 사찰, 묘지,

학교 등은 피하는 편이 좋고 병원, 공장건설 등도 규모가 큰 것은 이전하기 어려우므로 피하도록 한다.

③ 도로건설로 인한 자연경관이나 자연생태 등의 환경파괴가 최소가 되도록 한다.

④ 소음, 진동, 대기오염 등의 피해가 최소가 되도록 한다.

⑤ 도로건설로 인한 지역분할이나 수리, 기상의 변화가 최소가 되도록 한다.

(2) 경제적 요인

도로건설비와 유지관리비 등의 비용 측면과 투자에 따른 경제적인 편익에 대해서 평가한다.

(3) 기술적 요인

① 다른 도로와의 접속 : 지역도로망 속에서의 그 노선의 위치를 충분히 고려하면서 다른 주요도로와의 접속위치, 접속방법에 대해서 검토한다. 평면교차의 경우에는 급한 각도로 교차하거나 곡선부에서 교차하는 것을 피하고, 또 5갈래 이상의 교차가 되지 않게 한다.

② 철도와의 교차 : 철도와의 교차는 원칙적으로 입체교차로 할 것이며 이것은 편리한 지형을 잡으면 비교적 용이하게 만드는 경우가 있다. 또 도로가 철도와 근접하여 병행하는 것은 공사상으로나 완성 후의 교통운용상으로 바람직하지 못하므로 피하는 것이 좋다.

③ 도하지점 : 노선이 하천을 횡단하는 지점은 전후의 제약지점으로 한정되는 경우와 횡단지점 그 자체가 제약지점이 되는 경우가 있다. 하천의 분기점, 합류점, 굴곡부 등은 피할 것이며 또 지질조건이 나쁜 곳도 피해야 한다. 제약지점은 피해야 할 지점 또는 반드시 통과하여야 할 지점을 말한다.

④ 지질 및 기상조건 : 연약지반지대, 산사태지대, 적설량이 많은 곳, 눈사태나 안개가 발생하기 쉬운 곳 등은 피해야 한다.

3.12 각종 영향평가

도로의 신설이나 확장이 주변 환경에 미치는 영향을 최소화시키기 위하여 자연환경, 생활환경, 사회 및 경제환경에 대한 환경영향평가를 실시하고, 교통영향 분석・개선대책을 수립해야 한다.

3.12.1 교통영향 분석 · 개선대책

도로의 신설이나 확장으로 인하여 대량의 교통수요를 유발할 우려가 있을 경우에 교통량, 교통흐름, 교통안전 등에 미치는 영향을 분석하고, 문제점을 최소화하기 위한 대책을 수립해야 한다.

교통영향 분석 · 개선대책의 대상이 되는 것은 도시교통정비촉진법에 따라 총 길이 5km 이상 신설노선 중 인터체인지, 교차부분 및 다른 간선도로와의 접속부 등이다.

3.12.2 사전환경성 검토

사전환경성 검토는 각종 개발계획이나 개발사업을 수립 시행함에 있어 타당성 조사 등 초기단계에서 입지의 타당성, 주변 환경과의 조화 등 환경에 미치는 영향을 검토하는 것을 말하며, 개발과 보전, 환경친화적인 개발을 도모하기 위한 것이다.

3.12.3 환경영향평가

환경영향평가는 사업의 시행이 환경에 미치는 영향을 미리 조사 · 예측 · 평가하여 피해를 최소화하기 위한 방안을 수립하는 것을 말한다.

환경영향평가의 대상이 되는 도로의 규모는 고속국도, 일반국도, 지방도 중 4km 이상 도로의 신설 및 2차로 이상으로서 10km 이상의 도로확장사업 등이다.

환경영향평가는 사업계획 검토, 평가대상 환경영향항목 선정, 환경영향조사, 환경영향 예측, 환경보전대책 검토 등의 순서로 실시한다.

환경영향항목은 생활환경(토지이용, 소음, 진동, 수질, 대기, 폐기물, 경관, 일조 등), 자연환경(지형 · 지질, 기상, 수리 · 수문, 생태계 등), 사회 · 경제환경(인구, 주거, 산업, 교통, 공공시설, 문화재 등) 등으로 구분한다.

3.12.4 사전재해영향성 검토

사전재해영향성 검토는 도시화와 산업화에 따른 개발로 인하여 발생 가능한 재해영향 요인을 개발사업 시행 이전에 예측 분석하여 저감방안을 수립하는 것을 말한다.

3.12.5 주민참여제도

도로사업의 주민참여제도(Public Involvement : PI)는 도로건설사업을 추진함에 있어 노선의 계획 초기부터 중요한 단계별로 지역주민 및 각종 단체(환경, 종교 등)와 같은 이해관계자로부터 정보를 공유하고 의견을 청취하여 사업의 추진과정에 국민의 참여를 보장하는 정책기법으로, 사업의 투명성과 객관성을 향상시켜 도로사업에 대한 국민의 만족도 향상 및 갈등 예방을 위해 시행하는 제도이다.

3.13 기본설계와 실시설계

노선 선정 결과 및 각종 평가를 토대로 하여 기본설계를 실시하며, 기본설계를 구체화하여 실제 시공에 필용한 실시설계를 시행한다.

3.13.1 기본설계

기본설계에서 수행하는 과업은 타당성 조사의 결과를 대부분 이용하기 때문에 그 내용이 거의 같으며, 실제로 타당성 조사와 기본설계가 하나의 과업으로 수행되는 경우도 있다.

기본설계에서는 공사개요, 계획 및 방침(위치선정, 주요 구조물 및 수리계획 등), 사전조사사항, 주요 시공계획, 개략공정계획, 공사비 등의 기본적인 내용을 설계도서에 표기한다.

기본설계도면은 1/5,000 축척의 지형도를 이용하며, 현지측량 없이 지도상에서 수집된 자료를 활용하여 위치도, 평면도, 종단면도, 횡단면도, 구조물도 등을 작성한다.

또 기본설계에는 주요구조 및 수리계산서, 토질조사 보고서, 각 공종별(토공, 배수공, 구조물, 포장설계, 부대시설 등) 개략적인 기술검토 및 수량산출 근거 등의 과업도 포함되어 있다.

3.13.2 실시설계

실시설계에서는 기본설계를 구체화하여 실제 시공에 필요한 구체적인 설계사항을 설계도면에 표기하는 단계로서, 도로계획 단계를 벗어나서 사업시행단계에 속한다.

실시설계도면은 1/1,200의 지형도를 이용하여 지도상의 검토를 거친 후 현지측량 결과를 기초로 하여 상세하게 작성한다.

실시설계에는 전 구간에 대한 세부 선형설계, 상세 토질조사 및 측량, 배수구조물과 교량 및 터널에 대한 상세설계, 포장설계, 영업소와 휴게소 등의 부대시설에 대한 세부설계, 일반 시방서 및 특별시방서, 설계내역서(설계설명서, 공종별 세부내역서, 수량산출 근거) 등이 포함되어 있다.

실시설계도면에는 위치도, 평면도, 종단면도, 횡단면도, 구조물도, 부대시설도, 조경도 및 기타 필요한 도면 등이 있다.

3.14 도로건설의 경제성 분석

도로의 경제성 분석은 도로건설사업에 대한 총편익과 총비용을 비교 분석하는 것으로, 사업의 타당성 및 우선순위를 검토하고 사업의 최적 투자시기를 결정하기 위한 것이다.

3.14.1 비용

도로사업의 비용에는 투자 목적의 도로건설비와 유지관리 목적의 유지관리비가 있다. 도로건설비는 크게 공사비, 용지보상비, 설계비 및 감리비 등으로 나누어지며, 공사비는 토공, 배수공, 구조물공, 포장공, 부대시설공 등으로 세분하여 추정한다. 유지관리비에는 포장보수비, 구조물보수비, 안전시설 정비비, 제설 및 청소비, 유지관리행정 인건비 등으로 구성된다.

3.14.2 편익

도로사업의 시행으로 발생하는 편익은 도로를 이용하는 사람에게 주는 이용자 편익과 도로를 직접 이용하지 않는 계층이 얻을 수 있는 비이용자 편익으로 분류하거나, 도로건설로 인하여 직접적으로 발생하는 직접편익과 도로건설로 인해서 생기는 지역경제 활동에 주는 간접편익으로 분류할 수 있으며, 증대(+)의 효과뿐 아니라 감소(−)의 효과도 존재한다. 이러한 효과들을 열거하면 다음과 같은 것이 있다.

(1) 직접편익

① 주행편익 : 차량주행비의 절약을 주행편익이라고 하며, 주행비에는 고정비(차량 감가상각비, 운전기사 임금, 보험료, 차량검사료 등)와 변동비(연료비, 엔진오일비, 타이어 마모비, 차량유지보수비 등) 등이 있다.

② 시간편익 : 도로건설로 인한 주행시간의 단축을 시간편익이라고 한다.

③ 주행쾌적도의 증대
④ 교통사고의 감소
⑤ 운전자의 피로경감
⑥ 화물 포장비의 절감

(2) 간접편익

① 생산계획·수송계획의 합리화
② 물자유통의 합리화
③ 시장권의 확대
④ 자원개발의 촉진
⑤ 공업입지의 분산과 확대
⑥ 도시인구(주택)의 분산효과
⑦ 기존도로의 혼잡 완화

(3) 감소효과

① 자연환경 훼손, 문화재 파괴
② 연도의 소음, 진동, 배출가스 등으로 인한 생활환경에 미치는 영향
③ 토지이용 및 지역사회의 분단
④ 유통패턴의 변화로 인한 기존 도시, 생산지의 상대적 경제력의 침체

3.14.3 경제성 분석기법

도로사업과 관련된 비용과 편익은 다른 시간대에 나타나므로 이들을 같은 시간대로 환산하여 비교 분석하기 위한 방법이 필요하다. 비용과 편익을 비교하는 데 많이 사용하는 방법에는 다음과 같은 방법들이 있다.

(1) 순현재가치법(net present value, NPV)

순현재가치란 도로사업에 수반된 모든 비용과 편익을 기준연도의 현재 가치로 할인한 후 총편익에서 총비용을 뺀 값을 말하며, 다음과 같이 나타낸다.

$$NPV = \sum_{i=1}^{n} \frac{B_i}{(1+d)^i} - \sum_{i=1}^{n} \frac{C_i}{(1+d)^i} = \sum_{i=1}^{n} \frac{B_i - C_i}{(1+d)^i} \tag{3.1}$$

여기서, i 년도의 편익을 B_i, 비용을 C_i, 할인율을 d, 평가기간을 n 년으로 한다.

순현재가치가 양(+)인 사업은 자본비용을 회수하고도 잉여가 발생한다는 것을 의미하므로 투자의 타당성이 있는 것으로 판단할 수 있다.

(2) 편익 비용 비율법(benefit cost ratio, B/C)

편익과 비용의 비율은 할인된 총편익과 총비용의 비율을 말하며, 다음과 같이 나타낸다.

$$B/C = \sum_{i=1}^{n} \frac{B_i}{(1+d)^i} \Big/ \sum_{i=1}^{n} \frac{C_i}{(1+d)^i} \tag{3.2}$$

B/C의 값이 1.0 이상이면 경제성이 있다고 판단한다.

(3) 자본회수기간법(pay back period, PBP)

이 방법은 총 편익이 총비용을 상쇄시킬 수 있는 기간을 찾는 방법이다.

$$\sum_{i=1}^{n} \frac{B_i - C_i}{(1+d)^i} = 0, \qquad d : \text{일정} \tag{3.3}$$

식 (3.3)을 만족하는 n값이 자본회수기간이 되며, 자본회수기간이 짧을수록 투자의 우선순위가 높다고 볼 수 있다.

(4) 내부수익률법(internal rate of return, IRR)

이 방법은 평가기간 동안의 총비용과 총편익이 같게 되는 할인율을 구하는 방법이다.

$$\sum_{i=1}^{n} \frac{B_i - C_i}{(1+d)^i} = 0, \qquad n : \text{일정} \tag{3.4}$$

식 (3.4)를 만족하는 d값이 내부수익률이며, 내부수익률은 사업의 채산성을 나타내므로 비교할만한 대상이 없을 경우에 유용한 기준이 된다. 내부수익률이 클수록 경제적이다.

3.14.4 투자 우선순위와 최적 투자시기의 결정

일반적으로 투자 우선순위는 여러 방법에서 구한 평가지표(NPV, IRR, B/C 등)가 높은 순서에 따라 결정한다. 검토된 대안의 순현재가치가 0보다 크고 편익비용비율이 1보다 크며 내부수익률이 적용 할인율보다 크면 그 대안은 타당성이 있다고 할 수 있다.

예산상에 제약이 없고 적절한 할인율을 적용해서 사업선정을 하는 경우에는 순현재가치가 큰 순서로 결정하는 것이 바람직하다. 예산상의 제약이 있고 여러 사업의 우선순위에 따라 몇 개 사업을 선정하는 경우에는 편익비용비율과 내부수익률을 기준으로 하는 것이 합리적이다. 즉, 편익비용비율이 1 이상인 사업에서 내부수익률이 큰 순서로 예산범위 내에서 사업을 선정한다.

경제적 타당성이 인정되고 우선순위가 높은 사업이라고 하더라도 그 사업을 연기하여 건설할 때 더 유리한 결과가 나타나는 경우가 있으므로, 투자시기의 검토가 필요하다. 최적 투자시기를 판단하는 방법에는 두 가지가 있다.

첫째는, 사업시행을 1년씩 연기시켜 가며 순현재가치가 최대가 되는 시기를 찾는 방법이다. 둘째는, 사업시행을 1년씩 연기시키는 데 따른 건설비의 절감액(=건설비×할인율)이 편익의 감소액보다 크면 사업을 연기하고 작으면 사업을 연기하지 않는 방법이다.

3.13.5 단계건설

단계건설은 도로 전체를 완공하지 않고 도로의 횡단면 폭을 몇 단계 나누어 건설하는 것을 말한다.

도로가 건설되어 통행이 개시된 후 초기에는 교통량이 많지 않은 구간에 대해서는 단계건설 여부를 검토하여 투자의 효율성을 높이도록 한다.

단계건설을 채택하는 기본조건은 다음과 같다.

① 단계건설이 경제적일 것 : 단계건설의 편익비용비율이 완성시공의 편익비용비율보다 크도록 단계건설을 계획할 것

② 잠정적으로 사용하는 기간 동안 안전하고 원활한 교통이 될 것 : 횡단면 구성, 부가차로의 설치, 잠정 사용 시의 설계속도 등을 적절히 계획할 것

③ 단계건설에 적합한 지형조건과 도로구조일 것 : 초기건설비가 적고, 2차 시공 시 재시공이 적을 것, 2차 시공 시 교통에 지장을 주지 않는 구조일 것

3.15 부체도로 및 폐도대책

3.15.1 부체도로

자동차전용도로를 신설하거나 확장하기 위하여 기존 도로를 자동차전용도로로 편입시키

는 경우에는 기존 도로를 이용하던 주민들이 불편을 겪지 않도록 기존의 도로를 연결시키는 부체도로를 건설해야 한다.

3.15.2 폐도대책

폐도란 도로 건설과정에서 기존 도로의 일부 구간이 선형개량 후에 도로 본래의 기능을 잃었을 때 선형 개량 전의 도로구간과 도로의 부대용지를 말한다.

자동차전용도로를 확장하거나 선형을 개량할 때 폐도가 발생할 경우에는 이에 대한 대책을 수립하여 국토의 효율적인 이용을 도모해야 한다.

폐도의 활동방안은 다음과 같다.

① 진입도로, 연결도로, 비상시 우회도로 등으로 이용
② 버스정차대, 간이오르막차로, 비상주차시설, 긴급대피시설로 활용
③ 도로이용자의 편의제공을 위한 간이주차시설, 간이휴게시설로 활동
④ 도로 유지관리를 위한 부지 또는 여유공간으로 활용
⑤ 지역 농산물 집하장이나 판매시설공간으로 활용
⑥ 주변 농가의 농산물 건조장, 야적장으로 활용
⑦ 도로 소공원이나 산책로로 활용
⑧ 관광안내시설 부지로 활용
⑨ 도로 구조물을 해체한 후 농경지로 이용

3.16 경관도로

삶의 질 향상에 따라 경관적으로 우수한 도로에 대한 요구가 높아져 도로의 기본적인 기능에 더하여 심리적으로 편안하고 경관적으로 우수한 도로계획이 요구되고 있다.

기존 도로의 경우 단순한 이동통로가 아닌 노선별, 지역별 특성을 반영한 휴식공간, 조망공간, 문화공간으로서의 새로운 도로를 구현하기 위한 테마가 있는 아름다운 도로를 조성하는 것을 목표로 정비한다.

신설도로의 경우 노선 선정단계부터 경관자원을 고려한 노선 선정을 수행하여 선형계획에서부터 구조물계획, 비탈면계획, 연도시설계획까지 경관을 고려한 경관도로를 조성하는 것을 목표로 한다.

Chapter 4

도로의 기하구조설계

제4장

도로의 기하구조설계

4.1 설계기준

4.1.1 도로의 기하구조의 의의

도로의 횡단면 구성, 평면선형 및 종단선형, 교차접속부분의 구조 등의 기하학적 제원에 관한 구조를 도로의 기하구조라고 부른다. 여기에는 도로의 포장 및 노체의 구조는 포함되지 않는다.

기하구조는 도로의 계획 및 관리에서 아주 중요한 의의를 갖고 있다. 즉, 도로계획을 할 때는 자동차의 제원과 성능, 사람이나 자전거의 점유폭, 장래의 예측교통량 등 도로상을 통행하는 것에 관한 조건, 도로의 종류, 도로가 위치하는 지역, 지형 등의 외적 조건을 만족하는 기하구조를 검토하게 된다.

따라서 기하구조를 결정할 경우에는 기본이 될 사항에 대해서 어느 정도 표준화할 필요가 생긴다. 이러한 표준화된 기하구조를 전제로 하면 도로의 계획은 훨씬 쉬워지고, 또 계획을 하는 사람의 개인차에 따른 차이를 줄일 수 있을 것이다.

도로구조의 표준규격화에 대해서는 도로법에 의하여 국토교통부장관이 제정한 「도로의 구조 · 시설기준에 관한 규칙」(이하 도로구조규칙)의 내용에서 대부분을 나타내고 있다.

현행 도로구조규칙은 2021년 12월에 국토교통부령 제706호로 개정된 것이며, 이전에 제정된 규정과 다른 점은 보행자의 안전확보를 위한 교통정온화시설의 근거를 마련하고, 주간선도로의 교통량이 일시적으로 증가하는 경우에 길어깨를 차로로 활용할 수 있게 한 점 등이다.

이와 같이 도로구조에 관한 일반적 · 기술적 기준을 법령으로 정하는 이유는 다음과 같다.

① 도로는 원래 도로망을 형성하고 서로 연결됨으로써 비로소 그 기능을 다할 수 있으므로 도로구조에 대해서는 전국적 통일을 꾀할 필요가 있다.

② 도로교통은 차량 또는 사람과의 상호관계에 의하여 성립되어 있고, 특히 도로구조와 차량규격 사이에는 보안상 조정을 꾀할 필요가 있다.

③ 도로는 공공용 시설로서 토지수용권이 있고, 또 도로의 파손 등에는 벌칙을 적용하는

등 국민생활을 제약하는 기능을 가지고 있으므로, 구조면에서도 도로의 범위를 명확하게 해둘 필요가 있다.

4.1.2 설계기준 자동차

횡단면 구성, 곡선부의 확폭량, 종단경사 등의 도로구조를 결정하고 또 교차점의 설계를 하기 위해서는 자동차의 치수나 성능이 정해져야 한다. 이 때문에 도로구조설계의 기초가 되는 자동차를 정한다. 이것을 설계기준 자동차라고 한다.

실제로 자동차의 치수는 여러 가지가 있으나 도로의 기하구조설계의 기준이 되는 차량은 표 4.1 및 그림 4.1과 같다.

표 4.1 설계기준 자동차의 제원

제원(m) / 자동차 종류	폭	높이	길이	축간 거리	앞내민 길이	뒤내민 길이	최소 회전반지름
승용자동차	1.7	2.0	4.7	2.7	0.8	1.2	6.0
소형자동차	2.0	2.8	6.0	3.7	1.0	1.3	7.0
대형자동차	2.5	4.0	13.0	6.5	2.5	4.0	12.0
세미 트레일러	2.5	4.0	16.7	앞축간 거리 4.2 뒤축간 거리 9.0	1.3	2.2	12.0

비고) 1. 축간 거리 : 앞바퀴 차축의 중심으로부터 뒷바퀴 차축의 중심까지의 길이를 말한다.
2. 앞내민 길이 : 자동차의 앞면으로부터 앞바퀴 차축의 중심까지의 길이를 말한다.
3. 뒤내민 길이 : 뒷바퀴 차축의 중심으로부터 자동차의 뒷면까지의 길이를 말한다.

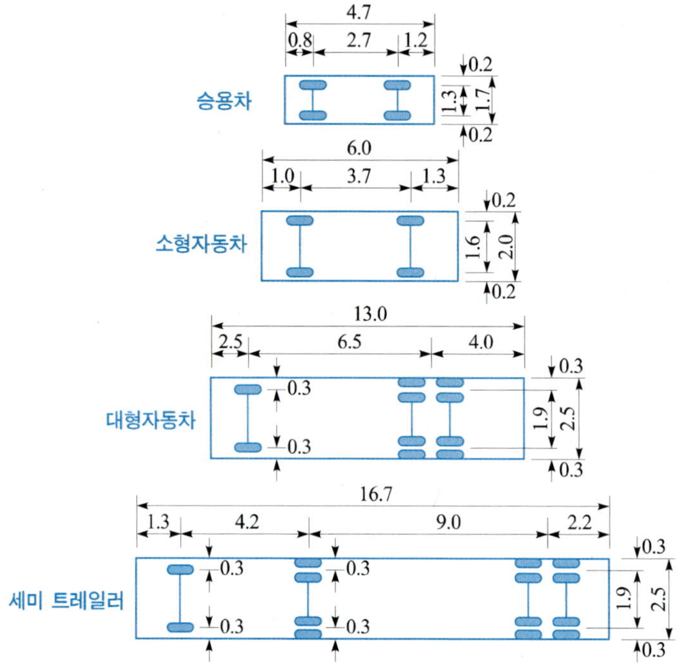

그림 4.1 설계기준 자동차의 제원 (단위 : m)

소형자동차는 승용자동차 및 승합자동차, 화물자동차, 특수자동차 중 경형과 소형을 말한다. 세미 트레일러는 앞차축이 없는 피견인차가 견인차에 연결되어 있고, 피견인차와 적재물 중량의 상당한 부분이 견인차에 의하여 지지되는 자동차를 말한다.

도로를 설계함에 있어서 표 4.2와 같은 설계기준자동차가 안전하고 원활하게 통행될 수 있도록 해야 한다. 다만, 우회할 수 있는 도로가 있는 경우에는 도로의 구분에 관계없이 대형자동차나 승용자동차 또는 소형자동차를 설계기준 자동차로 할 수 있다.

표 4.2 설계기준 자동차

도로의 기능별 구분	설계기준 자동차
주간선도로	세미 트레일러
보조간선도로 및 집산도로	세미 트레일러 또는 대형자동차
국지도로	대형자동차 또는 승용자동차

4.1.3 설계속도

설계속도란 도로설계요소의 기능이 충분히 발휘될 수 있는 조건(기후조건 양호, 통행교통량이 적을 때)에서 보통의 운전기술을 가진 운전자가 쾌적성을 잃지 않고 안전하게 주행할 수 있는 속도이다.

설계속도는 도로설계의 기초가 되며, 곡선반경, 시거(視距), 폭 등의 선형요소는 설계속도와 직접적인 관계가 있다. 설계속도는 한 계통의 노선에 대해서는 일정한 것이 좋으나, 지형 기타 조건으로 동일한 설계속도를 채용할 때 공사비가 증대하고 비경제적으로 될 경우에는 구간에 따라 설계속도를 변경하는 것이 합리적이다.

도로구조규칙에는 도로의 구분에 따라 설계속도를 표 4.3과 같이 정하고 있다. 설계속도의 최고값 120km/h는 자동차의 성능, 외국의 실적, 나아가서 인간의 감각적 기능의 한계 등을 고려하여 정하고, 완전출입 제한된 고속국도의 평지부에 적용한다.

설계속도는 도로와 지역의 구분에 따라 표 4.3의 속도 이상으로 해야 하지만, 지형상황 및 경제성 등을 고려하여 필요한 경우에는 20km/h 범위 안의 속도를 뺀 속도를 설계속도로 할 수 있다.

표 4.3에도 불구하고 자동차전용도로의 설계속도는 80km/h 이상으로 하며, 자동차전용도로가 도시지역에 있거나 소형차도로일 경우에는 60km/h 이상으로 할 수 있다.

소형차도로는 설계기준 자동차 중 승용자동차와 소형자동차만 통행을 허용하는 도로로서 표준규격보다 작은 도로구조를 채택함으로써 대도시 교통혼잡 해소와 도로공사비 절감 등이 용이하게 된다.

표 4.3 설계속도

도로의 기능별 구분		설계속도(km/h)			
		지방지역			도시지역
		평 지	구릉지	산 지	
주간선도로	고속국도	120	110	100	100
	그 밖의 도로	80	70	60	80
보조간선도로		70	60	50	60
집산도로		60	50	40	50
국지도로		50	40	40	40

4.1.4 설계구간

설계구간이란 도로조건과 교통조건을 고려하여 동일한 설계기준을 적용하는 구간이다. 하나의 설계구간은 자동차가 안전하고 쾌적하게 주행할 수 있는 충분한 길이를 가져야 하며, 주요교차로(인터체인지 포함)나 도로의 주요 시설물 사이의 구간으로 한다.

설계구간의 대략적인 길이는 도시고속국도, 지방지역 간선도로의 설계구간은 20~30km, 지방지역 기타 도로는 10~15km, 도시지역 기타도로는 주요한 교차점 간격으로 한다.

인접한 설계구간과의 설계속도의 차이는 20km/h 이하가 되도록 한다. 설계속도의 차가 20km/h를 넘는 설계구간을 접속시키면 도로의 기하구조가 크게 변하므로, 교차부 또는 접속부의 경우를 제외하고는 상호 접속시켜서는 안 된다.

설계구간의 변경점은 지형, 지역, 주요교차점, 인터체인지 등 교통량이 변화하는 지점, 교량, 터널 같은 구조물이 있는 곳 등 운전자가 무의식적으로 상황의 변화를 감지할 수 있는 지점을 택한다.

4.1.5 접근관리

접근관리는 주도로와 부도로가 접속할 때 부도로의 접속위치, 간격, 기하구조 설계, 교통제어방식 등을 합리적으로 관리하는 것을 말하며, 출입제한은 접근관리가 가장 강한 유형이다.

출입제한은 도로의 유출입을 특정지점으로 제한하는 것을 말하며, 출입제한에는 완전출입제한과 불완전출입제한의 2종류가 있다.

완전출입제한이란 자동차교통을 우선으로 취급하기 위하여 그 도로와의 연결은 한정된 출입로만으로 하고 평면교차나 인접도로와의 직접연결을 금지하는 상태를 말하며, 불완전출입제한이란 몇 개의 평면교차나 사도와의 직접연결을 허용하는 정도까지 완화된 상태를 말한다. 따라서 불완전출입제한의 도로에는 평면교차가 있으나 완전출입제한도로에는 모든 교차가 입체교차로 된다.

고속국도와 자동차전용도로는 교차하는 모든 도로와 입체교차가 되어야 하며, 지정된 곳에 한하여 자동차만 출입이 허용되도록 한다. 다만, 지형상황 등을 고려하여 부득이하다고 인정되는 경우에는 평면교차를 허용할 수 있다.

4.2 도로의 횡단면 구성

4.2.1 횡단면의 구성요소와 고려사항

노면을 구성하는 요소는 차도, 중앙분리대, 길어깨, 주정차대, 자전거도로, 보도, 녹지대 등으로서, 이들이 짝지어져서 여러 가지의 노면이 구성된다. 주정차대는 차도의 오른쪽 끝에 설치하며, 보도, 자전거도로는 차도의 바깥쪽에 설치한다. 노면 구성요소의 일례를 들면 그림 4.2와 같다.

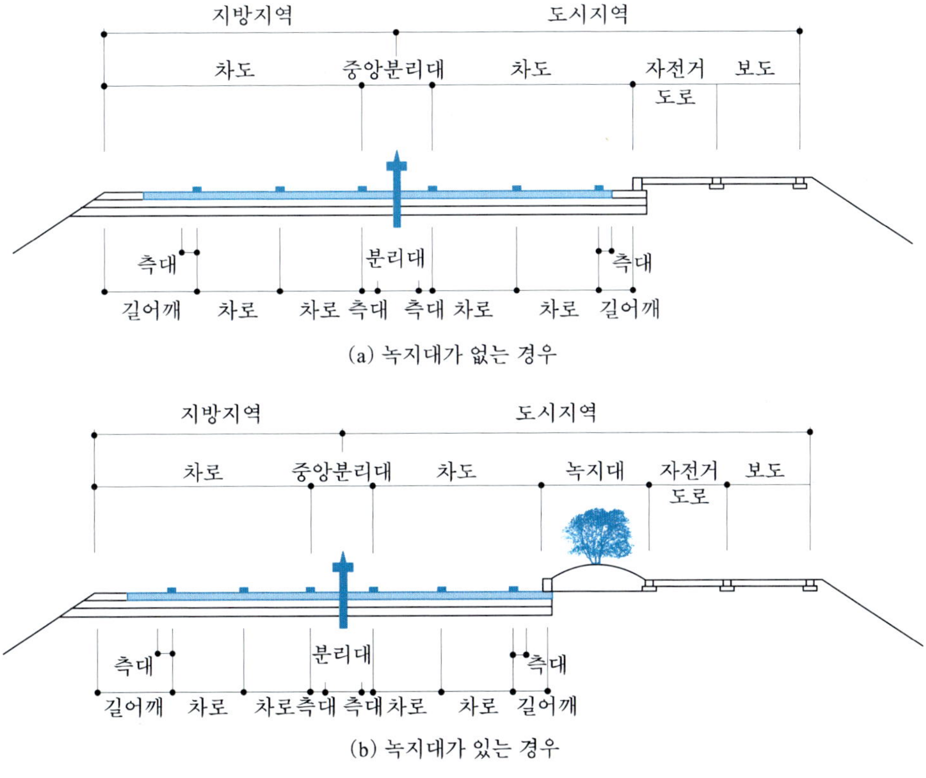

그림 4.2 횡단면의 구성

도로의 횡단면 구성을 정하는 데 있어서 다음 사항을 고려할 필요가 있다.

① 계획도로의 기능에 따라 횡단면을 구성하며, 설계속도가 높고 계획교통량이 많은 노선에 대해서는 높은 규격의 횡단구성요소를 갖출 것

② 계획 목표연도에 대한 교통수요와 요구되는 계획수준에 적응할 수 있는 교통처리능력을 갖출 것

③ 교통의 안전성과 효율성을 검토하여 구성할 것
④ 출입제한방식, 교차접속부의 교통처리능력, 교통처리방식을 연관하여 검토할 것
⑤ 인접지역의 토지이용을 고려하여 양호한 생활환경 보전에 노력할 것
⑥ 도로의 횡단구성 표준화를 도모할 것

4.2.2 차도 및 차로

(1) 차도의 구성

차도는 차량통행에 사용되는 도로의 부분으로서(자전거전용도로 제외) 차로와 길어깨로 구성되며, 직진차로, 회전차로, 변속차로, 오르막차로, 양보차로 등을 포함한다.

(2) 차로수의 결정

차로는 자동차가 한 줄로 안전하고 원활하게 통행시키기 위하여 설치하는 띠 모양의 차도의 부분을 말하며, 차로의 수는 왕복차로를 합한 것을 말한다.

도로의 차로수는 도로의 구분 및 종류, 지형상황, 설계시간교통량, 설계 서비스수준, 교차도로의 차로수 등을 고려하여 정해야 한다.

도로의 차로수는 짝수로 하는 것이 원칙이지만, 교통흐름의 형태, 교통의 시간별·방향별 분포 및 교통특성과 지역여건에 따라 홀수차로로 할 수 있다.

차로수를 결정하는 데 필요한 요령은 다음과 같다.

① 차로수는 자동차의 교차통행을 고려하여 교통량이 적은 경우에도 2차로 이상으로 하는 것을 원칙으로 한다.
② 차로수의 결정은 원칙적으로 설계시간교통량에 의하여 결정한다. 그러나 도시지역에서나 기타 지역에서 국가적인 목적이나 특수여건에 의해서 해당 노선의 성격 및 서비스수준 등을 감안하여 기본 차로수를 4차로 이상으로 결정할 수도 있다.
③ 일반도로의 차로수는 짝수차로를 원칙으로 한다. 다만, 좌회전차로, 유턴차로, 양보차로, 앞지르기차로 등을 설치하기 위하여 홀수차로를 적용할 수 있다.
④ 연결로, 일방향도로 등은 목적에 따라 1차로로 구성할 수 있다.

(3) 차로폭

차로의 폭은 차량폭에 여유폭을 더한 것이다. 여유폭은 주행속도에 따라 다르며 고속일수록 넓게 취해야 한다. 1차로의 폭은 고속에서는 3.50~3.60m가 이상적이며, 이 이하로

는 교통용량이나 주행 쾌적성에 영향을 주지만, 설계속도가 낮은 도로에는 반드시 그 정도의 폭은 필요하지 않다.

차로의 폭은 차선의 중심선에서 인접한 차선의 중심선까지로 하며, 설계속도 및 지역에 따라 표 4.4의 폭 이상으로 해야 한다. 다만, 설계기준 자동차 및 경제성을 고려하여 필요한 경우에는 차로폭을 3.0m 이상으로 할 수 있다.

표 4.4 차로의 폭

설계속도 (km/h)	차로의 최소 폭(m)		
	지방지역	도시지역	소형차도로
100 이상	3.50	3.50	3.25
80 이상	3.50	3.25	3.25
80 이상	3.25	3.25	3.00
60 이상	3.25	3.00	3.00
60 미만	3.00	3.00	3.00

교통특성 및 지역여건 등에 따라 필요한 경우 회전차로의 폭이나 설계속도가 40km/h 이하인 도시지역 차로의 폭은 2.75m 이상으로 할 수 있다. 접경지역에서 전차, 장갑차 등 군용차량의 통행에 따른 교통사고의 위험성을 고려하여 필요한 경우에는 차로폭을 3.5m 이상으로 한다.

도로에는 도로교통법의 규정에 따라 자동차의 종류에 따른 전용차로를 설치할 수 있다. 이 경우 간선급행버스체계(bus rapid transit :BRT) 전용차로의 차로폭은 3.25m 이상으로 하되, 정류장의 추월차로 등 부득이한 경우에는 3m 이상으로 할 수 있다.

4.2.3 중앙분리대

도로에는 차로를 통행방향별로 분리하기 위하여 중앙선을 표시하거나 중앙분리대를 설치한다. 4차로 이상인 고속국도에서는 반드시 중앙분리대를 설치해야 하며, 기타 4차로 이상인 도로에서는 필요한 경우에 설치한다.

(1) 중앙분리대의 기능

중앙분리대(median, medial strip)는 차로를 통행 방향에 따라 분리하고 옆 부분의 여유를 확보하기 위하여 도로의 중앙에 설치하는 분리대와 측대를 말한다.

중앙분리대의 기능은 다음과 같다.

① 왕복 교통류를 분리하여 차량의 충돌사고를 방지한다.
② 금지된 유턴(U-turn)을 방지한다.
③ 도로표지 등 교통관리시설을 설치할 수 있는 장소를 제공한다.
④ 폭이 충분할 때 좌회전차로로 사용할 수 있다.
⑤ 보행자 횡단 시 안전섬 역할을 한다.
⑥ 야간주행 시 전조등의 불빛을 방지한다.

(2) 중앙분리대의 구성과 폭

중앙분리대는 분리대(separator)와 그 양쪽에 설치하는 측대(marginal strip)로 구성되어 있다.

분리대의 폭은 차도로부터의 측방 여유폭과 대향차도에서의 이탈방지를 위한 방호책, 식수, 방현망 등의 여러 시설을 설치하기 위한 시설대의 폭을 고려하여 정하고, 연석이나 이와 유사한 공작물로 도로의 다른 부분과 구분해야 한다(그림 4.3).

중앙분리대의 폭은 도로의 구분에 따라 표 4.5의 값 이상으로 한다. 다만, 자동차전용도로의 경우에는 2.0m 이상으로 한다.

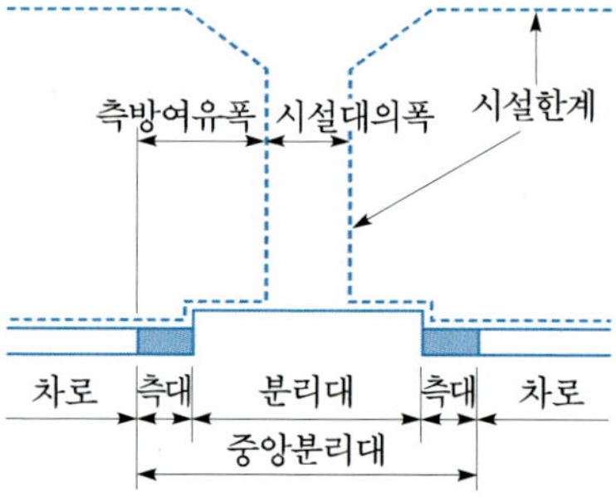

그림 4.3 중앙분리대의 폭

표 4.5 중앙분리대의 폭

설계속도(km/h)	중앙분리대의 최소 폭(m)		
	지방지역	도시지역	소형차도로
100 이상	3.0	2.0	2.0
100 미만	1.5	1.0	1.0

측대는 운전자의 시선을 유도하고 옆 부분의 여유를 확보하기 위하여 차도와 동일한 횡단경사와 구조로 차도에 접속하여 설치하는 부분이다. 측대의 폭은 50cm 이상으로 하며, 설계속도가 80km/h 미만인 경우에는 25cm 이상으로 한다.

분리대에 노상시설을 설치하는 경우에는 시설한계가 확보되도록 중앙분리대의 폭을 정한다. 노상시설은 표지판, 가로등, 가로수 및 방호울타리 등 도로의 부속물(공동구 제외)을 말한다.

차로를 왕복방향별로 분리하기 위하여 중앙선을 두 줄로 표시하는 경우에는 각 중앙선의 중심 사이의 간격은 0.5m 이상으로 한다.

(3) 중앙분리대의 형식과 구조

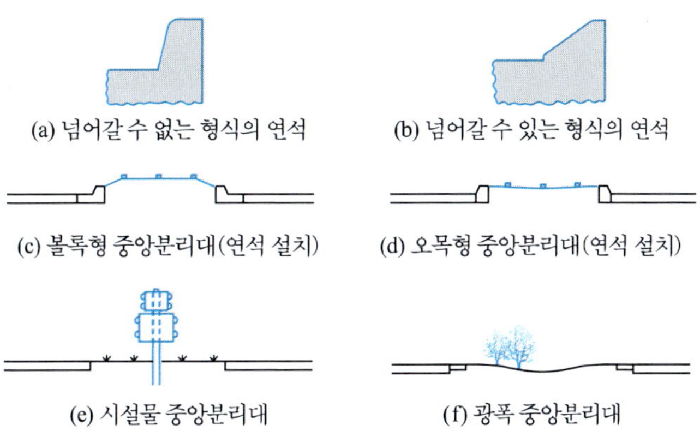

그림 4.4 중앙분리대의 형식

넓은 중앙분리대의 표면형상은 오목형으로 잔디를 입히며, 자동차가 넘어갈 수 있는 연석(경계석)을 사용한다. 좁은 중앙분리대의 표면형상은 볼록형으로 포장을 하며, 자동차가 넘어갈 수 없는 연석을 사용한다(그림 4.4 참조).

우리나라에서는 볼록형 분리대나 잔디분리대를 많이 사용하여 왔으나, 대형사고 및 수목관리의 어려움 등으로 콘크리트 방호벽이나 가드레일과 같은 시설물을 이용한 분리대를 근래에 와서 많이 사용하고 있다.

4.2.4 길어깨(노견, 갓길)

도로에는 도로를 보호하고 비상시에 이용하기 위하여 가장 바깥쪽 차로와 접속하여 길어깨를 설치하여야 한다. 다만, 보도 또는 주정차대가 설치되어 있는 경우에는 설치하지 아니할 수 있다.

(1) 길어깨의 기능

길어깨의 기능을 들면 다음과 같다.

① 도로의 주요 구조부를 보호한다.

② 고장차의 대피용, 기타 차량의 일시주차용으로 쓰이며, 사고와 교통혼잡 방지에 도움을 준다.

③ 측방여유폭으로서 교통의 안전성과 쾌적성을 준다.

④ 노상시설, 지하매설물, 유지작업에 필요한 장소로서 이용된다.

⑤ 절토부의 곡선부에서는 시거를 증대시킨다.

⑥ 유지가 잘 된 길어깨는 도로의 미관을 높인다.

⑦ 보도가 없는 도로에서는 보행자나 자전거의 통행에 이용된다.

(2) 길어깨의 구성

그림 4.5와 같이 길어깨에는 차도에 접하여 측대를 설치한다. 보호길어깨는 도로의 최외측에 있으며, 길어깨를 보호하기 위한 것으로서 시설한계에는 들어가지 않는다.

길어깨는 자동차의 하중에 견딜 수 있게 함은 물론 빗물의 침수방지, 경우에 따라서는 자전거, 보행자의 통행을 쉽게 하기 위하여 포장을 하는 것이 바람직하다. 또 성토부에서는 노면수를 길어깨 끝에서 집수하여 배수시설로 흘려보내도록 연석을 설치하는 것이 좋다.

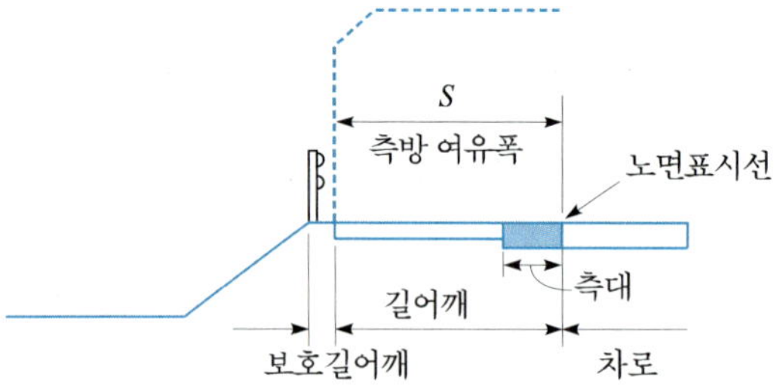

그림 4.5 길어깨의 구성요소

(3) 길어깨의 폭

차도의 오른쪽에 설치하는 길어깨의 폭은 도로의 설계속도와 지역에 따라 표 4.6의 폭 이상으로 해야 한다. 다만, 오르막차로 또는 변속차로 등의 차로와 길어깨가 접속되는 구간에서는 0.5m 이상으로 할 수 있다.

터널, 교량, 고가도로 또는 지하차도의 길어깨의 폭은 설계속도가 100km/h 이상인 경우에는 1m 이상으로, 그 밖의 경우에는 0.5m 이상으로 할 수 있다. 다만, 길이 1,000m 이상의 터널이나 지하차도에서 길어깨의 폭을 2m 미만으로 하는 경우에는 750m 이내의 간격으로 비상주차대를 설치해야 한다.

표 4.6 차도 오른쪽에 설치하는 길어깨의 최소 폭

설계속도(km/h)	차도 오른쪽 길어깨의 최소 폭(m)		
	지방지역	도시지역	소형차도로
100 이상	3.00	2.00	2.00
80~100	2.00	1.50	1.00
60~80	1.50	1.00	0.75
60 미만	1.00	0.75	0.75

일방통행도로 등 분리도로의 차도 왼쪽에 설치하는 길어깨의 폭은 표 4.7의 폭 이상으로 해야 한다.

표 4.7 차도 왼쪽에 설치하는 길어깨의 최소 폭

설계속도(km/h)	차도 왼쪽 길어깨의 최소 폭(m)	
	지방지역 및 도시지역	소형차도로
100 이상	1.00	0.75
80~100	0.75	0.75
80 미만	0.50	0.50

길어깨에 노상시설을 설치하는 경우에는 당해 노상시설의 폭은 이를 길어깨의 폭에 포함하지 않으며, 길어깨에는 긴급구난차량의 주행 및 활동의 안전성 향상을 위한 시설의 설치를 고려해야 한다.

(4) 길어깨의 측대

길어깨에는 측대를 설치해야 하며, 측대의 폭은 도로의 설계속도에 따라 표 4.8의 폭 이상으로 해야 한다. 측대의 기능을 요약하면 다음과 같다.

① 차도와의 경계를 노면표시 등으로 일정폭만큼 명확하게 나타내고, 운전자의 시선을 유도하여 운전 시 안정성을 증대시킨다.

② 주행상 필요한 측방 여유폭의 일부를 확보함으로써 차도의 효용을 유지한다.

③ 차로를 이탈한 자동차에 대해서 특히 속도가 높은 경우에 안전성을 향상시킨다.

표 4.8 길어깨에 설치하는 측대의 폭

설계속도(km/h)	측대의 최소 폭(m)
80 이상	0.5
80 미만, 터널	0.25

(5) 차로로 활용되는 길어깨

주간선도로의 기능을 하는 도로의 교통량이 일시적으로 증가하는 경우에 차로로 활용되는 길어깨의 폭은 해당 도로의 차로폭과 동일한 폭으로 한다. 이 경우 길어깨 바깥쪽에는 비상주차대를 설치해야 한다.

길어깨를 차로로 활용하는 구간에는 운전자가 길어깨에 진입하기 전에 이를 인식할 수 있도록 신호, 표지판 및 노면표시 등을 설치해야 한다.

(6) 길어깨의 축소 또는 생략

길어깨는 지역 특성, 통행 특성, 경제성에 따라 그 폭을 축소하거나 생략할 수 있다. 이 경우에도 측대 폭 0.5m와 배수를 위한 측구의 설치가 가능한 폭을 확보하고, 필요할 경우 고장자동차의 구난을 위한 비상주차대를 확보하는 것이 바람직하다.

4.2.5 주정차대

도시지역의 도로에서 자동차의 주차 또는 정차에 이용하기 위하여 도로에 접속하여 주정차대(layby)를 설치한다(그림 4.6 참조). 설계속도가 80km/h 이하인 도로에서 주정차대의 폭은 2.5m 이상으로 하되, 소형자동차를 대상으로 하는 경우에는 2m 이상으로 한다.

주간선도로에 설치하는 버스정류장은 차로와 분리하여 별도로 설치한다.

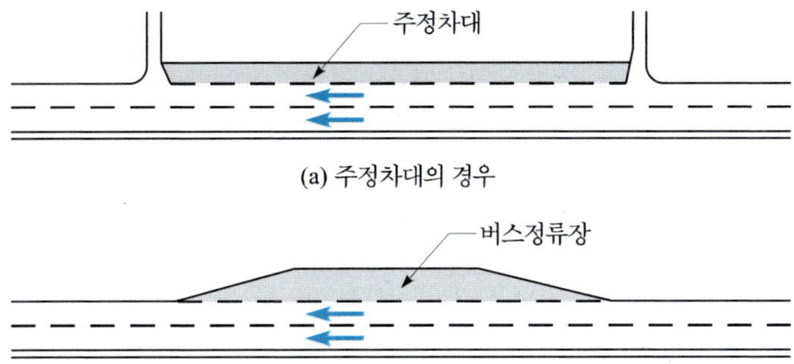

(a) 주정차대의 경우

(b) 버스정류장의 경우

그림 4.6 주정차대

4.2.6 자전거도로

자동차 및 자전거의 교통량이 많은 도로에서 자동차, 자전거, 보행자의 혼합교통을 없애고, 자전거 및 보행자가 안전하게 통행할 수 있게 하고, 교통용량의 저하를 방지할 목적으로 자전거도로를 설치한다. 다만, 지형상황 등으로 인하여 부득이한 경우에는 그러하지 아니한다.

자전거도로는 자동차 및 자전거의 교통량이 많은 도로에 설치하며, 자전거교통을 분리하는 일반적인 판단기준은 양쪽 자전거교통량이 약 500~700대/일, 자동차교통량이 2,000~3,000대/일 이상이다.

자전거도로는 자전거 전용도로, 자전거 보행자 겸용도로, 자전거 전용차로, 자전거우선도로의 네 가지로 구분할 수 있으며, 자전거도로의 구조와 시설기준에 관하여는 「자전거 이용시설의 구조시설기준에 관한 규칙」이 정하는 바에 따른다.

설계기준 자전거의 제원은 폭 0.7m, 길이 1.9m, 높이 1.2m 최소회전반경 3m이다.

4.2.7 보 도

(1) 개요

보행자의 안전과 자동차 등의 원활한 통행을 위하여 필요하다고 인정되는 경우에는 도로에 보도를 설치하여야 한다. 보행자 수가 150인/일 이상이고, 자동차 교통량이 2,000대/일 이상이면 보도를 설치한다.

보도는 연석이나 방호울타리 등의 시설물을 이용하여 차도와 분리해야 하고, 필요하다고 인정되는 지역에는 이동편의시설을 설치해야 한다.

보도는 보행자의 통행경로에 따라 연속성과 일관성이 유지되도록 설치하며, 보도에 가로수 등 노상시설을 설치하는 경우에는 그에 필요한 폭을 추가로 확보해야 한다.

(2) 보도의 폭

보도의 폭은 보행자가 안전하고 원활한 통행을 할 수 있도록 충분한 폭을 가져야 하며, 일반적으로 여유를 가지고 엇갈려 지나갈 수 있는 2m를 최소 유효폭으로 한다. 다만, 지방지역의 도로와 도시지역의 국지도로에서 불가피한 경우에는 유효폭을 1.5m 이상으로 할 수 있다(그림 4.7 참조).

보도의 유효폭은 보도폭에서 노상시설 등이 차지하는 폭을 제외한 보행자의 통행에만 이용되는 폭을 말한다.

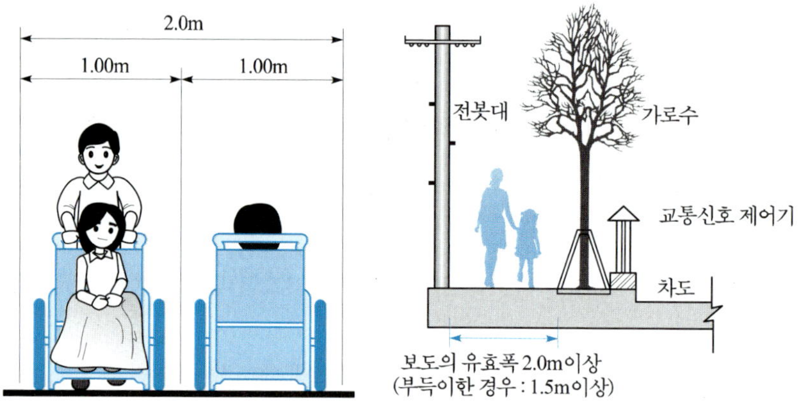

그림 4.7 보도의 유효폭

(3) 보도의 구성

차도와 보도를 구분하는 경우 차도에 접한 연석의 높이는 25cm 이하로 하며, 연석의 앞면은 적절한 기울기를 유지하고 윗면과 곡선으로 접속처리가 되어야 한다.

보도의 구조를 표시하면 그림 4.8과 같다. (a)는 연석보다 높게 한 것이고, (b)는 연석을 설치하지만 이때 보도면은 차도면과 같은 높이이며, 이 경우의 연석은 단속적으로 설치하여도 좋다. (c)는 방호책에 의하여 차도와 보도를 분리한 것이다.

횡단보도에 접한 구간으로서 필요하다고 인정되는 지역에는 이동편의시설을 설치해야 하며, 자전거도로에 접한 구간은 자전거의 통행에 불편이 없도록 해야 한다.

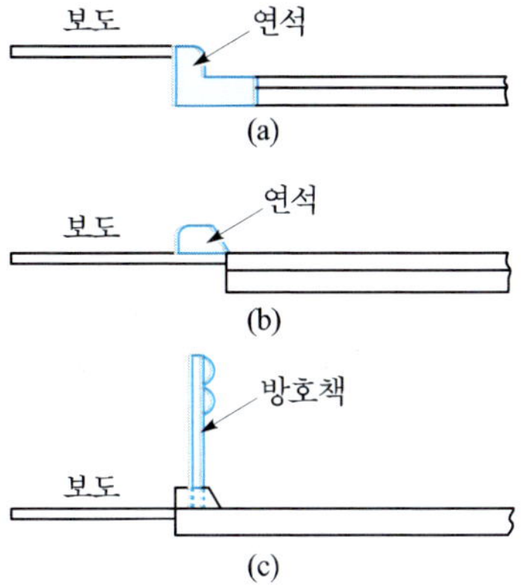

그림 4.8 보도의 구조

4.2.8 측 도

측도는 도로의 구조가 성토와 절토로 이루어져서 연도와 고저차가 있어 차량이 연도와의 출입이 불가능한 경우 또는 환경대책상 차음벽을 연속하여 설치할 때 연도와의 자유로운 출입이 불가능한 경우에 차량이 연도와의 출입을 할 수 있도록 본선차도에 병행하여 설치하는 도로이다(그림 4.9 참조).

일반적으로 측도는 교통량이 많은 4차로 이상의 주간선도로나 자동차전용도로에 설치하며, 측도의 폭은 4m 이상을 표준으로 한다.

그림 4.9 측도의 예

4.2.9 환경시설대

교통량이 많은 도로 주변의 주거지역이나 정숙을 요하는 시설 또는 공공시설 등이 위치한 지역과 환경보존을 위하여 필요하다고 인정하는 지역에는 도로의 바깥쪽에 환경시설대나 방음시설을 설치해야 한다(그림 4.10 참조).

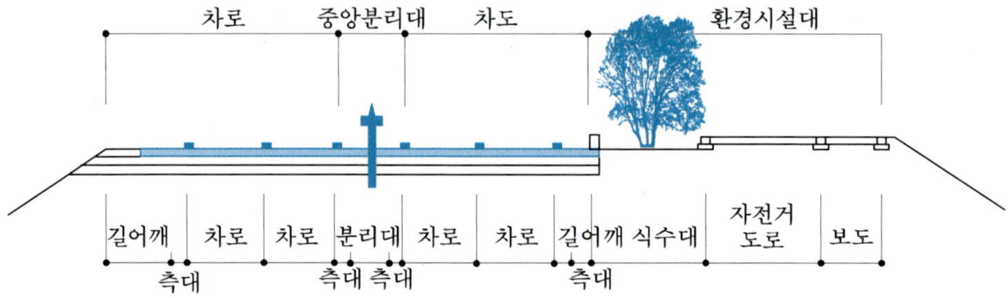

(a) 도시지역

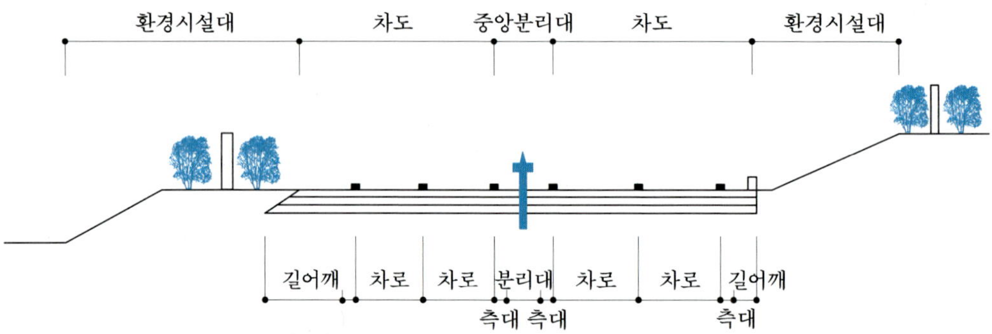

(b) 지방지역

그림 4.10 환경시설대의 예

환경시설대는 길어깨의 바깥쪽으로 설치하는 녹지대 등의 시설이 설치된 지역이며, 일반 도로에서는 폭 10m 정도의 환경시설대를 설치하고, 자동차전용도로에서는 폭 20m의 환경시설대를 설치한다. 단, 지형상황 등으로 부득이한 경우에는 절토, 성토 등의 경사면을 이용하여 적절한 폭으로 할 수 있다.

환경시설대의 주요 부분을 이루고 있는 식수대는 양호한 도로교통환경을 제공하고 도로 주변지역의 생활환경을 쾌적하게 유지하기 위하여 설치한다.

도로건설로 인한 주변 환경의 피해를 최소화하기 위해 필요한 경우에는 생태통로 등의 환경영향저감시설을 설치해야 한다.

4.2.10 표준폭

횡단면 구성요소의 폭은 도로구조규칙에 정한 최소길이보다 큰 값을 확보하는 것이 바람직하며, 도로의 총 폭에 대해서는 도로관리의 합리화 및 양호한 도시경관의 확보를 위하여 도로분류 및 지역구분에 따라 표 4.9와 같이 표준화하는 것이 좋다.

표 4.9 도로 횡단구성면의 표준

도로 구분		해당 도로	설계속도 (km/h)	차로폭 (m)	중앙 분리대	길어깨(m)		측대 (m)
						우측	좌측	
지방지역	고속국도	고속국도	100 ~ 120	3.50 ~ 3.60	3.00	3.00	1.00	0.50
	주간선도로	국도	60 ~ 80	3.25 ~ 3.50	1.5 ~ 2.00	2.00	0.75	0.50
	보조간선도로	국도, 지방도	50 ~ 70	3.00 ~ 3.25		1.50	0.50	0.50
	집산도로	지방도, 군도	50 ~ 60	3.00		1.25	0.50	0.25
	국지도로	군도	40 ~ 50	3.00		1.00	0.50	0.25
도시지역	도시고속국도		80 ~ 100	3.50	2.00	2.00	1.00	0.50
	주간선도로		80	3.25 ~ 3.50	1.00 ~ 2.00	1.50	0.75	0.50
	보조간선도로		60	3.00 ~ 3.25		1.00	0.50	0.25
	집산도로		50	3.00		0.50	0.50	0.25
	국지도로		40	3.00 ~ 2.75		0.50	0.50	0.25

4.2.11 시설한계

도로의 시설한계(clearance limit)는 도로 위에서 자동차나 보행자 등의 교통안전을 확보하기 위하여 일정한 폭과 높이 안쪽에는 시설물을 설치하지 못하게 하는 도로 위의 공간 확보의 한계이다. 시설한계 내에는 교각이나 교대는 물론 조명, 방호책, 신호기, 도로표지, 가로수, 전주 등의 여러 시설을 설치할 수 없다.

도로구조규칙에서는 차도의 시설한계를 그림 4.11과 같이 규정하고 있다. 차도의 시설한계 높이 H는 4.5m가 원칙이지만 집산도로 및 국지도로에서 지형상황 등으로 인하여 부득이한 경우에는 4.2m 이상으로 한다. 소형차도로인 경우나 대형자동차의 교통량이 현저히 적고 인근에 대형 자동차가 우회할 수 있는 도로가 있는 경우에는 3m까지 축소할 수 있다.

가. 차로에 접속하여 길어깨가 있는 도로		나. 차로에 접속하여 길어깨가 설치되어 있지 아니한 도로	다. 차도 또는 중앙분리대 안에 분리대 또는 교통섬이 있는 도로
(1) 터널 또는 길이 100m 이상인 교량을 제외한 도로의 차도	(2) 터널 또는 길이 100m 이상인 교량의 차도		

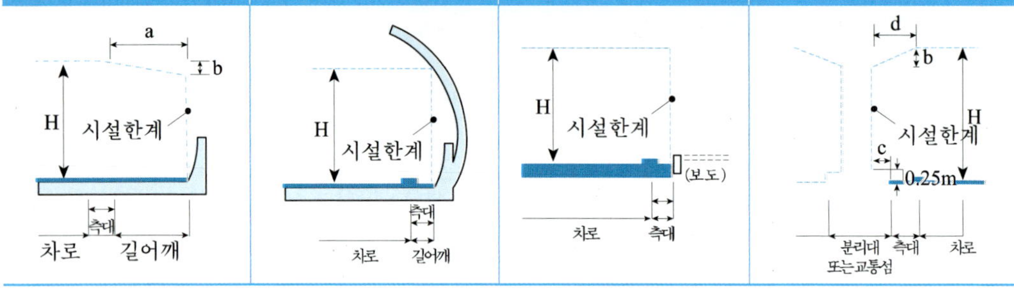

비고) 1. 가목부터 다까지의 규정에서 "H"는 차도의 시선한계 높이를 말한다.

2. 가목(1)의 "a"는 시설한계 모서리의 폭으로 차로에 접속하는 길어깨에서 측대의 폭을 뺀 값을 말한다. 다만, 길어깨에서 측대의 폭을 뺀 값이 1m를 초과하는 경우 a는 1m로 한다.

3. 가목(1) 및 다목의 "b"는 시설한계 모서리의 높이로, H에서 4m를 뺀 값을 말한다. 다만, 해당 도로가 제18조제1항제2호 및 제3호에 해당하는 경우 b는 H에서 2.8m를 뺀 값으로 한다.

4. 다목의 "c"는 노상시설 등의 보호를 위한 시설한계 폭을, "d"는 시설한계 모서리의 폭을 각각 말하며, c 및 d는 분리대와 관계가 있는 것이면 도로의 구분에 따라 각각 다음 표에서 정하는 값으로 하고, 교통성과 관계가 있는 것이면 c는 0.25m로, d는 0.5m로 한다.

(단위 : m)

구 분		c	d
고속국도	지방지역	0.25 이상 0.5 이하	0.75 이상 1.0 이하
	도시지역	0.25	0.75
그 밖의 도로		0.25	0.5

그림 4.11 차도의 시설한계

보도, 자전거도로의 시설한계 높이는 그림 4.12와 같이 2.5m 이상으로 한다.

시설한계의 상한선은 노면과 평행하게 잡으며, 양측면의 선은 그림 4.13과 같이 보통의 횡단경사를 가진 구간에는 연직으로, 편경사를 가진 구간에는 노면에 직각으로 취하게 되어 있다.

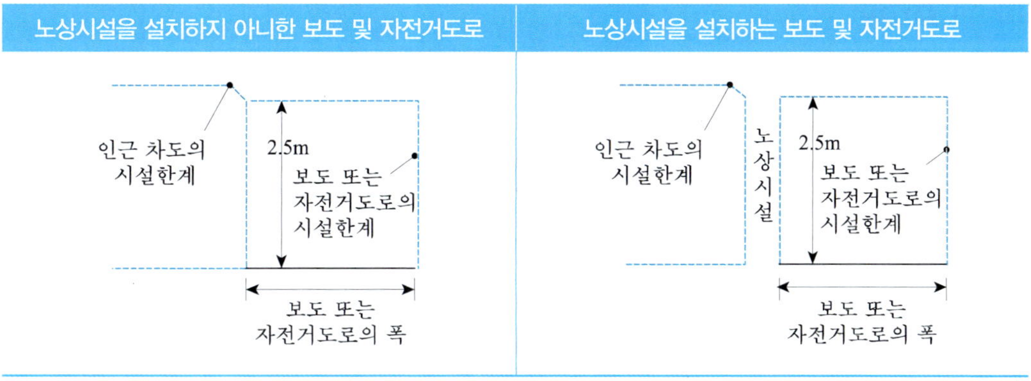

그림 4.12 보도, 자전거도로의 시설한계

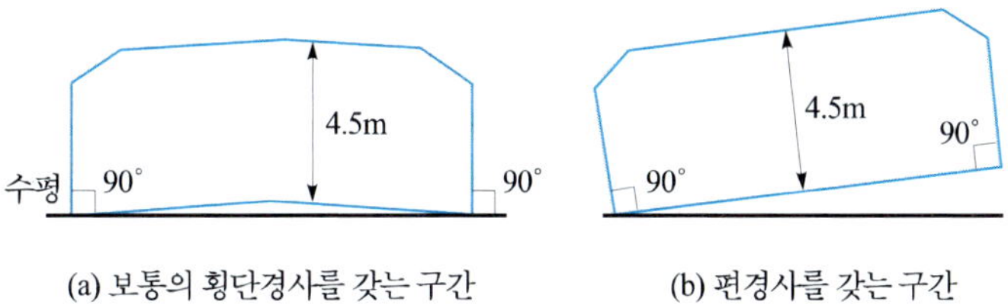

그림 4.13 경사구간의 시설한계

4.2.12 횡단경사

횡단경사는 도로의 진행방향에 직각으로 설치하는 경사로서, 도로의 원활한 배수를 위하여 설치하는 경사(그림 4.14 참조)와 평면곡선부에 설치하는 편경사(그림 4.24 참조)가 있다.

노면에 내린 빗물은 횡단경사로 측구로 유도된다. 횡단경사가 크면 클수록 배수에 유리하지만 운전의 안전과 쾌적면으로 보면 수평에 가까울수록 좋다. 따라서 횡단경사는 배수에 지장이 없는 범위에서 될 수 있는 대로 완만하게 하는 것이 좋다.

이상의 두 조건을 고려하여 도로구조규칙에는 포장의 종류에 따라 표 4.10과 같이 횡단경사의 표준값을 정하고 있다. 다만, 편경사가 설치되는 구간은 예외로 한다.

표 4.10 횡단경사

포장의 종류	횡단경사(%)
아스팔트 포장 및 시멘트 포장	1.5 ~ 2.0
간이 포장	2.0 ~ 4.0
비포장	3.0 ~ 6.0

차도 및 측대의 횡단경사 형상에는 직선경사, 곡선경사 및 직선과 곡선이 조합된 경사가 있으며, 일반적으로 도로 중심을 정점으로 하여 양측으로 내리막경사가 되도록 설치한다(그림 4.14(a)). 넓은 폭의 도로에서 2종류의 직선경사를 조합하는 경우에는 경사의 차이를 1% 정도로 제한해야 한다(그림 4.14(b)).

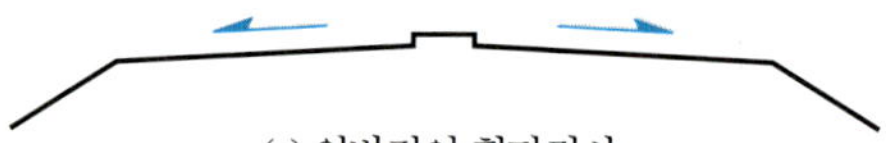

(a) 일반적인 횡단경사

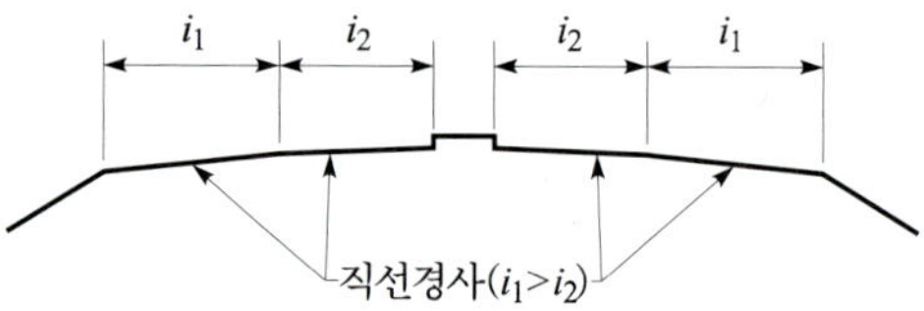

(b) 직선경사를 조합한 횡단경사

그림 4.14 횡단경사

보도 또는 자전거도로의 횡단경사는 배수를 위하여 도로 중심으로 향하여 내리막경사로 하는 것이 원칙이며, 이때 횡단경사는 교통약자의 통행안전을 위하여 2% 이하로 하며, 지형 상황 및 주변 건축물의 출입 등으로 인하여 부득이한 경우에는 4% 이하로 할 수 있다.

길어깨에도 배수를 위하여 4%의 횡단경사를 두어야 하며, 평면곡선부에서 편경사가 설치된 노면의 길어깨에는 차도의 경사와 반대로 횡단경사를 설치할 수 있다(그림 4.15 참조). 이때 길어깨와 차도의 횡단경사의 차이는 시공성, 경제성 및 교통안전을 고려하여 8% 이하로 해야 한다.

교량, 터널 내부 등과 같이 차도와 길어깨를 동등한 포장구조로 하는 경우 및 측구와 차도 사이의 좁은 길어깨(1.5m 이하)에는 시공성을 고려하여 차도와 동일한 횡단경사를 설치한다.

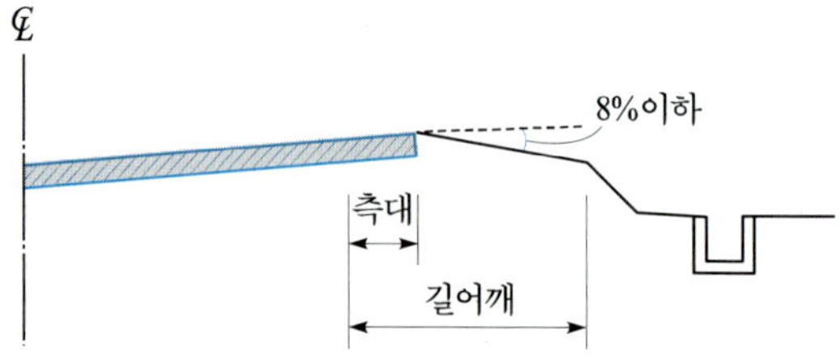

그림 4.15 평면곡선부에서의 길어깨 횡단경사

4.2.13 포 장

차로, 측대, 길어깨, 보도 및 자전거도로 등은 안정성 및 시공성 등을 고려하여 적절한 두께 및 재질 등의 구조로 포장해야 한다.

차로 및 측대는 교통량, 노상의 상태, 기후조건, 경제성, 시공성 및 유지관리 등을 고려하여 자동차가 안전하고 원활하게 통행할 수 있는 공법으로 포장해야 한다. 길어깨, 보도, 자전거도로 등은 차량주행이 적거나 작용하중이 작으므로 간이한 구조로 포장한다.

4.3 평면선형

선형(alignment)은 도로중심선이 입체적으로 그리는 형상이며, 그중 도로중심선이 평면적으로 그리는 형상을 평면선형(horizontal alignment)이라고 하고, 종단적으로 그리는 형상을 종단선형(vertical alignment)이라 한다.

평면선형은 직선, 원곡선 및 완화곡선으로 구성되고, 종단선형은 직선과 종단곡선으로 구성된다.

4.3.1 직선과 평면곡선의 적용

직선은 딱딱한 부조화의 선형이 되기 쉽고, 지형의 변화에 대해서 순응하기 어려운 결점을 갖고 있다. 또 직선구간이 너무 길게 되면 운전자는 권태를 느끼게 되고 주의력이 산만해져서 사고발생의 원인이 되기도 한다.

직선을 적용할 때는 지형과의 관계에 유의해야 하며, 다음과 같은 구간에서는 직선을 적용하는 것이 좋다.

① 평탄지 및 산과 산 사이의 넓은 골짜기
② 시가지 또는 그 근교지대로서 가로망이 직선으로 되어 있는 지역
③ 장대교 또는 긴 고가구간
④ 터널구간

직선구간의 한계길이는 주로 운전자의 심리적인 부담한계에 따라서 결정되며, 최대길이는 설계속도의 값을 그대로 20배 한 길이(m)를 사용하고 최소길이는 2배 한 길이(m)를 사용한다(표 4.11 참조).

표 4.11 직선구간의 제한길이 (단위 : m)

설계속도(km/h)	120	100	80	60	50
직선의 최대길이	2,400	2,000	1,600	1,200	1,000
반대방향으로 굴곡하는 평면곡선 사이에 삽입하는 직선의 최소길이	240	200	160	120	100
같은 방향으로 굴곡하는 평면곡선 사이에 삽입하는 직선의 최소길이	720	600	480	360	300

평면곡선을 적용할 때는 지형에 맞도록 적절히 적용시키되 될 수 있는 대로 큰 곡선반경을 쓴다. 평면곡선부에서는 종단경사와의 관계를 고려하여 작은 반경의 곡선과 급경사를 겹치지 않도록 한다.

평면곡선은 지형조건에 따라서 가능한 한 큰 것이 좋지만 직선과 구별할 수 없을 정도의 큰 반경을 쓰는 것은 의미가 없으므로 최대곡선반경은 10,000~15,000m 정도로 한다.

4.3.2 평면곡선의 종류

(1) 단원곡선

1개의 원곡선을 중간에 두고 양쪽에서 직선으로 연결한 것을 단원곡선(simple curve, circular curve)이라고 한다(그림 4.16).

(2) 복합곡선

같은 방향으로 굽고 곡률이 다른 2개 이상의 원곡선이 직접 접속하는 것을 복합곡선(compound curve)이라고 한다(그림 4.17). 곡률의 차가 클 경우에는 2개의 원곡선 사이에 중간의 곡률을 가진 원곡선을 넣거나 완화곡선을 넣는 것이 좋다.

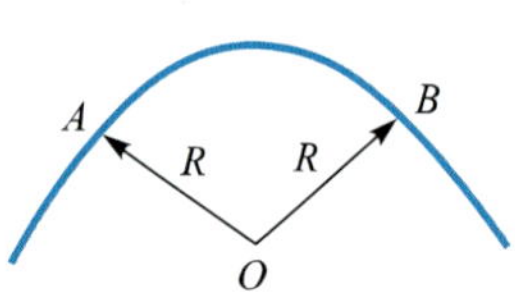

그림 4.16 단원곡선

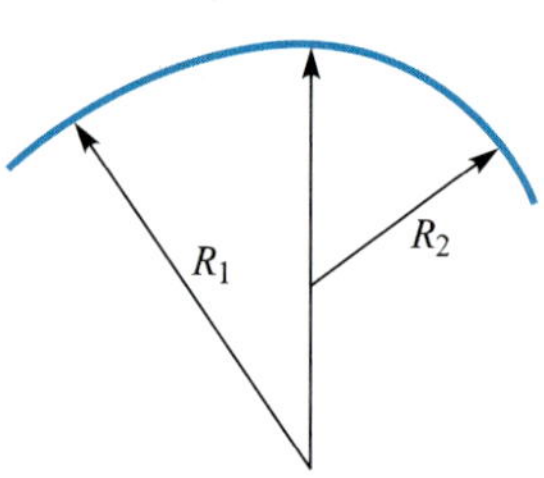

그림 4.17 복합곡선

(3) 반향곡선

그림 4.18과 같이 방향이 다른 2개의 원곡선이 직접 접속하고 있는 것을 반향곡선(reverse curve, S curve)이라고 한다. 곡률이 아주 작고 편경사를 붙일 필요가 없을 경우 이외에는 반향곡선은 피하고, (b)와 같이 2개의 원곡선 사이에 5~6초 이상의 통과시간을 요하는 직선구간이나 완화곡선을 넣어야 한다.

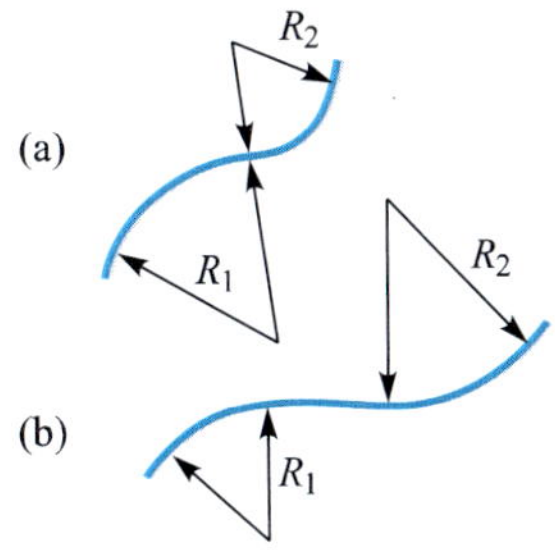

그림 4.18 반향곡선

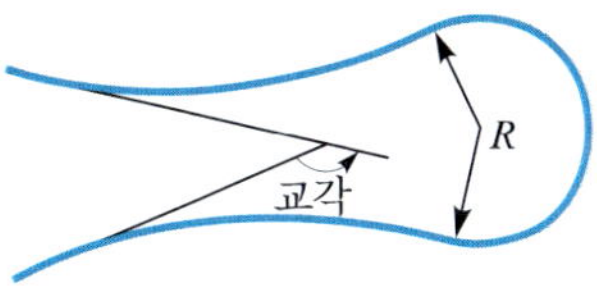

그림 4.19 배향곡선

(4) 배향곡선

그림 4.19와 같이 헤어핀(hair pin) 모양으로 된 곡선을 배향곡선(hair pin curve)이라 한다. 산악지역 도로에서 종단경사를 완화할 목적으로 지그재그식으로 올라가는 도로에서 볼 수 있으며, 교각이 180°에 가깝다.

(5) 루프곡선

평면상에서 폐합된 모양의 곡선을 루프곡선(loop curve, 그림 4.20)이라고 하며, 이 곡선은 입체교차부의 연결로(rampway)에 잘 쓰인다. 루프곡선은 배향곡선처럼 곡률이 큰 곡선부를 품고 있으므로 그 설계에는 특별한 주의를 요한다.

(6) 크로소이드곡선

곡률이 서서히 변화하는 곡선을 완화곡선(transition curve)라고 하며, 크로소이드곡선(clothoid curve)은 완화곡선의 일종으로, 직선과 원곡선 또는 곡률이 다른 두 원곡선 사이의 접속부에 쓰인다.

크로소이드곡선은 도로의 선형요소로서 중요한 위치를 차지하고 있으며, 고속도로의 평면선형 중 완화곡선으로서 현재 널리 쓰이고 있다. 크로소이드곡선의 특성은 곡률이 곡선길이에 비례하여 증대하는 것이다(그림 4.21).

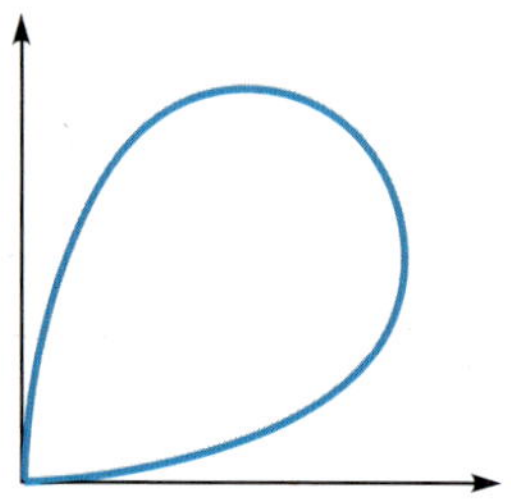

그림 4.20 루프곡선

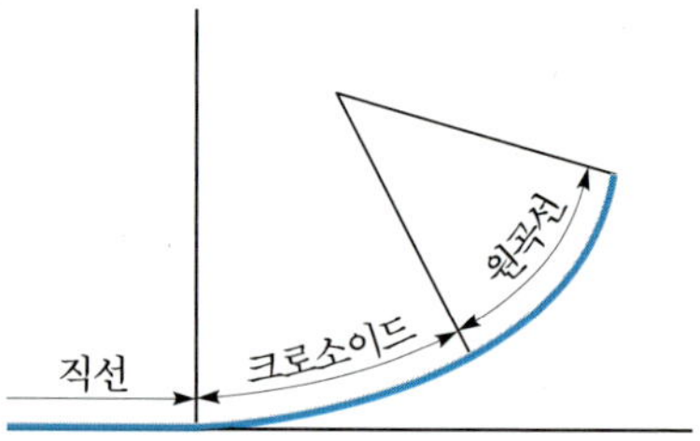

그림 4.21 크로소이드곡선

4.3.3 평면곡선의 반지름

도로의 굴곡부에 쓰이는 평면곡선의 반지름은 차량이 고속으로 안전하고 쾌적하게 주행할 수 있도록 될 수 있는 대로 큰 것이 좋다.

차량이 곡선부를 주행할 때는 원심력으로 인하여 곡선부 바깥쪽으로 미끄러지거나 전도할 위험이 있으며, 안전을 유지하는 한계는 차량의 속도 및 중량, 곡선반지름, 횡단경사 및 노면의 마찰계수 등에 지배된다. 일반적으로 전도는 횡방향으로 미끄러진 후에 일어나므로 미끄럼에 대한 검토를 하면 안전하다.

(1) 횡방향 미끄럼을 일으키지 않기 위한 조건

지금 그림 4.22에서

F : 원심력(kg)
g : 중력가속도(≒9.8m/sec^2)
v : 자동차의 속도(m/sec)
W : 자동차의 총 중량(kg)
θ : 노면의 경사각
i : 노면의 편경사(=tanθ)
R : 곡선반경(m)
f : 노면과 타이어 사이의 횡방향 미끄럼마찰계수라 하면

$$F=\frac{W}{g}\cdot\frac{v^2}{R} \tag{4.4}$$

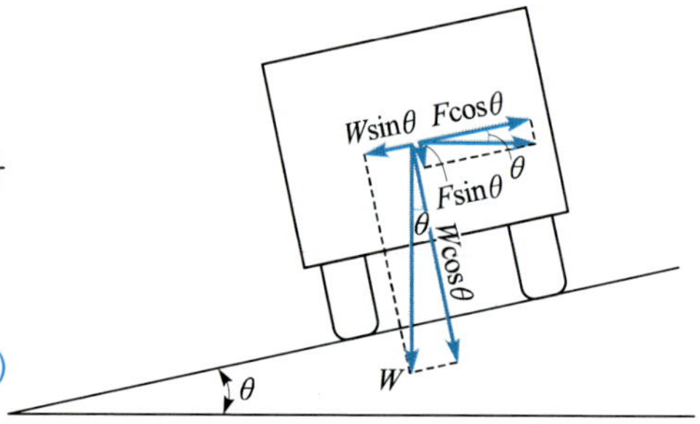

그림 4.22 곡선부 주행 중의 차량에 작용하는 힘

노면에 평행한 힘의 성분을 고려하고 횡방향으로 미끄러지지 않기 위해서는 다음 조건을 만족해야 한다.

$$F\cos\theta - W\sin\theta \le f(F\sin\theta + W\cos\theta) \tag{4.5}$$

양변을 $\cos\theta$로 나누고, 식 (4.4)의 관계 및 $\tan\theta = i$를 대입하면

$$\frac{v^2}{gR} - i \le f\left(\frac{v^2}{gR}i + 1\right)$$

$$v^2 \le gR\left(\frac{f+i}{1-fi}\right)$$

fi는 1에 비해서 대단히 작으므로 $1 - fi \fallingdotseq 1$로 하면 다음 식을 얻는다.

$$v^2 \le gR(f+i) \tag{4.6}$$

여기에 $v(\text{m/sec}) = V(\text{km/h})/3.6$, $g = 9.8\text{m/sec}^2$를 대입하면

$$V^2 \le 127R(f+i)$$

$$R \ge \frac{V^2}{127(f+i)} \tag{4.7}$$

식 (4.7)은 횡방향 미끄럼을 일으키지 않기 위한 속도, 곡선반지름, 편경사 및 횡방향 미끄럼마찰계수 사이의 관계식이다. 최소 곡선반지름을 구하려면 식 (4.7)의 양변을 같다고 놓으면 된다.

$$R = \frac{V^2}{127(f+i)} \tag{4.8}$$

(2) 최소 평면곡선 반지름의 산정

실측값으로부터 구한 f의 값은 노면 및 타이어 상태에 따라 변하며, 시멘트 포장에서 0.4~0.6, 아스팔트 포장에서 0.4~0.8이다. 그러나 강우의 초기, 빙설 동결 시 등에는 아주 저하하며 미끄러운 빙설면에서는 0.2 이하로 떨어진다. 승차감의 쾌적성을 고려하여 일반도로에서는 f=0.10~0.15를 채용하면 충분히 안전하다.

평면곡선부의 횡단경사에는 편경사 i를 붙이고, 그 최대치는 도로의 구분 및 지역의 기상조건에 따라서 6%, 8%로 규정되어 있다.

f의 값을 0.10~0.16를 취하여 식 (4.8)로 계산한 최소 평면곡선 반지름을 도로구조규칙

에서는 표 4.12와 같이 규정하고 있다.

표 4.12 최소 평면곡선 반지름

설계속도 (km/h)	횡방향 미끄럼 마찰계수	최소 평면곡선 반지름(m)					
		최대 편경사 6%		최대 편경사 7%		최대 편경사 8%	
		계산값	규정값	계산값	규정값	계산값	규정값
120	0.10	709	710	667	670	630	630
110	0.10	596	600	560	560	529	530
100	0.11	463	460	437	440	414	420
90	0.11	375	380	354	360	336	340
80	0.12	280	280	265	265	252	250
70	0.13	203	200	193	190	184	180
60	0.14	142	140	135	135	129	130
50	0.16	89	90	86	85	82	80
40	0.16	57	60	55	55	52	50
30	0.16	32	30	31	30	30	30
20	0.16	14	15	14	15	13	15

4.3.4 평면곡선의 길이

평면곡선의 길이는 평면곡선부의 차도 중심선의 길이를 말하며, 완화곡선을 사용하는 경우에는 그 길이를 포함한 값이다.

평면곡선부의 길이가 짧을 때는 운전자는 핸들을 돌리자마자 다시 바로 잡아야 하므로 운전이 힘들 뿐 아니라 차중의 사람은 충격을 받고 특히 고속으로 주행하고 있을 때는 위험하기도 하다.

또 도로교각(그림 4.23)이 작을 경우에는 곡선의 길이가 실제보다 짧게 보이는 착각을 일으키고 곡선반경도 작게 보이기 쉬우므로 속도의 저하를 가져오게 된다. 그래서 최소곡선길이는 다음과 같은 조건을 고려하여 정하고 있다.

① 운전자가 핸들 조작에 불편을 느끼지 않게 한다.

② 곡률의 변화로 인한 원심가속도의 변화율을 일정한 값 이하로 한다.

③ 교각이 작을 경우에 곡선반경이 실제보다 작게 보이는 착각을 일으키지 않는 정도 길이로 한다.

운전자가 핸들조작에 불편을 느끼지 않게 하려면 경험상 적어도 4초간 주행하는 거리가 있으면 된다고 하므로 설계속도에 따라 이 길이를 구할 수가 있다. 인체에 불쾌감을 주지 않는 원심가속도의 변화율 p의 허용치는 경험상으로 0.5~0.75m/sec^{3}라 한다. 설계속도에 따른 최소 평면곡선반경의 바람직한 값에 대한 원심가속도의 변화율 p는 곡선부의 통과시간을 4초로 하여 계산해보면 모두 0.5m/sec^{3}가 된다. 따라서 교각이 클 때의 평면곡선의 최소길이는 ①과 ②를 고려하여 주행시간을 4초로 하여 구할 수 있다.

③에 대해서는 도로교각이 작기 때문에 운전자가 착각을 일으키는 한계를 5°로 보고 있다. 착각을 일으키지 않기 위해서는 그림 4.23의 외선길이(secant length) AB가 어느 정도 이상의 길이가 되게 하는 곡선의 길이를 정하면 된다. 그래서 교각이 5° 미만일 때는 곡선을 크로소이드의 볼록형으로 생각하고, 그 외선길이가 도로의 교각이 5°일 때의 외선길이와 같은 길이가 되도록 곡선길이를 구하여 이것을 평면곡선의 최소길이로 한다.

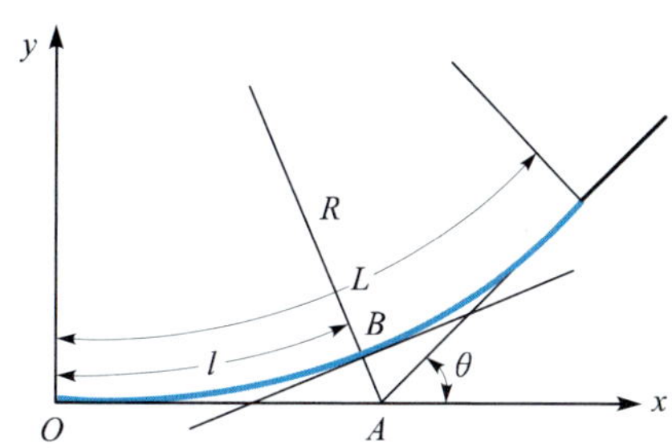

그림 4.23 곡선길이와 교각

그림 4.23을 참조하여 곡선의 길이를 L, 교각을 θ, 외선길이를 N이라 하면, 크로소이드 성질을 이용하여 다음 관계식을 구할 수 있다.

$$L = 688\frac{N}{\theta} \tag{4.9}$$

이 식에서 L에 완화구간에서 규정한 완화곡선의 최소길이의 2배의 값을 넣고 $\theta = 5°$로 하여 N을 구하면, 이것이 교각 5°일 때의 외선길이이다. 이 N의 값을 식 (4.9)에 대입하면 교각이 5° 미만일 때의 평면곡선의 최소길이를 나타내는 식이 θ의 함수로서 구해진다.

가령 설계속도가 120km/h인 경우의 완화곡선의 최소길이는 표 4.17에 의하여 70m, $\theta =$ 5°를 식 (4.9)에 대입하면,

$$70 \times 2 = 688\frac{N}{5}$$

$$N = \frac{70 \times 2 \times 5}{688} = 1.02$$

$$L = 688 \frac{1.02}{\theta} \fallingdotseq \frac{700}{\theta}$$

표 4.13은 이상과 같은 계산에서 구한 평면곡선의 최소길이를 표시한 것이다. 오른쪽의 값은 주행시간을 4초로 하여 구하는 것으로 완화구간의 최소길이의 2배에 해당되며, 도로교각이 5° 이상인 경우의 평면곡선의 최소길이를 나타낸 것이다. 도로교각 θ가 5° 미만일 때는 왼쪽의 값을 쓰며, θ가 2° 미만일 때는 2°로 계산한다.

표 4.13 평면곡선의 최소길이

설계속도(km/h)	평면곡선의 최소길이(m)	
	도로의 교각이 5° 미만인 경우	도로의 교각이 5° 이상인 경우
120	700 / θ	140
110	650 / θ	130
100	550 / θ	110
90	500 / θ	100
80	450 / θ	90
70	400 / θ	80
60	350 / θ	70
50	300 / θ	60
40	250 / θ	50
30	200 / θ	40
20	150 / θ	30

4.3.5 편경사

평면곡선부를 주행하는 차량은 원심력을 받는다. 원심력의 영향을 적게 하기 위하여 평면곡선부의 횡단면에는 곡선의 안쪽으로 향하여 경사를 붙이며, 이것을 편경사(superelevation)라고 한다.

차량은 편경사 및 타이어와 노면사이의 마찰로 평면곡선부에서도 안전한 주행을 할 수 있다. 식 (4.6)을 변형하면 다음 식을 얻을 수 있다.

$$\frac{v^2}{R} = g(f + i) \tag{4.10}$$

편경사 i를 크게 하면 원심력의 영향을 적게 할 수 있지만 곡선부의 승차감을 위해서는 불리하다. 승차한 사람이 받는 원심력과 차량자중의 합력이 노면에 수직이 되게 하면 승차감이 과히 나쁘지 않기 때문에 이러한 편경사를 사용하는 것이 좋다.

원심력은 차량의 속도에 따라 다르며, 모든 속도의 차량에 대해서 앞서 말한 조건을 만족할 수는 없으므로 가장 빈도가 많은 속도에 대하여 적용된다. 빈도가 많은 속도로서는 보통 설계속도의 70~90% 정도로 생각하고 있다. 이 속도를 평균속도 V_m(km/h)로 한다.

지금 그림 4.24에서 차량 자중 W와 원심력 F와의 합력이 노면에 수직이 되게 하면, 다음 식을 얻을 수 있다.

$$\tan\theta = \frac{F}{W} = i$$

원심력의 원리에서

$$F = \frac{W}{g}\cdot\frac{v^2}{R} = \frac{W}{g}\cdot\frac{(V_m/3.6)^2}{R} = \frac{WV_m^2}{127R}$$

$$\therefore\ i = \frac{V_m^2}{127R} \tag{4.11}$$

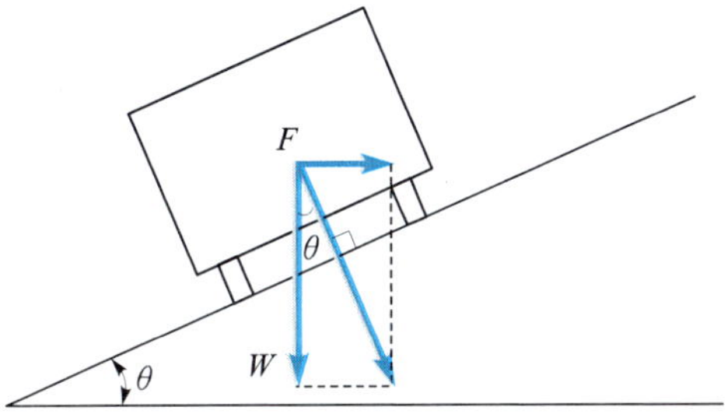

그림 4.24 편경사 설명도

차도의 평면곡선부에는 도로가 위치하는 지역, 적설 정도, 설계속도, 평면곡선반지름 및 지형상황 등에 따라 표 4.14의 비율 이하의 편경사를 두어야 한다. 다만, 평면곡선반지름을 고려하여 편경사가 필요 없는 경우나 설계속도가 60km/h 이하인 도시지역 도로에서 부득이한 경우에는 편경사를 두지 아니할 수 있다.

표 4.14 최대 편경사

구 분		최대 편경사(%)
지방지역	적설한랭지역	6
	기타 지역	8
도시지역		6
연 결 로		8

원심력은 평면곡선반지름의 크기에 반비례하므로 곡선반지름이 클 때는 원심가속도는 작아지고 편경사는 대단히 작아도 상관없다. 그러나 너무 편경사가 작으면 노면배수를 위해서는 좋지 못하므로 직선부의 횡단경사의 값 1.5~2.0%를 최소치로 한다.

또 평면곡선반지름이 아주 클 때는 편경사 i가 (−)가 되어도 충분히 안전하다. 즉, 편경사는 붙이지 않고 직선부의 횡단경사를 그대로 두어도 무방하다. 편경사를 붙이지 아니할 수 있는 곡선반지름은 식 (4.8)로 계산할 수 있으며, 마찰계수 f의 값을 0.035로 하고 횡단경사 1.5% 및 2.0%에 대해서 구한 값은 표 4.15와 같이 된다.

표 4.15 편경사를 생략할 수 있는 평면곡선반지름 (단위 : m)

설계속도(km/h)		120	100	80	70	60	50	40	30	20
횡단경사	2.0%	7,599	5,249	3,360	2,572	1,889	1,312	839	472	210
	1.5%	5,699	3,937	2,520	1,929	1,417	984	630	354	154

4.3.6 평면곡선부의 확폭

자동차가 평면곡선부를 주행할 때는 앞바퀴와 뒷바퀴는 다른 궤적을 그리며 뒷바퀴는 앞바퀴보다 안쪽으로 기울어진다. 그러므로 곡선부에서는 직선부에 비해서 차로의 폭을 넓혀야 한다. 또 곡선부에서는 자동차의 운전이 직선부보다 어려우므로 이를 위해서도 폭을 넓혀 놓는 것이 좋다.

이와 같이 평면곡선부에서 넓혀야 할 폭의 크기를 확폭이라 한다. 확폭은 원칙적으로 차로 안쪽에 행하고 다른 차로의 차량이 침입하지 못하도록 차로마다 확폭한다.

그림 4.25와 같이 자동차는 그 전면의 중심 A가 항상 차로의 중심선 위에 놓이게 하여 주행하는 것으로 하며 뒤차폭의 중심은 ε만큼 차로중심선의 안쪽으로 기울어지므로 이것을 확폭량으로 한다.

1) 보통자동차의 확폭량

R : 차로중심선의 반지름

ε : 확폭량

L : 차량의 전면에서 뒤차축까지의 거리라 하면 다음 관계가 성립한다.

$\varepsilon = R - \sqrt{R^2 - L^2}$ 에서

$$L^2 = 2R\varepsilon - \varepsilon^2$$

ε^2는 $2R\varepsilon$에 비해서 대단히 작으므로 이것을 생략하면 확폭량은 다음과 같이 된다.

$$\varepsilon = \frac{L^2}{2R} \tag{4.12}$$

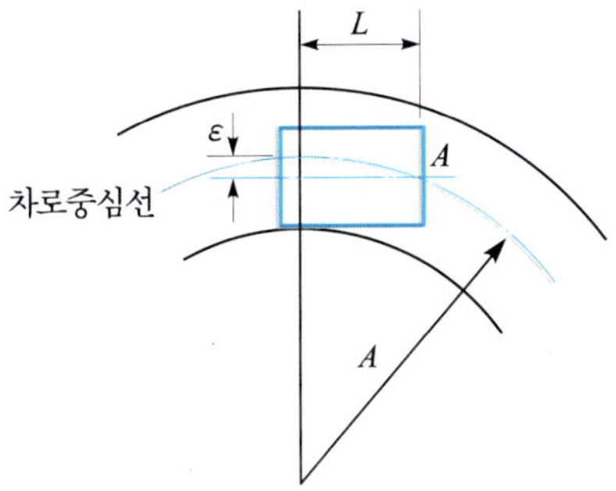

그림 4.25 평면곡선부의 확폭

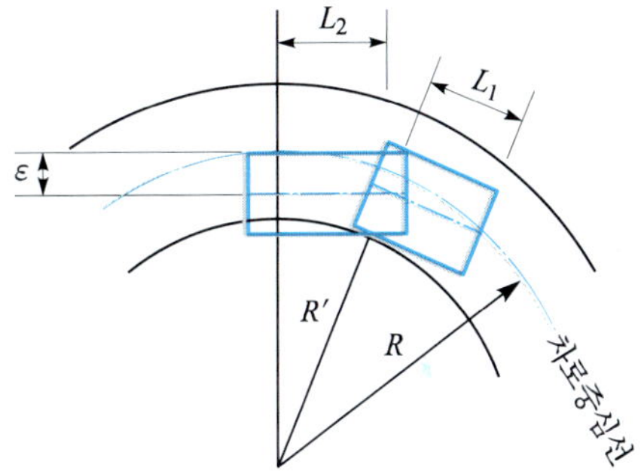

그림 4.26 세미 트레일러에 대한 평면곡선부의 확폭

2) 세미 트레일러의 확폭량

1)의 경우와 같이 그림 4.26에서 견인차에 대한 확폭량은

$$\varepsilon_1 = \frac{L_1^2}{2R} \tag{4.13}$$

피견인차에 대한 확폭량은

$$\varepsilon_2 = \frac{L_2^2}{2R'} \qquad R' = R - \varepsilon_1$$

이 되며, $R' = R$이라 하면

$$\varepsilon_2 = \frac{L_2^2}{2R}$$

이 되어 전확폭량은 다음 식으로 구해진다.

$$\varepsilon = \varepsilon_1 + \varepsilon_2 = \frac{L_1^2 + L_2^2}{2R} \tag{4.14}$$

여기서, R : 차로중심선의 반지름

ε : 확폭량

ε_1 : 견인차에 대한 확폭량

ε_2 : 피견인차에 대한 확폭량

L_1 : 세미 트레일러의 전면에서 제2축까지의 거리

L_2 : 세미 트레일러의 제2축에서 제3축까지의 거리

도로구조규칙에는 차도 평면곡선부의 각 차로는 평면곡선반지름 및 설계기준 자동차에 따라 표 4.16의 폭만큼 확폭하도록 되어 있다. 다만, 도시지역도로(고속국도는 제외)에서 도시·군관리계획이나 주변 지장물 등으로 인하여 부득이한 경우나 설계기준자동차가 승용자동차인 경우에는 확폭을 하지 아니할 수 있다.

표 4.16 평면곡선부의 확폭량

세미 트레일러		대형자동차		소형자동차	
평면곡선반지름 (m)	최소확폭량 (m)	평면곡선반지름 (m)	최소확폭량 (m)	평면곡선반지름 (m)	최소확폭량 (m)
150 이상~280 미만	0.25	110 이상~200 미만	0.25	45 이상~55 미만	0.25
90 이상~150 미만	0.50	65 이상~110 미만	0.50	25 이상~45 미만	0.50
65 이상~90 미만	0.75	45 이상~65 미만	0.75	15 이상~25 미만	0.75
50 이상~65 미만	1.00	35 이상~45 미만	1.00		
40 이상~50 미만	1.25	25 이상~35 미만	1.25		
35 이상~40 미만	1.50	20 이상~25 미만	1.50		
30 이상~35 미만	1.75	18 이상~20 미만	1.75		
20 이상~30 미만	2.00	15 이상~18 미만	2.00		

예제 4.1

주간선도로와 보조간선도로의 확폭은 세미 트레일러로 계산을 하고 있다. 차로중심선의 반지름이 100m일 때 4차로 도로의 확폭량을 계산하라.

풀이

L_1은 그림 4.1과 같이 앞내민 길이와 제1축과 제2축과의 축간 거리를 더한 값이므로

$$L_1 = 1.3 + 4.2 = 5.5(\text{m})$$

L_2는 제2축과 제3축 사이의 축간 거리이므로 9.0m이다. 그러므로 식 (4.17)에 의하여

$$\varepsilon = \frac{(5.5)^2 + (9.0)^2}{2 \times 100} = 0.56(\text{m})$$

확폭량을 0.25m식 끊기로 하면 0.50m가 된다. 즉, 표 4.16과 일치한다.
이 경우는 4차로 도로이므로 4배하여 0.5m×4=2.0m를 확폭해야 한다.

4.3.7 완화곡선 및 완화구간

(1) 개요

완화곡선은 직선부와 평면곡선 사이 또는 평면곡선과 평면곡선 사이에서 자동차의 원활한 주행을 위하여 설치하는 곡선으로서, 곡선상의 위치에 따라 곡선반지름이 변하는 곡선이다.

완화곡선을 설치함으로써 다음과 같은 이점을 얻을 수 있다.

① 평면곡선반지름을 서서히 변화시켜 평면곡선부를 주행하는 차량에 대한 원심력을 점차적으로 변화시킴으로써 일정한 주행속도 및 주행궤적을 유지시킨다.
② 표준횡단경사 구간과 곡선부의 최대편경사 구간을 원활하게 접속시킨다.
③ 표준 횡단폭과 곡선부의 확폭된 폭을 원활하게 접속시킨다.
④ 원곡선의 시작점과 끝점에서 절곡된 형상을 시각적으로 원활하게 보이도록 한다.

완화곡선의 선형으로는 크로소이드(clothoid)곡선을 가장 많이 사용하고 있으며, 크로소이드곡선은 자동차가 등속으로 주행할 때의 주행궤적과 거의 같은 선형을 나타낸다.

(2) 자동차의 완화주행궤적

직선부를 주행하는 자동차가 일정반경의 원곡선에 들어올 때는 회전반지름이 무한대에서 차츰 일정반지름이 되도록 핸들을 조작한다. 직선주행으로부터 일정반지름의 원곡선의 주행으로 옮길 때까지의 주행을 완화주행이라고 한다. 그때의 주행궤적에 대해서 생각해 보자.

그림 4.27의 곡선은 자동차의 완화주행궤적을 나타낸 것이다. dt시간 사이의 주행거리를 ds, 회전각을 $d\theta$ 라 하면 회전각속도 ω는 다음 식으로 표시된다.

$$\omega = \frac{d\theta}{dt} = \frac{d\theta}{ds} \cdot \frac{ds}{dt} = \frac{v}{R} \quad \left(\because \frac{d\theta}{ds} = \frac{1}{R},\ \frac{ds}{dt} = v\right) \tag{4.15}$$

여기서, v : 자동차의 주행속도(m/sec)

R : 주행궤적상의 임의의 점에서의 곡선반지름(m)

그림 4.28을 참조하여 조향각을 ϕ, 축간 거리를 b라 하면, $R = b/\tan\phi$이다.

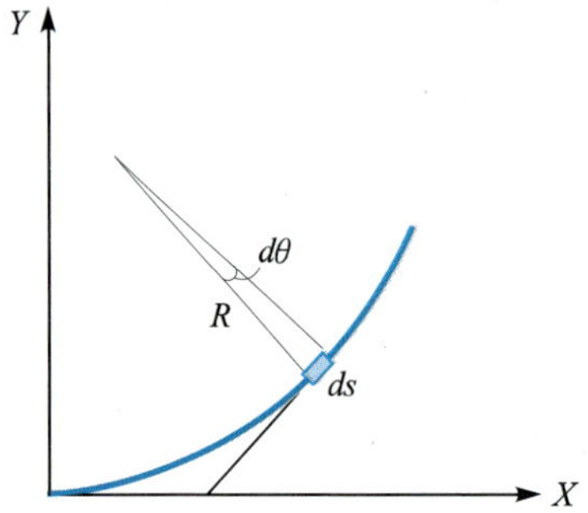

그림 4.27 완화주행궤적

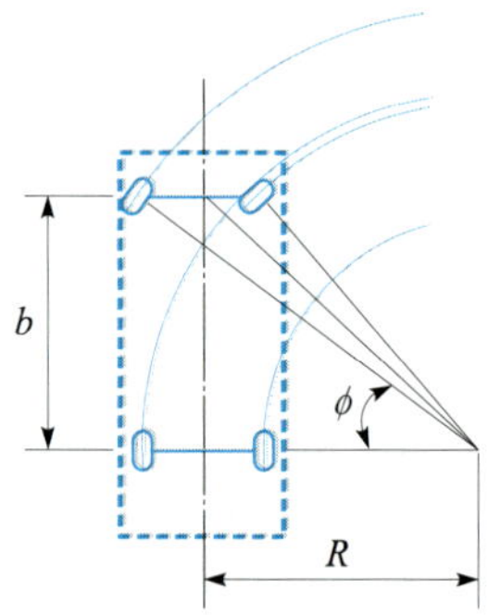

그림 4.28 조향각

지금 속도 v를 일정하다고 하면 회전각가속도 $d\omega/dt$는 다음과 같다.

$$\frac{d\omega}{dt} = \frac{d}{dt}\left(\frac{v}{R}\right) = \frac{d}{dt}\left(\frac{v\tan\phi}{b}\right) = \frac{v}{b}\sec^2\phi\frac{d\phi}{dt}$$

직선주행에서 곡선주행으로 옮기려는 자동차에 대해서 이 회전각가속도가 일정하게 되는 주행이 운전하기 쉬운 주행이라고 가정하고, 그 궤적을 구해보면 다음과 같다.

$$\frac{v}{b}\sec^2\phi\frac{d\phi}{dt} = k \ (\text{일정})$$

이것을 풀면

$$\tan\phi = \frac{kb}{v}t + C$$

$t = 0$에서 $\tan\phi = 0$이므로 $C = 0$, 또 $R = b/\tan\phi$이므로

$$\frac{1}{R} = \frac{k}{v}t$$

곡선의 시점으로부터의 길이를 L이라 하면 $t = L/v$이므로

$$\frac{1}{R} = \frac{kL}{v^2}$$

$$R \cdot L = \frac{v^2}{k} = A^2 \text{ (일정)} \quad (4.16)$$

식 (4.16)은 크로소이드의 일반식이다. 여기서 A를 크로소이드의 정수(parameter)라고 한다.

(3) 완화곡선 및 완화구간의 길이

완화곡선의 길이가 너무 짧으면 편경사, 확폭의 접속설치가 급하게 되어 승차감을 해칠 뿐 아니라 원심가속도의 변화율이 커지고 또 핸들조작에도 무리가 생겨 좋지 못하다. 그러므로 완화곡선길이는 핸들조작에 무리가 없을 정도의 시간이 걸리는 길이로 해야 한다.

설계속도가 60km/h 이상인 도로의 평면곡선부에는 완화곡선을 설치해야 하며, 완화곡선의 길이는 2초간의 완화주행을 고려하여 표 4.17의 길이 이상으로 한다.

설계속도가 60km/h 미만인 도로의 평면곡선부에는 직선구간과 원곡선구간을 직접 연결하고 곡선부에는 완화구간을 설치하여 편경사를 설치하거나 확폭을 해야 한다. 이 경우 완화구간의 길이는 표 4.18의 값 이상으로 한다.

표 4.17 완화곡선의 최소길이

설계속도(km/h)	완화곡선의 최소길이(m)
120	70
110	65
100	60
90	55
80	50
70	40
60	35

표 4.18 완화구간의 최소길이

설계속도(km/h)	완화구간의 최소길이(m)
50	30
40	25
30	20
20	15

(4) 완화곡선의 생략

완화곡선을 직선부와 원곡선 사이에 삽입할 경우에는 그림 4.29와 같이 직선과 원곡선

을 직접 접속할 때에 비해서 S만큼 이정량(shift)이 생긴다. 이정량이 차로폭에 포함된 여유폭에 비하여 매우 작은 경우에는 직선과 원곡선을 직접 접속시켜도 실제 주행은 직선부에서 완화곡선으로 주행할 수 있다. 이 이정량의 한계는 20cm 정도이며, 이 값 이하에서는 완화곡선을 생략하고 직선부와 원곡선을 직결해도 무방하다.

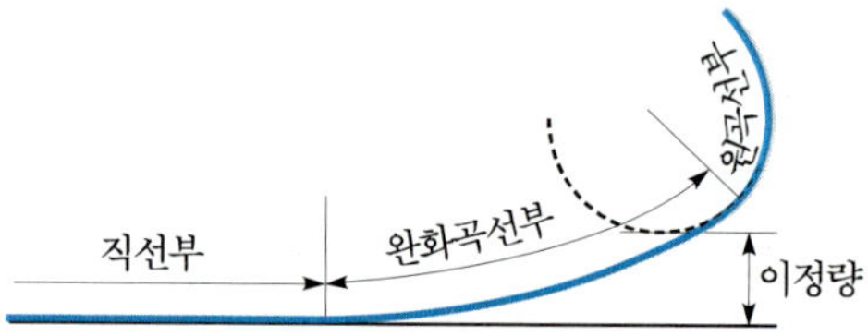

그림 4.29 완화곡선의 이정량

반경 R(m)인 원곡선에 길이 L인 완화곡선을 삽입할 때의 이정량 S(m)는 근사적으로 다음 식으로 나타난다.

$$S \fallingdotseq \frac{1}{24} \cdot \frac{L^2}{R} \tag{4.17}$$

이정량에 0.2m, 완화곡선길이 L에 2초간 주행거리를 대입하여 완화곡선을 생략할 수 있는 최소곡선반지름을 구하면 표 4.19와 같이 된다.

표 4.19 완화곡선을 생략할 수 있는 최소곡선반지름

설계속도(km/h)	계산값(m)	적용값(m)
120	921.6	3,000
100	640.0	2,000
80	409.6	1,300
70	313.6	1,000
60	230.4	700

(5) 편경사의 접속설치

도로횡단면의 형상을 표준형상에서 편경사가 붙은 형상으로 변화시키기 위하여 노면 각부의 높이를 서서히 변화시켜 가는 것을 편경사의 접속설치라고 한다.

편경사의 접속설치 방법으로서는 그림 4.30(a)와 같이 차로의 중심선의 높이는 그냥 두고 그 양쪽을 변화시키는 경우와 (b)와 같이 안쪽 차도끝 높이는 변하지 않고 바깥쪽 부분을 올려 가는 경우가 있다. (a)의 경우는 직선부와 곡선부 차도끝의 고저차가 작으므로 (b)의 경우보다 양호하다. (c)는 바깥쪽 끝은 그냥 두고 안쪽 끝만 낮춘 경우이다. 분리대로 차도가 분리되어 있는 도로에는 그림 4.31과 같이 편경사를 붙인다.

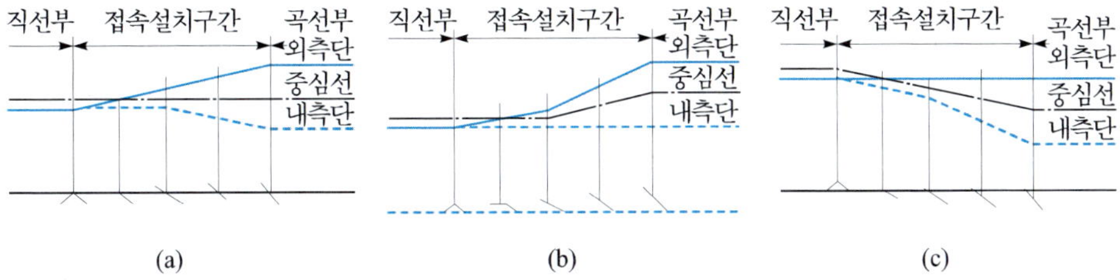

그림 4.30 편경사의 접속설치

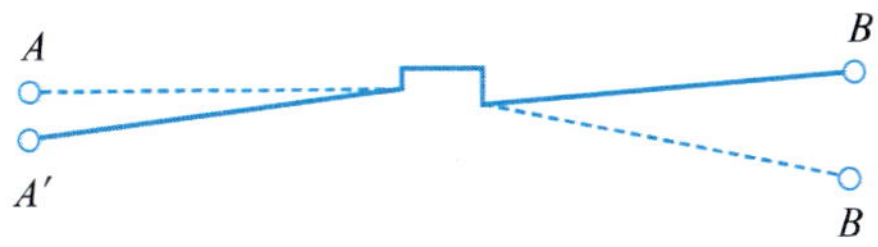

그림 4.31 분리도로의 편경사 접속설치법

편경사의 접속설치 비율은 완만한 편이 좋으며, 편경사가 설치되는 차로수가 2개 이하일 때는 설계속도에 따라 표 4.20에 표시한 값 이하로 하는 것이 좋다.

편경사는 완화곡선 전장에 걸쳐서 설치해야 하므로 완화곡선은 편경사의 접속설치가 표 4.20에 주어진 비율 이하가 되도록 하는 길이가 필요하다. 차로수가 3, 4, 5, 6개인 경우에는 그 값에 보정계수 1.25, 1.50, 1.75, 2.00을 각각 곱한 값을 적용한다.

표 4.20 편경사의 최대 접속설치율

설계속도(km/h)	편경사 최대 접속설치율
120	1/200
110	1/185
100	1/175
90	1/160
80	1/150
70	1/135
60	1/125
50	1/115
40	1/105
30	1/95
20	1/85

편경사의 접속설치 비율은 일반적으로 되도록 완만한 것이 좋으나, 너무 완만하면 배향곡선의 변곡점 부근 등에서 횡단경사가 수평에 가까운 구간이 길어져서 배수에 지장을 가져오는 수가 있으므로 주의를 요한다.

(6) 확폭의 접속설치

확폭은 보통 완화곡선의 전장에 걸쳐서 설치한다. 그림 4.32와 같이 완화곡선의 시점에서 서서히 넓혀가서 종점에 이르러 앞 절에서 말한 확폭량에 맞도록 한다.

확폭의 접속설치로 만들어진 안쪽 경계선은 부드러운 곡선이 되게 하고 설계속도가 높은 도로에는 완화곡선을 쓰는 것이 좋다.

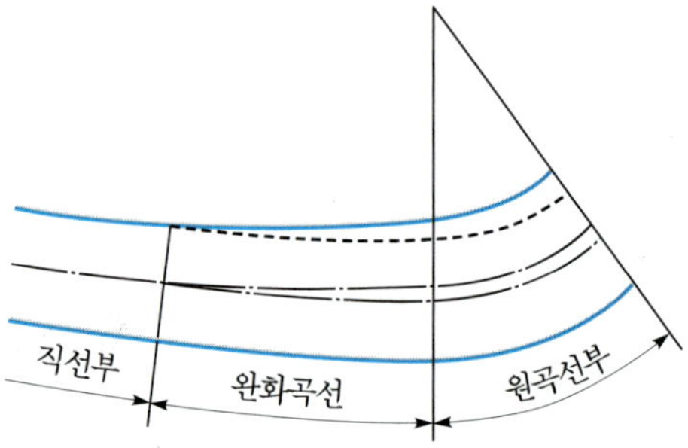

그림 4.32 완화곡선의 확폭

4.4 시거(視距)

4.4.1 시거의 종류

시거(sight distance)는 운전자가 주행 시 전방을 내다볼 수 있는 차로중심선의 거리를 말한다(그림 4.33 참조). 도로 위를 주행하는 차량이 노면 위에 있는 장애물을 발견하고 제동정지하거나 저속차를 추월할 때 충돌의 위험이 없도록 도로의 선형은 운전자의 위치에서 전방을 충분히 내다볼 수 있어야 한다.

시거는 차로 또는 도로의 중심선에 따라 측정한 길이이므로 그림 4.33(a)에 표시한 바와 같이 곡선부에서는 현 AB가 아니고 호 ACB가 시거이다.

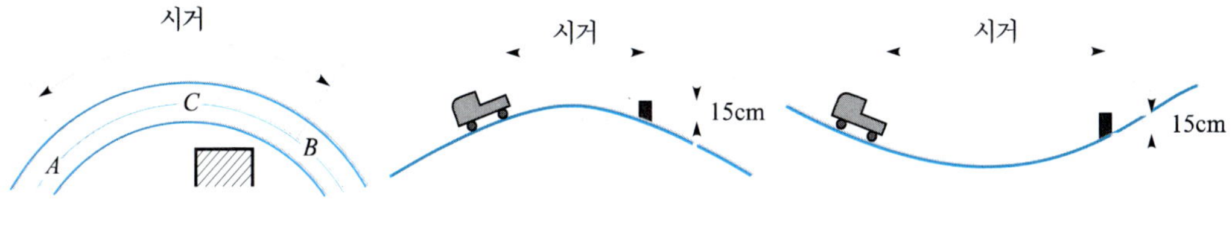

(a) (b) (c)

그림 4.33 곡선부의 시거

시거에는 정지시거, 피주시거 및 앞지르기시거의 3종류가 있으며, 차로주의를 채택한 경우에는 정지시거가 주된 것이 된다.

정지시거는 전방의 동일 차로상에 고장차 등의 장애물을 인지한 경우에 제동을 걸어서 정지하기 위하여 필요한 시거이며, 피주시거는 동일 차로상에 고장차 등이 있는 경우에 인접차로로 피하기 위하여 필요한 시거이고, 일반적으로 정지시거가 확보되어 있으면 충분하다. 앞지르기시거는 양방향 2차로 도로를 주행하는 자동차가 앞서가는 저속차를 추월하는 데 필요한 시거이다.

정지시거는 차로의 중심선의 1.0m의 높이에서 같은 차로의 중심선상에 있는 높이 15cm의 물체의 정점을 내다볼 수 있는 거리를 차로의 중심선에 따라 측정하며, 앞지르기시거는 차로의 중심선상 1.0m의 높이에서 반대쪽 차로의 중심선상에 있는 높이 1.2m의 자동차를 인지하고 앞차를 안전하게 앞지를 수 있는 거리를 도로의 중심선에 따라 측정한다. 1.0m의 높이는 승용차 운전자의 눈높이를 생각한 것이다.

도로구조규칙은 도로에는 그 도로의 설계속도에 따라 표 4.21의 길이 이상의 정지시거를 확보하도록 규정하고 있으며, 종단경사 구간에서는 종단경사를 고려한 길이를 가감하여 정지시거를 확보하도록 규정하고 있다.

표 4.21 정지시거의 최소치

설계속도(km/h)	정지시거(m)
120	225
110	195
100	170
90	145
80	120
70	100
60	80

설계속도(km/h)	정지시거(m)
50	60
40	45
30	30
20	20

4.4.2 정지시거

정지시거는 운전자가 노면상의 장애물을 발견하고 나서 브레이크를 밟을 때까지의 지각반응시간 사이에 주행한 거리 d_1과 브레이크를 밟고 나서 자동차가 정지할 때까지의 거리(제동거리) d_2의 합으로서 다음과 같이 구한다.

$$d_1 = v \cdot t = \frac{V}{3.6} t$$

$$d_2 = \frac{v^2}{2gf} = \frac{v^2}{2a} = \frac{V^2}{2a(3.6)^2} = 0.0386 \frac{V^2}{a}$$

$$D = d_1 + d_2 = \frac{V}{3.6} t + 0.0386 \frac{V^2}{a} \qquad (4.18)$$

여기서, D : 정지시거(m)
v : 설계속도(m/sec)
V : 설계속도(km/h)
t : 반응시간(sec)
g : 중력가속도(m/sec^2)
f : 노면과 타이어 사이의 종방향 미끄럼마찰계수
a : 감속도(m/sec^2)

반응시간은 2~3초 정도이며, t=2.5초, g=9.8m/sec^{2}를 식 (4.18)에 대입하면 다음 식과 같이 된다.

$$D = 0.694V + 0.0386 \frac{V^2}{a} \qquad (4.19)$$

감속도 a의 값은 속도, 노면 및 타이어의 상태, 노면의 건습 등에 따라 다르나, 차량속도와 상관없이 일정하며, 노면습윤상태를 기준으로 4m/sec^{2}의 값을 적용한다.

속도로서는 설계속도의 값을 쓰고 있다. 표 4.22에 표시한 정지시거의 기준치는 습윤 상태의 노면이라고 생각하여, 이 값들을 식 (4.19)에 넣어서 계산한 결과로부터 구한 것이다.

정지시거는 차량이 제동 정지하는 데 필요한 거리이므로 표 4.21의 기준치 이상의 시거가 모든 도로상에서 확보되어야 한다. 정지시거는 종단경사에 따라 변하며, 상향경사 구간에서는 감소하고 하향경사 구간에서는 증가하게 된다.

표 4.22 습윤 상태에 있는 노면의 정지시거 (단위: m)

설계속도 (km/h)	감속도(a) (m/sec^2)	$0.694V$	$0.0386\frac{V^2}{a}$	설계속도에 따른 정지시거 계산값	정지시거 규정값
120		83.3	139.0	222.3	225
110		76.4	116.8	193.2	195
100		69.4	96.5	165.9	170
90		62.5	78.2	140.7	145
80		55.6	61.8	117.4	120
70	4.00	48.6	47.3	95.9	100
60		41.7	34.8	76.5	80
50		34.7	24.2	58.9	60
40		27.8	15.5	43.3	45
30		20.9	8.7	29.6	30
20		13.9	3.9	17.8	20

4.4.3 앞지르기시거

(1) 앞지르기시거의 계산

2차로 도로에는 고속차가 저속차를 앞지르기를 하지 않으면 안 될 경우가 많다. 앞지르기를 안전하게 할 수 없는 구간이 길게 계속되면 위험할 뿐 아니라 도로의 이용 면에서도 비능률적이다.

앞지르기시거는 고속차가 1대의 저속차를 안전하고 쾌적하게 앞지르기할 수 있는 최소 거리로서, 앞지르기를 시작하고 나서 반대편 차가 마주 오는 것이 보이고 설계속도로 달려오는 반대편 차의 속도에 영향을 주어서는 안 된다.

앞지르기시거는 그림 4.34를 참조하여 다음 4가지 거리의 합으로서 계산한다.

① d_1 : 앞지르기가 가능하다고 판단하여 앞지르기차가 가속하면서 반대편 차로로 옮기

기 직전까지 주행한 거리

② d_2 : 반대편 차로에 옮기기 직전부터 대향차로를 주행하여 원차로로 돌아갈 때까지 주행한 거리

③ d_3 : 앞지르기가 끝나고 원차로로 돌아왔을 때의 반대편 차와의 차간거리

④ d_4 : 앞지르기차가 앞지르기를 완료하는 동안에 반대편 차가 주행한 거리

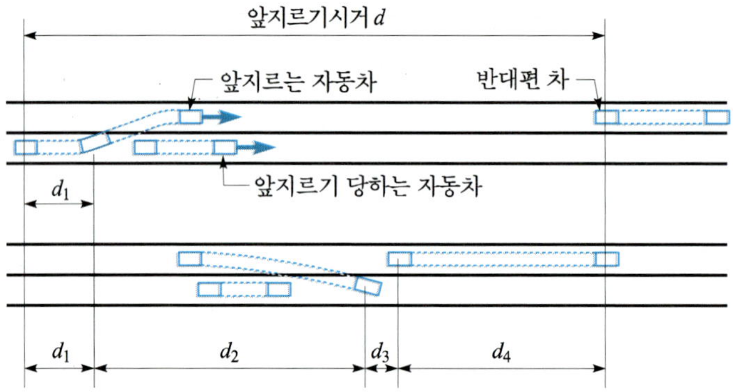

그림 4.34 앞지르기시거

앞지르기시거의 계산에 있어서는 다음과 같이 가정한다.

① 앞지르기 당하는 차는 일정한 속도로 주행한다.

② 반대편 차로에서 오는 차는 설계속도로 주행한다.

앞지르기 하는 차는 설계속도 V(km/h)로 주행하고, 앞지르기를 당하는 차는 이보다 낮은 속도 V_0(km/ h)로 주행하는 것으로 한다.

d_1에 대해서는 안전하게 앞지르기할 수 있다고 판단하고 가속하면서 반대편 차로로 옮기기 직전까지의 주행시간을 t_1(초), 이때의 평균가속도를 α(m/sec^2)라 하면

$$d_1 = \frac{1}{3.6} V_0 t_1 + \frac{1}{2} \alpha t_1^2 \tag{4.20}$$

다음에 앞지르기를 개시하고 나서 앞지르기를 완료할 때까지 앞지르기 하는 차가 반대편 차로를 주행한 거리 d_2(m)는 앞지르기를 완료할 때까지의 시간을 t_2(초)라 하면

$$d_2 = \frac{1}{3.6} V t_2 \tag{4.21}$$

다음에 앞지르기가 완료되었을 때의 앞지르는 차와 반대편 차와의 차간거리 d_3(m)는 실측에 의하면 속도에 따라 30~100m이다.

또 앞지르는 차가 앞지르기를 완료할 때까지 반대편 차가 주행한 거리를 d_4(m)라 하면, 그 주행시간은 앞지르는 차가 반대편 차로로 옮기고 나서 앞지르기를 완료할 때까지 사이에 주행한 시간으로 생각하면 안전하다. 그 시간은 대략 t_2의 2/3로 보고 있다. 따라서 d_4(m)는

$$d_4 = \frac{1}{3.6}V \times \frac{2}{3}t_2 = \frac{2}{3}d_2 \qquad (4.22)$$

따라서 앞지르기시거는

$$d = d_1 + d_2 + d_3 + d_4 \qquad (4.23)$$

가 된다.

식 (4.23)에 따라 앞지르기시거를 계산하면 표 4.23과 같다. 앞지르는 차는 주행특성상 설계속도보다 높은 속도로 앞지르기하게 되므로 이를 고려하여 앞지르기시거를 산정하였다.

표 4.23 앞지르기시거의 산정 (단위 : m)

설계속도 (km/h)	V (km/h)	V_0 (km/h)	d_1			d_2		d_3	d_4	앞지르기시거	
			α	t_1	d_1	t_2	d_2			계산값	규정값
80	80	65	0.65	4.3	83.6	10.4	231.1	70	154.1	538.8	540
70	75	60	0.64	4.0	71.8	10.0	208.3	60	138.9	479.0	480
60	65	50	0.63	3.7	55.7	9.6	173.3	50	115.6	394.6	400
50	60	45	0.62	3.4	46.1	9.2	153.3	40	102.2	341.6	350
40	50	35	0.61	3.1	33.1	8.8	122.2	35	81.5	275.6	280
30	40	25	0.60	2.9	20.1	8.5	94.4	20	63.0	197.5	200
20	30	15	0.60	2.7	13.4	8.2	68.3	15	45.6	142.3	150

(2) 앞지르기시거의 적용

앞지르기시거는 2차로 도로에서 필요한 것이다. 그러나 2차로 도로의 모든 구간에서 이것을 확보하기는 거의 불가능하며 또 그렇게 할 필요도 없기 때문에 앞지르기시거가 확보된 구간을 적절하게 설치하도록 되어 있다.

되도록이면 1분간 주행 중에 1회 정도는 앞지르기 구간을 확보하는 것이 좋으며, 적어도 3분간 주행 중에 1회 정도 앞지르기 구간을 확보해 두어야 한다. 이를 전체길이에 대한 앞

지르기시거 확보구간의 비율, 즉 존재율로 나타내면 표 4.24와 같으며 일반적으로 30% 이상, 부득이한 경우에도 10% 이상 확보해야 한다.

표 4.24 앞지르기시거 확보구간의 존재율

설계속도(km/h)	1분간 주행거리(m)	추월거리(m)	1분간에 1회(%)	3분간에 1회(%)
80	1,330	550	38	13
60	1,000	350	35	12
50	830	250	30	10
40	670	200	30	10
30	500	150	30	10

4.4.4 평면곡선부의 시거

시거를 실제로 도로에 채용할 경우 일반적으로 문제가 되는 곳은 평면곡선 및 종단곡선이 있는 곳이다. 종단곡선부의 시거에 대해서는 후술하기로 하고 여기서는 평면곡선이 있는 곳의 시거에 대하여 생각해보자.

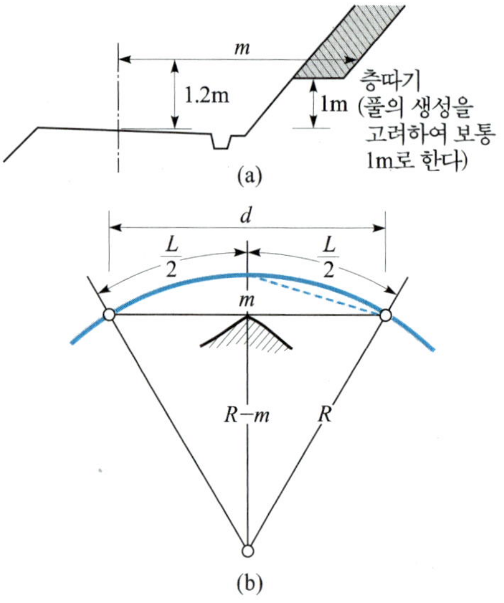

그림 4.35 평면곡선부의 시거

곡선부에서 절토비탈면, 분리대 등으로 시거가 확보되지 않는 경우에는 다음의 방법으로 필요한 범위를 구하여 그만큼 길어깨, 측대 등을 넓혀서 필요한 시거를 확보해야 한다.

그림 4.35(b)에서 곡선길이를 L이라 하면

$$\left(\frac{L}{2}\right)^2 \fallingdotseq R^2 - (R-m)^2 + m^2 = 2Rm \qquad (4.24)$$

따라서 $L = 2\sqrt{2mR}$

정지시거 d를 확보하기 위해 필요한 m의 값은, 위 식에서 $L \fallingdotseq d$로 놓으면 다음과 같이 된다.

$$m = \frac{d^2}{8R} \qquad (4.25)$$

예를 들어, 설계속도 80km/h에서 시거 120m를 확보하려 할 경우 설치된 평면곡선 반지름이 250m라 하면, 안쪽 차로의 중심선에서 7.2m까지는 공지로 확보해야 한다.

4.5 종단선형

4.5.1 종단경사

종단경사는 도로의 진행방향 중심선의 길이에 대한 높이의 변화 비율을 말하며, 차량이 속도를 떨어뜨리는 일이 없이 쾌적한 주행을 할 수 있게 하려면 종단경사를 되도록 완만하게 하는 것이 좋다.

자동차의 오르막능력은 현저하게 향상되어 승용차는 종단경사의 영향을 거의 받지 않지만, 중량/마력의 비가 높고 잉여마력이 작은 트럭은 오르막경사가 커짐에 따라서 주행속도가 크게 떨어진다. 이러한 트럭의 속도 저하는 다른 고속차의 주행을 방해하고 도로의 교통용량을 저하시킨다.

종단경사의 완급은 도로건설비와 완공 후 도로의 경제성에도 큰 영향을 미치게 한다.

우리나라와 같이 산지가 많은 지형에서는 경제적인 면과 속도저하의 측면을 동시에 고려하여 합리적으로 종단경사의 설계가 이루어지도록 해야 한다.

도로구조규칙에서는 차도의 종단경사는 도로의 구분, 지형상황과 설계속도에 따라 표 4.25의 비율 이하로 하도록 규정하고 있다. 다만, 지형상황, 주변 지장물 및 경제성을 고려하여 표 4.25의 비율에 1%를 더한 값 이하로 할 수 있다.

또 소형자동차의 종단경사는 표 4.25의 비율보다 1~2% 큰 값 이하로 규정하고 있다.

표 4.25 최대종단경사

설계속도 (km/h)	최대종단경사(%)							
	주간선도로 및 보조간선도로				집산도로 및 연결로		국지도로	
	고속국도		그 밖의 도로					
	평지	산지	평지	산지	평지	산지	평지	산지
120	3	4						
110	3	5						
100	3	5	3	6				
90	4	6	4	6				
80	4	6	4	7	6	9		
70			5	7	7	10		
60			5	8	7	10	7	13
50			5	8	7	10	7	14
40			6	9	7	11	7	15
30					7	12	8	16
20							8	16

비고) 산지란 산지, 구릉지 및 평지(지하차도 및 고가도로의 설치가 필요한 경우에만 해당한다)를 말한다.

4.5.2 오르막차로

경사부에서는 트럭이 교통용량에 큰 영향을 미치게 된다. 그래서 오르막경사 구간에서는 트럭과 같이 속도가 현저하게 떨어지는 차량을 교통류로부터 분리시킴으로써 교통을 원활하게 유도하고 필요한 교통용량을 확보해야 한다. 이러한 목적으로 저속차를 통행시키기 위하여 설치한 차로를 오르막차로(climbing lane)라고 한다.

종단경사가 있는 구간에서 자동차의 오르막 능력 등을 검토하여 필요하다고 인정하는 경우에는 오르막차로를 설치해야 한다. 다만, 설계속도가 40km/h 이하인 경우에는 설치하지 아니할 수 있다. 오르막차로의 폭은 본선의 차로폭과 같게 설치해야 한다.

4.5.3 종단곡선

(1) 개요

2개의 다른 종단경사 구간을 주행하는 차량의 운동량변화에 따른 충격의 완화와 시거 확보를 위하여, 상이한 두 종단경사는 적당한 변화율을 갖는 종단곡선으로 접속시켜야 한다. 종단곡선은 볼록형과 오목형으로 구분한다(그림 4.36 참조).

그림 4.36 종단곡선

종단곡선은 일반적으로 포물선으로 설치하며, 충분한 범위 내에서 주행의 안전성과 쾌적성을 확보하고 도로의 배수를 원활히 할 수 있도록 설치해야 한다.

종단곡선 변화비율은 두 종단경사의 차가 1% 변화하는 데 확보해야 하는 수평거리로서 다음의 식으로 나타낼 수 있다.

$$K = L / I \tag{4.26}$$

여기서, K : 종단곡선 변화비율

L : 종단곡선길이

I : 종단경사의 차의 절대값($|i_1 - i_2|$)

(2) 충격완화를 위한 종단곡선길이

경사가 변화하는 곳에 종단곡선을 삽입하지 않으면 차량은 충격을 받아 주행 중에 불쾌감을 준다. 운동량의 변화에 의한 충격을 완화하여 주행의 쾌적성을 확보하기 위한 종단곡선길이를 구하는 산정식은 다음과 같다.

$$L = \frac{V^2 |i_1 - i_2|}{360} = \frac{V^2 \cdot I}{360} \tag{4.27}$$

$$K = \frac{V^2}{360} \tag{4.28}$$

여기서, L : 충격완화에 필요한 종단곡선길이(m)

V : 설계속도(km/h)

$I = |i_1 - i_2|$: 종단경사의 차의 절대값(%)

K : 종단곡선 변화비율

i의 부호는 오르막경사를 (+), 내리막경사를 (−)로 한다.

(3) 시거확보에 필요한 종단곡선길이

1) 볼록형 종단곡선

볼록형 종단곡선의 최소길이는 정지시거의 확보를 위한 길이로 결정한다. 포물선 형태의 종단곡선의 시거확보를 위한 길이는 다음과 같다.

① 정지시거(S)보다 종단곡선의 길이(L)를 길게 설치할 경우($S < L$) : 정지시거를 확보하기 위한 볼록형 종단곡선의 길이는 다음 식으로 나타낼 수 있다(그림 4.37 참조).

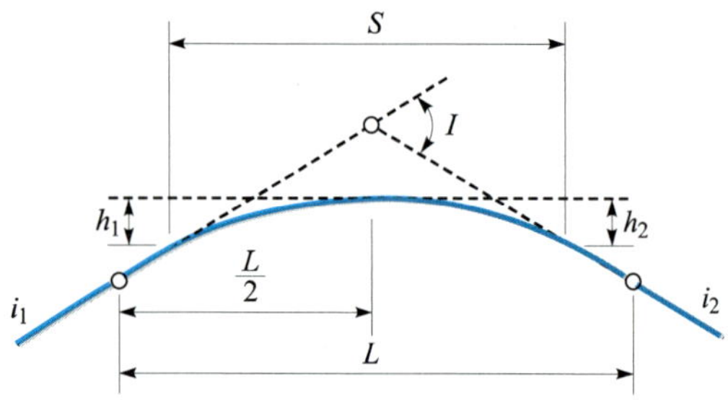

그림 4.37 볼록형 종단곡선의 길이 산정($S < L$)

$$L = \frac{IS^2}{100(\sqrt{2h_1} + \sqrt{2h_2})^2}$$

$$= \frac{IS^2}{100(\sqrt{2 \times 1.0} + \sqrt{2 \times 0.15})^2}$$

$$= \frac{IS^2}{385} \quad (4.29)$$

② 정지시거(S)보다 종단곡선의 길이(L)를 짧게 설치할 경우($S < L$) : 정지시거를 확보하기 위한 볼록형 종단곡선의 길이는 다음 식으로 나타낼 수 있다(그림 4.38 참조).

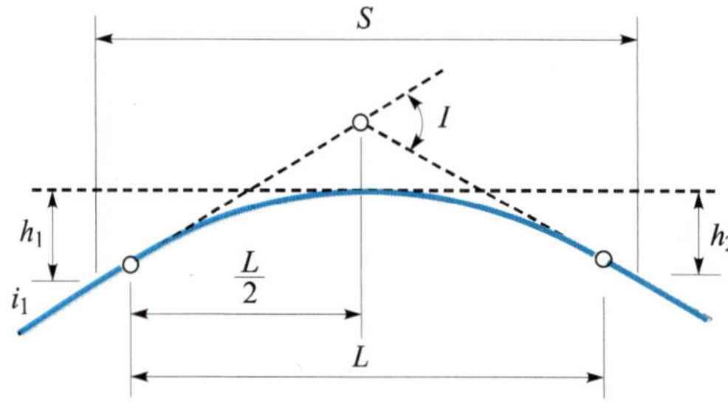

그림 4.38 볼록형 종단곡선의 길이 산정($S < L$)

$$L = 2S - \frac{200(\sqrt{h_1} + \sqrt{h_2})^2}{I}$$

$$= 2S - \frac{200(\sqrt{1.0} + \sqrt{0.15})^2}{I} \quad (4.30)$$

식 (4.29)와 식 (4.30)에 의해 종단곡선의 길이를 계산하면 식 (4.29)에 의한 길이가 항상 크므로 정지시거를 확보하기 위한 볼록형 종단곡선의 길이는 식 (4.29)에 의한 길이로 하며, 식 (4.29)를 설계에 간편하게 적용하기 위해 종단곡선 변화 비율에 의한 식으로 나타내면 다음과 같다.

$$K = \frac{S^2}{385} \quad (4.31)$$

설계속도와 이에 따른 최소정지시거를 고려하여 볼록형 종단곡선의 변화 비율을 식 (4.28)과 식 (4.31)에 의해 구하면 표 4.26과 같다.

표 4.26 볼록형 종단곡선의 변화 비율

설계속도 (km/h)	최소정지시거 (m)	볼록형 종단곡선의 종단곡선 변화 비율 (m/%)		
		충격완화를 위한 K값	정지시거 확보를 위한 K값	적용 K값
120	225	40.0	128.4	130.0
110	195	33.6	97.0	100.0
100	170	27.8	71.5	75.0
90	145	22.5	51.5	55.0
80	120	17.8	35.8	40.0
70	100	13.6	23.9	25.0
60	80	10.0	15.2	20.0
50	60	6.9	9.1	10.0
40	45	4.4	4.9	5.0
30	30	2.5	2.3	3.0
20	20	1.1	0.9	1.0

2) 오목형 종단곡선

오목형 종단곡선의 길이는 전조등에 의한 시거 및 주행의 쾌적성을 확보할 수 있도록 설치해야 한다. 전조등에 의한 시거 확보 길이는 전조등의 높이 60cm, 상향각 1°로 하여 산정한다.

① 정지시거(S)보다 종단곡선의 길이(L)를 길게 설치할 경우($S < R$)(그림 4.39 참조)

$$L = \frac{IS^2}{120 + 3.5S} \tag{4.32}$$

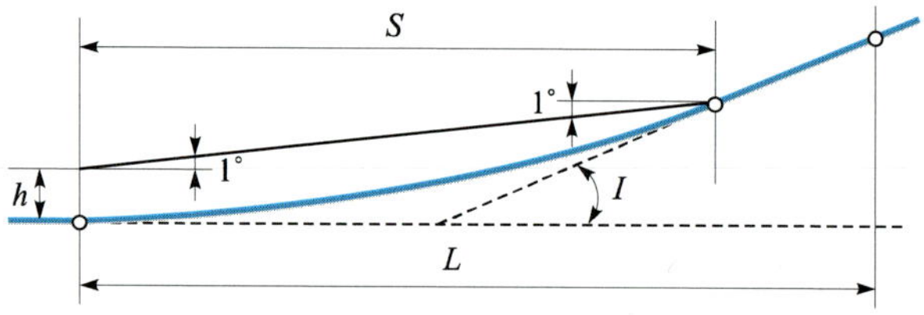

그림 4.39 오목형 종단곡선의 길이 산정($S < L$)

② 정지시거(S)보다 종단곡선의 길이(L)를 짧게 설치할 경우($S < L$)(그림 4.40 참조)

$$L = 2S - \frac{120 + 3.5S^2}{I} \tag{4.33}$$

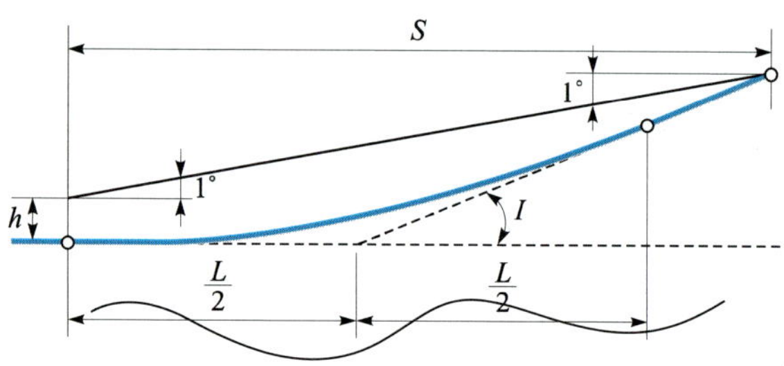

그림 4.40 오목형 종단곡선의 길이 산정($S < L$)

식 (4.32)와 식 (4.33)에 의해 종단곡선의 길이를 계산하면 식 (4.32)에 의한 길이가 항상 크므로, 전조등에 의한 시거 확보를 위한 오목형 종단곡선의 길이는 식 (4.32)에 의한 길이로 한다. 식 (4.32)를 종단곡선 변화비율에 의한 식으로 나타내면 다음과 같다.

$$K = \frac{S^2}{120 + 3.5S} \tag{4.34}$$

설계속도에 따른 오목형 종단곡선의 변화비율을 식 (4.28)과 식 (4.34)에 의해 구하면 표 4.27과 같다.

표 4.27 오목형 종단곡선의 변화 비율

설계속도 (km/h)	최소정지시거 (m)	오목형 종단곡선의 종단곡선 변화 비율 (m/%)		
		충격완화를 위한 K 값	전조등에 따른 정지시거 확보를 위한 K 값	적용 K 값
120	225	40.0	55.1	60.0
110	195	33.6	46.9	50.0
100	170	27.8	39.3	40.0
90	145	22.5	32.3	35.0
80	120	17.8	25.9	30.0
70	100	13.6	20.2	25.0
60	80	10.0	15.1	20.0
50	60	6.9	10.6	11.0
40	45	4.4	6.9	7.0
30	30	2.5	3.9	4.0
20	20	1.1	1.7	2.0

(4) 종단곡선의 길이

도로구조규칙에는 차도의 종단경사가 변경되는 부분에는 종단곡선을 설치하고, 종단곡선의 길이는 표 4.28의 종단곡선의 최소변화비율에 의해 산정한 길이와 표 4.29의 종단곡선의 최소길이 중 큰 값의 길이 이상으로 하도록 규정하고 있다.

표 4.28 종단곡선의 최소변화비율

설계속도(km/h)	종단곡선의 형태	종단곡선의 최소변화비율(m/%)
120	볼록곡선	130
	오목곡선	60
110	볼록곡선	100
	오목곡선	50
100	볼록곡선	75
	오목곡선	40
90	볼록곡선	55
	오목곡선	35
80	볼록곡선	40
	오목곡선	30

설계속도(km/h)	종단곡선의 형태	종단곡선의 최소변화비율(m/%)
70	볼록곡선	25
	오목곡선	25
60	볼록곡선	20
	오목곡선	20
50	볼록곡선	10
	오목곡선	11
40	볼록곡선	5
	오목곡선	7
30	볼록곡선	3
	오목곡선	4
20	볼록곡선	1
	오목곡선	2

종단곡선의 길이가 아주 작을 때는 운전자에게는 그 부분에서 도로가 갑자기 절곡해있는 것 같이 보이므로, 이 착각을 막기 위해서도 어느 정도의 길이가 필요하다. 이 점을 고려하여 자동차가 설계속도로 3초간에 주행한 거리를 종단곡선의 최소길이로 규정하고 있다(표 4.29 참조).

표 4.29 종단곡선의 최소길이

설계속도(km/h)	종단곡선의 최소길이(m)
120	100
110	90
100	85
90	75
80	70
70	60
60	50
50	40
40	35
30	25
20	20

예제 4.2

도시지역 보조간선도로에서 종단경사 +1.80%와 −4.20%가 만나는 변경점이 있다.
① 이 경우 충격완화에 필요한 종단곡선길이를 계산하라.
② 표 4.28의 최소변화비율로서 필요한 종단곡선길이를 계산하라.
③ 정지시거와 종단곡선길이 중 어느 것이 더 큰 가를 도로구조규칙과 ②의 결과로부터 비교하라.

풀이

① 표 4.3에서 설계속도 V=60km/h이다.
또 i_1 =1.80%, i_2 =−4.20%이므로

$$i_1 - i_2 = +1.80 - (-4.20) = 6(\%)$$

이것을 식 (4.27)에 대입하면

$$L = \frac{60^2 \times 6}{360} = 60(\text{m})$$

② 표 4.28에서 볼록곡선의 경우이므로 최소변화비율 K값이 20이고, 식 (4.26)에서

$$L = K \cdot |i_1 - i_2| = 20 \times 6 = 120(\text{m})$$

③ 표 4.21에서 설계속도 60km/h의 정지시거 D는 80m이다. 따라서

$$D < L$$

4.5.4 종단곡선의 설계

종단곡선은 극히 편평한 곡선이므로, 그 곡선길이는 근사적으로 곡선의 시종점 사이의 수평거리와 같다고 보아도 무방하다. 즉, 그림 4.41에서 i_1, i_2의 경사 변경점을 V, 종단곡선의 시종점을 B.C. 및 E.C.라 할 때, 종단곡선의 길이는 B.C.와 E.C. 사이의 수평거리 l과 같다고 본다.

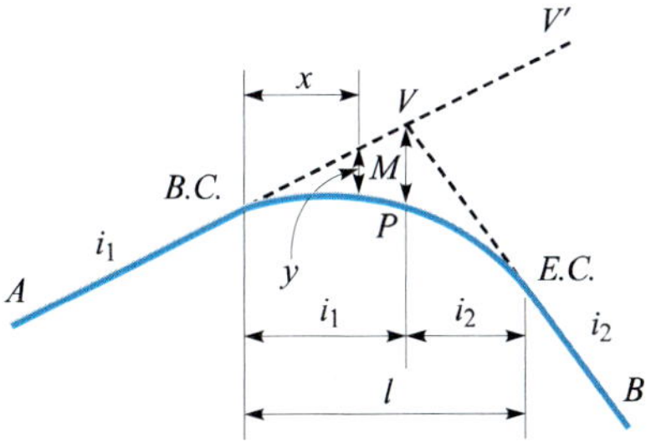

그림 4.41 종단곡선

이때 AV′에서 종단곡선까지의 종거는 다음과 같이 구할 수 있다.

$$M = \frac{i_1 - i_2}{800} l$$

그러므로 임의의 점 P에서의 종거 y는 다음과 같이 계산한다.

$$y = \frac{Mx^2}{(l/2)^2} = \frac{i_1 - i_2}{200\,l} x^2 \qquad (4.35)$$

여기서, x : B.C.로부터 y를 측정한 점까지의 수평거리(m)

y : B.C.로부터 x되는 거리에 있는 점에 있어서, AV′에서 곡선까지의 종거(m)

i_1 : B.C.에서의 종단경사(%)

i_2 : E.C.에서의 종단경사(%)

l : 종단곡선길이(m)

M : 경사의 변이점 V로부터 종단곡선의 중앙까지의 거리

종단곡선상의 표고는 다음 식으로 구한다.

$$\left. \begin{aligned} H' &= H_0 + \frac{i_1}{100} x \\ H &= H' - y \end{aligned} \right] \qquad (4.36)$$

여기서, H' : B.C.에서 x만큼 떨어진 AV선상의 점의 표고

H_0 : B.C.의 표고

H : B.C.에서 x만큼 떨어진 종단곡선상의 표고

예제 4.3

설계속도가 80km/h인 도로에서 종단경사 +1.20%와 −1.80%가 만나는 종단경사의 변경점이 있다(종단곡선의 길이는 180m). 종단경사의 교점(I.P.)의 표고는 50m이다. 이 종단곡선 위의 20m 간격의 측점마다 계획고를 계산하라.

풀이

그림 4.42에서 B.C.의 표고 H_0는

$$H_o = 50 - \frac{1.20}{100} \times 90 = 48.920(\mathrm{m})$$

$$i_1 - i_2 = 1.20 - (-1.80) = 3$$

여기서, l =180m

식 (4.35) 및 식 (4.36)에 의하여 종단곡선상의 표고를 계산하면 표 4.30과 같다.

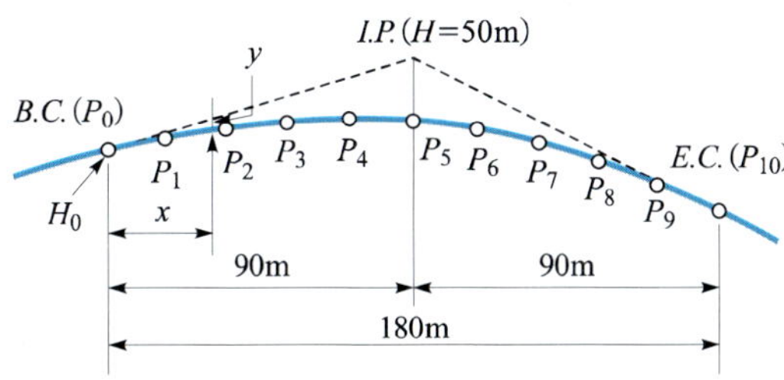

그림 4.42 종단곡선의 설계 예

표 4.30 종단곡선의 설계 예

측점(P_0)	x(m)	$\frac{x^2}{200l}$(m)	$y=\frac{x^2}{200l}(i_1-i_2)$(m)	$H'=H_0+\frac{i_1 x}{100}$(m)	$H=H'-y$(m)
B.C.(P_0)	0	0	0	48.92	48.920
P_1	20	0.011	0.033	49.16	49.127
P_2	40	0.044	0.133	49.40	49.267
P_3	60	0.100	0.300	49.64	49.340
P_4	80	0.178	0.534	49.88	49.346
P_5	90	0.225	0.675	50.00	49.325
P_6	100	0.278	0.834	50.12	49.286
P_7	120	0.400	1.200	50.36	49.160
P_8	140	0.544	1.633	50.60	48.960
P_9	160	0.711	2.133	50.84	48.707
E.C.(P_{10})	180	0.900	2.700	51.08	48.380

4.6 선형설계의 운용

4.6.1 선형설계의 기본방침

차량의 안전한 주행을 꾀하고 교통류를 원활하게 통과시키는 데 있어서 선형은 대단히 중요한 역할을 한다. 부적당한 선형은 사고의 요인이 되고 교통용량의 저하를 가져온다. 선형은 또한 건설비에도 큰 영향을 미치게 하며, 운전자 쪽에서 본 도로의 경관, 도로와 경관과의 조화 등에도 깊은 관계가 있다.

보다 좋은 도로의 선형을 얻으려면 평면선형과 종단선형을 총괄해서 검토해야 하며, 평면선형과 종단선형을 별개로 설계해서는 안 된다.

도로선형의 설계에서 고려해야 할 기본적인 사항은 다음과 같다.

① 선형은 지형과 조화가 이루어져야 한다.
② 선형은 연속성을 고려하여 평면곡선반경이 급격히 변하지 않아야 한다.
③ 선형과 부속시설의 관련성을 고려한다.
④ 평면선형과 종단선형이 조화를 이루어야 한다.
⑤ 선형설계의 일관성을 유지한다.
⑥ 주변지역의 토지이용과의 관련성을 고려한다.
⑦ 기존 도로망과의 관계를 고려한다.

4.6.2 평면선형설계의 일반방침

평면선형의 설계는 다음의 일반방침에 따라 연속적으로 원활한 선형이 되도록 하고 경관과의 조화가 이루어지도록 한다.

① 선형은 주변지형 및 조건에 적합해야 한다 : 곡선을 활용하여 지형에 적합시킨 선형은 풍경과의 조화도 좋고 시각적으로도 아름다운 선형이 된다.
② 선형은 연속적이어야 한다 : 선형은 급변, 예를 들면 긴 직선구간의 끝에 급곡선을 설치하는 일을 피해야 한다.
③ 앞뒤의 선형이 좋더라도 일부 구간에서 작은 곡선반경의 사용은 피해야 한다.
④ 종단선형과의 조화를 고려한다.
⑤ 직선과 원곡선 사이에 크로소이드 곡선을 삽입할 때, 크로소이드의 정수 A와 원곡선반경 R과의 사이에는 다음과 같은 관계가 되도록 한다.

$$R \geq A \geq R/2$$

곡선반경 R이 1,500m 이상으로 큰 경우에는 다음과 같은 관계가 되도록 한다.

$$R \geq A \geq R/3$$

이 조건을 지키면 직선에서 원곡선으로의 선형의 변화가 점차적으로 원활하게 된다.

⑥ 두 크로소이드가 그 시점에서 반대방향으로 접속된 선형인 경우에 두 크로소이드의 정수 A는 같은 편이 좋다. 같지 않을 때는 큰 A가 작은 A의 2배 이하가 되도록 한다.

⑦ 직선을 낀 두 평면곡선부가 반대방향으로 설치된 경우 두 곡선 사이의 짧은 직선의 길이 l은 다음 조건을 만족해야 한다.

$$l \leq \frac{A_1 + A_2}{40}$$

여기서, A_1, A_2 : 크로소이드의 정수

⑧ 두 원곡선을 같은 방향으로 복합시킬 경우에는 큰 원의 반경이 작은 원의 반경의 1.5배 이하가 되도록 한다.

⑨ 같은 방향으로 굴곡하는 두 평면곡선 사이에 짧은 직선을 설치해야 하는 경우에는 가능하면 두 평면곡선을 포함하는 큰 원을 설치하는 것이 좋다.

4.6.3 평면선형의 설계방법

평면선형의 구성은 긴 직선－짧은 곡선에 의한 선형 구성, 긴 곡선－짧은 직선에 의한 선형 구성, 연속적인 곡선에 의한 선형 구성 등이 있다.

긴 직선－짧은 곡선형의 선형설계는 기본이 되는 도로축을 직선으로 먼저 설정하고 이를 원곡선으로 연결하는 선형으로서, 도시 내 또는 평지와 같은 지역에서 적합한 방법이다.

연속적인 곡선형에 의한 선형설계는 먼저 기본이 되는 원곡선을 완만한 반경으로 설정하고 이들 원곡선 사이를 적절한 크로소이드 곡선으로 연결하는 선형으로서, 산이나 골짜기가 많은 지방지역의 설계에 적합한 방법이다.

4.6.4 종단선형설계의 일반방침

종단선형은 다음의 일반방침에 따라서 자동차 주행이 안전하고, 쾌적하고, 경제적이 되도록 하며, 평면선형과의 조화도 고려해서 시각적으로 연속적이면서 원활한 선형이 되도록 설계한다.

① 선형은 지형에 적합하고 원활한 것이어야 한다 : 짧은 거리에서 많은 요철을 반복하는 것은 좋지 않다.

② 앞쪽과 뒤끝만이 보이고 중간이 푹 패여 잘 보이지 않는 선형은 피한다.

③ 급한 오르막경사 앞에 내리막경사를 설치해서 오르막 구간에서 트럭의 주행속도를 높

이려 할 때, 내리막경사를 너무 급하게 하거나 길게 해서는 안 된다. 오목부분에 삽입하는 종단곡선은 충분히 길게 잡아 원활한 선형이 되게 한다.

④ 같은 방향으로 굴곡하는 두 종단곡선 사이에 짧은 직선경사 구간을 두는 것은 피한다.

⑤ 길이가 긴 오르막구간에는 오르막경사가 끝나는 정상 부근에서 경사를 비교적 완만하게 한다.

⑥ 종단경사는 완만할수록 좋지만 노면배수를 위하여 최소 0.3%의 경사로 하는 것이 좋다.

⑦ 종단선형의 양부는 평면선형과의 관련으로 결정되는 수가 많으므로 평면선형과 조합하여 입체선형이 양호하도록 한다.

⑧ 환기가 문제되지 않는 짧은 터널에서의 종단경사는 지형조건에 맞추어 결정하며, 장대터널에서는 오르막경사를 3% 이하로 하여 배기가스량을 최소로 해서 환기설비의 비용을 절감시켜야 한다. 지형상 더 급한 오르막경사를 적용한 경우에는 충분한 환기설비를 해야 한다.

4.6.5 종단선형의 설계방법

종래의 종단곡선의 설계는 먼저 지형변화에 따른 요철에 맞추어서 기준점(control point)이나 절성토의 균형 등의 조건을 고려하여 직선형으로서 종단경사를 설정하고, 이들을 연결하는 직선에 따라 종단형상의 기본이 정해지며, 그 다음에 종단경사의 변화점에 종단곡선을 적절한 길이로 삽입시킨다.

이들 일련의 작업을 시행착오적으로 반복하여 자동차의 주행조건과 건설비의 관계를 조정해서 종단선형이 최종적으로 정해진다. 이러한 방법은 도로의 시각적인 연속성이나 운전자에 대한 심리적 쾌적성을 만족시키지 못하는 경우가 많다.

새로운 설계방법은 먼저 지형에 맞춰서 원곡선자로 종단곡선을 설정하고 인접하는 종단곡선을 서로 접하도록 하든가 접선을 삽입하여 연결하며, 종단곡선은 될 수 있는 한 길게 잡는다.

4.6.6 평면선형과 종단선형의 조합

(1) 개요

도로의 선형설계는 노선계획으로 시작해서 평면선형설계, 종단선형설계로 이어지고, 마지막으로 도로환경과 조화를 이룬 평면선형과 종단선형의 결합, 즉 입체선형으로 완료된다.

평면선형과 종단선형의 조합은 자동차의 운동학적 요구뿐만 아니라 운전자의 시각적, 심리적 요구를 충분히 고려하여 설계해야 한다.

(2) 선형조합의 일반방침

① 선형의 시각적 연속성을 확보할 것 : 평면선형과 종단선형을 중첩시키는 경우에는 그림 4.43과 같이 1 : 1로 대응시켜야 하며, 평면곡선이 종단곡선보다 길 경우에는 종단곡선을 포용하도록 설계한다.

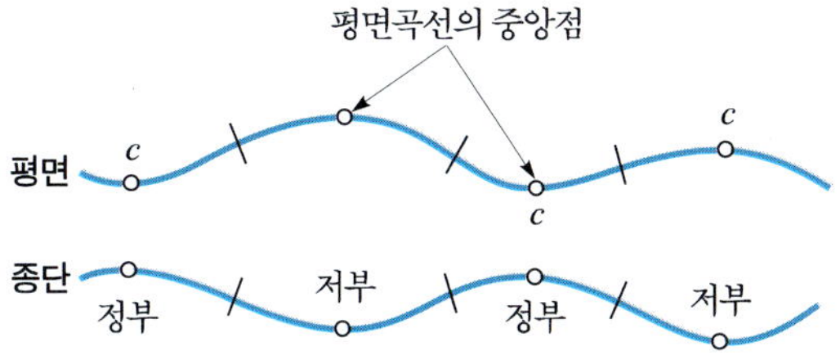

그림 4.43 평면선형과 종단선형의 대응

② 평면곡선과 종단곡선의 크기가 균형을 이룰 것 : 평면곡선과 종단곡선의 크기에 균형이 잡히지 않으면 공사비에서 낭비를 초래하고 선형이 작은 쪽이 강조되어 시각적인 균형도 잃게 된다.

③ 노면의 배수 및 자동차의 역학적 요구 면에서 적절히 조화된 경사가 취해질 수 있는 조합을 택할 것

④ 도로환경과의 조화를 고려할 것 : 선형이 지역 환경과 조화를 이루지 않으면 운전자에게는 안전하고 쾌적한 도로가 되지 못하므로 방호책, 식수, 절토비탈면 등으로 도로환경을 개선해야 한다.

(3) 피해야 할 선형조합

① 볼록형 종단곡선의 정점부 또는 오목형 종단곡선의 저점부에 작은 반경의 평면곡선을 삽입하지 말 것

② 볼록형 종단곡선의 정점부 또는 오목형 종단곡선의 저점부에 배향곡선의 변곡점을 두지 말 것

③ 하나의 평면곡선 내에서 종단선형의 볼록형과 오목형을 반복 사용하지 말 것

④ 같은 방향으로 굴곡하는 두 곡선 사이에 짧은 직선을 삽입하지 말 것

Chapter 5

도로교차

제5장

도로교차

도로의 교차로는 차량이 다른 교통류를 횡단하거나 또는 좌회전 및 우회전하여 방향을 바꾸는 장소이다. 교차로는 차량의 움직임이 복잡하기 때문에 교통상의 애로지점이 되기 쉽고 또 교통사고가 발생하기 쉬운 장소이므로 도로의 성격이나 교통량에 따라서 적절한 설계를 할 필요가 있다.

교차로를 대별하면 평면교차와 입체교차로 구분할 수 있으며, 그 분류는 차도가 동일 평면에서 교차하느냐 입체적으로 교차하느냐에 따라 다르다. 도로의 교차로에는 도로 상호간의 교차로와 도로와 철도의 교차로가 있다.

5.1 평면교차

평면교차로란 2개 이상의 도로가 평면상에서 합쳐지는 도로부분으로 평면교차로는 4개 이하의 갈래를 갖도록 해야 한다. 2개 이상의 교통류가 교차, 합류 및 분류하는 현상을 상충(conflict)이라고 한다.

평면교차로에서 발생하는 상충의 유형은 교차상충, 합류상충, 분류상충으로서 그림 5.1과 같다.

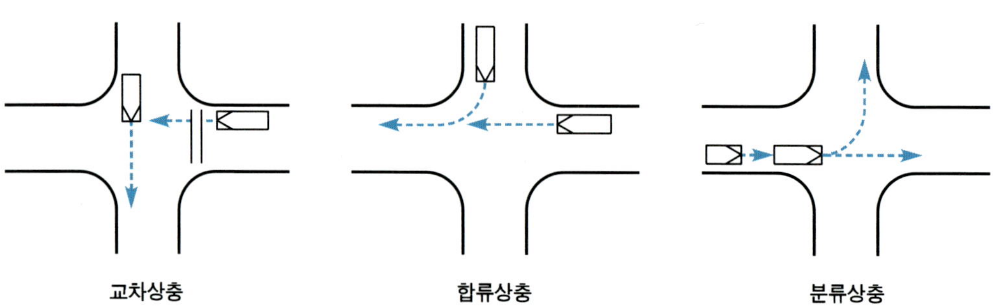

그림 5.1 평면교차로에서의 상충

5.1.1 평면교차로의 형태

평면교차로의 형태는 교차하는 갈래의 수, 교차각 및 교차위치에 따라 구분된다. 일반적으로 형태에 따른 구분은 그림 5.2와 같다.

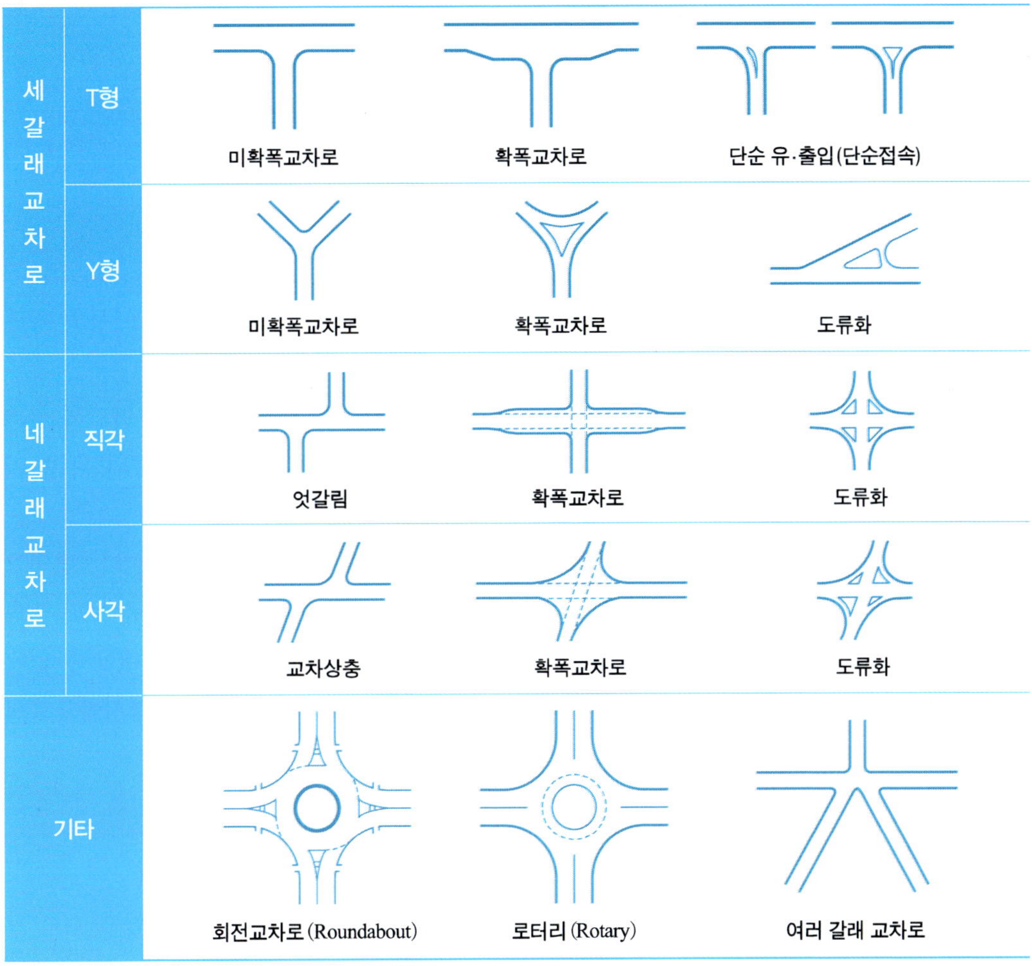

그림 5.2 평면교차로의 구분

5.1.2 평면교차로 설계의 기본 원칙

① 상충의 횟수를 최소화한다. 교차로의 상충횟수는 교차로의 갈래가 증가하면서 급격히 늘어나므로 다섯 갈래 이상의 교차로를 설치해서는 안 된다(세, 네, 다섯 갈래 교차로의 상충횟수는 각각 9, 32, 79회이다).

② 상충이 발생하는 교통류간의 속도차를 적게 하고 교차각은 직각에 가깝게 되도록 한다.
③ 엇갈림교차, 굴절교차 등의 변형교차는 피해야 한다.
④ 가장 많은 교통량과 높은 속도를 갖는 교통류를 우선 처리한다.
⑤ 속도 등 교통특성이 서로 다른 교통류는 분리한다.
⑥ 차량의 유도로를 명확히 한다.
⑦ 교차로의 면적은 최소가 되도록 한다.
⑧ 교차로의 기하구조와 교통관제 운영방법이 조화를 이루어야 한다.
⑨ 각종 교통안전시설의 설치에 유의한다.

5.1.3 평면교차로의 형상과 간격

도로의 교차는 특별한 경우를 제외하고는 네 갈래 이하여야 한다. 다섯 갈래 이상의 평면교차는 교각이 작아지고 시거가 불량하게 되며 교통관제가 어렵다.

평면교차로의 평면선형은 교차로 형태에 관계없이 교차하는 도로가 직각에 가깝도록 설계한다. 종단선형은 교차로 부근에서 시거가 충분하도록 종단경사를 3% 이내로 하되, 주변 지장물과 경제성을 고려하여 6% 이하로 할 수 있다.

평면교차로의 간격은 교통량의 적절한 처리를 위하여 되도록 크게 확보해야 한다. 평면교차로의 간격을 결정하기 위해서는 해당도로 및 접속도로의 기능, 설계속도, 차로수 및 접속형태 등을 고려해야 하며, 인접 교차로와의 간격이 짧아서 원활한 교통운용을 기대할 수 없는 경우에는 일방통행, 출입금지 등의 규제와 그것에 적합한 교차로 개선사업을 실시함으로써 혼란을 피해야 한다.

5.1.4 평면교차로의 설치위치

교차로는 도로의 평면선형이 직선부인 곳에 설치하는 것이 원칙이며, 지형상황 등으로 부득이하게 곡선부에 설치하는 경우에는 곡선부의 바깥쪽에 설치하는 것이 안쪽에 설치하는 것보다 좋다(그림 5.3 참조).

교차로는 종단선형의 급경사 구간 및 종단곡선 구간에는 설치하지 않는 것이 좋다.

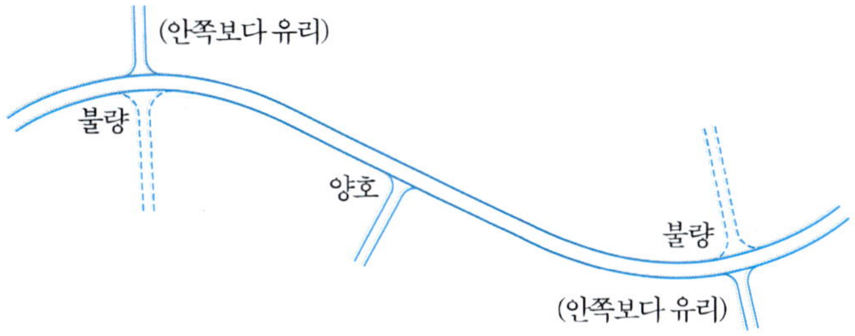

그림 5.3 평면선형을 고려한 설치

5.1.5 평면교차로의 시거

차량이 평면교차로를 안전하고 신속하게 통과하기 위해서는 교차로 전방 상당한 거리에서 교차로의 존재, 신호, 교통표지 등을 명확하게 인지할 수 있어야 한다.

(1) 신호교차로의 시거

신호교차로에서는 교차로 전방에서 신호를 인지할 수 있는 최소거리가 확보되어야 한다. 최소시거는 운전자가 신호를 보고 나서 브레이크를 밟을 때까지, 즉 반응시간 동안 주행하는 거리와 브레이크를 밟고 나서 정지할 때까지 주행한 거리를 합한 것으로, 다음 식과 같이 나타낼 수 있다.

$$S = \frac{1}{3.6} V \cdot t + \frac{1}{2\alpha}\left(\frac{V}{3.6}\right)^2 \tag{5.1}$$

여기서, S : 최소시거(m)

V : 설계속도(km/h)

t : 반응시간(sec)

α : 감속도(m/sec^2)

식 (5.1)에 지방지역에서는 $t=10$초, $\alpha=2$m/sec^{2}을 대입하고, 도시지역에서는 $t=6$초, $\alpha=3$m/sec^{2}을 대입하여 최소시거를 구하면 표 5.1과 같다.

표 5.1 신호교차로에서의 최소시거

설계속도(km/h)	최소시거 (m)		점지시거 (m)
	지방지역	도시지역	
20	65	45	20
30	100	65	30
40	145	90	40
50	190	120	55
60	240	150	75
70	290	180	95
80	350	220	110

(2) 신호 없는 교차로의 시거

신호 없는 교차로에서는 주도로, 부도로를 명확히 하고, 부도로에는 교차로 전방에 일시 정지 표지를 설치한다. 이 경우에는 정지 표지를 확인한 후 바로 브레이크를 밟으므로, $t=$ 2초, $\alpha=2\text{m/sec}^2$으로 하여 식 (5.1)을 사용하면 최소시거는 표 5.2와 같이 된다.

표 5.2 신호 없는 교차로에서의 최소시거

설계속도(km/h)	최소시거(m)
20	20
30	35
40	55
50	80
60	105

5.2 평면교차로의 구성요소

도로가 평면으로 교차하거나 접속하는 구간에서는 필요에 따라 회전차로, 변속차로, 교통섬 등의 도류화 시설(도로의 흐름을 원활하게 유도하는 시설)을 설치해야 한다. 교차로에서 좌회전차로가 필요한 경우에는 직진차로와 분리하여 설치해야 한다.

5.2.1 도류로

도류화(channelization)는 회전차로(좌회전차로, 우회전차로), 변속차로(감속차로, 가속차로), 교통섬, 노면표시 등을 이용하여 상충하는 교통류를 분리시키거나 규제하여 명확한 통행경로를 지시해주는 것을 말한다(그림 5.4 참조).

도류화의 목적은 자동차와 보행자의 주행경로를 명확히 하여 안전성과 쾌적성을 향상시키는 것이다.

도류로의 설계는 교차로의 형상, 교각, 속도, 교통량 등을 고려하여 적절한 곡선반경, 폭, 합류각, 위치 등을 결정해야 한다.

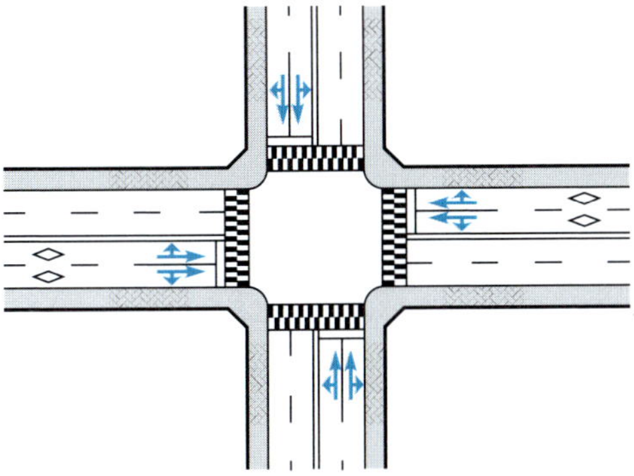

(a) 비도류화 교차로

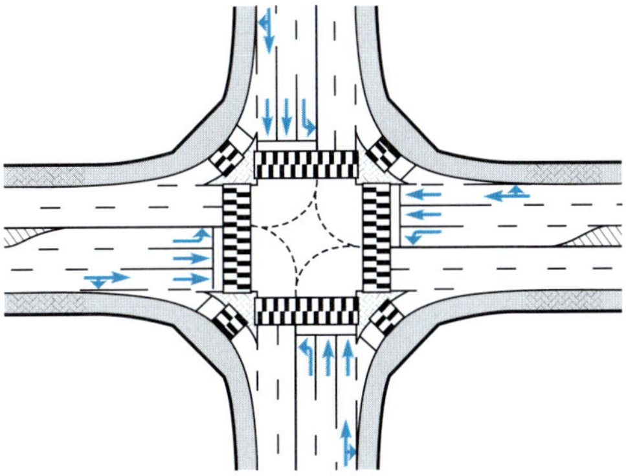

(b) 도류화 교차로

그림 5.4 도류화

도류로의 형상을 결정하는 요소로서는 이용 가능한 용지 폭, 교차로의 형태, 설계기준 자동차, 설계속도 등이 고려된다. 도시지역에서는 이용 가능한 용지 및 교통량으로 도류로의 형상이 결정되고 지방지역에서는 속도에 의해서 형상이 결정되는 일이 많다.

도류로의 폭은 설계기준 자동차, 곡선반경에 따라 결정한다. 도류로의 폭을 지나치게 넓게 하면 교통류가 혼잡하게 되고 운영이 어려워진다.

5.2.2 부가차로

평면교차로에서는 차량의 통행을 안전하고 효율적으로 처리하기 위해 회전차로(좌회전차로, 우회전차로, 유턴차로), 변속차로(감속차로, 가속차로)를 설치한다.

(1) 좌회전차로

교차로에서 좌회전차로가 필요한 경우에는 직진차로와 분리하여 설치하여야 하며, 좌회전차로에 들어가기 위한 충분한 시간적 여유를 확보해 주어야 한다. 좌회전차로는 좌회전

차량이 대기할 수 있는 공간을 확보하고 다른 교통류와 분리시킴으로써 좌회전 교통류의 영향을 최소화시킬 수 있다.

좌회전 교통류를 직진차로에서 좌회전차로로 유도하기 위하여 좌회전차로 테이퍼(taper, 변이구간)를 설치하며, 접근방향 교통류를 우측으로 밀어서 좌회전차로 공간을 조성하기 위하여 접근로 테이퍼를 설치한다(그림 5.5 참조).

좌회전차로의 길이는 신호가 없는 교차로에서는 보통 2분간에 도달하는 좌회전 교통량을 기준으로 하며, 신호교차로에서는 신호 1주기 동안 도달하는 좌회전 차량수를 기준으로 하여 정한다.

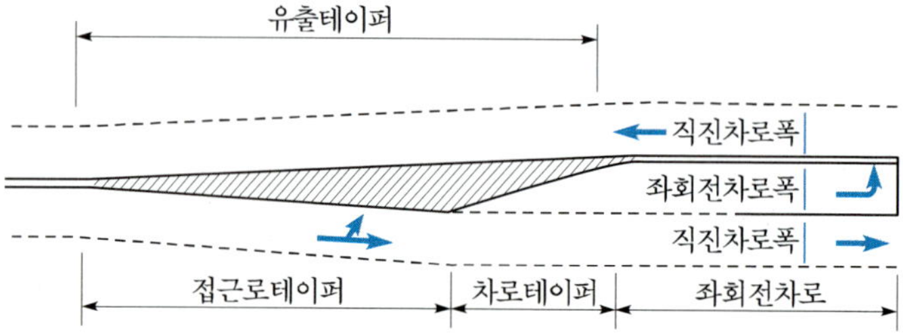

그림 5.5 좌회전차로의 구성

(2) 우회전차로

우회전차로는 우회전 교통량이 많아 직진교통에 지장을 초래할 경우에 설치하며, 좌회전차로의 설계와 유사한 방법으로 설계한다. 우회전차로의 효과는 다음과 같다.

① 직진교통류의 혼란이 감소된다.
② 도로 교통용량이 증대한다.
③ 보행자 안전섬의 여유를 제공한다.
④ 정지선을 전진시킬 수 있다.

(3) 감속차로와 가속차로

접근로에서 차량 주행속도가 매우 높을 경우 감속차량이 평면교차로의 정지선에 도달하기 전에 편안히 감속할 수 있도록 감속차로를 설치한다.

또 설계속도가 낮은 도로로부터 설계속도가 높은 도로로 연결되는 지점의 평면교차로에는 운전자에게 충분한 가속시간을 주기 위해서 가속차로를 설치한다. 가・감속차로의 길이는 표 5.3과 같다.

표 5.3 가·감속차로의 길이 (단위 : m)

설계속도		80km/h	70km/h	60km/h	50km/h	40km/h	30km/h
가속차로 길이	지방지역	160	130	90	60	40	20
	도시지역	100	80	60	40	30	-
감속차로 길이	지방지역	120	90	70	50	30	20
	도시지역	80	60	40	30	20	10

5.2.3 도류시설물

도류시설물이란 교차로 내부의 경계를 명확히 구분하기 위해 설치하는 시설물로, 설치목적에 따라 교통섬, 도류대, 분리대, 대피섬 등으로 구분하며, 대표적으로 교통섬이라고도 한다.

교통섬은 우회전차로와 직진차로의 분리를 위하여 포장면 상단으로 연석 등에 의해 돌출되어 설치하는 시설물을 말한다. 포장면에 직접 페인트 등으로 도색한 것은 도류대라고 한다.

분리대는 교통류를 방향별로 분리시키거나 부적절한 회전 등의 통행을 막기 위하여 도로의 중앙부나 회전부에 설치하는 시설물이다.

대피섬은 횡단보도 등과 연계하여 보행자, 자전거 등이 자동차와 분리되어 안전하게 대피할 수 있도록 교차로 내에 설치하는 시설물이다.

유도차선은 자동차의 주행경로를 명확하게 하고 교통흐름을 자연스럽게 유도하기 위한 차로표시를 말한다.

교통섬을 차로와 분리하기 위하여 연석을 많이 사용하며, 차량 충돌이나 빗물에 의한 파손을 방지하는 역할도 한다. 연석의 높이는 25cm 이하가 정도가 적당하다.

5.2.4 보도 및 횡단보도

교차로 부근은 보행자가 많으므로 보도가 좁으면 혼란이 생기고 위험성도 높으므로 보도폭을 여유 있게 정해야 한다.

횡단보도의 폭은 보행자 교통량에 따라 증가시켜야 하며, 최소 4m 이상으로 한다.

횡단보도의 위치는 교차로 상황, 자동차 및 보행자교통량 등을 종합적으로 고려하여 가능한 한 차도 횡단거리가 짧고 교차면적도 좁아지도록 정해야 한다.

정지선은 자동차의 어떤 부분이라도 그 선을 넘어서 정지해서는 안 된다는 것을 나타내는 표시로 횡단보도 직전이나 신호교차로의 유입부 등에 설치한다.

5.2.5 도로모퉁이

교차로에서 도로모퉁이의 보차도 경계선의 형상은 원이나 복합곡선을 사용하며, 6m 이상의 적절한 곡선반경을 적용해야 한다(그림 5.6 참조).

도로모퉁이의 길이는 교차로 내의 시거가 확보되도록 표 5.4의 값 이상이 되도록 해야 한다.

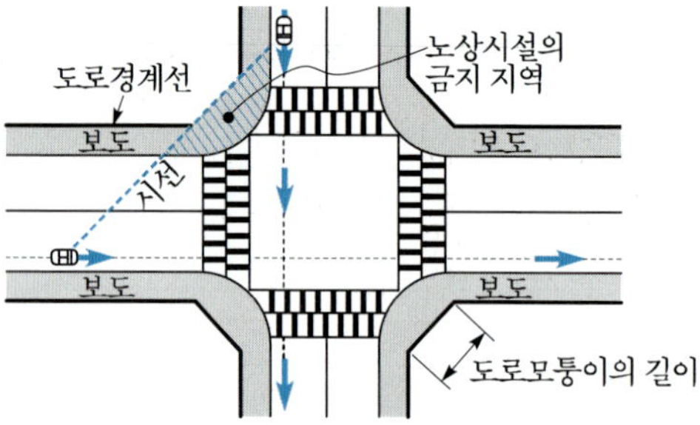

그림 5.6 도로모퉁이의 설치

표 5.4 평면교차부 도로모퉁이의 길이(m)

폭원	40 이상	20 이상	15 이상	12 이상	8 이상
40 이상	12	10	8	6	5
20 이상	10	10	8	6	5
15 이상	8	8	8	6	5
12 이상	6	6	6	6	5
8 이상	5	5	5	5	5

5.3 입체교차

5.3.1 개 요

도로와 도로 혹은 도로와 철도가 서로 다른 높이로 교차하는 것을 입체교차라 한다. 입체교차에서 서로 교차하는 도로를 연결하거나 서로 높이 차이가 있는 도로를 연결하여 주는 도로를 연결로(ramp)라고 한다.

연결로가 붙어있는 경우의 입체구조물을 인터체인지(interchange)라 하고, 연결로가 붙어 있지 않은 경우의 입체구조물을 단순 입체교차라고 한다.

인터체인지는 자동차전용도로 상호간을 연결하는 분기점 인터체인지(junction interchange) 및 일반도로와의 출입을 위한 일반 인터체인지로 구분한다.

단순 입체교차는 교차부에 단순한 지하차도(underpass)나 고가차도(overpass)를 설치하여 일정 방향의 교통류를 분리시키고 지상부는 일반적인 평면교차를 형성시키는 것으로(그림 5.7 참조), 도시지역의 교차로에 많이 설치한다.

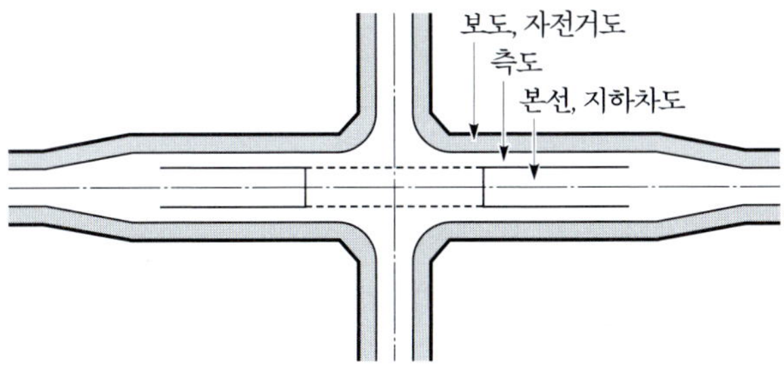

그림 5.7 단순 입체교차

주간선도로의 기능을 가진 도로가 다른 도로와 교차하는 경우에는 입체교차로 해야 한다. 다만, 교통량 및 지형상황 등을 고려하여 부득이하다고 인정되는 경우에는 그러하지 아니하다.

주간선도로가 아닌 도로가 서로 교차하는 경우에 교통의 원활한 처리를 위하여 필요하다고 인정되면 입체교차로 할 수 있다.

5.3.2 단순 입체교차

도시 내 도로의 단순 입체교차의 형식으로서는 용지 면적이 작아도 무방한 다이아몬드형 또는 그 변형이 잘 쓰인다.

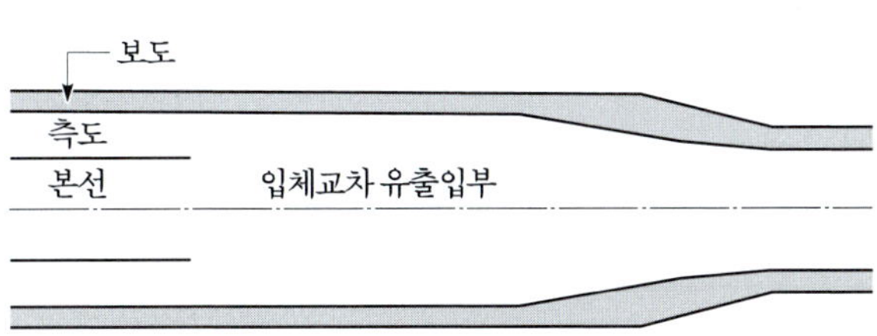

그림 5.8 단순입체교차의 구성

입체화할 교통류는 원칙적으로 교통량이 많은 방향으로 한다. 십자교차로의 통과교통량이 양쪽에 다 같이 많을 때는 평면교차점을 지표부에 놓고 통과차도의 한쪽을 지하차도, 다른 쪽을 고가차도로 한 3층 입체교차가 쓰인다.

단순 입체교차에서의 본선, 측도 및 입체교차 유출입부는 그림 5.8과 같이 정의한다.

(1) 본선

본선의 종단곡선은 하나의 곡선으로 하는 것이 좋으며, 차로수는 편도 2차로 이상을 원칙으로 한다. 부득이 편도 1차로로 하는 경우에는 고장차를 대피시킬 수 있는 길어깨를 포함해야 한다.

또 본선에는 도로의 유지관리를 위하여 양쪽에 유지관리용 보도를 설치한다. 지하차도의 유지관리용 보도의 폭은 측방여유를 위하여 0.75m 정도가 적당하다.

통과교통류를 입체화할 때 지하차도와 고가차도 중 어느 것이 유리한가 하는 문제는 지형, 지질, 설계, 시공의 난이도, 주위와의 조화 등에 따라 결정된다.

시공면으로 보면 지하차도의 경우, 옹벽 및 교대, 굴착으로 인한 지하매설물의 이설 등이 필요하고 공기가 길고 공비도 비싸며, 시공 후에는 배수 및 쓰레기 처리 등의 충분한 유지관리가 필요하다. 그러나 주위의 생활환경, 경관과의 조화에서는 지하차도가 유리하다.

보도, 자전거도로는 지표부에 설치하므로 입체부 본선에 설치하지 않는 것이 보통이다.

(2) 측도

측도의 폭은 교차로에서의 좌우회전 교통량에 따라 정하지만 적어도 1차로 외에 주정차대를 포함한 폭 이상으로 한다.

(3) 입체교차 유출입부

입체교차 유출입부란 본선이 측도와 접속하는 부분의 근처를 말하며, 여기서 교통류의 분합류가 이루어지고 교통류의 혼란이 일어나기 쉬우므로 안전하고 원활한 교통이 확보되도록 해야 한다.

입체교차로에서는 단로부보다 차로수가 많게 되므로 차로의 확폭구간을 설치하며, 측도와 본선의 평행구간의 길이는 분합류 교통의 안전과 원활함을 위하여 적당한 길이를 확보해야 한다.

5.3.3 인터체인지

인터체인지는 평면교차에 비하여 교통용량이 크고 교통류를 원활하게 소통시킬 수 있다. 또 교통사고도 적고 평면교차에서와 같은 주행시간의 지체도 적다. 그러나 넓은 용지와 입체 구조물이 필요하게 되며 그 때문에 건설비가 매우 고가가 된다.

인터체인지의 존재가 지방계획, 도시계획, 주변 토지이용계획 등에 주는 영향이 크므로, 그 설치 위치에 대해서는 교통조건, 사회적 조건, 자연조건을 고려하여 신중히 검토해야 한다.

(1) 인터체인지의 배치계획

지방지역에서의 인터체인지 배치계획은 지역계획 및 광역 교통계획을 바탕으로 경제효과 등을 고려하여 다음 기준에 따른다.

① 일반국도 등 주요도로와의 교차점 또는 접근지점

② 인구 30,000명 이상의 도시 부근 또는 인터체인지 세력권 인구가 50,000~100,000명 정도가 되도록 배치(표 5.5 참조)

③ 항만, 비행장, 유통시설, 중요한 관광지 등으로 통하는 주요 도로와의 교차 또는 근접지점

④ 인터체인지의 출입교통량이 30,000대/일 이하가 되도록 배치

⑤ 고속국도에서 인터체인지 간격은 최소 2km, 최대 30km가 되도록 배치하며(표 5.6 참조), 그 밖의 도로에서는 도로와 지역 특성을 반영하여 배치

⑥ 고속도로 본선과 인터체인지에 대한 총 편익비용비가 최대로 되도록 배치

표 5.5 인터체인지 표준 설치 수

도시인구(인)	1노선당 인터체인지 표준 설치 수
100,000 미만	1
100,000~300,000 미만	1~2
300,000~500,000 미만	2~3
500,000 이상	3

표 5.6 인터체인지 설치의 지역별 표준간격

지 역	표준 간격
대도시 도시고속도로	2~5km
대도시 주변, 주요 공업지역	5~10km
소도시가 존재하고 있는 평야	15~25km
지방촌락, 산간지	20~30km

인터체인지를 설치하는 도로가 유료도로인 경우와 무료도로인 경우에 따라 인터체인지의 계획은 상당한 차이가 있다.

도시 내 자동차전용도로의 인터체인지 계획은 특정노선이나 특정출입로에 교통이 집중되지 않도록 배치해야 하며, 기존 시가지에서는 용지의 제약이 크기 때문에 지형이나 지장물의 조사가 매우 중요한 요인이 된다.

(2) 인터체인지의 위치 선정

인터체인지 위치를 결정함에 있어서 교통조건, 사회적 조건, 자연조건에 대하여 충분한 입지조사를 해야 한다.

교통조건 조사는 인터체인지의 위치 및 연결로의 접속지점이 그 지역의 도로망에 적합한가를 알아보는 것이 목적이며, 그 지역의 도로망 현황 및 교통량이 주된 조사항목이다.

사회적 조건 조사에는 보상비 산정과 적절한 형식 선정에 중요한 역할을 하는 용지관계 조사가 있으며, 매장문화재 조사도 필요하다.

자연조건 조사에는 지형, 지질, 배수, 수리, 기상에 관한 것이 있으며 지형도나 현지답사 또는 토질조사를 실시한다. 또 접속도로의 조건 및 휴게소, 주차장, 버스정류장, 터널 등의 다른 시설과의 관계를 고려해야 한다.

(3) 인터체인지의 구성

인터체인지는 교차하는 본선차도와 이들을 서로 연락하는 연결로로 구성된다(그림 5.9 참조). 연결로가 교차도로의 차도에 접속하는 부분에는 두 도로 사이의 주행속도차를 조정하기 위한 변속차로를 설치한다. 변속차로에는 가속차로와 감속차로가 있다.

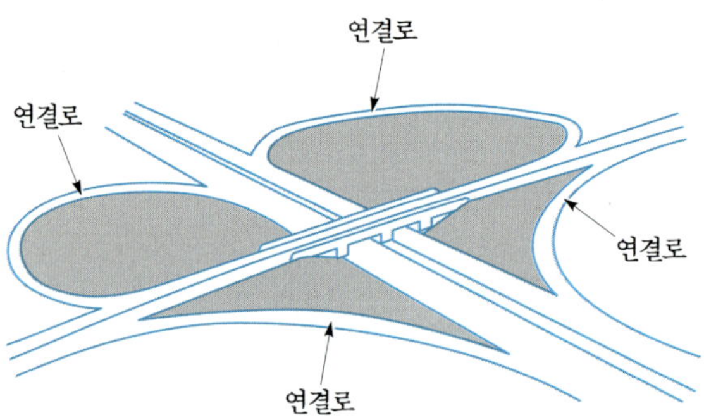

그림 5.9 인터체인지의 구성

1) 연결로

인터체인지의 연락차도로서 높이가 다른 도로 사이를 연결하기 위하여 설치한 차로를 연결로라고 한다.

연결로의 형식은 그림 5.10과 같이 직결형, 준직결형 및 루프형(loop, 고리모양)의 3가지로 분류하며, 오른쪽 진출입을 원칙으로 한다.

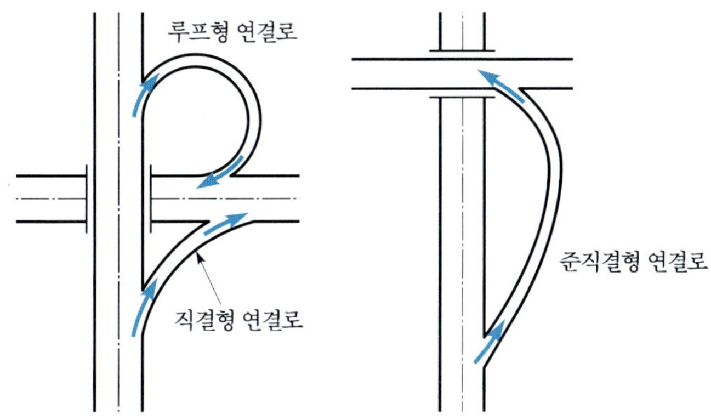

그림 5.10 연결로의 형식

직결형 연결로는 목적방향에 따라서 설치한 연결로이고, 준직결형 연결로는 목적방향과 반대방향으로 분기는 하지만 목적방향과 그다지 떨어지지 않고 연결을 할 수 있는 것이다. 루프형 연결로는 루프곡선의 선형으로 목적방향과 반대방향으로 분기하여 270°를 전향하여 우회하는 것이다.

우회전 연결로에는 직결형만 있으며, 좌회전 연결로에는 직결형, 준직결형, 루프형이 모두 있다.

연결로의 설계속도는 접속하는 도로의 설계속도에 따라 표 5.7의 속도를 기준으로 한다. 다만, 루프 연결로의 경우에는 10km 이내의 속도를 뺀 속도를 설계속도로 할 수 있다.

표 5.7 연결로의 설계속도

상급도로의 설계속도(km/h) / 하급도로의 설계속도(km/h)	120	110	100	90	80	70	60	50 이하
120	80~50							
110	80~50	80~50						

상급도로의 설계속도(km/h) / 하급도로의 설계속도(km/h)	120	110	100	90	80	70	60	50 이하
100	70~50	70~50	70~50					
90	70~50	70~40	70~40	70~40				
80	70~40	70~40	60~40	60~40	60~40			
70	70~40	60~40	60~40	60~40	60~40	60~40		
60	60~40	60~40	60~40	60~40	60~30	50~30	50~30	
50 이하	60~40	60~40	60~40	60~40	60~30	50~30	50~30	40~30

연결로의 차로폭, 길어깨폭 및 중앙분리대의 폭은 표 5.8의 폭 이상으로 한다. 다만, 교량 등의 구조물로 인하여 부득이한 경우에는 괄호 안의 폭까지 줄일 수 있다.

표 5.8 연결로의 폭

횡단면 구성요소 / 연결로 기준	최소 차로폭 (m)	길어깨의 최소폭(m)					중앙분리대 최소폭(m)
		한쪽방향 1차로		한쪽방향 2차로	양방향 다차로	가속 · 감속차로	
		오른쪽	왼쪽	오른쪽 · 왼쪽	오른쪽	오른쪽	
A기준	3.50	2.50	1.50	1.50	2.50	1.50	2.50(2.00)
B기준	3.25	1.50	0.75	0.75	0.75	1.00	2.00(1.50)
C기준	3.25	1.00	0.75	0.50	0.50	1.00	1.50(1.00)
D기준	3.25	1.25	0.50	0.50	0.50	1.00	1.50(1.00)
E기준	3.00	0.75	0.50	0.50	0.50	0.75	1.50(1.00)

비고) 1. 각 기준의 정의

가. A기준 : 길어깨에 대형자동차가 정차한 경우 세미 트레일러가 통과할 수 있는 기준
가. B기준 : 길어깨에 소형자동차가 정차한 경우 세미 트레일러가 통과할 수 있는 기준
가. C기준 : 길어깨에 정차한 자동차가 없는 경우 세미 트레일러가 통과할 수 있는 기준
가. D기준 : 길어깨에 소형자동차가 정차한 경우 소형자동차가 통과할 수 있는 기준
가. E기준 : 길어깨에 정차한 자동차가 없는 경우 소형자동차가 통과할 수 있는 기준

2. 도로의 설계속도별 적용기준

상급도로의 설계속도(km/h)		적용되는 연결로의 기준
100 이상	지방지역	A기준 또는 B기준
	도시지역	B기준 또는 C기준
100 미만		B기준 또는 C기준
소형차도로		D기준 또는 E기준

2) 가속차로

연결로의 설계속도는 일반적으로 이와 직결하는 도로의 설계속도보다 낮으므로 안전하게 합류하려면 가속할 필요가 있다. 이 때문에 그림 5.11과 같은 가속차로를 만든다. 연결로에서 들어오는 차량은 가속차로를 주행하면서 속도를 조절하여 통과차로의 틈을 보아 적당한 위치에서 합류한다.

가속차로의 길이는 연결로와 본선차도의 설계속도에 따라 다르며, 그 값은 표 5.9와 같고, 연결로가 2차로인 경우 1.2배 이상으로 한다.

표 5.9 가속차로의 길이

본선 설계속도(km/h)			120	110	100	90	80	70	60
연결로 설계속도 (km/h)	80	변이구간을 제외한 가속차로의 최소길이(m)	245	120	55	–	–	–	–
	70		335	210	145	50	–	–	–
	60		400	285	220	130	55	–	–
	50		445	330	265	175	100	50	–
	40		470	360	300	210	135	85	–
	30		500	390	330	240	165	110	70

3) 감속차로

본선차도에서 연결로로 나가는 차량은 연결로에 나갈 때까지 그 속도를 연결로의 설계속도까지 낮추어야 한다. 이 때문에 감속차로가 필요하다(그림 5.11 참조).

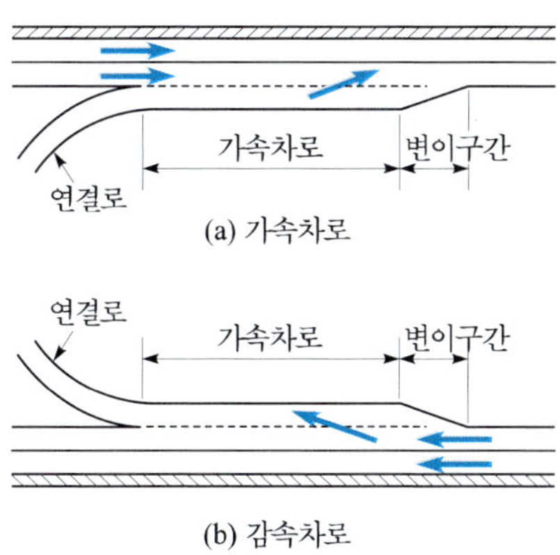

그림 5.11 변속차로

감속차로의 길이는 연결로와 본선차도의 설계속도에 따라 다르나 일반적으로 가속차로의 길이보다 짧으며, 그 값은 표 5.10과 같고, 연결로가 2차로인 경우 1.2배 이상으로 한다.

표 5.10 감속차로의 길이

<table>
<tr><th colspan="3">본선 설계속도(km/h)</th><th>120</th><th>110</th><th>100</th><th>90</th><th>80</th><th>70</th><th>60</th></tr>
<tr><td rowspan="6">연결로 설계속도 (km/h)</td><td>80</td><td rowspan="6">변이구간을 제외한 감속차로의 최소길이 (m)</td><td>120</td><td>105</td><td>85</td><td>60</td><td>–</td><td>–</td><td>–</td></tr>
<tr><td>70</td><td>140</td><td>120</td><td>100</td><td>75</td><td>55</td><td>–</td><td>–</td></tr>
<tr><td>60</td><td>155</td><td>140</td><td>120</td><td>100</td><td>80</td><td>55</td><td>–</td></tr>
<tr><td>50</td><td>170</td><td>150</td><td>135</td><td>110</td><td>90</td><td>70</td><td>55</td></tr>
<tr><td>40</td><td>175</td><td>160</td><td>145</td><td>120</td><td>100</td><td>85</td><td>65</td></tr>
<tr><td>30</td><td>185</td><td>170</td><td>155</td><td>135</td><td>115</td><td>95</td><td>80</td></tr>
</table>

4) 변이구간

변속차로의 변이구간의 길이는 표 5.11의 값 이상으로 해야 한다.

표 5.11 변이구간의 길이

본선 설계속도(km/h)	120	110	100	90	80	60	50	40
변이구간의 최소길이(m)	90	80	70	70	60	60	60	60

5.3.4 인터체인지의 형식

인터체인지의 형식에는 교통동선의 처리방법에 따라 분류하면 완전 입체교차, 불완전 입체교차, 로터리 입체교차 등이 있다.

(1) 불완전 입체교차

불완전 입체교차는 평면교차하는 교통동선을 1개소 이상 포함하는 형식으로, 교차의 종류는 본선차도와 연결로의 교차 및 연결로 상호교차 중의 하나이다.

불완전 입체교차의 장점은 다양한 변화가 가능하여 교통특성이나 지형에 알맞은 형을 얻을 수 있으며, 용지 면적이나 건설비가 적게 들고 우회거리가 짧은 점 등이다. 단점은 본선이나 연결로의 교통에 정지를 요하므로 교통의 연속성과 안전성이 부족하다는 점이다.

① 다이아몬드형(그림 5.12) : 네 갈래 교차 인터체인지의 대표적인 것으로, 형상이 단순하고 용지 및 건설비가 적게 들며 교통의 우회거리도 짧지만, 평면교차로에서의 교통용량이 작고 유료도로의 경우에 영업소(toll gate)가 4개가 된다.

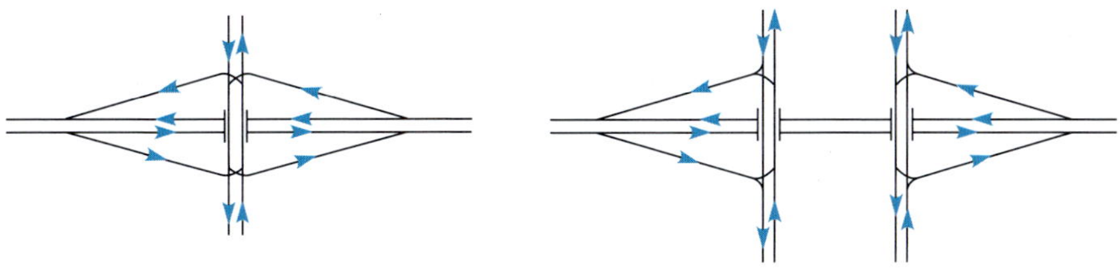

그림 5.12 다이아몬드형 입체교차

② 불완전 클로버형(그림 5.13) : 교차도로상에서의 좌회전동선을 우회전으로 변환시킬 수 있어 교통용량을 증가시키지만, 우회거리가 증가하고 용지비 및 건설비가 많이 든다.

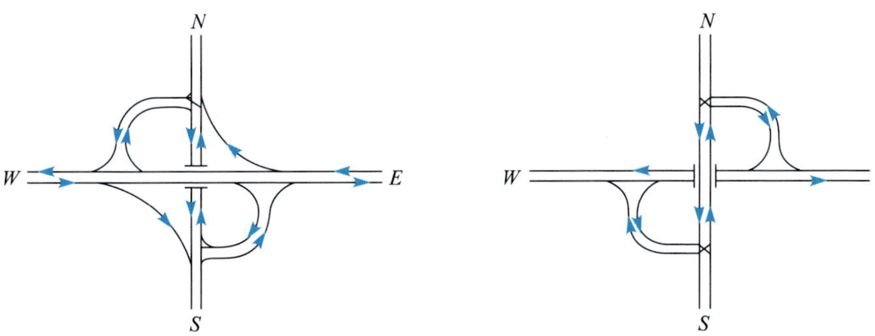

(a) 우회전 연결로가 있는 경우 (b) 우회전 연결로가 일부 없는 경우

그림 5.13 불완전 클로버형 입체교차

③ 트럼펫형(네 갈래 교차)(그림 5.14) : 고규격도로가 저규격도로와 교차할 때, 고규격도로에 대해서는 완전입체의 3갈래 교차형식을 취하고 저규격도로에는 평면교차로 처리한 것이다. 출입교통을 1개소로 모을 수 있으므로 요금관리상 편하다.

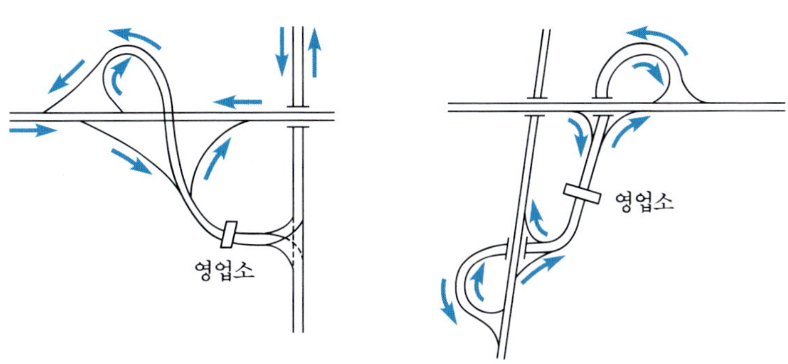

(a) 트럼펫형 (b) 2중 트럼펫형

그림 5.14 트럼펫형 입체교차

④ 준직결형(그림 5.15) : 세 갈래 교차로 본선상에 일부 평면교차를 허용하는 형식으로, 도시지역 일반도로의 중요한 Y형 교차점이나 우회도로의 분기점에 사용한다. 평면교차로가 연결로 경사부의 직후에 있어 교통상 위험하다.

(a) 합류형 (b) 분류형

그림 5.15 준직결형 입체교차

(2) 로터리(rotary) 입체교차 (그림 5.16)

평면교차는 없으나 연결로를 독립으로 하지 않고 2개 이상 차도를 부분적으로 겹치게 해서 엇갈림(weaving)을 수반하는 형식이다. 용지가 많이 들고 엇갈림 구간에서 교통용량이 작아지며 교통량이 많은 경우에는 제대로 처리할 수 없다.

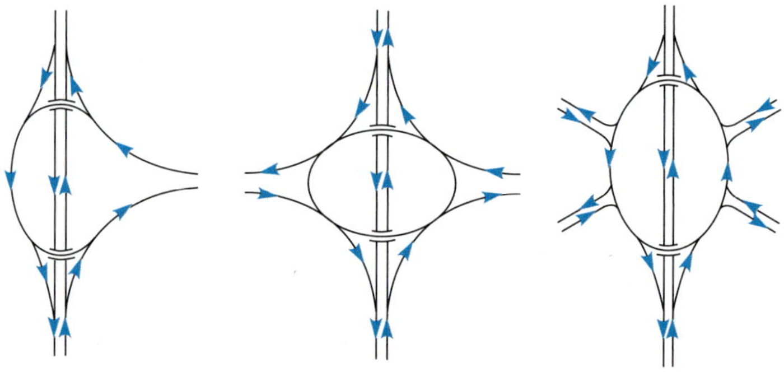

그림 5.16 로터리 입체교차

(3) 완전 입체교차

완전 입체교차는 평면교차를 전혀 포함하지 않고 각 연결로가 독립되어 있는 형식으로, 공사비와 용지가 많이 들므로 고규격의 자동차전용도로의 교차로에 주로 사용한다.

① 직결형 : 직결 Y형(세 갈래 교차)(그림 5.17)은 3방향 모두의 접속이 직접연결로에 의하는 것으로 고규격도로 상호의 접속에 사용한다. 좌측에서 직접 분기하기 때문에 왕복차도를 넓게 분리할 필요가 있으며 용지면적이 많이 소요된다. 지형이나 용지 때문에 모양을 작게 할 때는 3층 입체교차로 한다.

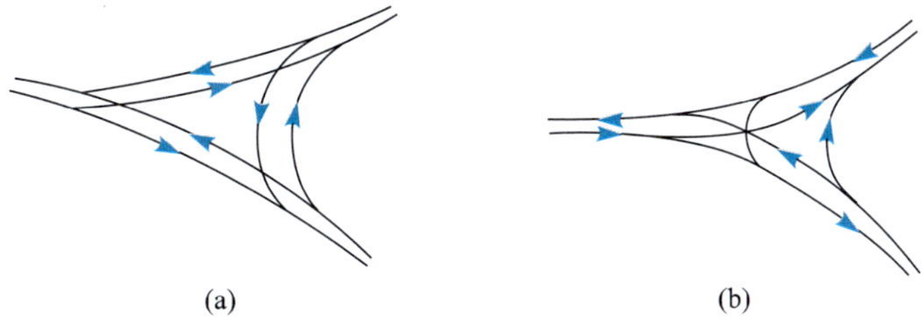

그림 5.17 직결 Y형 입체교차

② 트럼펫형(그림 5.18) : 세 갈래 교차 인터체인지의 대표적인 것으로, 연결되는 고속도로 상호간의 교통량과 중요도에 차이가 있을 때 어느 한쪽을 주도로로 볼 수 있는 경우에 적합하다.

③ 클로버형(그림 5.19) : 네 갈래 완전입체교차의 대표적인 것으로, 기하학적으로 대칭인 아름다운 형을 이루고 입체교차구조물도 1개만 필요하다.

단점으로는 용지가 많이 소요되며, 좌회전 차량이 루프를 따라 멀리 회전해야 하며, 인접한 루프 간에 누빔 구간이 생겨 교통용량이 작아진다.

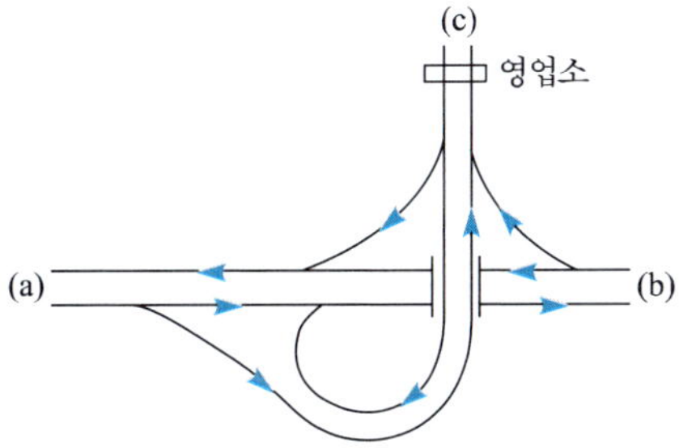

그림 5.18 트럼펫형 입체교차

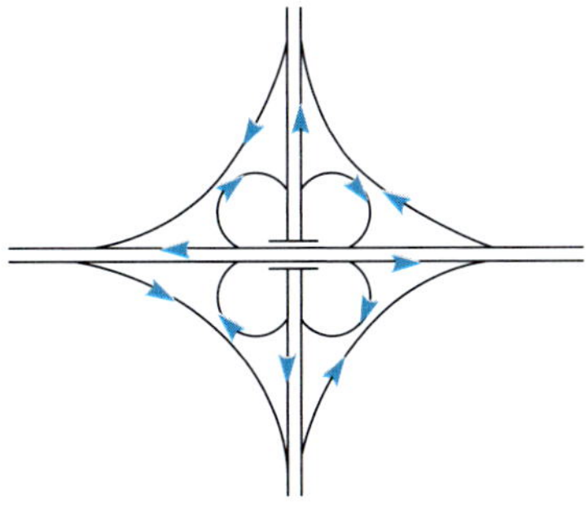

그림 5.19 클로버형 입체교차

5.4 도로와 철도의 교차

5.4.1 입체교차

도로와 철도의 교차는 원칙적으로 입체교차로 해야 한다. 다만, 주변지장물이나 기존의 교차형식 등으로 인하여 부득이한 경우에는 그러하지 아니한다.

입체교차의 설계에 있어서는 도로 및 철도의 장래계획을 충분히 고려하고, 도로와 철도 양쪽의 평면선형과 종단선형이 양호한 지점에 설치해야 한다. 또 시설한계, 시거, 배수, 방호시설, 측도 등에 주의해야 한다.

시설한계에 대해서는 도로구조규칙과 철도건설규칙에 따르고, 공사, 보수, 제설 등을 위한 여유를 충분히 확보해야 한다. 배수에 대해서는 도로의 종단곡선이 오목형이고 철도 밑을 지나는 지하차도인 경우에 특히 주의를 요한다.

도로가 철도 위를 지날 때는 철도의 확장 및 보수와 제설 등을 위한 충분한 경간장을 확보해야 하며, 도로로부터 철도부지에 떨어지는 투하물, 낙하물을 방지하기 위하여 방호울타리를 칠 뿐 아니라 수평력에 강한 높은 난간을 설치할 필요가 있다.

5.4.2 평면교차

(1) 평면교차의 기준

도로와 철도의 평면교차는 교통사고의 위험도가 높고 교통지체의 원인이 되므로 입체교차로 하는 것이 원칙이나 실제로는 평면교차로 되어 있는 곳이 많다. 도로와 철도와의 평면교차를 건널목이라고 한다.

다음과 같은 조건의 경우에는 부득이 평면교차로 할 수 있다.

① 도로의 교통량 또는 철도의 운전횟수가 아주 적은 경우

② 지형상 입체교차로 하기가 매우 어려울 경우

③ 입체교차로 함으로써 도로의 이용이 장애를 받는 경우

④ 교차가 일시적인 경우

⑤ 입체교차 비용이 입체교차화함으로써 얻는 이익을 엄청나게 초과할 경우

(2) 평면교차의 규정

부득이 도로와 철도의 교차를 평면교차로 할 경우에는 다음의 규정에 따른다.

① 도로와 철도와의 교차각은 45° 이상으로 한다. 이것은 건널목의 길이를 되도록 짧게

하고 동시에 이륜차 등의 차바퀴가 레일 틈 사이에 빠지는 것을 방지하기 위함이다.

② 건널목 양측에서 각각 30m의 구간은 건널목을 포함하여 직선으로 하고, 그 구간 도로의 종단경사는 3% 이하로 한다. 다만, 주변지장물과 기존도로의 현황을 고려하여 부득이한 경우에는 그러하지 아니하다. 이것은 건널목 전후의 가시를 좋게 하고 차량의 발진, 정지를 쉽게 하기 위함이다.

③ 가시구간의 길이(건널목 앞쪽 5m 지점의 도로중심선상 1m의 높이에서 가장 멀리 떨어진 선로의 중심선을 볼 수 있는 곳까지의 거리)를 선로방향으로 측정한 길이(그림 5.20에서 AC)는 철도차량의 최고속도에 따라 표 5.12의 값 이상으로 해야 한다. 다만, 건널목 차단기 등 보안설비가 설치된 구간에서는 그러하지 아니하다.

이것은 건널목에서 일단 정지한 차량이 발진 가속하여 안전하게 건널목을 통과하는 데 필요한 시거를 규정한 것이다.

표 5.12 건널목 가시구간의 최소길이

건널목에서의 철도차량의 최고속도(km/h)	가시구간의 최소길이(m)
50 미만	110
50~70	160
70~80	200
80~90	230
90~100	260
100~110	300
110 이상	350

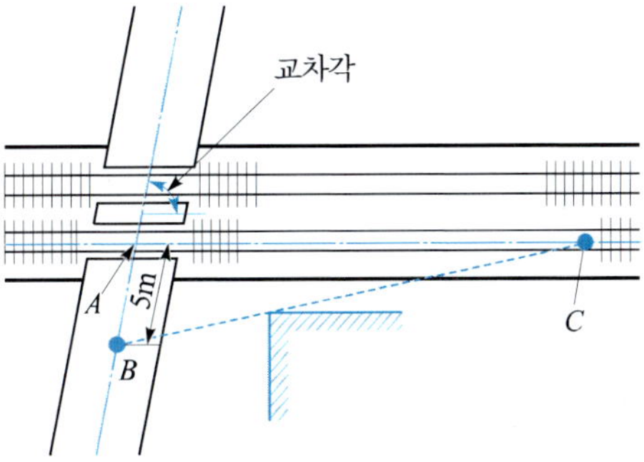

그림 5.20 건널목의 가시구간

Chapter 6

도로토공

제6장

도로토공

6.1 개 설

6.1.1 토공과 준비작업

도로의 노상면을 정형하기 위하여 자연토층을 땅깎기(절토)하거나 기초지반 위에 흙쌓기(성토)하는 공사를 도로토공(road earthwork)이라고 한다.

토공에 앞서 공사현장에 고인 물을 배수시키는 것을 준비배수라고 하며, 공사현장의 초목을 벌채하고 나무뿌리를 제거하고 표토에서 약 30cm 깊이까지의 유기질토를 제거하는 벌개제근이라고 한다.

또 공사구간 내에 있는 각종 구조물 및 지장물을 제거하고, 제거작업으로 인하여 발생하는 웅덩이, 도랑 등을 되메워야 한다.

6.1.2 토공부의 명칭과 표준구성

도로의 토공 각 부분의 명칭과 표준구성은 그림 6.1, 그림 6.2와 같다.

노체는 쌓기부에서 포장 및 노상 이외의 부분을 말하며, 노상과 포장층을 지지하는 역할을 한다.

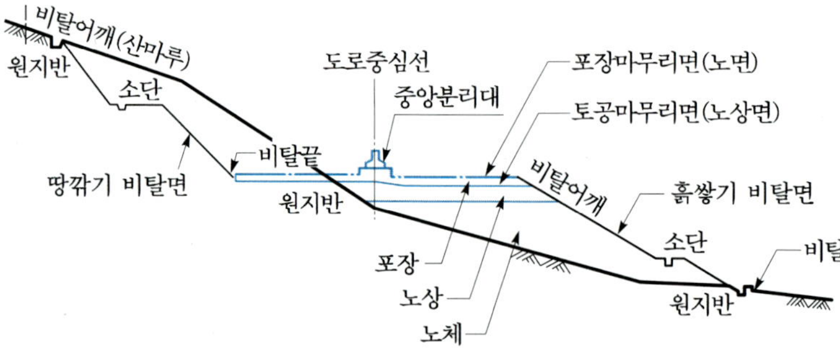

그림 6.1 도로 각 부분의 명칭

노상은 포장층 아래 두께 약 1m의 균질한 토층을 말하며, 포장층에서 전달되는 교통하중을 지지하는 역할을 하고, 상부노상과 하부노상으로 나누기도 한다.

포장층은 노상 윗면에서 노면까지의 부분을 말하며, 교통하중을 지지하고 하중을 분산시키는 역할을 한다.

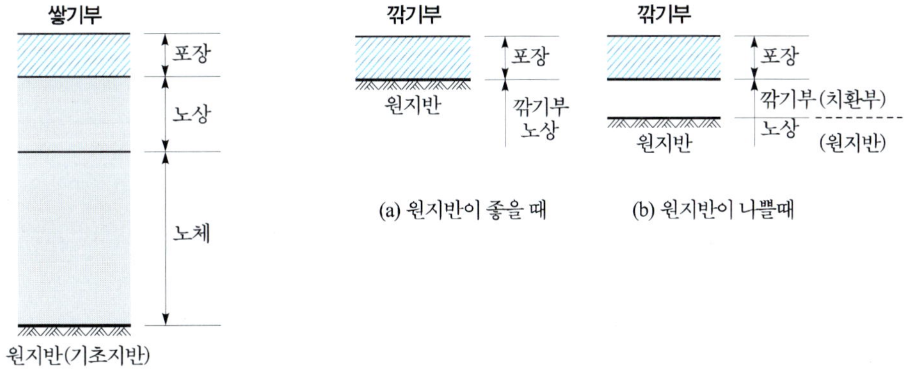

그림 6.2 땅깎기와 흙쌓기의 표준구성

6.1.3 토공계획

도로토공에서는 토공량을 되도록 적게 함과 동시에 절취한 흙을 흙쌓기에 유용함으로써 땅깎기와 흙쌓기의 균형을 취하도록 한다. 그 때문에 토공의 기준면이 되는 노상면의 높이 선정과 도로의 선형설계는 위의 조건이 만족되도록 적절히 이루어져야 한다.

토공을 설계할 때는 땅깎기와 터널 또는 흙쌓기와 고가구조의 비교 검토가 필요할 때가 적지 않으나, 어느 것을 채용하느냐 하는 문제는 토질, 공기, 공비, 용지취득의 난이, 완성 후의 유지관리 등의 여러 조건을 종합적으로 판단하여 결정해야 한다.

또 토질조건이 특히 불량하여 시공이 곤란하다고 생각될 경우에는 계획노선이 그 지구를 피하여 통과할 수 있는지를 검토해보는 것도 필요한 일이다.

6.2 땅깎기(절토)

6.2.1 땅깎기 비탈면 경사

땅깎기 비탈면 경사는 지반을 구성하는 토질의 종류, 상태 및 땅깎기 높이에 따라서 안전하도록 정해야 한다. 땅깎기 비탈면의 표준경사는 종래의 경험에서 표 6.1, 표 6.2와 같은 값을 표준으로 한다.

토질 구분이 어려운 토사에서는 높이 5m 이하이면 1 : 1.2, 높이 5m 이상에서는 1 : 1.5 경사를 많이 적용하며, 리핑(ripping)암에서는 1 : 0.7, 발파암에서는 1 : 0.5 경사를 대략적으로 적용한다.

표 6.1 토질에 따른 땅깎기 비탈면의 표준경사

원지반의 토질		절토높이	경 사	분류 기호(통일분류법)
모 래	느슨하고 입도 분포가 나쁜 것		1 : 1.5 이하	SW, SP
사질토	촘촘한 것	5m 이하	1 : 0.8 ~ 1 : 1.0	SM, SP
		5~10m	1 : 1.0 ~ 1 : 1.2	
	느슨하고 입도 분포가 나쁜 것	5m 이하	1 : 1.0 ~ 1 : 1.2	
		5~10m	1 : 1.2 ~ 1 : 1.5	
자갈 또는 암괴 섞인 사질토	촘촘하고 입도 분포가 좋은 것	10m 이하	1 : 0.8 ~ 1 : 1.0	SM, SC
		10~15m	1 : 1.0 ~ 1 : 1.2	
	느슨하거나 입도 분포가 나쁜 것	10m 이하	1 : 1.0 ~ 1 : 1.2	
		10~15m	1 : 1.2 ~ 1 : 1.5	
점성토, 실트		0~10m	1 : 0.8 ~ 1 : 1.2	ML, MH, CL, CH
암괴 또는 호박돌 섞인 점성토		5m 이하	1 : 1.0 ~ 1 : 1.2	GM, GC
		5~10m	1 : 1.2 ~1 : 1.5	

표 6.2 암반의 특성에 따른 땅깎기 비탈면의 표준검사

암반 구분	암반 파쇄상태		굴착 난이도	경 사	소단 설치	비 고
	TCR(%)	RQD(%)				
풍화암, 파쇄가 극심한 연 · 경암	20% 이하	10% 이하	리핑암	1 : 1.0~1 : 1.2	높이 5m마다 1m 폭	* 최하단 기준 매 20m마다 3m 소단 설치 * 발파암과 리핑암 사이에는 소단을 설치하지 않음.
파쇄가 없는 풍화암, 연 · 경암	20~40%	10~25%	발파암(연암)	1 : 0.8~1 : 1.0	높이 10m마다 1~2m 폭	
	40~60%	25~50%	발파암(보통암)	1 : 0.7		
	60% 이상	50% 이상	발파암(경암)	1 : 0.5	높이 20m마다 3m 폭	

6.2.2 소단과 배수처리

땅깎기높이가 큰 비탈면에서는 비탈면의 도중에 소단을 설치한다. 소단은 땅깎기높이 5~10m마다 설치하며, 폭은 1m를 표준으로 하고, 5% 정도의 횡단경사를 붙인다. 소단은 유

지관리 단계에서의 점검보수용 통로, 비탈면의 침식방지를 위한 배수시설 설치에 이용된다.

땅깎기 비탈면의 어깨나 양단부는 원지반이 불안정해서 식생의 정착이 어렵고 침식을 받기 쉬워서 붕괴되기 쉬우므로, 침식방지, 식생의 정착 및 경관을 위하여 원칙적으로 라운딩(rounding)을 하고, 그 형상은 매끄러운 원형으로 한다(그림 6.3 참조).

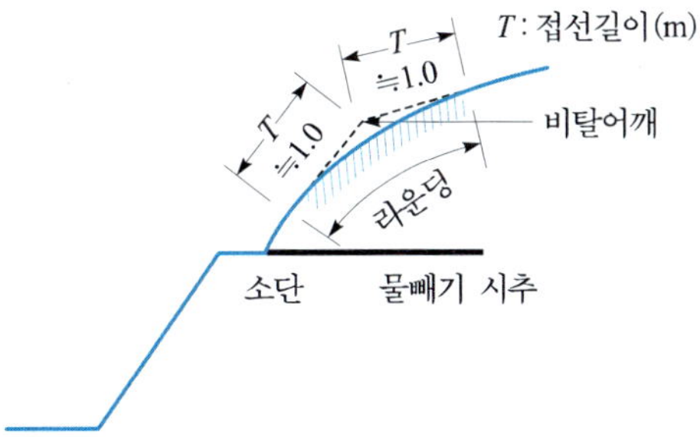

그림 6.3 땅깎기 비탈면의 라운딩

표면수나 용수(솟아나는 물)에 의하여 비탈면이 세굴되거나 붕괴될 우려가 있는 경우에는 비탈어깨나 소단에 배수구를 설치해야 한다. 용수처리 방법은 비탈면으로 흘러나온 것을 돌망태나 유공관을 사용하여 비탈 표면에서 처리하는 경우와 심부의 침투수를 물빼기 시추(경사각 5° 이상으로 천공하여 유공관을 삽입)나 집수정으로 비탈면 밖으로 배출하는 경우가 있다.

땅깎기 높이가 20m 이상의 대규모 비탈면은 비탈면 전체의 지질이 균질하고 견고한 것이 드물고 단층 등의 약선을 수반하는 것이 많기 때문에 지질, 지하수 상황 등을 상세히 조사하여 안전한 설계를 해야 한다.

6.3 흙쌓기(성토)

6.3.1 기초지반

흙쌓기의 기초지반은 흙쌓기 및 포장의 중량과 교통하중을 안전하게 지지할 수가 있고, 또 이러한 하중으로 인하여 생기는 침하는 도로가 완성된 후 노면에 나쁜 영향을 주지 않는 것이어야 한다.

보통지반에는 이와 같은 것이 문제가 되는 일은 드물지만, 연약지반 위에 흙쌓기를 할 경우에는 기초지반이 옆으로 유동하거나 압밀침하를 일으킬 염려가 있으므로 미리 충분한 검토가 필요하고 설계, 시공에도 특별한 배려가 있어야 한다.

논 또는 지표에 얇은 연약층으로 된 지반 위에 흙쌓기를 할 때는 시공기계에 대한 트래피커빌리티(trafficability)가 문제가 되므로, 기초지반에 골파기 배수공과 같은 배수구를 만들거나(그림 6.4 참조) 모래, 먹자갈 등의 배수성 재료를 깔거나 하는 필요성을 검토하여야 한다.

또 아주 낮은 흙쌓기(흙쌓기 높이 1m 이하)를 이러한 기초지반 위에 시공할 경우에는 교통하중의 영향이 기초지반까지 미치는 일도 있고 물의 영향이 성토 상부까지 미칠 염려가 있으므로 기초지반의 일부를 치환하는 문제, 흙쌓기 재료로서 투수성이 좋은 재료를 사용하는 것 등을 검토해야 한다.

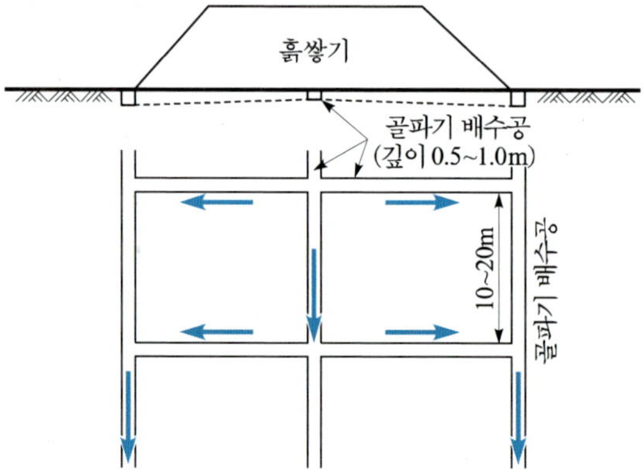

그림 6.4 골파기 배수공

6.3.2 흙쌓기 재료

흙쌓기 재료는 흙쌓기를 구성하는 주요 재료이며, 그 성질이 시공의 난이, 완성 후의 흙쌓기의 역학적 성질을 좌우하게 되므로 되도록 양질의 재료를 선별하여 사용하는 것이 좋다.

그러나 양질의 재료만을 선택하여 사용하면 경제적 부담이 크므로 주어진 재료가 다소 질이 좋지 못하더라도 설계, 시공면에서 연구하여 적절히 사용할 수도 있다.

흙쌓기 재료로서 적합한 재료는 시공이 용이하고, 전단강도가 크며, 압축성이 작은 성질을 갖는 조립토이다. 또 사용해서는 안 되는 재료는 흡수성이나 압축성이 큰 점성토 및 다량의 부식물을 품고 있는 흙이다.

흙쌓기 재료 속에 큰 자갈이 포함되어 있으면 시공이 곤란할 뿐 아니라 다짐작업도 불충분하므로 자갈의 최대치수를 규정하는 것이 좋다. 깔기 두께가 보통 20~30cm이므로 자갈의 허용 최대치수도 20~30cm로 생각하면 된다. 노상부분에는 지지력을 균일하게 하기 위하여 너무 큰 자갈을 품는 재료는 사용하지 않는 것이 좋다.

흙쌓기 재료 중 양질의 재료일수록 포장에 가까운 윗부분에 쓰도록 한다. 또 교량 등의 구조물과 흙쌓기부가 접속하는 곳은 부등침하를 일으키기 쉬운 장소가 되므로 양질의 재료(투수성이 좋고 다지기 쉬운 모래, 자갈)를 사용한다.

6.3.3 다지기

흙쌓기는 충분히 다지는 것이 가장 중요하다. 다짐의 목적은 흙쌓기를 안정된 상태로 유지하며 비탈면의 안정 및 교통하중을 지지하는 데 필요한 강도를 주고 또 흙쌓기 자체의 압밀침하를 적게 하기 위함이다.

다짐기계에는 각종 롤러 이외에 여러 가지가 있으며, 토질과 장소 등 현장조건에 따라 적당한 것을 사용하고 소정의 다짐도가 얻어지도록 한다. 또 대규모 흙쌓기의 다짐에 있어서는 깔기 두께, 다짐횟수, 다짐기종, 시공함수비 등을 결정하기 위하여 현장에서 시험흙쌓기를 할 때도 있다.

흙쌓기 본체의 다짐은 중량이 큰 다짐기계를 사용하여 수평으로 다짐을 하지만, 비탈면 표층부의 다짐은 불충분하게 되기 쉬우므로 주의를 요한다.

흙쌓기 비탈면 표층부의 다짐에는 다음과 같은 방법이 있다.

① 흙쌓기의 전폭을 1층마다 다짐하고 1~3층 올라갈 때마다 불도저 등으로 비탈면을 상하로 주행시켜서 비탈면을 다진다.

② 흙쌓기 본체를 구성한 후 비탈면에 흙을 보충하면서 진동롤러, 진동래머, 진동평판 등의 소형 다짐기계로 비탈면을 다진다.

③ 흙쌓기 폭보다 여유있게 흙을 쌓은 후 다짐이 불충분한 단부를 드래그라인, 트럭쇼벨로 절취해서 정형한다.

6.3.4 흙쌓기 비탈면 경사

흙쌓기 비탈면 경사는 흙쌓기 안정에 충분하도록 안정계산으로 정해야 하지만, 보통은 표 6.3과 같이 흙쌓기 재료의 종류, 흙쌓기 높이에 따라서 표준치가 주어져 있으므로 안정계산을 할 필요 없이 표를 참고로 하고, 현장의 지형, 토질, 기상조건, 인접하는 물건, 비탈면 보호공의 종류, 시공법 등을 고려하여 정하면 된다.

그러나 흙쌓기 높이가 10m보다 클 경우, 비탈면 경사가 표준치보다 급한 경우, 흙쌓기 재료의 함수비가 높고 전단강도가 작은 경우, 연약지반 위에 흙쌓기할 경우, 산사태나 산붕괴 등을 일으킬 염려가 있는 불안정한 지반 및 급한 사면에 흙쌓기할 경우에는 신중한 안정검토가 필요하다.

표 6.3 성토비탈면의 표준경사

흙쌓기 재료	비탈면 높이(m)	비탈면 상 · 하부에 고정시설물이 없는 경우 (도로, 철도 등)	비탈면 상 · 하부에 고정시설물이 있는 경우 (주택, 건물 등)
입도분포가 좋은 양질의 모래, 모래자갈, 암괴, 암버력	0~5	1 : 1.5	1 : 1.5
	5~10	1 : 1.8	1 : 1.8~1 : 2.0
	10 초과	별도 검토	별도 검토
입도분포가 나쁜 모래, 점토질 사질토, 점성토	0~5	1 : 1.8	1 : 1.8
	5~10	1 : 1.8~1 : 2.0	1 : 2.0
	10 초과	별도 검토	별도 검토

흙쌓기 높이가 5m 이상인 높은 흙쌓기에는 비탈면 도중에 소단(berm)을 설치한다. 소단은 흙쌓기의 안전성을 높이고 비탈면을 흘러내리는 유수로 인한 침식을 방지하고 유지관리 시의 발판으로 이용할 수 있는 효과가 있다.

소단은 비탈어깨로부터 수직거리 5m마다 설치하고 폭은 1m를 표준으로 한다. 소단에는 경사를 두고 필요에 따라서 식생 등으로 소단면을 보호하고 배수구를 만든다.

6.3.5 높은 흙쌓기(고성토)

흙쌓기 높이가 10m를 넘는 높은 흙쌓기의 경우에는 흙쌓기의 압축침하 및 안정에 대해서 세심한 주의가 필요하다. 특히 비탈 하단에 도로, 철도 등의 주요한 시설이 있는 경우나 불안정한 기초 위에 높은 흙쌓기하는 경우, 고함수비 점성토로 높은 흙쌓기하는 경우 등에 대해서 더욱 세심한 주의가 필요하다.

높은 흙쌓기의 안정을 위해서는 기초지반의 개량, 성토재료의 선정, 지하배수의 철저, 비탈면 보호공의 강화, 표면배수대책의 완비 등이 필요하다.

6.3.6 층따기

1 : 4보다 급한 경사지 위에 흙쌓기하는 경우에는 그림 6.5와 같이 원지반 표면에 층따기를 하여 흙쌓기와 원지반이 밀착하도록 하고 소규모 지반의 변형과 활동을 방지해야 한다.

층따기의 표준치수는 기초지반이 토사인 경우에는 최소높이 0.5m, 최소폭 1m(기계시공의 경우에는 3m)이고, 기초지반이 암석인 경우의 층따기 깊이는 암 표면으로부터 수직으로 40cm 이상이다.

경사지반의 흙쌓기에서 흙쌓기와 기초지반과의 경계에 침입하는 물의 배수를 위하여 배수구를 설치해야 하고, 층따기면에는 시공 중의 배수를 위하여 3~5%의 경사를 두어야 한다. 기초지반에 용수가 있는 경우에는 원지반에 접한 흙쌓기부분에 투수성 재료를 사용하거나 배수층을 설치하여 배수하며, 비탈 끝에는 흙쌓기가 붕괴하지 않도록 돌쌓기 등을 설치한다.

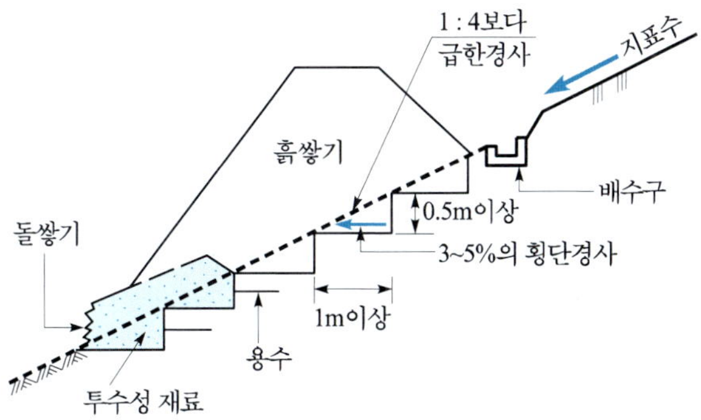

그림 6.5 비탈면 흙쌓기의 층따기

6.3.7 한쪽깎기 · 한쪽쌓기부(편절편성부)

도로 단면의 토공이 그림 6.6과 같은 한쪽깎기 · 한쪽쌓기부(cut and fill)로 되는 경우에는 경계부에서 지지력의 불균등, 지하수 집중, 다짐 불충분 등으로 인해 단차가 생겨서 포장에 균열이 일어나기 쉽다.

이러한 균열을 방지하기 깎기부 노상저면과 쌓기부 노상저면을 1 : 4 정도의 경사로 연결하는 접속구간을 설치한다. 이 부분은 흙쌓기 재료와 같은 재료로 되메우고 균일하게 다져야 한다.

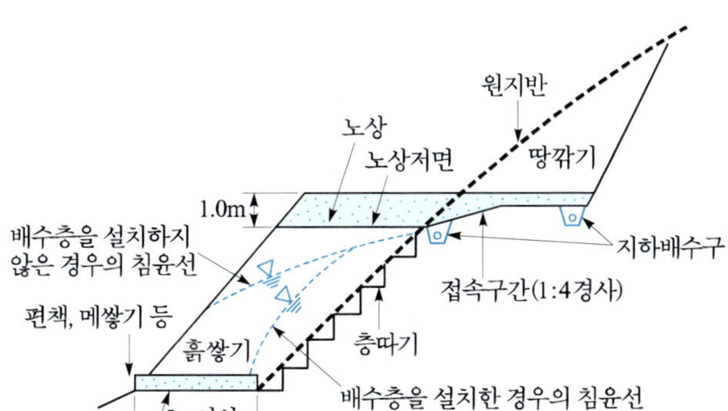

그림 6.6 한쪽깎기 · 한쪽쌓기부의 접속

또 배수를 위하여 상부 노체 상부면 또는 땅깎기면에 지하배수구(맹구)를 설치하고, 용수가 많은 곳은 눈에 잘 띄도록 유공관과 같은 유출구를 설치한다. 용수가 많은 한쪽깎기 · 한쪽쌓기 구간의 흙쌓기 하단에는 배수층을 설치한다.

6.3.8 땅깎기 · 흙쌓기 경계부(절성경계부)

땅깎기구간과 흙쌓기구간의 종단방향 접속부에는 그림 6.7과 같이 접속구간을 만들어서 노상지지력의 불연속을 피한다. 이 접속부에도 필요에 따라서 지하배수구 또는 유공관을 설치하여 배수한다.

땅깎기 · 흙쌓기경계부에서는 쌓기부 노상저면의 깊이까지 기존 지반을 굴착해야 하고, 굴착깊이를 서서히 감소시켜 깎기부 노상저면에 접속시켜야 한다. 접속구간의 길이는 길수록 좋지만 일반적으로 25m 정도면 충분하다.

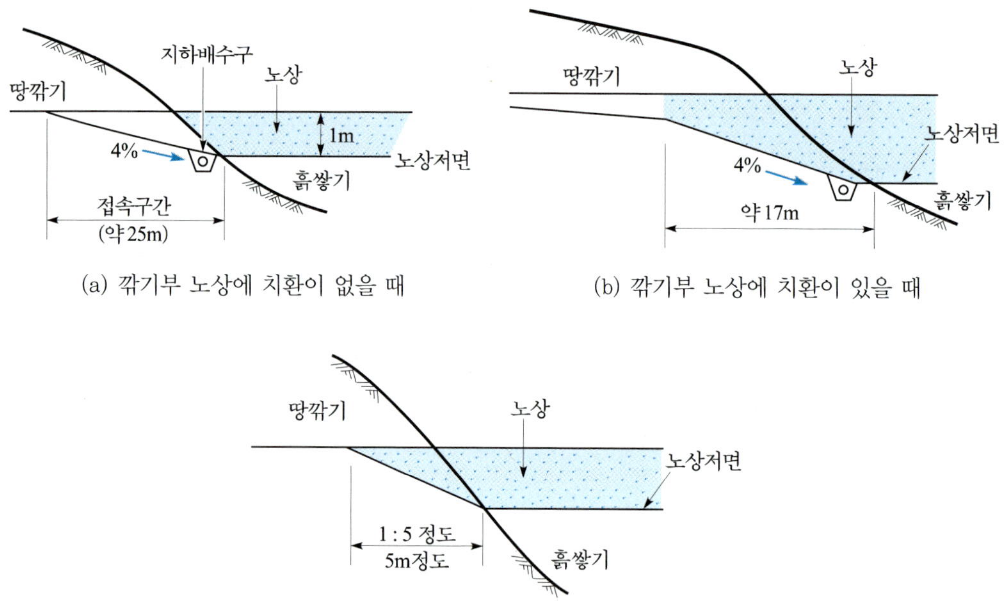

그림 6.7 땅깎기 · 흙쌓기부의 접속

6.3.9 구조물 뒤채움

교대, 암거 등의 구조물과 토공과의 접속부분은 부등침하에 의한 단차나 붕괴 등 유지관리상 문제가 되기 쉬우며, 이것은 좁고 한정된 범위에서의 시공에 의한 다짐부족이 큰 요인이다.

이러한 문제를 해소하기 위해서는 시공부위를 가능한 한 넓게 잡아 일반 쌓기부와 같이 대형 다짐기계를 사용하여 세밀하게 다져야 한다.

구조물 뒤채움에 사용하는 재료는 압축성이 작은 양질의 재료를 사용하며 재료의 품질은 표 6.4의 값을 표준으로 한다.

표 6.4 구조물 뒤채움 재료의 품질

입경	통과중량 백분율(%)							
	75mm	50mm	40mm	20mm	5mm	2mm	0.4mm	0.075mm
SB-1	100	-	70~100	50~90	30~65	20~55	5~25	2~10
SB-2	-	100	80~100	55~100	30~70	20~55	5~30	2~10

구조물 뒤채움의 다짐도는 상대다짐 95%(KSF 2312 : C, D, E방법) 이상이어야 하며, 시공함수비는 최적함수비와 상대다짐 95%에 대응하는 습윤측 함수비 사이의 값으로 한다. 다짐은 한 층 20cm 이상 두께의 수평층으로 하며, 기계식 탬퍼로 다져야 한다.

뒤채움의 형태는 그림 6.8과 같은 역사다리꼴을 원칙으로 하며, 편토압이 작용하지 않도록 구조물의 양면이 동시에 같은 높이가 되도록 한다.

구조물 뒤채움 부근은 시공 중이나 시공 후에 물이 고이기 쉬우므로, 시공 중 배수경사의 확보, 지하배수공의 설치 등 충분한 배수대책을 세워야 한다.

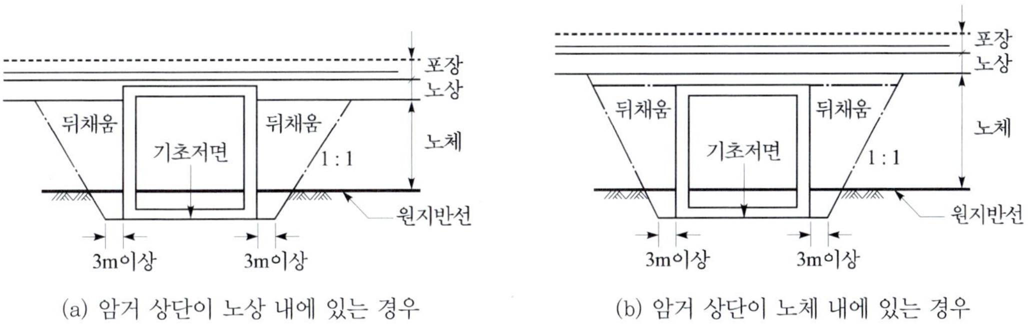

그림 6.8 구조물 뒤채움

6.4 노체(路體)와 노상(路床)

6.4.1 노체재료의 품질과 다짐

(1) 노체재료의 품질

성토구조의 대부분을 차지하는 노체에 사용하는 재료의 품질 및 다짐은 표 6.5를 표준으로 한다.

노체재료에 사용하는 암괴의 최대크기는 60cm 이하로 하는 것이 좋으며, 암괴 크기에 상응하는 대형 다짐기계를 사용하여야 한다. 토사의 최대크기는 30cm 이하로 하는 것이 좋다.

노체는 노상 및 포장 시공시의 교통하중의 영향을 다소 받고 노상 다짐의 기초가 되므로, 작고 가벼운 타이어롤러의 전압이 가능한 강도인 수정 CBR이 2.5 이상의 재료를 사용해야 한다. 수정 CBR이 2.5 이하인 토사는 안정처리를 하여 사용할 수 있다.

표 6.5 노체재료의 품질과 다짐

항목 \ 구분			토사[1]	암괴[2]	시험법
수정 CBR			2.5 이상	–	KS F 2320
다짐도			90% 이상 (다짐방법 A, B)	시험시공에 의해 결정	KS F 2311 KS F 2312
시공함수비			다짐시험방법에 의한 최적함수비와 다짐곡선의 90% 다짐도에 대응하는 습윤측 함수비 사이	자연함수비	–
다짐 후의 건조단위중량			1.5t/m^3 이상	1.5t/m^3 이상	
1층 다짐 완료 후의 두께			30cm 이하	60cm 이하	
평판재하 시험판정 기준	아스팔트 콘크리트 포장	침하량	2.5mm	1.25mm	KS F 2310
		지지력계수 K_{30}	15kg/cm^3	20kg/cm^3	
	시멘트 콘크리트 포장	침하량	1.25mm	1.25mm	KS F 2310
		지지력계수 K_{30}	10kg/cm^3	20kg/cm^3	

주 1) 토사란 암괴에 해당하지 않는 일반적인 흙쌓기 재료를 말한다.
주 2) 암괴란 단단한 암석으로 된 지반을 절토 또는 터널굴착을 했을 때 발생하는 암석조각을 말한다.

(2) 노체재료의 다짐

흙의 다짐도는 KS F 2312의 A, B의 방법에 따른 최대건조단위중량의 90% 이상이어야 한다. 19mm보다 큰 재료가 50% 이상인 경우에는 평판재하실험에 의한 다짐관리를 한다.

암괴는 건조단위중량에 의한 다짐관리가 곤란하므로, 시험시공을 하여 단위중량이나 표면침하량 등으로부터 다짐기계나 다짐횟수 등을 결정한다.

노체부의 시공함수비는 다짐시험방법에 의한 최적함수비와 다짐곡선의 90% 다짐도에 대응하는 습윤측 함수비 사이를 기본으로 한다.

토사 다짐의 한 층당 마무리 두께는 다짐결과, 시공성, 균일성 등을 고려하여 30cm 이하로 하며, 암괴 다짐의 한 층당 마무리 두께는 암괴 최대입경의 1~1.5배를 목표로 하여 시험시공으로 결정하며, 60cm 이하를 표준으로 하며 90cm를 초과할 수 없다.

이암, 셰일, 응회암, 편암 등의 압축성이 큰 연암재료는 시공 후 큰 압축침하가 일어나지 않도록 충분히 파쇄한 후 다짐해야 한다.

석탄회, 고로슬래그 및 기타 산업부산물을 노체재료로 사용할 경우에는 다짐 후의 물리적 성질이 노체재료로 적합하여야 하고, 지하수오염 등 주위환경에 미치는 영향을 검토해야 한다.

석탄회는 한 층당 다짐두께가 30cm 이하 또는 마무리 두께가 15cm 이하가 되도록 다짐을 하고 지지력이 부족할 경우에는 안정제를 혼합하여 사용한다.

폐콘크리트 등의 건설부산물은 10cm 이하로 파쇄하여 사용하며 파쇄과정에서 이물질이 포함되지 않도록 철저한 품질관리를 한다.

발포폴리스티렌(EPS)을 사용하여 노체를 형성하는 경우에는 주재료인 EPS블록은 품질기준에 적합한 것을 사용하며, 연결 조임쇠를 사용하여 EPS블록을 서로 결합시켜 준다.

(3) 노체의 품질관리

노체가 설계도서에 따라 적합하게 형성되고 있는지를 확인하기 위한 관리시험은 표 6.6과 같으며, 현장밀도의 평가는 모래치환법을 기본적으로 적용한다.

노체 마무리면의 시공오차는 ±50mm 이내이어야 한다.

표 6.6 노체의 품질관리시험

시험종목	시험방법	시험빈도	비 고
다짐	KS F 2312	토질 변화 시	다짐방법 A, B
함수량	KS F 2306	포설 후 다짐 전 2,000m^3 마다	

시험종목	시험방법	시험빈도	비 고
현장밀도	KS F 2311	1) 2,000m^3 마다(폭이 넓은 광활한 지역의 흙쌓기 작업 시) 2) 층별 450m 마다(층다짐, 2차로 기준)	
평판재하	KS F 2310	1) 3층 포설 후 150m마다 (층다짐, 2차로 기준) 2) 2,000m^3 마다(폭이 넓은 광활한 지역의 흙쌓기 작업 시)	1) 재료 최대치수가 37.5mm 이상인 경우 2) 19mm체 잔류량이 50% 이상인 경우 3) 현장밀도시험 불가능 시

6.4.2 노상재료의 품질과 다짐

(1) 노상재료의 품질

노상은 포장층을 통해 전달되는 교통하중을 지지하고 대형 시공기계가 진입할 수 있도록 균질하게 구축해야 한다.

노상의 두께는 1m를 표준으로 하며, 노상에 사용하는 재료의 품질은 표 6.7의 값을 표준으로 한다. 절토부의 원지반이 암반 또는 노상재료로 적합한 경우에는 원지반을 노상으로 적용한다.

노상재료의 최대크기는 100mm 이하이고, 수정 CBR은 10 이상이어야 한다. 노상재료는 현장의 발생토를 최대한 활용하고, 품질기준에 부적합한 경우라도 파쇄 및 안정처리재 혼합 등을 적극 검토해야 한다.

최종적인 노상의 구성 및 재료의 선정은 공사 초기에 시험시공을 하여 결정한다.

표 6.7 노상재료의 품질

항목	최대치수(mm)	수정 CBR	5mm체 통과율(%)	0.075mm체 통과율(%)	소성지수(%)
기준	100 이하	10 이상	25~100	0~25	10 이하

(2) 노상재료의 다짐

노상재료의 다짐, 시공함수비, 시공 층두께는 표 6.8을 표준으로 한다.

노상의 다짐도는 KS D 2312의 C, D, E의 방법에 따른 최대건조단위중량의 95% 이상이어야 하며, 시공함수비에서 2% 내외의 값으로 다지는 것을 원칙으로 한다. 한 층당 마무리 두께는 20cm 이하를 원칙으로 한다.

표 6.8 노상재료의 다짐

항 목			기 준	시험법
다짐도			95% 이상 (다짐방법 C, D, E)	KS F 2311 KS F 2312
시공함수비			최적함수비 ±2%	KS F 2312
1층 다짐 완료후의 두께			20cm 이하	
평판재하 시험판정 기준	아스팔트 콘크리트 포장	침하량	2.5mm	KS F 2310
		지지력계수 K_{30}	$20kg/cm^3$	
	시멘트 콘크리트 포장	침하량	1.25mm	KS F 2310
		지지력계수 K_{30}	$15kg/cm^3$	

(3) 노상의 안정처리

노상의 안정처리는 현장에서 발생한 흙이 필요한 품질을 만족하지 않는 경우에 다른 공법에 비하여 경제적이고 공정에 지장을 받지 않을 때 실시한다.

첨가재로는 시멘트나 소석회를 사용하고, 토질별 첨가량은 표 6.9와 같으며, 혼합방식에는 노상 혼합방식, 원지반 혼합방식, 플랜트 혼합방식 등이 있다.

표 6.9 토질별 첨가재의 양

시료의 종류(통칭)	분류 기호	첨가량 (%)	
		시멘트	소석회
모래	SP, SM	2~5	4~8
풍화토	GM, SM	2~4	4~8
쇄석	GM, GC, SM	2~4	2~4
산자갈(모래)	GM, GC	2~6	2~4

주) 첨가량의 비율은 흙의 건조단위중량에 대한 값

(4) 노상의 품질관리

노상이 설계도서에 따라 적합하게 형성되고 있는지를 확인하기 위한 관리시험은 표 6.10과 같다.

노상 상부면의 횡단경사는 포장면의 경사가 2% 미만일 때는 2%, 포장면 경사가 2% 이상일 때는 포장면과 동일한 횡단경사를 설치한다.

노상 마무리면의 시공오차는 ±30mm 이내이어야 하며, 도로 중심선에 평행 또는 직각방향으로 3m 직선자를 이용하여 평탄성을 측정할 때 최요부(오목한 곳)의 깊이가 25mm

이하(고속국도인 경우에는 10mm 이하)이어야 한다.

표 6.10 노상의 품질관리시험

시험종목	시험방법	시험빈도	비 고
다짐	KS F 2312	토질변화 시	다짐방법 C, D, E
함수량	KS F 2306	포설 후 다짐 전 1,000m^3 마다	
현장밀도	KS F 2311	1) 1,000m^3 마다(폭이 넓은 광활한 지역의 흙쌓기 작업 시)	
현장밀도	KS F 2311	2) 층별 400m 마다(층다짐, 2차로 기준)	
평판재하	KS F 2310	1) 2층 포설 후 200m 마다(층다짐, 2차로 기준) 2) 1,000m^3 마다(폭이 넓은 광활한 지역의 흙쌓기 작업 시)	1) 재료 최대지수가 37.5mm 이상인 경우 2) 19mm체 잔류량이 50% 이상인 경우 3) 현장밀도시험 불가능 시
프루프 로울링	5톤 이상의 복륜하중 (타이어 접지압 5.6kg/cm^2)	1) 노상 완성 후 전 구간에 걸쳐 3회 이상 2) 필요 시	허용처짐량 5mm 이하

6.5 지지력 측정

노체, 노상 및 보조기층의 지지력을 측정하는 데는 여러 가지 방법이 있으나, 보통 사용하고 있는 방법은 CBR시험과 평판재하시험 및 동적 삼축압축시험이다.

6.5.1 CBR시험

(1) 시험방법

CBR시험(California Bearing Ratio Test)은 미국 캘리포니아주 도로국에서 개발한 것으로, 처음에는 노상의 품질을 공학적으로 판정하는 방법으로 고안되었으나 그 시험결과의 CBR값이 소요 포장두께와 밀접한 관계를 나타내고 있으므로, 포장두께 설계에 이용할 수 있게 되어 지금은 널리 세계적으로 활용하게 되었다.

우리나라에서는 KS F 2320 노상토 지지력비 시험방법, KS F 2321 현장에서의 노상토 지지력비 시험방법에 규정되어 있다.

CBR시험에서는 지름 5cm의 관입봉을 1mm/min의 속도로 현지지반 또는 몰드공시체에

12.5mm까지 관입시켜, 보통 2.5mm 관입시의 관입저항과 표준하중(표 6.11 참조)의 비율을 백분율로 나타내어 CBR값으로 한다. 표준하중은 다져진 양호한 부순돌층에서 얻은 것이다. 즉,

$$\text{CBR}(\%) = \frac{\text{시험하중}}{\text{표준하중}} \times 100 \tag{6.1}$$

표 6.11 CBR시험에서의 표준하중

관입량(mm)	표준하중강도(kg/cm^2)	표준하중(kg)
2.5	70	1,370
5.0	105	2,030
7.5	134	2,630
10.0	162	3,180
12.5	183	3,600

(2) 설계 CBR

아스팔트 포장의 두께를 정할 경우에는 노상토의 설계 CBR(design CBR)을 사용한다. 설계 CBR의 결정에는 균일한 포장두께로 시공하는 구간을 정하고, 그 대상구간의 여러 지점의 CBR을 구하여 현저히 다른 값을 제외하고 다음 식으로 설계 CBR을 구한다.

$$\text{설계 CBR} = \overline{x} - S \tag{6.2}$$

여기서, $\overline{x}$: 대상구간의 평균 CBR$\left(\sum_{i=1}^{n} x_i / n\right)$

x_i : 각 지점의 CBR 측정값

n : 측정 지점수

S : 표준편차$\left(\frac{\text{CBR}_{max} - \text{CBR}_{min}}{C}\right)$

C : 계수(표 6.12 참조)

표 6.12 설계 CBR 계산용 계수 C의 값

측정 지점수(n)	3	4	5	6	7	8	9	10 이상
C	1.91	2.24	2.48	2.67	2.83	2.96	3.08	3.18

노상이 깊이 방향으로 토질이 다른 몇 개층으로 이루어진 경우에는 노상면으로부터 1m 사이의 평균 CBR을 구하여 그 지점의 CBR로 한다.

예제 6.1

어떤 구간에서 7지점의 CBR을 구해 4.6, 3.9, 5.9, 4.8, 7.0, 3.3, 4.8을 얻었을 때 설계 CBR은 얼마인가?

풀이

평균치는 4.9, 최대치는 7.0, 최소치는 3.3, C는 표 6.12에서 2.83이므로

$$\text{설계 CBR} = 4.9 - \frac{7.0 - 3.3}{2.83} = 3.6$$

끝수를 버리면 이 구간의 설계 CBR은 3이 된다.

(3) 수정 CBR

수정 CBR(corrected CBR)은 노체, 노상, 보조기층 재료의 강도를 표시하며, 직경 15cm의 몰드에 시료를 5층으로 나누어 채우고 각 층을 4.5kg 해머를 45cm 높이에서 낙하시켜 55회씩 다짐할 때의 최대건조단위중량에 대한 소요 다짐도의 건조단위중량에 대응하는 수침(水浸) CBR을 말한다.

시험은 19mm 이상의 조립분을 제외한 시료에 대하여 다음과 같은 순서로 한다.

① 다짐 층수 5층, 각 층 55회의 다짐으로 최대건조단위중량과 최적함수비를 구한다.

② 시료 약 50kg을 최적함수비와의 차가 1% 이내의 함수상태로 하여 밀폐된 시료상자에 12시간 이상 보존한 후 시험을 한다.

③ 시료를 몰드에 5층으로 나누어 넣고, 각 층을 55회, 25회 및 10회로 다진 공시체 3개씩을 만든다.

④ 각 공시체의 건조단위중량을 구하고, 4일 수침 후의 CBR을 측정한다.

⑤ 각각 3개의 평균값으로부터 구한 CBR－건조단위중량 곡선과 ①에서 구한 함수비－건조단위중량 곡선을 그림 6.9와 같이 그린다. 소요의 다짐도에 대응하는 건조단위중량의 수평선을 그림에서 긋고, CBR－건조단위중량 곡선과의 교점을 구한다. 이 교점의 가로축의 값이 수정 CBR이 된다.

⑥ 55회 다짐 공시체의 건조단위중량이 소요다짐도에 대한 건조단위중량보다 작을 때는 55회 다짐시료의 수침 CBR로 한다.

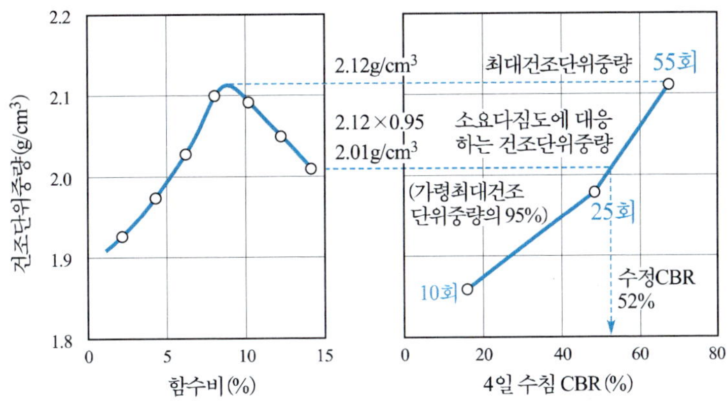

그림 6.9 함수비, 건조단위중량, 4일 수침 후의 CBR의 관계도

6.5.2 평판재하시험

이 시험은 KS F 2310 도로의 평판재하시험방법에 규정된 것으로서, 노상 위에 지름 30~75cm의 원형재하판을 놓고 여기에 하중을 가하여 지지력을 직접 측정하는 방법이다.

하중으로는 트럭을 사용하며 그림 6.10과 같이 후부의 프레임(frame)을 잭으로 올려서 하중을 가한다. 시험에서는 하중의 크기와 이에 대응하는 침하량을 측정한다.

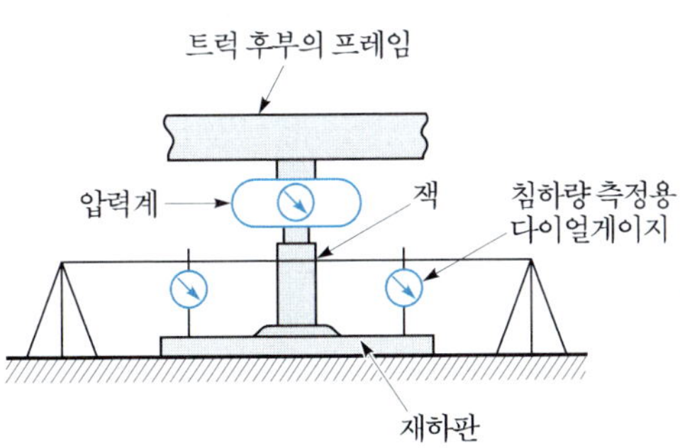

그림 6.10 평판재하시험

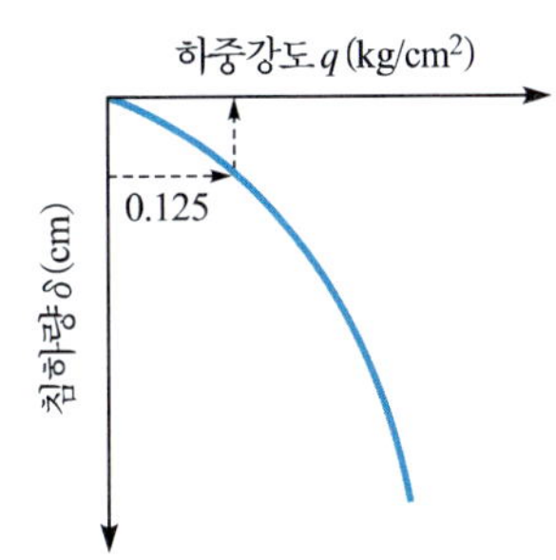

그림 6.11 하중강도-침하량곡선

시험결과는 가로좌표에 하중강도 q(kg/cm^2), 세로좌표에 침하량 δ(cm)를 취하여 도시하면 그림 6.11과 같은 곡선을 얻을 수 있다.

이 곡선에서 보통 $\delta=0.125$cm에 대한 q/δ의 값을 지반반력계수 또는 지지력계수(modulus of subgrade reaction)라고 한다. 지지력계수는 보통 K의 기호로 표시되므로 K값이라고도 한다. 즉,

$$K(\mathrm{kg/cm^3}) = \left[\frac{q(\mathrm{kg/cm^2})}{\delta(\mathrm{cm})}\right]_{\delta = 0.125\mathrm{cm}} \quad (6.3)$$

K값은 재하판의 지름이 변하면 값도 달라지며, 지름이 75cm보다 작은 재하판을 사용한 경우에는 다음 식으로 75cm의 경우의 값으로 환산할 수가 있다.

$$K_{75} = \frac{1}{2.2}K_{30}$$

$$K_{75} = \frac{1}{1.7}K_{40} \quad (6.4)$$

여기서 K_{30}, K_{40} 및 K_{75}는 각각 지름이 30cm, 40cm 및 75cm의 재하판으로 시험한 K값이다.

6.5.3 동적 삼축압축시험

동적 삼축압축시험이란 AASHTO 설계법으로 포장두께를 결정하기 위하여 필요한 노상토의 회복탄성계수를 구하기 위한 시험이다.

회복탄성계수(resilient modulus)란 동적 삼축압축시험에서 반복축차응력(cyclic deviator stress)을 가하였을 때 측정한 축방향 회복변형률에 대한 반복축차응력의 비를 말한다.

노상재료는 동적 삼축압축시험 시 일정한 축차응력을 반복재하하면 선형적인 응력－변형률의 관계를 나타내며, 이때의 기울기가 회복탄성계수로서 다음 식과 같이 나타낸다(그림 6.12 참조).

$$M_R = \frac{\sigma_d}{\varepsilon_R} \quad (6.5)$$

여기서, M_R: 회복탄성계수(kg/cm^2)

σ_d : 반복축차응력(kg/cm^2)

ε_R : 회복변형률(＝동탄성변형률)

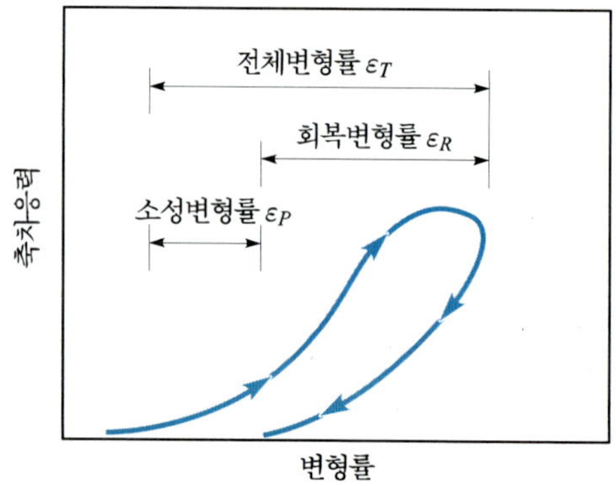

그림 6.12 회복탄성계수

6.6 비탈면 보호공법

땅깎기, 흙쌓기의 비탈면은 그 경사가 어떠하든 간에 그냥 방치하면 오랜 세월 동안에 강우로 인한 침식과 풍우설상 등의 풍화작용으로 파괴되므로 비탈면의 표면은 지질, 토질에 적합한 방법으로 보호하고, 비탈면에 연속된 사면의 안전을 꾀해야 한다.

비탈면 보호공에는 식물에 의한 보호공과 구조물에 의한 보호공이 있다. 보통 공사비, 경관 등으로 보아 식물에 의한 보호가 바람직하나, 시공의 시기 및 지질, 토질, 경사, 용수의 상황 등으로 식물에 의한 보호가 곤란할 경우에는 구조물에 의한 보호공이 쓰인다.

6.6.1 식물에 의한 보호공법

식물에 의한 보호공법은 비탈면을 식물로 피복하는 방법으로서, 빗물 침식을 방지하고 식물의 뿌리로 표토를 묶어 붕락을 방지하는 효과가 있다. 이 방법에는 떼붙이기공, 식생공, 식수공, 파종공 등이 있으며, 이들 모두를 합하여 식생공법이라고도 한다.

(1) 떼붙이기공

떼붙이기공에는 평떼공과 줄떼공이 있다. 평떼공은 소정의 치수(표준은 30cm×30cm)로 자른 떼를 비탈어깨로부터 비탈면 전체에 붙이는 공법으로 땅깎기 비탈면에 주로 쓰인다.

줄떼공은 폭 10cm 정도로 자른 줄떼를 비탈 하단에서부터 30cm 간격으로 수평으로 줄지어 붙인 것으로 흙쌓기 비탈면에 쓰인다.

(2) 식생공(植生工)

비탈면을 식물로 피복하여 비탈면의 침식붕괴를 방지하는 공법이다. 흙, 퇴비, 비료, 짚을 잘 혼합하여, 여기에 소량의 물을 넣어서 비비고 종자를 붙여 눌린 식생판을 꼭지로 비탈면에 고정시킨다. 이 공법은 연암, 자갈 섞인 흙 등의 급경사면에 적합하다.

사용종자는 양떼가 많았으나, 최근에는 그 지역의 재래종자인 쑥, 갈대, 싸리 등을 사용하는 경향이 있다. 식생공에는 식생매트공, 식생판공, 식생망태공, 식생구멍공 등이 있다.

(3) 식수공(植樹工)

식수공은 떼붙이기공이나 식생공만으로는 붕괴의 염려가 있는 비탈면에 쓰인다. 식수방법에는 사면에 말뚝을 박아 울을 짜고 그 위에 비료를 놓고 묘목을 심거나 사면에 구멍을 파서 흙과 비료를 넣고 식수하는 방법 등이다.

(4) 파종공(播種工, 씨앗 뿜어붙이기공)

파종공은 광범위한 사면녹화에 적합한 공법으로 종자, 비료, 흙, 물 등을 혼합하여 뿜어붙이기 기계를 사용해서 뿜어붙이는 공법이다.

이 공법은 종자의 종류, 종자를 비탈면에 정착시키는 방법 등에 따라 다양한 공법들이 개발되어 많이 사용되고 있다.

6.6.2 구조물에 의한 보호공법

식물에 의한 보호만으로는 비탈면의 안정을 얻을 수 없는 경우나, 비탈면 경사를 완만하게 해서 안정을 유지하는 것이 경제적이나 지형적으로 바람직하지 못할 경우에 실시한다. 구조물에 의한 보호공에는 다음과 같은 것이 있다.

(1) 돌쌓기공, 블록쌓기공

돌쌓기공은 흙막이용 비탈면 보호공으로서 옛날부터 사용해왔다. 최근에는 그 대용으로 블록쌓기가 성행하게 되었다. 보통 돌쌓기공, 블록쌓기공은 경사가 1 : 1 이상의 급할 때를 말하며, 이보다 완만한 것을 돌붙이기공, 블록붙이기공이라고 부른다.

석재의 종류는 호박돌, 깬돌이 있으며, 크기는 25cm(호박돌만 사용), 35cm, 45cm의 3종류를 사용한다.

돌 사이를 모르타르나 콘크리트로 결합시키는 찰쌓기(그림 6.13)의 한계높이는 5m, 순수하게 돌만 쌓는 메쌓기의 한계높이는 3m를 표준으로 한다. 물구멍은 2m에 한 개 설치하는 것을 표준으로 한다.

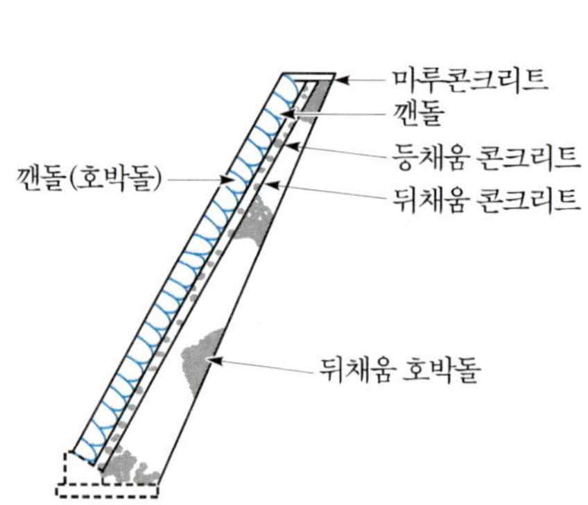

그림 6.13 돌쌓기공

(2) 돌붙이기공, 블록붙이기공

1 : 1 이하의 완경사 비탈면이나 점착력이 없는 토사 및 무너지기 쉬운 비탈면에 대한 보호책으로 돌붙이기공 또는 블록붙이기공을 한다(그림 6.14). 용수가 있는 곳에는 메쌓기가 적합하다.

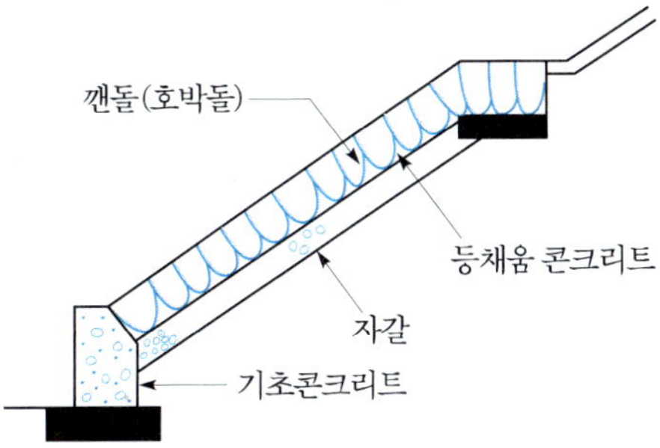

그림 6.14 돌붙이기공

(3) 콘크리트 붙이기공

용수가 적은 비탈면에서 연암 등의 탈락의 염려가 있을 때는 시멘트 콘크리트 붙이기공을 사용한다.

콘크리트 붙이기공은 비탈면에 두께 15cm 정도로 기초호박돌을 깔고, 그 위에 약 2m 간격으로 활동방지턱이나 앵커(anchor)를 설치하고, 여기에 철망, 철근을 써서 두께 10~15cm 정도의 콘크리트를 시공한다(그림 6.15 참조). 무근콘크리트의 경우에는 최소 20cm 정도의 두께가 필요하다.

일반적으로 철근콘크리트 붙이기공은 1 : 0.5 정도의 경사, 무근콘크리트 붙이기공은 1 : 1 정도의 경사에 사용한다. 물구멍은 $2m^2$에 1~2개의 비율로 설치하며, 활동방지를 위한 앵커는 1~$2m^2$에 1개, 타입깊이는 콘크리트 두께의 1.5~2배 정도를 표준으로 한다.

(4) 콘크리트 틀공(콘크리트 격자공)

용수가 있는 절토비탈면, 장대한 비탈면이나 표준경사보다 급한 성토비탈면 등에서 상황에 따라 식생이 부적당한 곳 혹은 식생을 해도 표면이 붕락할 염려가 있는 경우에 사용하는 공법이다(그림 6.16 참조).

보통 틀은 현장타설 콘크리트나 프리캐스트 블록을 사용하며, 틀의 교점부분에는 활동방지말뚝이나 철근을 설치한다. 틀 안에는 양질의 흙을 채우고 식생을 하는 것이 바람직하나,

비탈면 경사가 급할 때, 용수가 매우 많을 때 또는 양질의 흙을 얻을 수 없을 때 혹은 식생으로는 유출될 염려가 있을 때는 틀 안에 호박돌 등을 찰붙이기나 메붙이기로 시공한다.

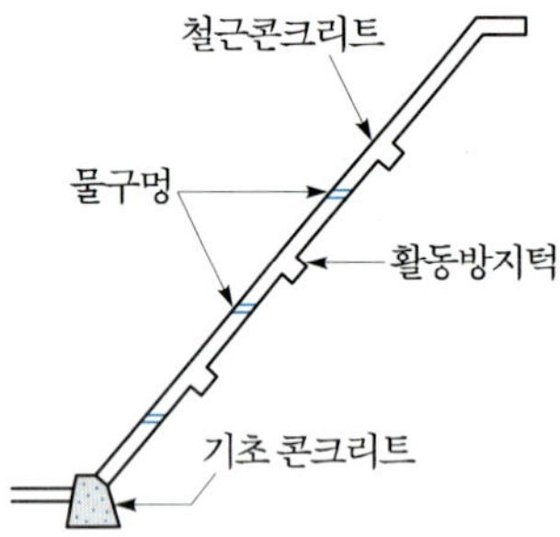

그림 6.15 콘크리트 붙이기공

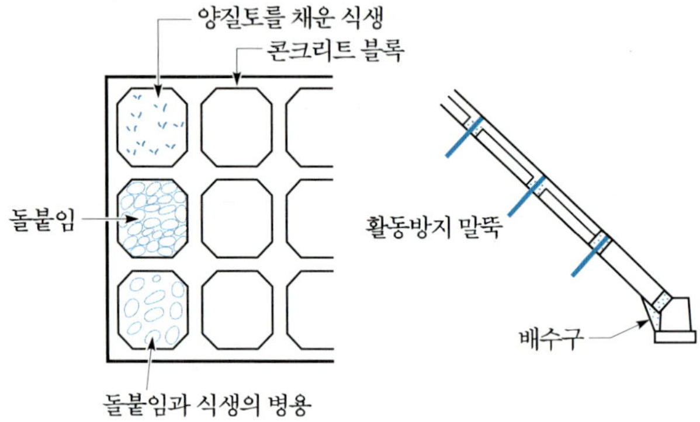

그림 6.16 콘크리트 틀공

(5) 뿜어붙이기공(shotcrete공, 숏크리트공)

비탈면에 용수가 없고 당장 붕괴의 위험성은 없으나 풍화하기 쉬운 암, 풍화한 암으로서 낙석의 염려가 있을 때, 자갈이나 조약돌이 섞인 비탈면 등에서 식생이 적합하지 않은 경우에 사용하는 공법이다.

뿜어붙이기공에는 모르타르, 콘크리트 등의 뿜어붙이기공이 있다. 공법은 각 재료를 혼입하여 기계적으로 압송한다. 이 공법의 특징은 비탈면 표면의 형상, 경사 등에 관계없이 간단히 시공할 수 있는 점이다.

① 모르타르 뿜어붙이기공

일반적으로 시멘트・모래 중량비 1 : 3~1 : 4, 물 시멘트비 45~50%의 배합으로 한다.

뿜어붙이기 전에 충분히 압축공기로 사출(jetting)을 하여 뜬 돌을 제거하고 청소를 한 다음, 지름 3~6mm, 간격 10~15cm의 철망을 비탈면에 붙이고 이것을 1~2m 간격으로 앵커한다. 그 위에 두께 5~10cm 정도를 뿜어붙인다.

배수를 위한 수발공, 지표수의 침입을 막기 위한 비탈어깨의 집수거를 설치한다(그림 6.17 참조).

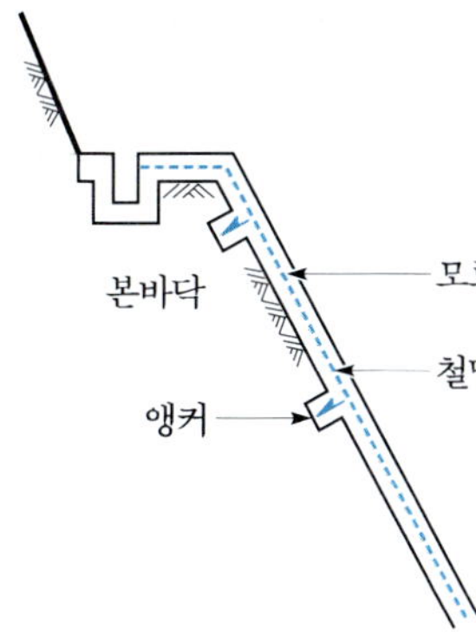

그림 6.17 모르타르 뿜어붙이기공

② 콘크리트 뿜어붙이기공

이 공법은 비교적 두꺼운 뿜어붙이기(두께 10~20cm)를 필요로 할 때 사용한다. 콘크리트의 배합은 시멘트・모래・자갈 중량비 1 : 3 : 1, 1 : 5 : 2, 물 시멘트비는 40~45%, 골재의 최대크기는 15mm이다.

6.7.3 기타 보호공법

(1) 편책공

식생으로 비탈면을 안정시키려고 할 때, 식생이 완전히 발육할 동안 비탈면을 보호하기 위하여 비탈면에 나무말뚝을 박고 여기에 섶가지나 대나무 등을 엮어서 흙막이로 만드는 것을 편책공이라고 한다(그림 6.18).

편책공은 부식토층을 만들어 식물을 키우고 강우로 인한 비탈면 토사의 유출을 막고 흙막이로 낙석을 방지할 수 있으므로, 장대한 비탈면에 사용한다.

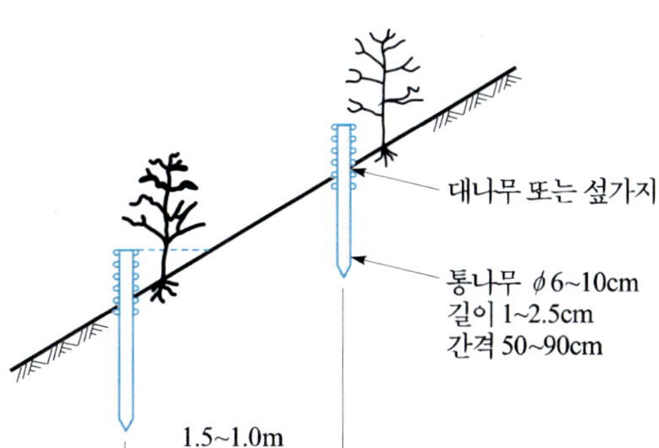

그림 6.18 편책공

(2) 앵커공법, 록볼트공법

앵커공법은 경암이나 연암의 비탈면에 있어서 암반의 절리 등이 있어 대규모의 붕괴할 우려가 있는 경우나 불안정한 암반 비탈면의 안정을 꾀할 경우에 사용한다(그림 6.19).

앵커공법은 안정된 지층까지 구멍을 뚫고 고강도 강재를 삽입한 후 그라우팅을 하여 양생시킨 후 강재에 프리스트레스를 가하려 긴장 정착시키는 방법이다. 앵커는 가능하면 풍화가 진행되지 않은 지층에 정착시키며 추정 활동면보다 더 깊게 설치해야 한다.

록볼트공법은 불안정한 암반이 소규모일 때 안정된 암반까지 구멍을 뚫고 강재를 삽입한 후 그라우팅을 하는 공법으로(그림 6.20 참조), 프리스트레스는 가하지 않는다. 록볼트를 사용하는 경우에는 비탈면 표면의 얕은 깊이에 견고한 암반이 존재해야 한다.

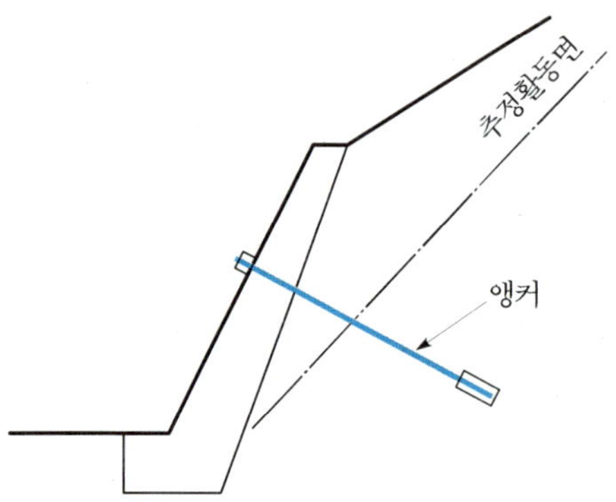

그림 6.19 앵커공법

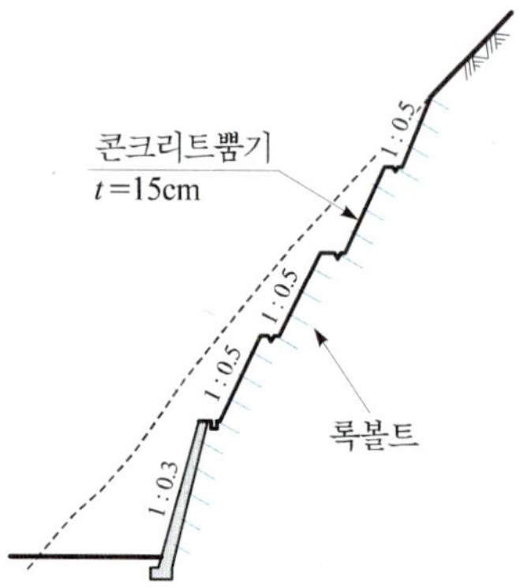

그림 6.20 록볼트공법

(3) 돌망태공법

돌망태는 호안, 교대, 교각 등의 세굴방지가 필요한 곳, 비탈면에 용수가 많은 경우, 붕괴된 곳을 복구하는 경우, 성토비탈면이 수로와 접하는 경우에 사용한다. 안정상 상당한 중량을 필요로 하는 경우에는 방석망태를 하는 것이 좋다(그림 6.21 참조).

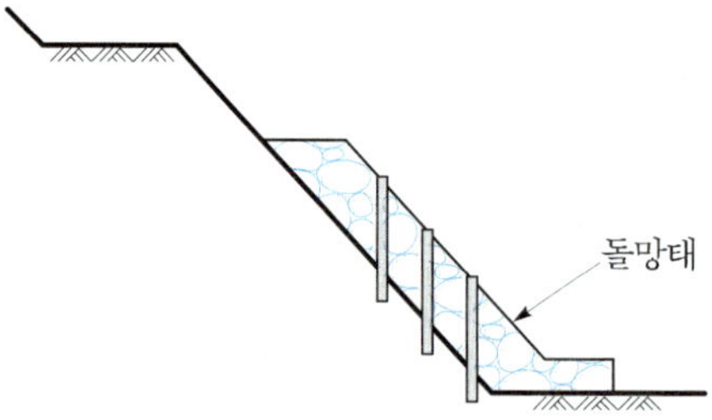

(a) 돌망태

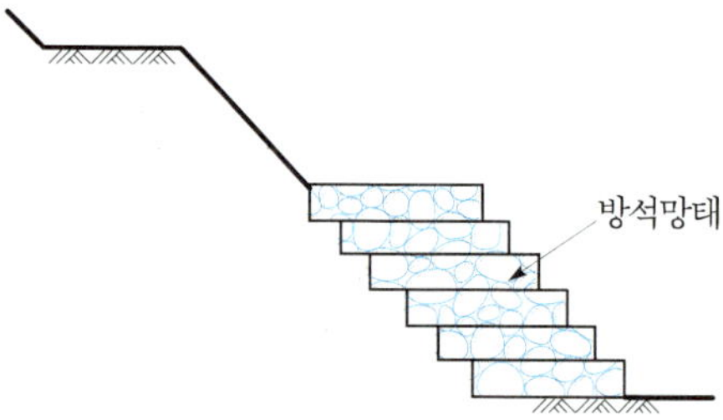

(b) 방석망태

그림 6.21 돌망태와 방석망태

6.7 낙석대책공법

낙석대책공법은 도로 주변의 땅깎기 비탈면 및 자연비탈면에서 풍화의 진행, 호우 등에 의한 낙석, 토사붕괴 등이 발생하여 교통장애, 도로구조물 손상, 재산손실 및 인명피해가 생기는 것을 예방하기 위해 적용한다.

낙석대책공법은 기능에 따라 낙석예방공법과 낙석방호공법으로 구분한다.

6.7.1 낙석예방공법

낙석예방공법은 낙석발생이 예상되는 암편을 사전에 제거하거나 비탈면에 고정시키는 공법을 말하며, 절취공법, 면정리, 앵커공법, 록볼트, 콘크리트 버팀벽, 콘크리트 블록, 숏크리트, 배수공법, 식생공법 등의 여러 공법들이 있다.

절취공법은 불안정한 비탈면의 경사를 완화시키거나 이완된 암편을 제거하여 비탈면을 안정화시키는 공법이다.

면정리는 낙하가 예상되는 암편을 직접 제거하는 공법으로 절취공법에 비하여 국부적으로 이루어진다.

콘크리트 버팀벽은 절취공사 중 암석이 떨어져 나간 빈 공간에 설치하여 추가적인 암탈락을 방지하는 공법이다.

배수공법은 강우에 의한 비탈면 침식이나 지하수에 의한 지반강도 저하를 방지하여 비탈면을 안정시켜 낙석을 방지하는 공법으로, 비탈면 상부의 자연 비탈면에 U형 수로 등의 배수구를 설치하는 지표수 배수공법과 비탈면 내에 있는 지하수나 용수를 배수하기 위해 유공관 등을 설치하는 지하수 배수공법이 있다.

앵커공법과 록볼트, 콘크리트 블록, 숏크리트, 식생공법 등은 앞 절의 비탈면보호공법에서 설명한 것과 동일한 공법이다.

6.7.2 낙석방호공법

낙석방호공법은 비탈면으로부터 낙하하는 암편이 도로로 유입되는 것을 방지하기 위하여 도로변이나 도로시설 위에 방호구조물을 설치하는 공법으로, 낙석방지망, 낙석방지울타리, 낙석방지옹벽, 낙석복공(피암터널), 낙석유도책, 낙석방지제방, 낙석방지도랑, 낙석방지림 등이 있다.

낙석방지망은 강우, 풍화, 나무뿌리의 작용 등에 의하여 이완되어 낙석 발생 가능성이 있는 비탈면을 철망으로 덮어 낙석을 예방하는 공법으로, 낙석을 포획하거나 낙석의 진행방향을 바꾸는 역할을 한다(그림 6.22).

낙석방지울타리는 소규모 낙석을 방지하는 데 효과적이며, 낙석으로 인하여 도로 이용자에게 직접적인 위험이 되는 비탈면 최하단에 설치한다(그림 6.23).

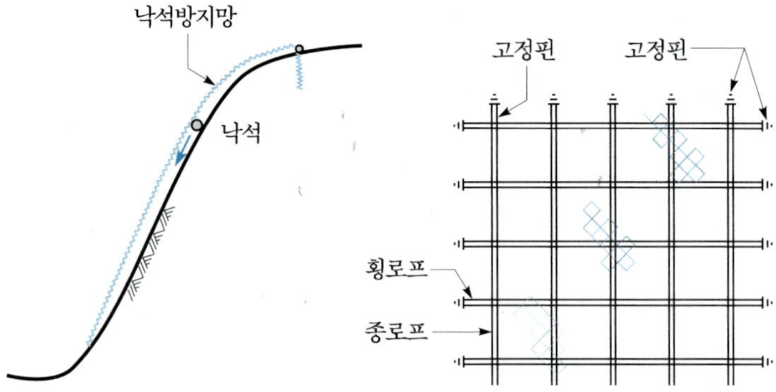

그림 6.22 낙석방지망

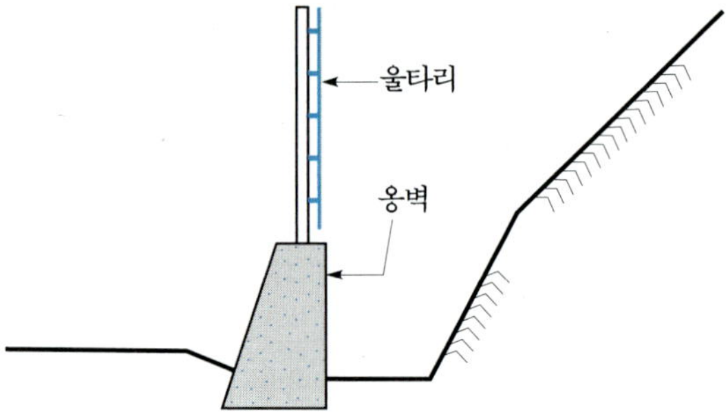

그림 6.23 낙석방지울타리

낙석방지옹벽은 낙석과 함께 토사 등이 떨어지고 울타리로는 부족한 경우와 낙석이 철망 사이로 빠져 나가거나 낙석이 커서 철망이 파손될 경우 등에 사용한다.

낙석복공(피암터널)은 강재나 철근콘크리트 등으로 만든 터널형태의 구조물로서, 도로 옆에 여유폭이 없고 급경사나 30m 이상의 높은 비탈면 또는 낙석의 규모가 커서 울타리나 옹벽으로 부족한 경우 등에 사용한다.

낙석유도책은 낙석의 낙하방향을 바꾸어 안전한 지대로 유도하는 방법이다.

낙석방지제방이나 낙석방지도랑은 도로 옆에 제방이나 도랑을 만들어 낙석을 유도하고 낙석에너지를 흡수, 소산시키는 방법이다.

낙석방지림은 비탈면에 나무를 심어 표토를 보전하고 이완된 암괴를 결박해 주거나 발생한 낙석을 저지해주는 방법이다.

6.8 토석류 대책공법

토석류(debris flow)란 경사가 급한 계곡에서 물과 토석(흙, 암석, 유목)이 혼합되어 빠르게 이동하여 퇴적되는 현상을 말한다(그림 6.24 참조).

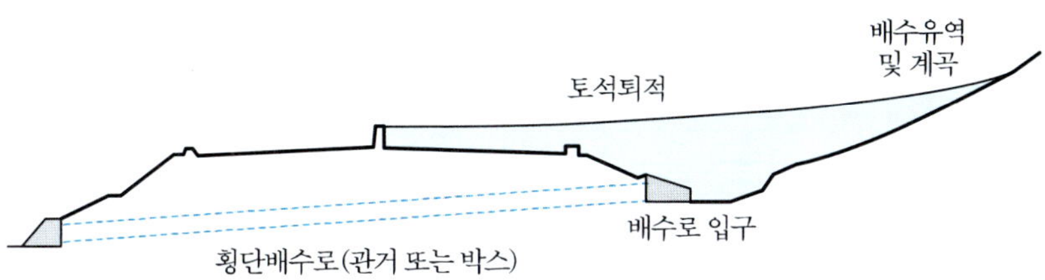

그림 6.24 토석류의 퇴적

토석류는 주로 집중강우나 태풍 시 자연사면이 파괴되어 발생하며, 이동경로의 시설물이 파괴되고 퇴적지가 황폐화되고 도로의 기능이 마비되는 피해를 가져온다. 토석류에 의한 피해를 방지하기 위한 대책은 표 6.13과 같은 것들이 있다.

표 6.13 토석류 대책공법

구 간	구간별 목표 및 대책
시작부	• 토석류가 시작되지 않도록 돌흙막이, 돌수로를 설치하고 묘목을 식재한다.
이동부	• 계곡바닥의 세굴, 침식을 억제하여 토석류 규모가 커지지 않도록 한다. • 방어구조물(사방댐)을 설치하여 토석류 이동을 차단한다. • 배수구조물의 규격을 크게 하여 토석류를 통과시킨다. • 우회수로를 만들어 토석류를 다른 곳으로 흐르게 한다. • 수로의 폭을 크게 하여 이동을 유도한다.
퇴적부	• 저사지를 만들어 토석류를 퇴적시킨다.

6.9 산사태 대책공법

산사태(landslide)란 경사지의 표토층이 갑자기 포화되어 대규모로 미끄러져 산 아래로 이동하는 것을 말한다.

산사태는 주로 점성토를 활동면으로 하며, 5~20°의 완경사면에 많이 발생하며 지하수에 의한 영향이 크다.

산사태 대책으로는 노선 선정 시 산사태 위치를 피하거나 사전에 방지공을 계획하는 사전대책과 발생된 산사태에 대하여 실시하는 복구대책이 있다.

사전대책으로는 현재 비탈면의 안전율 감소를 방지하는 억제공법과 현재 비탈면의 안전율을 증가시키는 억지공법이 있다.

6.9.1 억제공법

억제공법은 산사태 지형, 지하수 상태 등 자연조건을 변화시켜 산사태를 정지 또는 완화시키는 공법으로, 지표수배수공, 지하수배수공 등이 있다.

지표수배수공은 강우의 침투, 용수로부터의 재침투에 의해 산사태가 유발되는 것을 방지하기 위해 사용하는 것으로, 빗물을 빨리 집수시켜 배수하기 위한 수로공과 사면의 균열을 점토로 충전하거나 비닐 등으로 덮어서 빗물의 침투를 방지하는 침투방지공이 있다.

지하수배수공은 산사태 지역으로 유입하는 지하수 및 지역 내에 있는 지하수를 배제하여 비탈면의 안정을 꾀하는 공법으로, 얕은 층의 지하수를 배제하기 위한 암거공(지하배수공)과 깊은 층의 지하수를 배제하기 위한 횡시추공(물빼기 시추공) 및 집수정공 등이 있다(그림 6.25 참조).

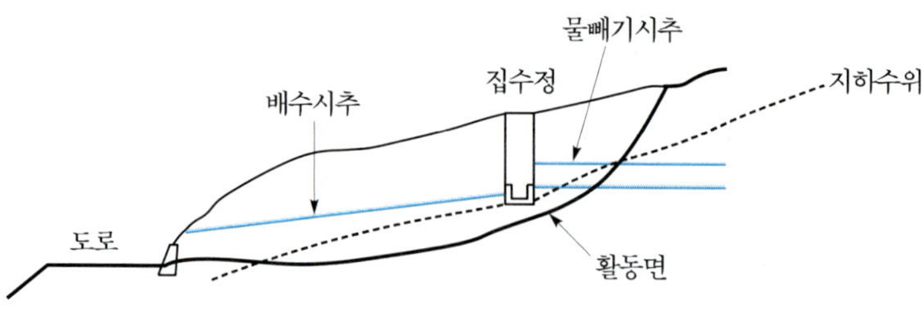

그림 6.25 물빼기 시추공과 집수정공

6.9.2 억지공법

억지공법은 현지조건 등으로 억제공법을 실시할 수 없거나 억제공법만으로는 불안정한 경우에 실시하는 공법으로, 배토공, 압성토공, 말뚝공, 샤프트공, 앵커공 등이 있다.

배토공은 산사태 토괴의 전부나 산사태 머리 부근의 일부를 배토하여 안정을 꾀하는 공법이며, 압성토공은 산사태의 말단부에 흙쌓기를 하여 사면안정을 꾀하는 공법이다(그림 6.26 참조).

말뚝공은 직경 30~50cm의 구멍을 굴착하고 강관이나 H형강 등을 삽입한 후 콘크리트로 채우는 공법이다(그림 6.27 참조). 샤프트공은 2~4m의 직경으로 횡방향 굴착을 하고 콘크리트를 타설하는 공법이다. 앵커공은 앵커의 인장력으로 산사태 토괴를 단단히 조이는 공법이다.

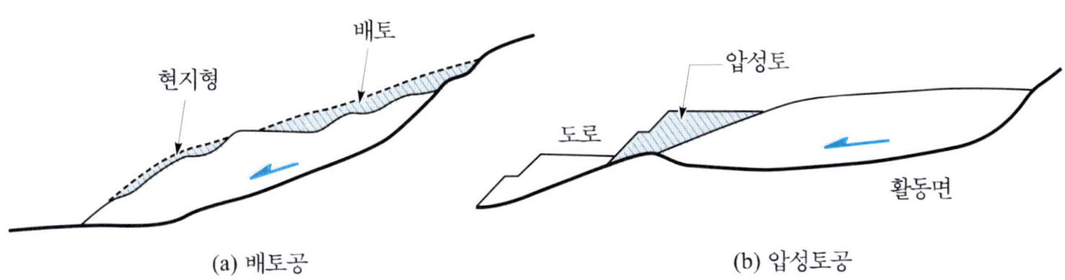

그림 6.26 배토공과 압성토공

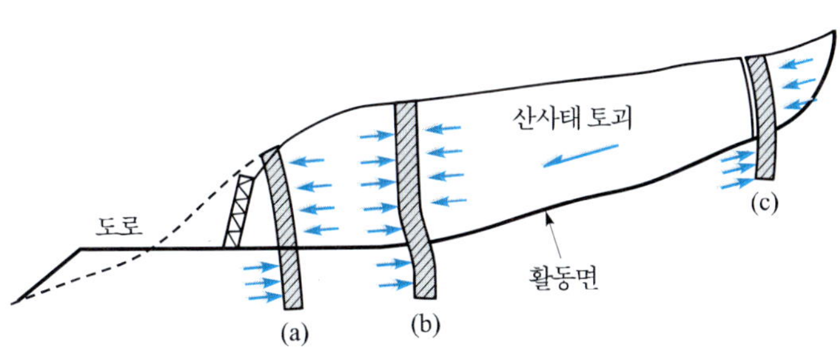

그림 6.27 산사태 말뚝공법

Chapter 7

도로배수

제7장

도로배수

7.1 개 설

도로의 파괴는 직접·간접으로 물이 원인이 되어 일어나는 경우가 많다. 그러므로 도로의 설계, 시공 및 유지에 있어서는 포장이나 구조물 못지않게 배수시설에도 유의해야 한다.

도로배수의 목적은 도로 각 부분의 배수를 잘하여 강우 융설로 인해 노면이나 인접지대에서 도로에 유입하는 지표수, 인접지대로부터 침투해 오는 지하수, 지하수면에서 상승하는 물 등으로 인한 도로의 약화를 방지하고, 또 빗물로 인한 사면의 세굴 붕락을 방지하는 데 있다. 또 노면에 물이 체류할 때 일어나는 교통의 정체, 미끄러짐 사고 등을 방지하는 것도 목적의 하나이다.

도로의 배수는 표 7.1과 같이 표면배수, 지하배수, 횡단배수 등으로 분류하며, 이들을 위한 배수시설을 도식적으로 표시하면 그림 7.1과 같다.

표 7.1 도로배수의 분류

- 도로배수
  - 표면배수
    - 노면 배수
      - 길어깨배수
      - 중앙분리대배수
    - 비탈면 배수
      - 비탈어깨배수
      - 비탈끝배수
      - 도수로(세로)배수
      - 소단(가로)배수
    - 측도 및 도로 인접지 배수
      - 측도배수
      - 비탈어깨배수
      - 비탈끝배수
  - 지하배수
    - 깎기부 지하배수
    - 쌓기부 지하배수
    - 깎기쌓기 경계부 지하배수
    - 중앙분리대 지하배수
  - 횡단배수

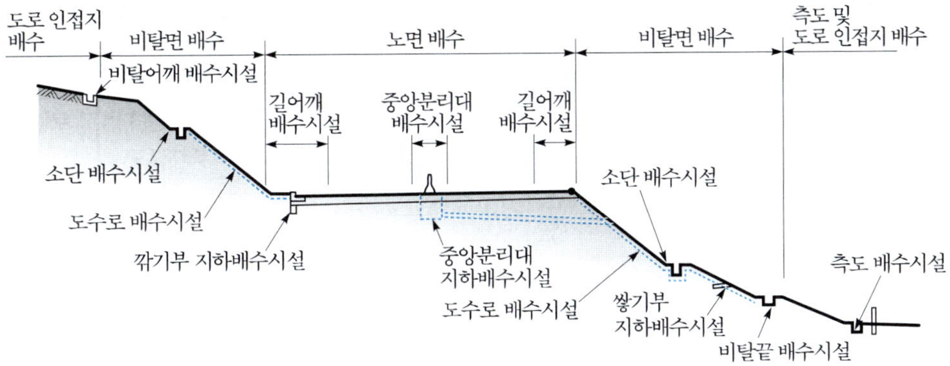

그림 7.1 도로배수시설의 구분

도로시설의 보전, 교통안전, 유지보수 등을 위하여 도로에는 측구, 집수정 및 도수로 등 적절한 배수시설을 설치하여야 한다. 길어깨는 노면배수로로 활용할 수 있으며, 길어깨에 붙여서 측구를 설치하는 경우에는 교통안전을 위하여 윗면이 열린 측구를 설치하여서는 안 된다.

7.2 표면배수

7.2.1 개 요

도로 표면 및 비탈면, 주변부에 내린 빗물이 보조기층, 노상 내에 침투하면 그 부분의 함수비가 높아져서 일반적으로 강도가 감소하고 지지력이 저하한다. 그러므로 도로 표면 및 그 주변에 내린 빗물을 되도록 지하에 침투시키지 않고 빨리 표면에서 배수하는 것이 좋으며 이것을 표면배수라 한다.

표면배수시설에는 노면배수시설, 비탈면배수시설, 측도 및 인접지 배수시설 등이 있다.

7.2.2 노면배수

노면 및 비탈면에 내린 빗물을 원활히 배수하기 위한 배수시설은 길어깨 배수시설과 중앙분리대 배수시설로 구분된다.

길어깨 비수시설에는 땅깎기 구간에 측구(ditch)와 집수정이 있고, 흙쌓기 구간에 다이크(dike)와 도수로가 있으며, 중앙분리대 배수시설에는 집수정, 종횡배수관이 있다.

(1) 측구와 다이크

길어깨 배수시설은 노면에 내린 빗물을 배수하기 위한 것으로서 측구를 많이 사용한다. 측구에는 토사측구, L형 측구, U형 측구, V형 측구 등이 있다(그림 7.2 참조)

깎기부 길어깨에는 L형 측구 또는 뚜껑 있는 U형 측구를 주로 사용하며, 쌓기부 길어깨에는 길어깨와 연석으로 구성되는 삼각형 단면의 다이크(그림 7.2(e) 참조)를 주로 사용한다.

토사측구나 V형 측구는 쌓기부 비탈끝 배수시설로 많이 사용된다.

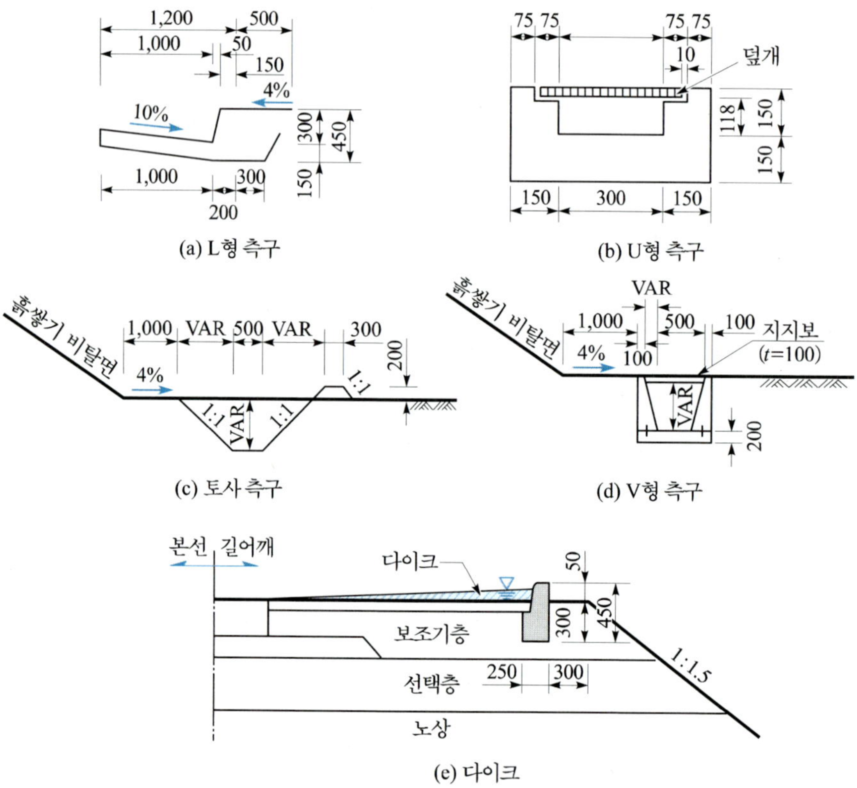

그림 7.2 측구의 종류와 다이크 (단위 : mm)

(2) 쌓기부 도수로

쌓기부에는 길어깨나 길어깨 측구에 흐르는 물을 배수하기 위하여 도수로를 설치한다. 도수로는 유량이 길어깨나 길어깨 측구의 통수량과 같게 되는 곳에 설치하며, 도수로의 간격은 30~100m를 원칙으로 한다.

길어깨에 흐르는 물을 모아서 비탈면 도수로에 흘러 들어가게 하는 집수구를 설치해야 한다.

(3) 깎기부 집수정

깎기부에는 길어깨에 흐르는 물을 배수하기 위하여 집수정을 설치한다. 집수정은 유량이 길어깨의 통수량과 같게 되는 곳, 깎기부의 비탈면 도수로와 연결되는 곳 등에 설치하며 집수정의 간격은 50m 이하로 한다.

집수정과 집수정 사이는 직경 400mm 이상의 배수관으로 연결한다.

(4) 중앙분리대 배수시설

중앙분리대에 흐르는 물은 집수정으로 모으고, 모인 물은 본선 노면 밑을 횡단하는 배수관에 의해 쌓기부 도수로나 깎기부 집수정 등으로 배수된다.

7.2.3 비탈면배수

비탈면의 배수를 위하여 쌓기부 및 깎기부에 설치하는 배수시설에는 비탈어깨(산마루) 배수시설, 비탈끝 배수시설, 도수로 배수시설, 소단 배수시설 등이 있다.

비탈어깨에는 배후의 자연사면에서의 표면수가 흘러 들어가 비탈면 붕괴의 원인이 되는 경우가 있으므로 측구 등의 배수시설을 설치한다.

비탈끝 배수시설은 비탈면에 내린 빗물을 배수하기 위하여 비탈끝부분에 설치하는 측구 및 배수구를 말한다.

도수로는 길어깨, 길어깨 측구, 산마루 측구 및 소단 측구에 흐르는 물을 횡단방향으로 배수하기 위하여 설치한다.

소단 배수시설은 비탈면에 내린 빗물이나 용수에 의한 비탈면의 침식을 방지하기 위해 종단방향으로 경사를 두어서 설치한다.

7.2.4 측도 및 도로인접지 배수

측도 및 도로인접지의 배수를 위해 설치하는 배수시설에는 배수구, 집수정, 배수관 등이 있다.

7.3 지하배수와 횡단배수

7.3.1 지하배수

지하수위가 높고 침투수가 많아 노체 안정에 위험이 있는 경우에는 지하수위 저하 및 침투수 배제를 위해 유공배수관, 맹암거 등의 지하배수시설을 설치한다(그림 7.3).

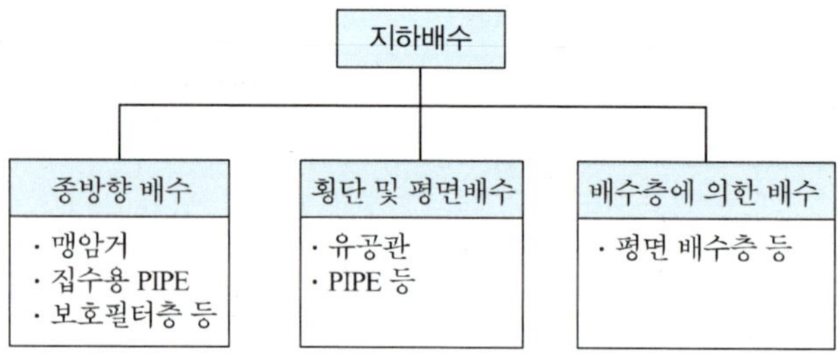

그림 7.3 지하배수시설의 종류

깎기부의 길어깨에는 노상에 침투하는 지하수를 차단하고 지하수위를 낮추기 위해 맹암거(지하배수구)를 설치한다. 맹암거는 그림 7.4와 같은 위치에 설치하며, 유공배수관과 필터(filter) 재료로 구성하는 것을 원칙으로 한다.

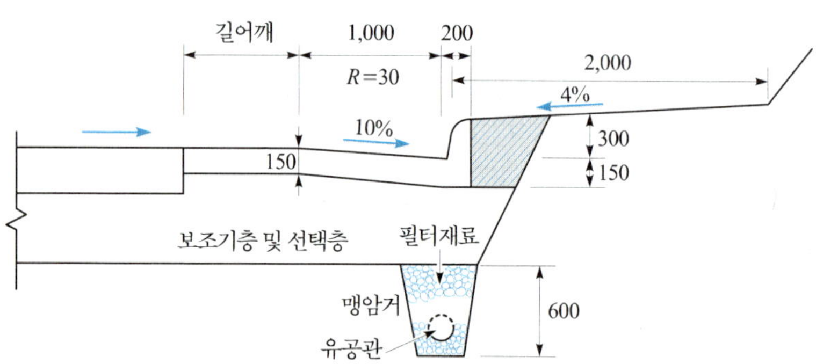

그림 7.4 깎기부 길어깨의 맹암거

지하수량이 많을 때 또는 지하수위가 높을 때의 지하배수구는 그림 7.4와 같이 격자형이나 화살날개 모양으로 배치한다. 도로 횡방향으로 설치하는 맹암거에는 유공관을 두지 않는다.

유공관은 원심력 철근콘크리트관 또는 경질 염화비닐관에 소정의 간격으로 구멍이 뚫린 것을 사용하며, 유공관의 직경은 20cm, 구멍의 직경은 1.2~2.0cm를 표준으로 한다. 유공관의 경사는 0.5% 이상이 좋으며, 최소 0.2% 이상으로 한다.

지하배수구의 되메우기에 쓰이는 필터재료(filter material)에는 투수성이 크고 입도배합이 좋은 천연모래, 입도조정한 자갈, 부순돌 등을 사용하며, 적절한 조건을 만족하는 입도배합이어야 한다.

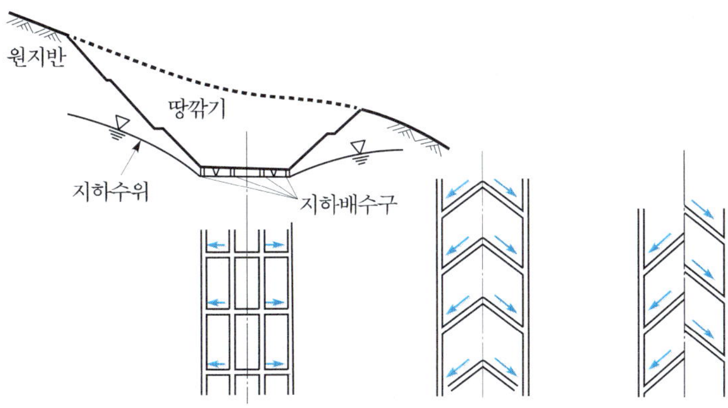

그림 7.4 지하배수구 배치

7.3.2 횡단배수

횡단배수시설은 도로를 횡단하는 소하천이나 수로를 위한 시설로서, 도로 본체의 보존과 도로인접지의 호우에 대한 피해를 방지하기 위해 설치하는 원형관이나 암거(box culvert) 등의 배수구조물을 말한다.

암거의 위치 및 방향은 통수를 원활하게 하고 물 흐름의 장해가 되지 않도록 해야 한다. 제방, 도로 등에 직각방향으로 설치하면 공사비는 적게 들지만 급히 굴절하기 때문에 세굴, 침전을 일으키는 원인이 되므로 피하도록 한다.

7.4 배수시설의 설계

7.4.1 배수시설의 규격

배수시설은 도로를 이용하는 자동차, 보행자 등에게 장해를 주지 않도록 빗물의 유출량을 충분히 수용할 수 있는 규격으로 해야 한다.

배수시설의 규격은 강우지속시간 및 강우강도와 지형상황에 따라 적절하게 결정되어야 한다. 강우지속시간(=강우도달시간)은 도로 주변의 지형과 도달거리에 따라, 설계강우강도 및 설계빈도(=발생주기)는 배수시설의 중요도에 따라, 적절히 결정하여 적용한다.

일반적인 설계빈도 적용기준은 다음과 같다.

① 노면 및 비탈면 배수시설 : 10년

② 측도 및 인접지 배수시설 : 10년

③ 도로횡단배수시설(원형관, 암거) : 25년(도심지 및 집단가옥 등의 경우 : 50년)

④ 집수정 및 배수구조물 간 접속부 : 접속하는 구조물 중 빈도가 큰 값

7.4.2 유출량 계산

배수로의 설계에 대해서는 최대 어느 정도의 강우가 유입하는가를 예측해야 하며, 그러기 위해서는 집수면적(배수면적)뿐만 아니라 강우강도 및 유출계수(유출률) 등의 자료를 상세하게 검토할 필요가 있다.

노면 또는 도로에 인접하는 소면적을 대상으로 배수로를 설계할 경우에는 전체 강우량이 모두 유출하는 것으로 생각하는 것이 좋다. 그러나 넓은 면적의 배수를 위한 배수로에 대해서는 보통 유출계수 C를 표 7.2와 같이 가정하고, 식 (7.1)로 유출량을 산출한다.

$$Q = \frac{1}{3.6} CIA\,(\mathrm{m^3/sec}) \tag{7.1}$$

여기서, Q : 유출량($\mathrm{m^3/sec}$)

C : 유출계수

I : 강우강도(mm/h)

A : 집수면적($\mathrm{km^2}$)

표 7.2 유출계수

유역면적의 상태	유출계수 C	유역면적의 상태	유출계수 C
포장면 및 비탈면	0.9	도시지역	0.7
가파른 산지	0.8	잡지	0.6
가파른 계곡 경작지	0.8	경작하는 평작지	0.5
논	0.8	경작하는 평계곡	0.6
완만한 산지	0.7	수림	0.3
완만한 경작지	0.7	밀림수림과 덤불숲	0.2

7.4.3 배수유량 계산

배수로의 배수유량은 다음 식으로 산정한다.

$$Q = A \cdot v \tag{7.2}$$

$$v = \frac{1}{n} R^{2/3} \cdot I^{1/2} \tag{7.3}$$

여기서, Q : 배수유량(m^3/sec)
A : 배수로의 단면적(m^2)
v : 평균유속(m/sec)
n : 조도계수(표 7.3 참조)
R : 동수반경(m)
I : 배수로의 경사

표 7.3 조도계수 n의 대표적인 값

배수로 표면의 재료	n	배수로 표면의 재료	n
보통흙	0.02	굵은 돌 찰쌓기	0.02
떼로 덮인 흙(수심 15cm 이상)	0.04	아스팔트 콘크리트	0.02
〃 (수심 15cm 이하)	0.06	거친 콘크리트	0.02
밀생한 풀로 덮인 흙	0.1	매끈한 콘크리트	0.015
다져진 자갈질토	0.04	흄관	0.012
굵은 돌 메쌓기	0.03	주름관	0.02

배수로의 최소 경사는 토사가 원활히 흘러갈 수 있도록 최소 0.2%를 원칙으로 하며, 토사 침전과 마모 방지 등을 위하여 평균유속이 0.8~3.0m/sec의 범위가 되도록 설계하는 것이 좋다.

예제 7.1

그림 7.5와 같은 측구에 빗물이 충만하여 흐를 때 유량을 구하라. 단, 조도계수 0.02, 종단경사 0.5%로 한다.

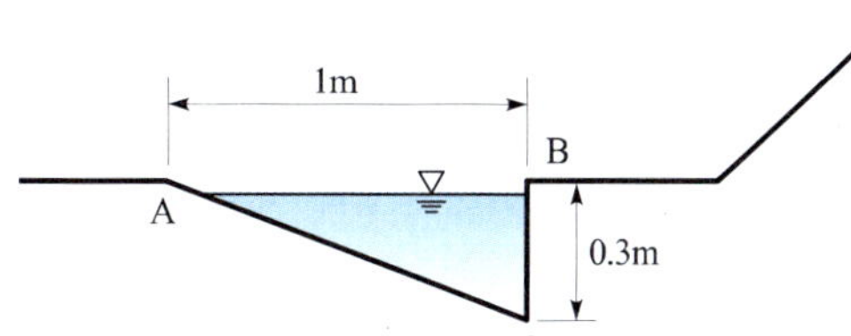

그림 7.5 측구 단면

풀이

$n=0.02, \quad I=0.005$

단면적 $A=\dfrac{AB\times BC}{2}=\dfrac{1\times 0.3}{2}=0.15\text{m}^2$

윤변길이 $P=AC+BC=1.04+0.3=1.34\text{m}$

동수반경 $R=\dfrac{A}{P}=\dfrac{0.15}{1.34}=0.112\text{m}$

$\therefore\ v=\dfrac{1}{n}R^{2/3}I^{1/2}=\dfrac{1}{0.02}\times 0.112^{2/3}\times 0.005^{1/2}$

$\quad =\dfrac{0.232\times 0.0707}{0.02}=0.82\text{m/sec}$

그러므로 $Q=A\cdot v=0.15\times 0.82=0.123\text{m}^3/\text{sec}$

예제 7.2

기복있는 토지를 지나는 차도폭 9m, 길어깨폭 1m(한쪽에 0.5m씩)인 도로 양쪽에 설치하는 측구의 단면을 구하라. 단, 차도, 길어깨는 모두 시멘트 콘크리트 포장으로 하고, I=40mm/hr, 측구에는 200m마다 배수관을 통하여 배수시키고, 도로 한쪽 인접지역의 집수면적 8,000m^2, 측구의 종단경사 0.2%, 측구는 U형 콘크리트 측구로 한다.

풀이

시멘트 포장 노면 및 도로에 인접하는 토지의 유출계수 C의 값은 표 7.2에 의하여 각각 0.9 및 0.6로 볼 수 있고, 도로 한쪽 노면의 면적은 5m×200m=1,000m^2=0.001km^{2}이므로, 식 (7.1)에서

$$Q=\frac{1}{3.6}CIA=\frac{1}{3.6}\times 40(0.9\times 0.001+0.6\times 0.008)=0.06\text{m}^3/\text{sec}$$

그림 7.6과 같은 단면으로 가정하고 유량을 계산한다. 그림에서

$$R=\frac{0.4\times 0.3}{2\times 0.3+0.4}=0.12$$

또 $n=0.015$, $I=0.002$이므로, 식 (7.3)에서

$$v=\frac{1}{0.015}\times 0.12^{2/3}\times 0.002^{1/2}=0.724(\text{m/sec})$$

$$Q=A\cdot v=(0.4\times 0.3)\times 0.724$$

$$=0.087\text{m}^3/\text{sec}>0.06\text{m}^3/\text{sec}$$

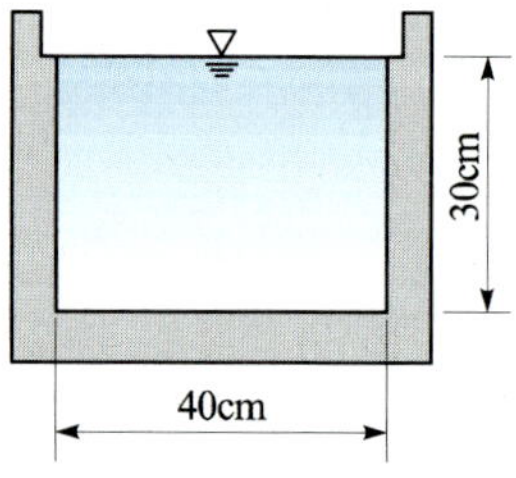

그림 7.6 측구 단면

따라서 측구의 단면을 그림 7.6과 같이 정하면 약간 큰 듯하나, 토사의 침전 및 기타 여유에 대비하면 대체로 무난하다고 본다.

7.5 동상방지

7.5.1 동상현상

한랭지에서 0℃ 이하의 저온이 어느 정도 지속되어 지표에 가까운 부분에 있는 흙속의 물이 동결하는 깊이를 동결깊이라고 한다.

물이 동결하면 체적팽창을 일으키며, 지하수면이 높고 적당한 투수성을 가진 토질의 경우에는 모관작용에 의하여 지하수가 흡상하여 동결량이 증대한다. 이 결과 점차로 체적이 팽창하여 노면이 부풀어 오르는 현상을 동상이라 한다.

동결량이 일정하면 그 시점에서는 별 문제가 없으나, 봄철에 해빙이 시작되면 노상, 보조기층은 고함수상태가 되어 지지력이 저하하여 마침내 도로가 파괴된다.

동상은 모관상승높이가 작은 사질토나 투수성이 작은 점토에서는 작고 실트질 흙에서 크게 발생한다.

7.5.2 동상방지대책

동상은 토질, 온도 및 지하수의 3가지 조건이 동시에 만족될 때 일어난다. 따라서 이들 중 1가지 이상의 조건을 제거하거나 개선함으로써 동상을 방지 또는 억제할 수 있다.

도로 포장에서 동상방지대책공법을 들면 다음과 같다.

① 동결깊이까지 동상을 일으키지 않은 재료, 즉 굵은 모래, 자갈, 부순돌 등으로 치환한다.

② 지하수위를 낮추어서 동상에 필요한 지하수를 차단한다. 또 역으로 성토를 하여 같은 효과를 꾀할 수 있다.

③ 모관수의 상승을 차단한다. 역청안정처리토나 시멘트안정처리토로 어느 정도 모관수를 차단할 수 있으며, 굵은 부순돌이나 비닐 등을 중간에 깔아 모관수를 차단한다.

④ 포장 바로 밑에 단열층을 만들어서 흙의 온도저하를 적게 한다. 단열층에는 발포스티롤(styrol)수지, 기포 콘크리트의 층을 사용한다.

⑤ 동결온도를 낮추기 위하여 지표부의 흙을 화학약제로 처리하여 동결을 일으키지 않도록 한다. 화학약품으로는 $CaCl_2$, $MgCl_2$, NaCl 등을 사용한다.

7.6 동결깊이

7.6.1 동결깊이 공식

한랭지에서는 교통하중에 대하여 필요한 두께와 그 지방의 동결깊이를 비교하여, 그 중 큰 값을 포장구조의 두께(동상을 잘 일으키지 않은 재료로 구성)로 함으로써 동상으로 파괴되지 않는 도로를 만들 수 있다.

어느 지역의 동결깊이를 측정하는 방법에는 직접 측정하는 방법과 그 지방의 기온의 자료로부터 추정하는 방법이 있다.

직접 측정하는 방법에는 동결심도계로 측정하는 방법과 조사 구멍에서 빙점을 관측하는 방법이 있다.

기온의 자료로부터 동결깊이를 구하는 한국형 동결깊이 예측식은 다음과 같다.

$$z = C\sqrt{F} \tag{7.4}$$

여기서, z : 최대동결깊이(mm)

C : 동결지수에 따른 보정상수(표 7.4)

F : 설계동결지수(℃ · 일)

설계동결깊이는 노상 동결관입 허용법을 적용하여 최대동결깊이의 75%를 사용한다.

표 7.4 동결지수에 따른 보정상수(C)

설계동결지수(F) (℃ · 일)	0 이상 100 미만	100 이상 200 미만	200 이상 300 미만	300 이상 400 미만	400 이상 500 미만	500 이상 600 미만
동결지수에 따른 보정상수(C)	27.3	30.2	35.6	42.1	48.1	53.0

7.6.2 동결지수

동결지수는 기온과 지속시간의 곱으로 표시하며, 일평균기온을 기본으로 하여 계산하는 것이 보통이나 월평균기온을 이용하는 경우도 있다.

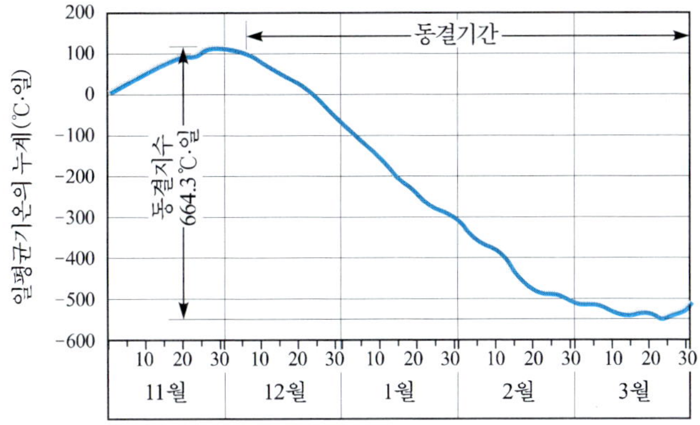

그림 7.7 일평균기온으로부터 구한 동결지수

일평균기온을 기본으로 계산할 경우에는 일평균기온이 +에서 −로 변하는 달부터 시작하여 일평균기온이 −에서 +로 변하는 달까지의 일평균기온을 누계하여, 일평균기온 누계곡선의 최고점과 최저점의 차이가 동결지수이다(그림 7.7 참조).

월평균기온을 기본으로 할 경우에는 월평균기온이 −가 되는 달만을 대상으로 하여 월평균기온에 그 달의 일수를 곱한 것의 합계가 동결지수가 된다.

7.6.3 설계동결지수

설계구간의 설계동결지수 산정은 대상 지역 인근 측후소에서 관측한 월 평균 대기온도의 크기와 지속기간에 대한 20년간의 기상자료에서 추위가 가장 심하였던 2년간(즉, 동결지수의 최대 2년치)의 평균동결지수로 정한다. 만일 20년간의 기상자료가 없으면 최근 10년간의 최대동결지수를 설계동결지수로 산정한다.

설계구간에 측후소가 있을 경우 그림 7.8이나 표 7.5의 동결지수 및 동결기간을 이용하여 설계동결지수를 산정하며, 설계구간에 측후소가 존재하지 않으면 표 7.6의 좌표별 동결지수를 이용하고, 동결기간은 가까운 측후소 3개의 평균값 또는 가장 가까운 측후소의 값을 이용하여 설계동결지수를 산정한다.

표 7.5의 동결지수는 각 지역의 측후소 위치에서 관측한 값이므로 같은 지역의 표고가 다른 노선의 수정동결지수는 다음 식으로 구한다.

수정동결지수(℃·일)=동결지수(℃·일)+0.5×동결기간×표고차(m)/100 (7.5)

표고차(m)=설계노선 최대표고(m)−측후소 지반고(m) (7.6)

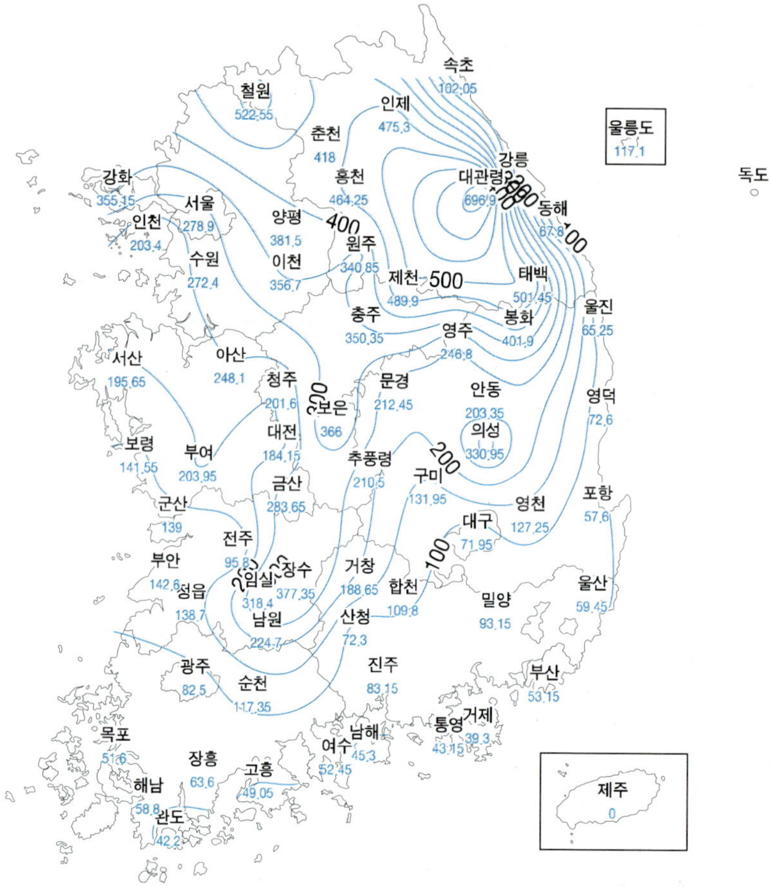

그림 7.8 20년 동결지수선도

예제 7.3

서울지역의 계획도로의 최대표고가 280m일 때 수정동결지수를 구하라.

풀이

표 7.5에서 서울지역 측후소의 표고 85.5m, 동결지수 278.9℃ · 일, 동결기간 68일

$$\text{수정동결지수} = 278.9 + 0.5 \times 68 \times \frac{280-85.5}{100} = 345.03\text{℃} \cdot \text{일}$$

표 7.5 20년 동결지수

지역	측후소 지반고(m)	동결지수 (℃ · 일)	동결기간 (일)	지역	측후소 지반고(m)	동결지수 (℃ · 일)	동결기간 (일)
속초	17.6	102.1	46.5	합천	32.1	109.8	49.0
대관령	842.0	697.0	121.5	거창	224.9	188.7	67.5
춘천	74.0	418.0	73.5	영천	91.3	127.3	39.0
강릉	26.0	85.2	31.0	구미	45.5	132.0	57.5
서울	85.5	278.9	68.0	의성	73.0	331.0	87.5
인천	68.9	203.4	55.5	영덕	40.5	72.6	29.5
원주	149.8	340.9	84.5	문경	172.1	212.5	69.0
울릉도	221.1	117.1	23.0	영주	208.0	246.8	79.5
수원	36.9	272.4	66.0	성산	17.5	0	0
충주	69.4	350.4	88.5	고흥	60.0	49.1	25.5
서산	26.4	195.7	55.0	해남	22.1	58.8	31.0
울진	49.5	65.3	28.5	장흥	43.0	63.6	33.5
청주	59.0	201.6	62.5	순천	74.0	117.4	40.5
대전	67.2	184.2	54.0	남원	89.6	224.7	66.0
추풍령	245.9	210.5	69.0	정읍	40.5	138.7	61.0
포항	2.5	57.6	27.0	임실	244.0	318.4	75.0
군산	26.3	139.0	61.0	부안	7.0	142.6	61.5
대구	57.8	72.0	30.5	금산	170.7	283.7	74.5
전주	51.2	95.8	46.0	부여	16.0	204.0	66.0
울산	31.5	59.5	27.0	보령	15.1	141.6	61.5
광주	73.9	82.5	38.0	아산	24.5	248.1	66.5
부산	69.2	53.2	5.0	보은	170.0	366.0	87.5
통영	25.0	43.2	19.0	제천	264.4	489.9	89.5
목포	36.5	51.6	20.0	홍천	141.0	464.3	89.0
여수	67.0	52.5	4.0	인제	199.7	475.3	96.5
완도	37.5	42.2	26.0	이천	68.5	356.7	69.5
제주	22.0	0	0	양평	49.0	381.5	87.0
남해	49.8	45.3	20.0	강화	46.4	355.2	68.0
거제	41.5	39.3	4.0	진주	21.5	83.2	39.0
산청	141.8	72.3	31.5	서귀포	51.9	0	0
밀양	12.5	93.2	38.5	철원	154.9	522.6	81.0
동해	40.0	67.8	42.0	봉화	320.0	401.9	91.0
안동	140.0	203.4	60.5	장수	406.0	337.4	87.0
태백	713.0	501.5	111.0				

표 7.6 좌표별 동결지수(℃ · 일, 표고 100m 기준)

동경	북위	34			35					36	
		0.4	0.6	0.8	0.0	0.2	0.4	0.6	0.8	0.0	0.2
126	0.4	89	84	61	99	133	153	165	174	181	184
	0.6	67	74	94	113	132	152	166	172	175	181
	0.8	67	84	96	113	107	151	161	171	166	203
127	0.0	92	85	96	118	121	159	169	160	180	214
	0.2	92	65	102	125	147	197	223	127	182	207
	0.4	96	81	104	128	157	207	212	193	219	224
	0.6	101	88	87	118	141	160	188	189	210	222
	0.8	100	78	66	102	117	89	147	167	188	203
128	0.0	103	87	66	99	103	111	140	157	175	162
	0.2	105	94	89	101	113	127	130	153	165	174
	0.4	104	87	55	82	112	128	136	142	156	172
	0.6	105	87	55	67	107	119	126	103	128	217
	0.8	109	97	82	85	100	114	121	129	144	208
129	0.0	115	107	96	70	73	111	122	132	133	166
	0.2	121	115	106	92	94	100	94	119	117	138
	0.4	127	122	117	113	110	107	84	108	74	116
126	0.4	189	210	218	232	247	262	334	347	301	287
	0.6	182	212	221	238	250	225	266	310	299	294
	0.8	210	222	236	252	268	265	276	291	303	309
127	0.0	219	236	257	263	288	286	285	303	333	349
	0.2	217	237	262	269	292	305	312	330	403	445
	0.4	199	218	244	282	339	358	356	350	406	444
	0.6	243	249	256	288	332	353	361	376	383	366
	0.8	271	272	274	309	313	327	392	402	391	348
128	0.0	208	222	274	347	324	321	361	370	368	346
	0.2	201	198	243	315	393	309	306	324	407	347
	0.4	208	217	223	251	283	271	264	271	279	215
	0.6	273	209	214	225	234	232	232	225	213	139
	0.8	252	206	233	248	204	198	204	152	188	189
129	0.0	189	197	226	231	164	148	139	139	177	195
	0.2	148	153	168	160	163	127	123	162	181	194
	0.4	108	99	127	74	141	154	158	171	184	193

7.6.4 노상 동결관입 허용법

포장설계 시에 일반적으로 사용하는 노상 동결관입 허용법은 동결깊이가 노상으로 얼마쯤 관입되더라도 동상으로 인한 융기량이 포장파괴를 일으킬 만한 양이 아니라면 노상의 동결을 어느 정도 허용하는 방법으로, 다음의 절차와 그림 7.9를 적용한다.

① 설계지역의 동결깊이를 구한다.

② 노상의 동결을 허용하지 않는 비동결성 입상재료 기층(보조기층 포함)의 최대치환깊이 c를 구한다.

$$c = a - p \tag{7.7}$$

여기서, a : 동결깊이

p : 시멘트 포장의 슬래브 두께 또는 아스팔트 포장의 표층두께

③ 노상토와 기층의 함수비의 비율 r을 구한다.

$$r = \frac{\text{노상토의 함수비 } w_s}{\text{기층재료의 함수비 } w_b} \tag{7.8}$$

중차량 통행이 많은 곳에서의 r값의 최댓값은 2, 그 이외의 모든 곳에서는 최댓값 3으로 한다.

④ 그림 7.9에서 가로축의 c값과 대각선의 r값이 만나는 점을 지나는 수평선이 좌측 세로축과 만나는 값이 설계 비동결성 재료층(기층+보조기층) 두께 b값이고, 우측 세로축과 만나는 값이 허용 노상 동결관입깊이 s값이다.

예제 7.4

노상토의 함수비 w_s가 10%이고, 기층재료의 함수비 w_b가 5%이고, 동결깊이 a가 160cm, 표층두께 p가 10cm일 때 비동결성 재료층의 두께 b와 허용 노상 동결관입깊이 s를 구하라.

풀이

$$c = a - p = 160 - 10 = 150\text{cm}$$
$$r = w_s / w_b = 10/5 = 2$$

그림 7.9에서 b =100cm, s =25cm

이것은 노상동결깊이 25cm를 허용하면 비동결성 재료층의 두께를 100cm로 하는 것이 가능하다는 의미이다.

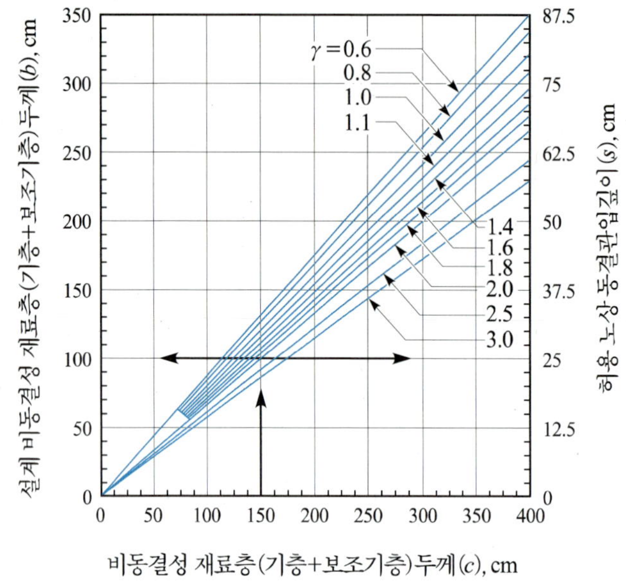

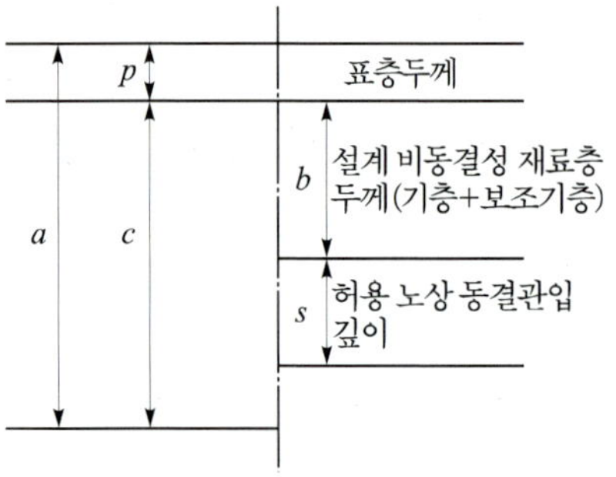

a=동결깊이

$c = a - p$

w_b =비동결성 재료층(기층+보조기층)의 함수비

w_s =노상토 함수비

$r = \frac{w_s}{w_b}$ 중차량 통행지역 ≤ 2.0

저교통량 통행지역 ≤ 3.0

그림 7.9 노상 동결관입 허용법에 의한 포장설계도표

Chapter 8

아스팔트 콘크리트 포장의 구조와 설계

제8장

아스팔트 콘크리트 포장의 구조와 설계

8.1 포장의 종류와 특징

8.1.1 포장의 종류

포장은 도로구조 중에서 가장 많은 외적 작용을 받는 부분이다. 즉, 포장은 주요 도로구조 중에서 유일한 소모품이라고 볼 수 있으며, 성토나 교량 등이 반영구적인 내구성을 가진 구조로서 설계, 시공되는 것과는 달리 포장의 설계를 할 때는 10년 내지 20년이란 공용기간을 설정하고, 이 기간 중에 추정되는 통행 차종 및 대수에 견디도록 조건을 정하고 있다.

포장의 종류에는 크게 나누어 아스팔트 콘크리트 포장과 시멘트 콘크리트 포장이 있으며, 각각 아스팔트 포장과 콘크리트 포장(또는 시멘트 포장)으로 약칭되고 있다.

아스팔트 포장은 골재를 아스팔트와 같은 역청재료로 결합하여 만든 표층이 있는 포장을 말하며, 그림 8.1과 같이 표층, 중간층, 기층 및 보조기층으로 이루어진다.

아스팔트 포장에서는 교통하중에 의해서 인해 생기는 응력이 포장을 구성하는 각 층에 분포되어 아래로 갈수록 점차 넓은 면적으로 분산되므로, 각 층의 구성과 두께는 역학적 균형을 유지하고 교통하중에 충분히 견딜 수 있어야 한다.

아스팔트 포장은 연성 포장(flexible pavement)의 일종으로 교통하중으로 생기는 전단에는 저항하지만 휨에는 저항할 수 없다.

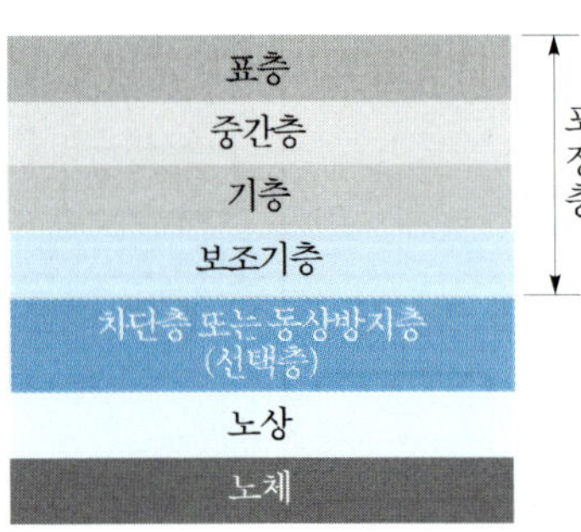

그림 8.1 아스팔트 포장의 구성

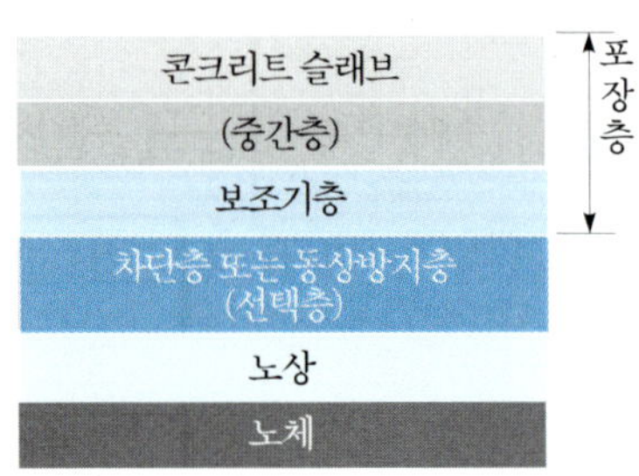

그림 8.2 콘크리트 포장의 구성

콘크리트 포장은 콘크리트 슬래브를 표층으로 하는 포장을 말하며, 그림 8.2와 같이 표층, 보조기층으로 이루어진다.

콘크리트 포장은 강성 포장(rigid pavement)으로 콘크리트 슬래브가 교통하중으로 인한 전단이나 휨에 저항하고 슬래브 작용에 의해 교통하중을 넓게 분산시키는 역할을 한다.

8.1.2 포장의 특징

아스팔트 포장과 콘크리트 포장의 특성은 표 8.1과 같다. 포장형식은 이와 같은 구조특성, 지반 및 환경특성, 시공성, 공용성 및 유지관리 등 기술적인 사항과 정책적인 사항을 고려하여 선정한다.

표 8.1 아스팔트 포장과 콘크리트 포장의 특성

구 분	아스팔트 포장	콘크리트 포장
구조특성	교통하중을 포장층 전체가 지지 (표층 → 기층 → 보조기층 → 노상으로 분산 전달)	교통하중을 콘크리트 슬래브가 직접 지지
지반특성	연약지반 적응성 양호	침하량이 크거나 부등침하 발생
시공성	시공이 간편하고 신속함 단계시공방식에 적합	콘크리트 양생기간 필요 줄눈 설치작업 필요
공용성	공사 후 즉시 교통 개방 소음이 적음 평탄성 및 승차감 양호	14일 이상의 양생기간 필요 줄눈 설치로 소음 발생 평탄성 및 승차감 불량
유지보수	부분보수 용이 잦은 보수로 교통소통에 지장 유지관리비 고가	내구성이 커서 파손이 적음 유지관리비 저렴
적용성	중차량 구성비가 적은 도로 연약지반도로 조기완공이 필요한 도로 확장공사를 시행하는 도로 교량, 암거, 터널 등이 많은 도로	중차량 구성비가 많은 도로 절성토 경계부가 많은 도로
공사실적	일반도로에 많이 사용	고속도로에 많이 사용

8.2 아스팔트 포장의 구조

8.2.1 노상(subgrade)

노상은 포장과 교통하중을 지지하는 도로의 기초부분이다. 노상은 균등한 지지력을 가져야 하며 그 지지력은 포장의 두께를 결정하는 기본이 되는 것이다.

자연 지반의 흙이 양호할 때는 그대로 노상토로서 사용할 수가 있으나 연약한 경우에는 다른 흙과 치환하거나 적당한 처리를 하여 충분히 다져야 한다.

노상층은 성토부에서는 토공 끝마무리 면에서, 절토부에서는 굴착 마무리 면에서 아래로 약 1m 부분이 해당되며, 노상의 마무리면을 노상면이라고 한다.

노상토로서 적당한 흙은 시공이 용이하고 함수량이 증가했을 경우에도 필요한 지지력을 보전할 수 있는 것이어야 한다. 토질로서는 자갈이나 모래를 많이 품은 조립토가 좋으며 실트질토나 점토질토는 부적당하다. 부득이 이러한 세립토를 쓸 때는 특히 다지기에 세심한 주의가 필요하다.

노상토의 지지력을 측정하는 방법에는 CBR시험이나 평판재하시험 및 동적삼축압축시험 등이 있다.

8.2.2 차단층 및 동상방지층(선택층)

노상이 연약할 경우에는 두께 15~30cm 정도의 차단층(blanket course)을 설치하는 수가 있다. 이것은 반복하중으로 인하여 노상토가 보조기층이나 맹암거, 지하배수구 등에 침입하는 것을 막고 지하수위가 상승하는 것을 차단하기 위한 것이다.

차단층에는 모래, 막자갈 또는 지오텍스타일(geotextile)을 사용하며, 두께가 균등하게 되도록 재료를 깔고 롤러, 불도저, 콤팩터 등으로 가볍게 다진다.

또 동결의 염려가 있는 지방에서는 동결융해작용으로 인한 포장층 파손을 방지하기 위하여 동결깊이의 범위 내에 모관수가 올라오지 못하도록 자갈이나 모래로 동상방지층(anti-frost layer)을 설치한다.

동상방지층에 사용하는 골재의 최대입경은 80mm보다 작아야 하고, 직경 0.02mm 이하의 세립토 함유량은 3% 이하, 0.075mm(No.200)체 통과량이 10% 이하이어야 한다.

동결영향과 지하배수를 동시에 고려해야 하는 지역에서는 차단층과 동상방지층 기능을 동시에 갖는 선택층(selected material layer)을 설치해야 한다.

아스팔트 포장 구간에서 성토높이가 노상 최종면을 기준으로 2m 이상인 경우에는 노상토의 소성지수가 10 이하이고, 0.075mm체 통과량이 25% 이하이면 동상방지층을 생략할 수 있다.

8.2.3 보조기층(subbase course)

보조기층은 노상 위에 설치하는 인공층으로서, 표층이나 기층에 전달된 하중을 더욱 분산시켜서 노상에 전달하는 역할을 한다. 따라서 하중에 저항하는 강도와 이것을 충분히 분산시키는 데 필요한 두께가 요구된다. 노상에 전달되는 하중이 충분히 안전한 작은 값이 되도록 해야 한다.

포장 구성층 재료의 품질은 낮은 위치의 층일수록 낮은 품질의 재료를 선택하므로, 보조기층에는 비교적 지지력이 작고 값싼 재료를 쓰고, 기층에는 지지력이 큰 양질의 재료를 쓴다. 노상층의 품질이 우수하여 지지력이 충분하고 배수기능이 양호하며 교통량이 적은 경우에는 보조기층을 생략할 수도 있다.

보조기층은 구조적 기능 이외에 기층 속으로 세립노상토의 침입 방지, 동결작용에 따른 손상 방지, 포장층 내에 자유수의 고임 방지, 시공장비를 위한 작업로 제공 등의 기능도 제공한다.

보조기층에는 시공현장 부근의 부순돌, 부순자갈, 모래, 슬래그 등을 사용하며, 수정 CBR이 30 이상, 소성지수가 6 이하의 재료를 사용한다. 보조기층 재료는 No.200체를 통과하는 점토질토를 일정량 이상 품지 않는 것으로서 그 한도는 대략 8% 정도이며, 최대입경은 50~80mm 이하가 바람직하다(표 8.2 참조).

표 8.2 보조기층 재료의 입도

체 크기 / 입도번호	통과율(%)							
	75mm	50mm	40mm	19mm	4.75mm (No.4체)	2.36mm (No.8체)	0.42mm (No.10체)	0.075mm (No.200체)
SB-1	100	-	70~100	50~90	30~65	20~55	5~25	0~8
SB-2		100	80~100	55~100	30~70	20~55	5~25	0~8

자연상태로는 품질규정에 부적당한 재료는 소량의 시멘트나 석회 등으로 안정처리를 하거나 입도조정을 하여 사용할 수 있다.

시공에 있어서는 두께에 따라 몇 층으로 나누어서 다지며, 1층의 마무리 두께는 20cm 이하가 되게 하고 KS F 2312의 C, D, E방법에 따른 최대건조단위중량의 95% 이상이 되도록 충분히 다져야 한다.

다짐에는 10t 이상의 머캐덤롤러 또는 8~15t의 타이어롤러 또는 이들과 동등한 효과가 있는 진동롤러 등을 사용한다. 작업 중 너무 건조하면 적당히 살수하여 최적함수비 부근에서 다지면 효과적이다. 한편 마무리 직전에 강우로 많은 수분을 함유하게 될 때는 건조를 기다려서 작업을 계속해야 한다.

8.2.4 기층(base course)

기층은 표층에 가해지는 하중을 분산시켜 보조기층에 전달하며, 교통하중에 의한 전단에 저항하는 역할을 한다. 따라서 충분한 지지력을 지니고 내구성이 큰 재료로 필요한 두께만큼 잘 다진 것이어야 한다.

기층에는 입도조정, 시멘트안정처리, 역청안정처리, 석회안정처리, 머캐덤, 침투식 등의 공법이 사용된다. 침투식 공법을 제외하고는 재료의 최대크기는 40mm 이하로서 1층의 마무리 두께의 1/2 이하이어야 한다.

(1) 입도조정공법

이것은 양호한 입도가 되도록 2종류 이상의 재료를 혼합하여 펴 깔고 다지는 공법으로서, 입도가 좋으므로 깔기 및 다짐이 용이하고 기계화시공에 적합하다.

재료에는 부순돌, 슬래그(slag), 자갈, 모래 등을 사용하고, 이들의 재료를 적당한 비율로 혼합하여 양호한 입도를 만든다. 양호한 입도범위는 표 8.3과 같다. 입도조정을 한 재료는 수정 CBR이 80 이상, 0.42mm(No.40)체 통과분의 소성지수가 4 이하이어야 한다.

재료의 혼합방식에는 노상혼합방식과 중앙플랜트(plant)혼합방식이 있다. 전자는 로드스테빌라이저(road stabilizer)를 사용하여 노상에서 혼합하고, 후자는 중앙플랜트의 믹서(mixer)로 혼합한 재료를 트럭으로 현장에 운반하여 펴 까는 것이다. 로드 스테빌라이저는 그림 8.3과 같은 기구로 펴 깐 재료를 혼합하는 기계이다.

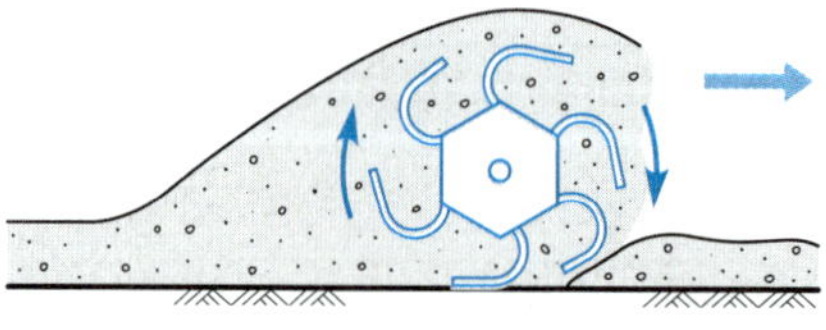

그림 8.3 로드 스테빌라이저의 혼합기구

표 8.3 입도조정 재료의 입도

체 크기 / 입도번호	통과율(%)							
	50mm	40mm	25mm	19mm	4.75mm (No.4체)	2.36mm (No.8체)	0.42mm (No.40체)	0.075mm (No.200체)
B-1	100	95~100		60~90	30~65	20~50	10~30	2~10
B-2		100	80~95	60~90	30~65	20~50	10~30	2~10

주) 1. 일반적으로 막부순돌 그대로는 양호한 입도범위에 들어가지 않으므로 산모래, 모래 등을 보충해서 혼합해야 한다.
2. 혼합물의 No.200체 통과율이 10% 이하인 경우에도 물을 함유하여 연약화될 때가 있으므로 No.200체 통과율은 다짐이 되는 범위 내에서 되도록 적은 것이 좋다.

혼합할 재료는 입경이 큰 것부터 차례로 포개어 쌓아 재료가 균일하게 혼합되면 모터 그레이더(motor grader), 애그리게이트 스프레더(aggregate spreader) 등으로 소정의 형상으로 깐다. 이때 펴 까는 두께는 1층의 마무리 두께가 15cm 이하가 되도록 하는 것이 좋다.

펴 깐 재료는 롤러로 일단 가볍게 다진 후 다시 정형한다. 횡단형상으로 정형되면 소정의 밀도를 얻을 수 있을 때까지 8~15t의 타이어롤러 및 10t 이상의 머캐덤롤러 등으로 충분히 다진다. 이때 재료의 함수량은 항상 최적함수비 근처에 있도록 한다.

기층이 마무리된 후 되도록이면 빨리 아스팔트 유제 또는 컷백 아스팔트, 포장타르 등의 역청재료를 살포한다. 이것은 강우로 인한 세굴 또는 침투 방지, 작업차로 인한 기층의 파손 방지, 기층으로부터의 모관수 상승의 차단, 기층과 그 위에 부설하는 아스팔트 혼합물과의 접착 등을 잘하게 한다.

(2) 시멘트안정처리공법

현지 재료 또는 여기에 보충 재료를 넣은 것에 4~8%의 시멘트를 첨가 혼합한 것을 최적함수비 부근에서 다져서 만든 기층을 시멘트안정처리 기층(cement stabilized base)이라고 한다. 시멘트양은 6일 양생, 1일 수침 후의 일축압축강도가 30kg/cm^{2}가 되도록 한다.

이 공법에 사용하는 재료는 소성지수가 9 이하인 것이 좋다. 골재는 주로 현지 부근에서 산출되는 막자갈, 산자갈, 화강암풍화토(마사), 모래 등으로서 입도가 좋은 것이나, 현지 재료에 부순돌, 자갈, 슬래그 등의 보충재료를 가하여 합성한 것으로서, 그 입도범위는 표 8.4와 같은 것을 쓰는 것이 좋다.

표 8.4 시멘트안정처리 재료의 입도범위

체 크기 / 입도번호	통과율(%)						
	50mm	40mm	19mm	10mm	2.36mm (No.8체)	1.19mm (No.16체)	0.075mm (No.200체)
CB-1	100	95~100	50~100	-	20~60	-	0~15

시멘트안정처리공법은 재료를 잘 분쇄하여 덩어리를 없애고 시멘트를 첨가 혼합하여 균일한 혼합물을 만들고, 그 혼합물에 최적함수량을 가하여 충분히 다져야 한다.

노상혼합방식의 경우에는 로드 스테빌라이저로 재료를 분쇄하고 혼합한다. 혼합한 재료를 펴 깔고 다짐작업을 하는 방법은 다른 공법과 같다. 다진 후의 두께는 1층이 20cm 이하가 되도록 한다.

마무리된 시멘트안정처리층은 즉시 아스팔트 유제나 컷백 아스팔트를 살포하여 표면을 덮고, 되도록 빨리 중간층이나 표층의 아스팔트 혼합물을 시공한다.

(3) 역청안정처리공법(아스팔트안정처리공법)

현지 재료 또는 여기에 보충 재료를 가한 것에 3~6%의 역청재료를 첨가하여 처리하는 공법을 역청안정처리공법이라고 하며, 평탄성이 좋고 연성과 내구성이 풍부하며 또 조기에 교통을 개방할 수 있는 공법이다.

첨가하는 역청재료에는 스트레이트 아스팔트, 아스팔트 유제, 컷백 아스팔트, 포장타르 등이 있다.

사용 골재는 현지 재료 또는 여기에 부순돌, 자갈, 슬래그, 모래 등의 보충 재료를 넣어 합성한 것으로서, 흡수성이 큰 골재, 많은 양의 연석, 실트, 점토 등을 품지 않고 소성지수가 9 이하인 것이어야 한다.

시공법에 대해서는 역청재료를 사용하는 것 이외에는 시멘트안정처리공법과 거의 같다. 다만, 1층의 마무리 두께는 10cm 이하로 하고 포설에는 아스팔트 피니셔를 사용한다.

(4) 석회안정처리공법

석회안정처리는 흙의 안정성과 내구성을 유지 또는 증대할 목적으로, 원상태로는 부적당한 흙에 3~10% 정도의 석회를 첨가하여 사용가능한 재료로 만드는 공법이다.

(5) 머캐덤공법

머캐덤공법은 주골재라고 불리는 큰 입자의 부순돌을 깔고, 이들이 서로 잘 맞물릴 때까지 다짐하고, 그 맞물림 상태가 교통하중에 의하여 파괴되지 않도록 채움골재로 공극을 채워서 마무리하는 공법이다.

(6) 침투식공법

골재를 깔아 놓은 다음에 역청재료를 살포 침투시켜 골재의 맞물림과 역청재료의 결합력에 의해 안정성이 있는 층을 만드는 공법이다.

8.2.5 중간층(binder course)

중간층은 기층 위에 있으며, 그 요철을 보정하고 표층에 가해지는 하중을 균일하게 기층에 전달하는 역할을 하며, 보통 가열아스팔트 혼합물로 만들어진다. 중간층을 기층의 일부분으로 보아 기층에 포함시키기도 한다.

시가지 등에서 포장두께를 두껍게 하기 곤란한 경우에 시멘트 콘크리트로 중간층을 만든 것을 화이트 베이스(white base)라고 한다.

8.2.6 표층(surface course)

표층은 포장의 최상부에 있으며, 교통차량에 의한 마모와 전단에 저항하고 평탄하며 잘 미끄러지지 않고 빗물이 하부에 침투하는 것을 방지하는 역할을 한다. 표층은 밀입도 가열아스팔트 혼합물을 사용한다.

적설한랭지에서 타이어체인에 의한 마모를 방지하기 위해 아스팔트 모르타르 등을 표층 위에 얇게 시공하거나 급경사로에서 잘 미끄러지지 않는 층을 만드는 경우가 있으며, 이를 마모층이라고 한다.

8.3 아스팔트 포장의 설계법의 종류

아스팔트 포장 설계법으로는 1960년대까지 많이 사용된 CBR설계법이 있고, 그 후 1970년대에 일본에서 개발된 T_A 설계법 및 미국의 AASHTO(American Association of State Highway and Transportation Officials)에서 1972년, 1986년, 2002년에 개발한 설계법이 있다. 우리나라에는 2011년에 개발된 한국형 포장설계법이 있다.

미국에서 1972년, 1986년에 개발된 AASHTO설계법은 1950년대부터 실시한 다양한 현장

시험에 근거하여 개발된 경험적 설계법으로 도표를 이용하는 방법이다.

AASHTO 1972년 설계법은 임시로 발표된 설계법이어서 AASHTO 1972년 잠정지침(Interim Guide)이라고도 하며, 우리나라에서는 SN설계법이라고도 한다.

AASHTO 1986년 설계법이 완성된 설계법이나 입력변수가 복잡하여 많이 사용되지 않고, 잠정지침인 AASHTO 1972년 설계법이 더 많이 사용되어 왔다.

또 AASHTO 2002년 설계법은 AASHTO 1986년 설계법의 미비점을 보완한 역학적-경험적 설계법이다.

우리나라에서 개발된 한국형 포장설계법은 시험도로의 현장계측자료에 근거한 역학적-경험적 설계방법(Mechanistic Experimental Method)으로 설계프로그램을 사용하여 자동으로 계산되는 방법이다.

AASHTO 설계법과 한국형 포장설계법의 개요와 입력변수를 비교하면 표 8.5와 같다.

표 8.5 AASHTO 설계법과 한국형 포장설계법의 비교

구 분		AASHTO 설계법	한국형 포장설계법
설계법 개요		교통량 노상지지력 포장수명 재료물성 ⇨ SN값 ⇨ 포장 두께	포장두께 교통량 환경 재료물성 ⇨ 포장 공용성 ⇨ 포장 수명
입력변수	재료물성	- 상대강도계수를 물성 정량화 - 상대강도계수는 1950년대 수행된 미국 시험도로 재료에 근간을 두어 정의 - 상대강도계수 결정방법 부재 - 개질 아스팔트 포장 및 배수성포장 등 신재료에 대한 상대강도계수 결정 어려움	- 동탄성계수 - 다양한 포장재료의 물성, 정량화 가능 - 역학적 재료물성(탄성계수, 동탄성계수 등) - 각 포장재료에 대한 물성 평가 시험방법 정의
	교통하중	- 등가 단축하중(ESAL) 개념 - 1950년 미국에서 개발된 경험적 교통량 계산법으로 현재 교통특성 및 국내환경과 상이함 - 5종~7종 교통분류	- 차종별 축하중 분포 및 통행패턴 사용 - 차종별 차량 하중재하 특성 사용 - 현실적 교통하중 반영 및 정확도 향상 - 축하중 형태에 따라 12종 구분 적용
	입력변수	- 도로포장 설계 시 환경영향 고려 미비 - 배수계수, 동결지수를 고려한 환경조건 고려	- 국내 환경조건 고려 - 대기온도, 운량, 강수량을 이용하여 설계지역의 포장체온도/하부함수량 예측
	역학적 구조해석	- 교통하중에 따른 포장체의 거동분석을 위한 개념의 부재 - 경험에 근거한 도로 포장 설계	- 역학적 개념을 이용하여 포장체 거동분석 - 아스팔트 포장 : 다층탄성이론 - 콘크리트 포장 : 유한요소 해석

8.4 T_A 설계법

8.4.1 전체두께와 환산두께

노상토의 설계 CBR과 표 8.6에서 표시하는 교통량구분에 따라 표 8.7에서 목표로 하는 전체두께 H와 아스팔트 콘크리트 환산두께 T_A가 되도록 포장 각 층의 두께를 결정하는 설계법이다(다만, 전체두께 H는 표 8.7의 값의 4/5까지 감소할 수 있다).

설계에 사용하는 교통량은 5년 후 대형차(화물차, 버스, 특수자동차)의 1일 1방향의 교통량이다.

표 8.6 교통량의 구분

교통량의 구분	대형차 교통량(대/일, 일방향)	설계 윤하중(t)
L	100 미만	2.08
A	100~250 미만	3.11
B	250~1,000 미만	5.00
C	1,000~3,000 미만	8.13
D	3,000 이상	12.16

표 8.7 전체두께 H와 아스팔트 콘크리트 환산두께 T_A의 목표값

설계 CBR	목표로 하는 값(cm)									
	L 교통		A 교통		B 교통		C 교통		D 교통	
	T_A	H	T_A	H	T_A	H	T_A	H	T_A	H
2	17	52	21	61	29	74	39	90	51	105
3	15	41	19	48	26	58	35	70	45	83
4	14	35	18	41	24	49	32	59	41	70
6	12	27	16	32	21	38	28	47	37	55
8	11	23	14	27	19	32	26	39	34	46
12	–	–	13	21	17	26	23	31	30	36
20 이상	–	–	–	–	–	–	20	23	26	27

주) 1. 여기서 말하는 T_A는 포장을 표층용 가열아스팔트 혼합물로 할 때에 필요한 두께이다.
2. 설계 CBR 4란 4 이상 6 미만을 말한다.
3. 노상이 깊이 방향으로 다른 경우에는 설계 CBR이 3 미만이더라도 최상의 CBR이 3 이상이고 두께가 30cm 이상이면 차단층을 둘 필요는 없다.

T_A는 포장을 전부 가열아스팔트 혼합물로 시공할 경우에 필요한 두께를 나타낸 것이며, T_A의 계산에는 식 (8.1)을 사용한다.

$$T_A = \alpha_1 T_1 + \alpha_2 T_2 \ldots\ldots \alpha_n T_n \tag{8.1}$$

여기서, $\alpha_1, \alpha_2, \cdots, \alpha_n$: 표층용 가열아스팔트 혼합물을 1.00으로 할 때의 각 포장재료의 등치환산계수(conversion factor)

$T_1, T_2, \cdots, T_n$: 포장구성 각 층의 두께(cm)

포장 전체두께 H와 환산두께 T_A는 다음의 식 (8.2)와 (8.3)에 의해서 산정된 것이다.

$$H = \frac{28.0N^{0.1}}{\text{CBR}^{0.6}} \tag{8.2}$$

$$T_A = \frac{3.84N^{0.16}}{\text{CBR}^{0.3}} \tag{8.3}$$

여기서, H : 포장의 전체두께(cm)

T_A : 포장 전체를 표층용 가열아스팔트 혼합물로 설계할 때의 소요두께(cm)

N : 공용예정기간 10년 동안 일방향 설계 윤하중 누가통과횟수를 5톤 윤하중으로 환산한 값으로서, 표 8.6의 설계 윤하중을 사용하여 다음과 같이 구할 수 있다.

$$N = (P/5)^4 \times 10^6$$

여기서, P : 표 8.6에 주어진 교통량구분별 설계 윤하중

노상토의 설계 CBR이 2 이상 3 미만인 경우에는 노상의 일부로서 두께 15~30cm의 차단층(주로 모래, 막자갈층)을 설치하며, 포장두께의 결정에는 차단층을 제외한 노상토의 설계 CBR를 사용한다.

노상토의 설계 CBR이 2 미만일 경우에는 양질의 흙으로 치환하거나 석회나 시멘트를 혼합하여 안정처리해서 설계 CBR이 3 이상이 되도록 한다.

8.4.2 포장의 구성

포장의 구성을 결정하려면 표 8.8의 (표층+중간층)의 최소두께를 고려하여 적당한 구성으로 만들고 환산두께 T_A와 전체두께 H를 계산한다.

계산값을 표 8.7의 목표값과 비교하여, 만일 T_A가 이보다 작을 때나 전체두께가 1/5 이상 작을 경우에는 구성을 변경하여 계산을 다시 하여 최종적인 구성을 구한다. T_A를 계산할 때 쓰이는 등치환산계수는 표 8.9와 같다.

동결융해를 받는 한랭한 지방에서는 그 지역의 동결깊이를 구하고 표 8.7에서 표시하는 목표 전체두께 또는 차단층의 두께를 더한 것과 비교하여, 만일 동결깊이가 클 경우에는 그 두께의 차이만큼 동결을 잘 받지 않는 재료를 노상토에 가하며, 이 부분은 노상토의 일부로 생각하여 T_A의 계산에는 포함시키지 않는다.

표 8.8 (표층+중간층)의 최소두께

교통량의 구분	(표층+중간층)의 최소두께(cm)
L, A	5
B	10(5)
C	15(10)
D	20(15)

*( )는 기층에 역청안정처리를 사용할 경우의 최소두께이다.

표 8.9 T_A의 계산에 쓰이는 등치환산계수

사용하는 위치	공법 · 재료	조 건	등치환산계수
표 층 중간층	표층, 중간층용 가열아스팔트 혼합물	안정도 500kg 이상	1.00
기 층	역청안정처리	안정도 350kg 이상	0.80
		안정도 250~350kg	0.65
	시멘트안정처리	일축압축강도 30kg/cm^2	0.55
	입도조정	수정 CBR 80 이상	0.35
	침투식		0.55
	머캐덤		0.35
	고로슬래그	입도조정 고로슬래그 부순돌	0.35
	고로슬래그	수경성 고로슬래그 부순돌	0.55
보조기층	막부순돌, 자갈, 모래 등	수정 CBR 30 이상	0.25
		수정 CBR 20~30	0.20
	시멘트안정처리	일축압축강도(7일) 10kg/cm^2	0.25
	석회안정처리	일축압축강도(10일) 7kg/cm^2	0.25
	고로슬래그	고로슬래그 크러셔런	0.25

주) 기층에 쓰이는 시멘트안정처리층의 최소두께는 L, A, B 교통에서는 15cm, C, D 교통에서는 20cm로 하는 것이 좋다.

예제 8.1

C교통의 도로에서 노상토의 설계 CBR=3으로 하고, 막부순돌, 막자갈 및 산모래를 이용할 경우의 포장두께를 구하라.
막부순돌에 산모래를 가하여 입도조정한 것의 수정 CBR은 80, 막자갈의 수정 CBR은 30, 막자갈에 막부순돌을 가하여 역청안정처리한 것의 마샬 안정도는 420kg, 또 막자갈에 산모래를 가하여 시멘트안정처리를 한 것의 일축압축강도는 30kg/cm^{2}로 한다.

풀이

C교통에서 노상토의 설계 CBR=3일 때 표 8.7에서 목표로 하는 값은 환산두께 T_A= 35cm, 전체두께 H=70cm이다. 따라서 전체 두께 H의 허용 최솟값은 70×(1−1/5)=56cm가 된다.
(표층+중간층)두께의 최솟값은 표 8.8에서 기층에 역청안정처리를 할 경우는 10cm, 기타의 경우는 15cm이다.

① 기층에 역청안정처리를 할 경우 : 포장 각 층의 두께를 그림 8.4(a)와 같이 가정하고, T_A 및 H를 계산하면

$$T_A = 1.0\times10+0.8\times12+0.35\times25+0.25\times30=35.85\text{cm}$$

$$H=10+12+25+30=77\text{cm}$$

가 되어 목표값을 만족한다.

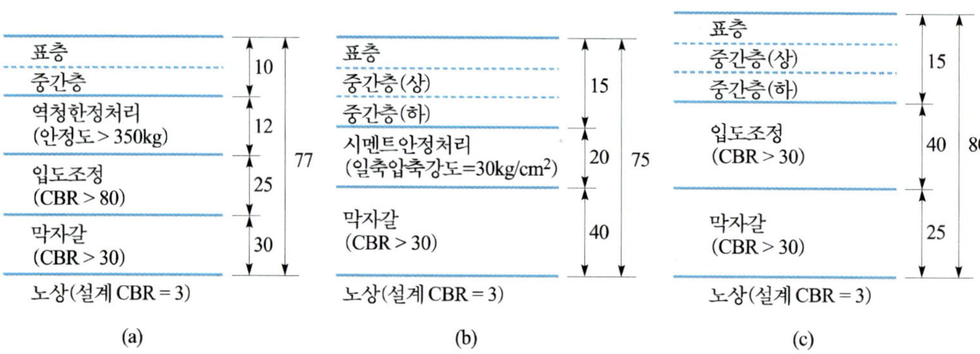

그림 8.4 포장구조의 설계 예 (단위 : cm)

② 기층에 시멘트안정처리를 할 경우 : 우선 표 8.8에서 (표층+중간층)의 두께는 15cm, 시멘트안정처리층의 두께는 표 8.9의 주)에서 20cm가 필요하며, 이들의 T_A의 값은

$$1.0\times15+0.55\times20=26\text{cm}$$

가 된다. T_A의 목표값은 35cm이므로 35−26=9cm가 입도조정 및 막자갈에 필요한 T_A가 된다. 막자갈의 두께를 40cm라 하면 각 층의 구성은 그림 8.4(b)와 같이 되고, T_A 및 H를 계산하면

T_A =1.0×15+0.55×20+0.25×40=36cm

H=15+20+40=75cm

③ 기층에 입도조정만을 하고 보조기층에는 막자갈을 쓸 경우 : (표층+중간층)의 T_A는 1.0×15=15cm 이므로, 입도조정과 막자갈에 필요한 T_A는 35−15=20cm가 된다. 입도조정을 40cm, 막자갈을 25cm의 두께로 취하면 이들의 T_A는

0.35×40+0.25×25=20.25cm

가 되며 T_A를 만족한다. 따라서 각 층의 구성은 그림 8.4(c)와 같이 되고, 이때 T_A 및 H를 계산하면

T_A =1.0×15+0.35×40+0.25×25=35.25cm

H=15+40+25=80cm

이상의 계산결과에서 구한 전체두께 H는 그 지역의 동결깊이와 비교 검토해야 한다.

8.5 AASHTO 1972년 설계법(AASHTO 1972년 잠정지침, SN 설계법)

8.5.1 설계기본식

AASHTO 도로시험에서 정립된 서비스능력−공용성개념(serviceability−performance concept)을 토대로 하여 개발된 설계기본식은 다음과 같다.

$$\log W_{8.2} = 9.36\log(SN+1) - 0.20 + \frac{G_t}{0.4 + \dfrac{1{,}094}{(SN+1)^{5.19}}} + \log\frac{1}{R} + 0.372(S-3.0) \tag{8.4}$$

여기서, $W_{8.2}$: 설계공용기간 동안의 8.2톤 등가단축하중(ESAL)의 누가통과횟수(1차로당)

R : 지역계수

S : Soil Support Value, 노상 지지력계수

SN : Structural Number, 설계포장두께지수

G_t : $\log\dfrac{4.2-P_t}{4.2-1.5}$ 로 표시되며, P_t는 최종 서비스지수

소요 전체 포장두께의 구조적 강도를 나타내는 설계 포장두께지수 SN은 다음 식과 같다.

$$SN = a_1 D_1 + a_2 D_2 + a_3 D_3 \tag{8.5}$$

여기서, a_1, a_2, a_3 : 표층, 기층, 보조기층 재료의 상대강도계수

D_1, D_2, D_3 : 표층, 기층, 보조기층의 두께

이 기본식을 이용하여 포장구성층 두께와 설계 포장두께지수 SN을 결정하기 위해서는 반복 시산을 해야 하므로 이를 손쉽게 구할 수 있도록 식 (8.4)를 도표로 작성한 것이 그림 8.5와 그림 8.6이다.

그림 8.5는 최종 서비스지수 $P_t = 2.5$에 관한 것으로서 주요간선도로 또는 고속도로이거나 초기 설계연도 교통량이 1,000대/일 이상인 도로에 적용하는 것이 좋고, 그림 8.6은 최종 서비스지수 $P_t = 2.0$에 관한 것으로서 교통량이 적은 저급도로나 교통량이 1,000대/일 미만인 도로에 적용한다.

서비스지수 P는 도로 포장상태의 쾌적성을 나타내는 지수로서 다음과 같이 5단계로 분류하며, 초기 서비스지수는 도로 포장 시공 직후의 값이고 최종 서비스지수는 도로 포장의 보수가 요구되는 시점의 값이다.

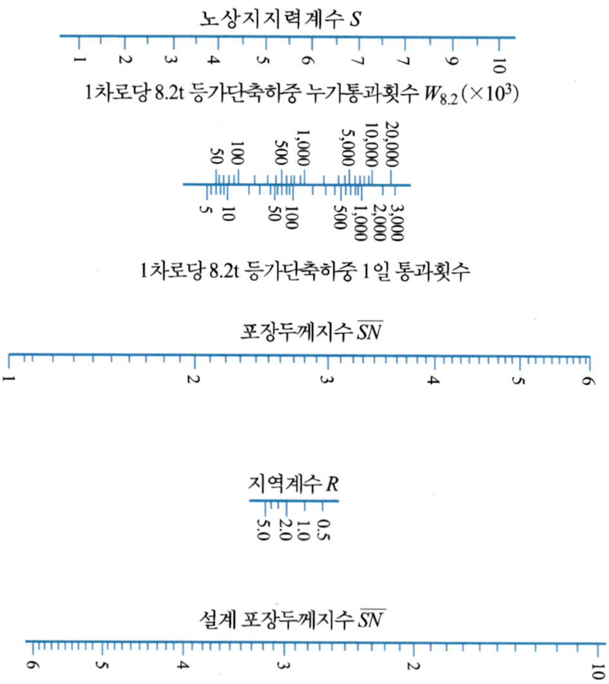

그림 8.5 아스팔트 포장의 설계도표($P_t = 2.5$)

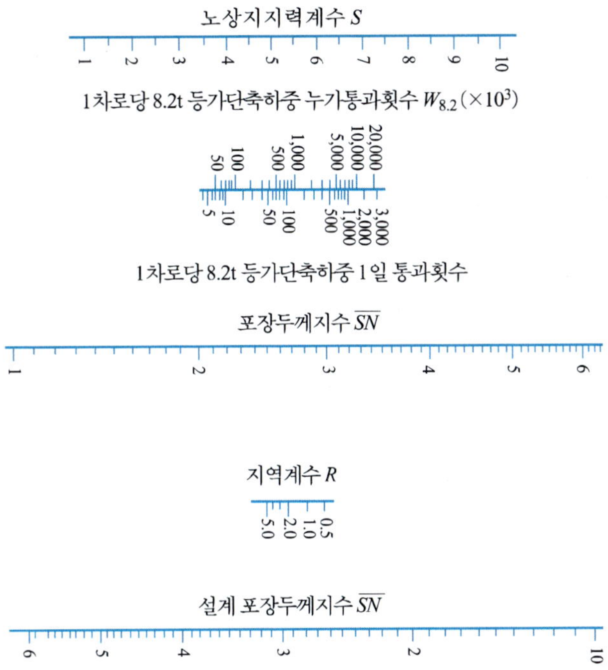

그림 8.6 아스팔트 포장의 설계도표($P_t = 2.0$)

P=5.0~4.0 : 매우 양호(very good)

P=4.0~3.0 : 양호(good)

P=3.0~2.0 : 보통(fair)

P=2.0~1.0 : 불량(poor)

P=1.0~0 : 매우 불량(very poor)

8.5.2 설계입력변수

(1) 노상 지지력계수(soil support value : S)

지지력계수는 포장 각 층의 지지강도를 나타내는 값으로서, AASHTO 도로시험을 통해서 개발된 지표이다. 지지력계수의 산정은 포장 각 층의 지지강도를 나타내는 CBR, R값, 군지수, 회복탄성계수(resilient modulus : M_R)와 같은 강도정수와 상관시켜서 결정한다.

이들 강도정수로부터 지지력계수를 구하는 합리적인 관계식은 없으며, 주로 그림 8.7과 같은 도표를 이용한다. 우리나라에서는 그림 8.7의 Utah주 CBR값을 많이 사용하고 있다.

(2) 8.2톤 등가단축하중 환산계수와 누가통과횟수 산정

설계대상 도로를 공용기간 동안 통과하는 예상 총 혼합교통량을 추정하여 8.2톤 등가단축하중교통량(Equivalent Single Axle Load : ESAL)으로 환산하고, 방향별, 차로별 분포를 고려하여 설계 차로교통량을 산정한다.

이때 차종별 8.2톤 등가단축하중 환산계수는 표 8.10에 따라 구하며, 1차로당 8.2t 등가단축하중 누가통과횟수 $W_{8.2}$은 다음 식으로 구한다.

$$W_{8.2} = W \times D_D \times D_L \tag{8.6}$$

여기서, W : 양방향 8.2톤 등가단축하중 누가통과횟수

D_D : 방향별 분포계수(0.3~0.7), 일반적으로 0.5 사용

D_L : 차로별 분포계수, 한 방향이 2차로 이상일 경우 차로당 교통량 분포비율

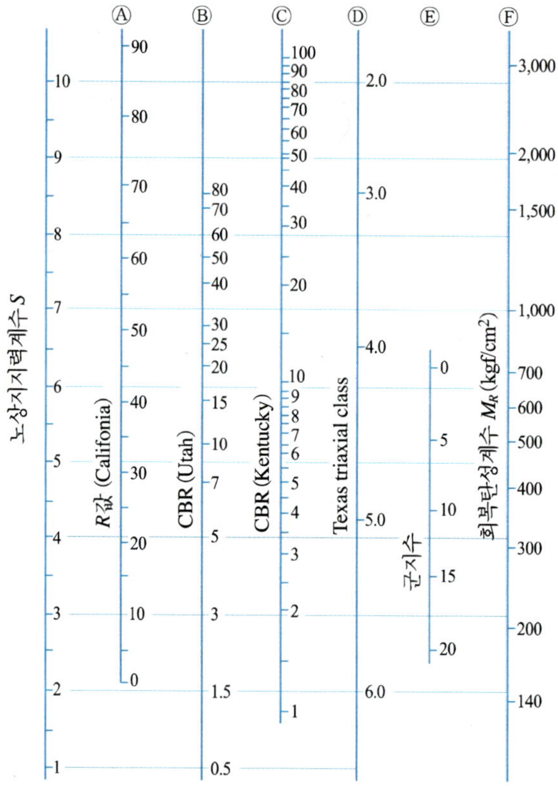

그림 8.7 노상 지지력계수와 토질특성치의 관계도

표 8.10 아스팔트 포장에 대한 차종별 8.2t 등가단축하중 환산계수

차 종		P_t	포장두께지수 SN						평 균
			1	2	3	4	5	6	
승용차 (2A4T)		2.0	0.0002	0.0002	0.0001	0.0001	0.0001	0.0001	0.0001
		2.5	0.0003	0.0003	0.0002	0.0002	0.0001	0.0001	0.0002
		3.0	0.001	0.001	0.0004	0.0002	0.0002	0.0001	0.0003
버스	소형 2A4T	2.0	0.001	0.001	0.001	0.0005	0.0004	0.0004	0.0005
		2.5	0.001	0.001	0.001	0.001	0.0005	0.0004	0.001
		3.0	0.002	0.002	0.001	0.001	0.001	0.0005	0.001
	소형 2A6T	2.0	0.001	0.001	0.001	0.0005	0.0004	0.0004	0.0005
		2.5	0.001	0.001	0.001	0.001	0.0005	0.0004	0.001
		3.0	0.002	0.002	0.001	0.001	0.001	0.0005	0.001
	보통 2A6T	2.0	0.834	0.843	0.846	0.839	0.834	0.832	0.838
		2.5	0.837	0.860	0.872	0.852	0.838	0.833	0.849
		3.0	0.841	0.891	0.921	0.879	0.846	0.835	0.869
트럭	소형 2A4T	2.0	0.005	0.005	0.004	0.004	0.004	0.004	0.004
		2.5	0.005	0.005	0.005	0.004	0.004	0.004	0.004
		3.0	0.006	0.007	0.005	0.004	0.004	0.004	0.005
	보통 2A6T	2.0	0.642	0.643	0.629	0.614	0.616	0.624	0.629
		2.5	0.647	0.643	0.614	0.584	0.584	0.601	0.612
		3.0	0.648	0.647	0.608	0.556	0.551	0.573	0.597
	대형 3A10T	2.0	2.208	2.187	2.123	2.073	2.081	2.116	2.131
		2.5	2.205	2.161	2.034	1.932	1.946	2.012	2.048
		3.0	2.201	2.135	1.950	1.792	1.802	1.896	1.963
트랙터 + 세미 트레일러	4A 이하	2.0	1.715	1.719	1.702	1.681	1.682	1.6921.	1.699
		2.5	1.718	1.733	1.703	1.651	1.648	668	1.687
		3.0	1.723	1.764	1.736	1.632	1.611	1.638	1.684
	5A	2.0	1.832	1.840	1.827	1.801	1.796	1.804	1.817
		2.5	1.836	1.861	1.842	1.781	1.763	1.777	1.810
		3.0	1.842	1.903	1.898	1.782	1.733	1.746	1.817
	6A 이상	2.0	0.765	0.799	0.827	0.812	0.788	0.773	0.794
		2.5	0.775	0.860	0.933	0.891	0.830	0.794	0.847
		3.0	0.789	0.960	1.115	1.106	0.892	0.824	0.933
트럭 트레일러	5A 이하	2.0	3.359	3.353	3.321	3.291	3.298	3.319	3.323
		2.5	3.359	3.351	3.289	3.222	3.232	3.273	3.288
		3.0	3.360	3.358	3.278	3.158	3.156	3.216	3.254

차로별 분포계수는 표 8.11의 값을 적용한다.

표 8.11 차로별 분포계수

1방향 차로수	분포계수(%)
1	100
2	80~100
3	60~80
4	50~75

(3) 지역계수(regional factor : R)

지역계수는 도로 포장 지역의 기후조건을 반영하기 위한 값으로서, 노상토의 온도와 함수량의 연간 변화를 고려하며, 다음과 같은 상태를 나타내는 계수를 월단위 기준으로 연간 가중 평균하여 산정하며, 0~5 사이의 값을 사용한다.

① 노상토가 깊이 13cm 이상 동결되는 경우 : 0.2~1.0

② 노상토가 건조한 상태를 유지하는 경우(여름, 겨울) : 0.3~1.5

③ 노상토가 젖은 상태를 유지하는 경우(봄철 융해기) : 4.0~5.0

우리나라에서는 대전 이남 지역 1.5, 서울 북부 지역 및 표고 500m 이상 지역 2.5, 기타 지역 2.0을 적용하고 있다.

(4) 상대강도계수(layer coefficient : a_i)

포장두께지수를 산정하기 위한 포장구성 재료의 상대강도계수는 외국에서 시험한 대표적 재료에 대한 산정기준을 이용하여 산정하거나, 국토교통부 제정 도로공사 표준시방서에 규정된 표 8.12의 값을 이용하여 산정할 수 있다.

표 8.12 포장 재료별 대표적 상대강도계수 적용 범위

구분	재료 종류		재료 품질 조건			상대강도계수(cm^{-1})			비고
			마샬안정도 (MS) kg	CBR (%)	일축압축강도 (q_u) kg/cm^2	a_1	a_2	a_3	
표층	아스팔트 콘크리트 표층(AC)		≥350			0.106			MS=750 kg 표준
			500 ~1,000			0.124 ~0.176			
			750			0.157			
기층	입상 재료 기층	석산쇄석		≥80			0.051 ~0.056		PI≤4
		강모래+ 파쇄자갈					0.048		
		선별(강모래 +강자갈)					0.04 ~0.044		
	아스팔트 안정처리기층		≥500			0.096 ~0.132			PI≤9
	시멘트 안정 처리 기층	아스팔트 포장용			≥30		0.072 ~0.132		PI≤9
		콘크리트 포장용			≥20		0.072		
		빈배합 콘크리트			≥50		0.079 ~0.081		
보조기층	선별 (강모래+강자갈)			≥30				0.043	PI≤6
				≥50				0.048	
				≥70				0.050	
	석산 쇄석			≥80				0.052	
	석회안정처리				≥7			0.044 ~0.048	PI≤10
	슬래그 혼화재 안정처리				8~12			0.032	
	시멘트안정처리			≥60	8~12			0.048 ~0.050	PI≤8
덧씌우기를 고려하는 경우	아스팔트 콘크리트 표층					0.096 ~0.155			
	콘크리트 포장	양호				0.16			
		손상				0.08 ~0.14			

8.5.3 층별해석방법에 의한 포장두께 산정

아스팔트 포장의 구조는 층으로 구성되므로 층별해석방법(multilayered system)에 의하여 그림 8.8에 표시된 절차에 따라서 층별 두께를 결정한다.

우선 노상면에서 필요한 설계 포장두께지수 *SN*값을 기본설계식이나 그림 8.5, 그림 8.6의 도표를 이용하여 산정하고, 동일한 방법으로 각 층의 상면에 적용할 수 있는 지지력 또는 강도를 이용하여 보조기층과 기층에 필요한 *SN*값을 산정한다.

각 층에 요구되는 계산 *SN*값의 차이로부터 소요층의 적정 두께를 구한다. 예를 들면, 보조기층 재료의 소요 포장두께지수 *SN*값은 노상면에서 필요한 *SN*값에서 보조기층 상면에서 필요한 *SN*값을 뺀 값과 같다.

이와 같은 방법으로 다른 층의 소요 *SN*값을 결정할 수 있고, 각 층의 두께는 각 층 재료의 상대강도계수를 고려하여 결정한다.

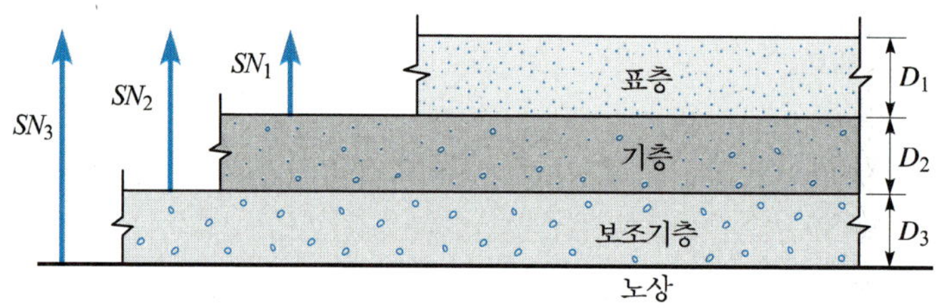

그림 8.8 층별해석방법에 의한 포장층 두께 결정 순서

$$D_1^* = \frac{SN_1}{a_1}$$

$$SN_1^* = a_1 D_1^* \geq SN_1$$

$$D_2^* = \frac{SN_2 - SN_1^*}{a_2}$$

$$SN_1^* + SN_z^* \geq SN_2$$

$$D_3^* = \frac{SN_3 - (SN_1^* + SN_2^*)}{a_3}$$

주) D^*와 SN^*는 실제 사용하는 값

일반적으로 어느 기준 두께보다 얇은 표층, 기층, 보조기층을 포설하는 것은 비실용적이고 비경제적이므로, 각 포장층은 표 8.13에 주어진 값 이상으로 하는 것이 바람직하다.

표 8.13 포장층별 최소두께

층 종류	두께 (cm)
아스팔트 콘크리트 표층	5
아스팔트 안정처리 기층	5
빈배합 콘크리트 기층	15
아스팔트 콘크리트 기층	10
입상재료 기층	15
쇄석 보조기층	
모래/자갈 선택층 위에 부설하는 경우	15
모래 선택층 위에 부설하는 경우	20
비선별 모래/자갈 보조기층	20
슬래그 보조기층	20
시멘트 또는 약액 처리 보조기층	20

8.5.4 단계건설

포장설계에 있어서 예상 공용기간이 설계해석기간에 이르지 못하는 경우에는 보수 또는 덧씌우기를 고려한 단계건설을 계획한다.

단계건설의 대안은 각 대안에 대한 최소공용기간의 제약조건들을 검토하고 수명-주기 경제분석에 의하여 실시하는 것이 좋다. 특히 해석기간이 20년 이상인 경우에 실질적인 최대 공용기간이 20년 미만이라면 설계 시 보수계획을 포함한 단계건설을 고려한다.

수명-주기 경제분석이 필요한 경우에는 더욱 단계건설을 고려해야 하며, 이에 따라서 초기 포장구조의 두께와 추후의 덧씌우기 두께를 적절히 조정한다.

예제 8.2

양방향 4차로 도로의 아스팔트 포장 구조를 설계하라. 단, 설계공용기간 10년, 노상토 설계 CBR 10, 최종 서비스지수 2.5, 지역계수 2.0이다. 공용개시 후 양방향 일교통량은 표 8.14의 (1)란과 같고 교통량의 연 증가율은 6%로 본다.

표 8.14 설계공용기간의 양방향 8.2t 등가단축하중 통과횟수 계산표

차 종		(1) 공용개시 직후의 양방향 일교통량	(2) 교통량 증가계수 (비고참조)	(3) 설계공용기간 교통량 (1)×365×(2)	(4) 등가단축하중 환산계수 (표 8.10 참조)	양방향 등가 단축하중 통과횟수 (3)×(4)	비 고
승용차		1,000	13.2	4,818,000	0.0001	482	연 증가율=0.06, 설계공용연수(n)=10 교통량증가계수 $=1+1.06+1.06^2+1.06^3+\cdots+1.06^9=13.2$
버스	소형(2A6T)	130	13.2	626,340	0.001	626	
	보통(2A6T)	420	13.2	2,023,560	0.849	1,718,002	
트럭	보통(2A6T)	100	13.2	481,800	0.612	294,862	
	대형(3A10T)	200	13.2	963,600	2.048	1,973,453	
세미트레일러(5A)		50	13.2	240,900	1.810	463,029	
					합 계	$4,450,454=4.45\times10^6$	

풀이

① 표 8.14에서 계산된 결과를 이용하여 차로당 8.2톤 등가단축하중 누가통과횟수 $W_{8.2}$를 다음과 같이 구한다.

$$W_{8.2}=W\times D_D\times D_L=4.45\times10^6\times0.5\times0.8=1.8\times10^6$$

② 그림 8.7로부터 노상토의 설계 CBR=10일 때 지지력계수(S)가 5.2이고, 보조기층에 설계 CBR값이 50 이상인 입상재료(강모래+강자갈)를 사용하면 이에 대응하는 보조기층 상면에서의 지지력계수는 그림 8.7로부터 7.57이 얻어진다. 또 기층에 입상재료를 사용하면 설계 CBR값이 80 이상이어야 하므로 이에 대응하는 지지력계수는 8.54가 된다.

③ ②에서 계산한 각 층 상면에서의 지지력계수와 ①에서 계산한 $W_{8.2}$값에 대응하는 설계 포장두께지수 SN값을 그림 8.5에서 지역계수 2.0을 고려하여 구하면 다음과 같다.

위 치	소요지지력계수(S)	소요 SN_i^*	비 고
기층상면	8.54	2.16	$SN_1^*=a_1D_1^*$
보조기층상면	7.57	2.56	$SN_2^*=a_1D_1^*+a_2D_2^*$
노상면	5.2	3.50	$SN_3^*=a_1D_1^*+a_2D_2^*+a_3D_3^*$

④ 각 층 재료의 상대강도계수 a_i를 표 8.12로부터 다음과 같이 결정한다.

층 구분	층 재료	상대강도계수 a_i	비 고
표층	아스팔트 콘크리트	0.157	MS>750kg
기층	쇄석	0.051	CBR>80
	아스팔트안정처리	0.096	MS>500kg
보조기층	강모래+강자갈	0.048	CBR>50

⑤ 기층에 입상재료를 사용할 경우에는 다음과 같이 층별 소요 두께를 산정한다.

층 구분	층별 소요 $SN(\Delta SN)$	층별 소요두께 D_i	비 고
표 층	2.16	13.8cm	2.16÷0.157
기 층	0.40(=2.56−2.16)	7.8cm	0.40÷0.051
보조기층	0.94(=3.50−2.56)	19.6cm	0.94÷0.048

기층에 아스팔트 안정처리를 사용하는 경우에는 다음과 같이 층별 소요두께를 산정한다.

층 구분	층별 소요 $SN(\Delta SN)$	층별 소요두께 D_i	비 고
표 층	1.57	10.0cm	10cm(가정)×0.157
기 층	0.99(=2.56−1.57)	10.3cm	0.99÷0.096
보조기층	0.94(=3.50−2.56)	19.6cm	0.94÷0.034

⑥ ⑤에서 계산된 2가지 단면구조 대안 중 기층을 아스팔트안정처리로 하는 것이 시공성이나 경제성 측면에서 합리적이라 보고, 설계단면을 그림 8.9와 같이 결정할 수 있다.

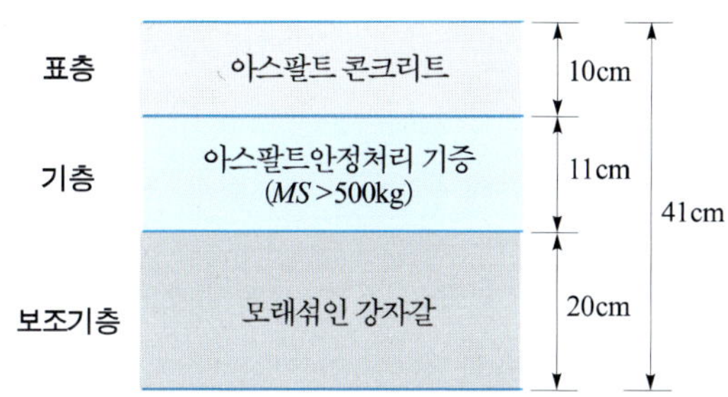

그림 8.9 포장 단면 설계 예

8.6 AASHTO 1986년 설계법

8.6.1 설계기본식

아스팔트 포장의 AASHTO 1986년 설계기본식은 다음과 같다.

$$\log W_{8.2} = Z_R\ S_O + 9.36\log(SN+1) - 0.20 + \frac{\log \dfrac{\Delta PSI}{4.2-1.5}}{0.4 + \dfrac{1{,}094}{(SN+1)^{5.19}}} + 2.32\ \log M_R - 8.07 \qquad (8.7)$$

여기서, $W_{8.2}$: 설계공용기간 동안의 8.2톤 등가단축하중(ESAL)의 누가통과횟수(1차로당)
Z_R : 표준정규편차
S_O : 교통량예측과 공용성예측에 대한 표준오차
SN : Structural Number, 설계 포장두께지수
ΔPSI : 초기 서비스지수 P_O와 최종 서비스지수 P_t의 차=서비스지수 손실
M_R : 회복탄성계수(psi=pound/inch^2)

소요 전체 포장두께의 구조적 강도를 나타내는 설계 포장두께지수 SN은 식 (8.8)과 같다.

$$SN = a_1 D_1 + a_2 D_2 m_2 + a_3 D_3 m_3 \tag{8.8}$$

여기서, a_1, a_2, a_3 : 표층, 기층, 보조기층 재료의 상대강도계수
D_1, D_2, D_3 : 표층, 기층, 보조기층의 두께
m_2, m_3 : 기층, 보조기층의 배수계수

8.6.2 설계입력변수

(1) 교통조건

설계대상도로를 공용기간동안에 통과하는 1차로당 8.2톤 등가단축하중 누가통과횟수는 AASHTO 1972년 설계법의 식 (8.6)과 같다.

$$W_{8.2} = W \times D_D \times D_L \tag{8.6}$$

(2) 노상조건

동적 삼축압축시험을 실시하여 계절적인 노상상태를 고려한 회복탄성계수와 상대적 손상효과를 고려하여 유효 노상 회복탄성계수를 그림 8.10의 예와 같이 구한다.

회복탄성계수의 계절적인 변동을 고려하는 방법에는 회복탄성계수와 함수비 사이의 관계를 실험으로 구하는 방법과 기존 포장에서 측정한 처짐을 이용하여 각 계절에 대한 회복탄성계수를 역산하는 방법이 있다.

회복탄성계수를 구하는 실험장비가 없을 경우에는 CBR값이나 R값(AASHTO시험법 T173에 의한 California 방법)으로부터 회복탄성계수를 추정하는 다음과 같은 관계식을 사용하기도 한다.

월	노상 회복탄성계수 M_R (kg/cm^2)	상대손상 u_f
1	1,400	0.01
2	1,400	0.01
3	175	1.51
4	280	0.51
5	280	0.51
6	500	0.13
7	500	0.13
8	500	0.13
9	500	0.13
10	500	0.13
11	280	0.51
12	1,400	0.01

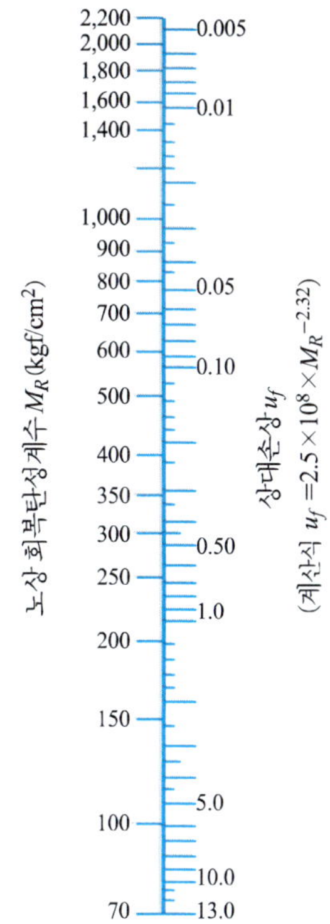

계 : $\Sigma u_f = 3.72$

평균 : $u_f = \dfrac{\Sigma u_f}{n} = \dfrac{3.72}{12} = 0.31$

유효 노상 회복탄성계수 : $M_R = 350\text{kg/cm}^2$

그림 8.10 아스팔트 포장에 대한 유효 노상 회복탄성계수의 산정 예

① CBR값과 회복탄성계수 M_R와의 관계는 다음 식을 사용한다.

$$M_R(\text{kg/cm}^2) = 100\ \text{CBR} \tag{8.9}$$

② 미국 아스팔트협회에서는 R값과 M_R의 관계를 다음 식과 같이 제안하였다.

$$M_R(\text{kg/cm}^2) = A + B \cdot R \tag{8.10}$$

여기서, A는 54~81의 값을 사용하며, B는 26~39의 값을 사용한다. R값이 20 이하인 세립토에서는 다음 식을 사용한다.

$$M_R(\text{kg/cm}^2) = 70 + 39 \cdot R \quad (8.11)$$

③ 미국 도로연구원(NCHRP)에서는 양호한 노상토인 경우 회복탄성계수를 700kg/cm^2, 불량한 노상토인 경우 회복탄성계수를 210kg/cm^{2}로 보고, 이 범위에서는 R값이 10~45이고, CBR값은 2~10이 된다고 제안하였다.

(3) 환경조건

환경조건은 노상의 팽창과 동상을 고려하며, 이것들에 의한 서비스능력의 손실을 반영한다.

(4) 신뢰도 및 표준편차

신뢰도는 예상교통량과 예상공용성의 편차를 고려하기 위한 것으로서, 도로 포장의 설계공용기간 동안 제기능을 유지할 수 있는 확실성의 수준을 예측하는 것이다.

① 도로기능에 따라 표 8.15의 범위로 신뢰도를 결정한다.

② 현장조건을 대표하는 표준편차 S_o를 선택한다. AASHTO 도로시험에서 구한 혼합표준오차 S_o값은 교통오차를 포함시키지 않았을 때 콘크리트 포장 0.25, 아스팔트 포장 0.35이며, 이 오차는 콘크리트 포장과 아스팔트 포장에서 각각 0.35와 0.45인 전체 표준편차에 해당한다.

표 8.15 도로기능에 따른 신뢰도

도로분류	신뢰도(%)	
	도시지역	지방지역
고속도로	85~99.9	80~99.9
주간선도로	80~99	75~95
보조간선도로	80~95	75~95
국지도로	50~80	50~80

(5) 설계 포장두께지수 SN의 결정

8.2톤 등가단축하중 누가통과횟수 $W_{8.2}$와 노상의 유효 회복탄성계수 M_R와 신뢰도 R 및 전체 표준편차 S_o에 대응하는 설계 포장두께지수 SN을 그림 8.11에 의하여 구한다.

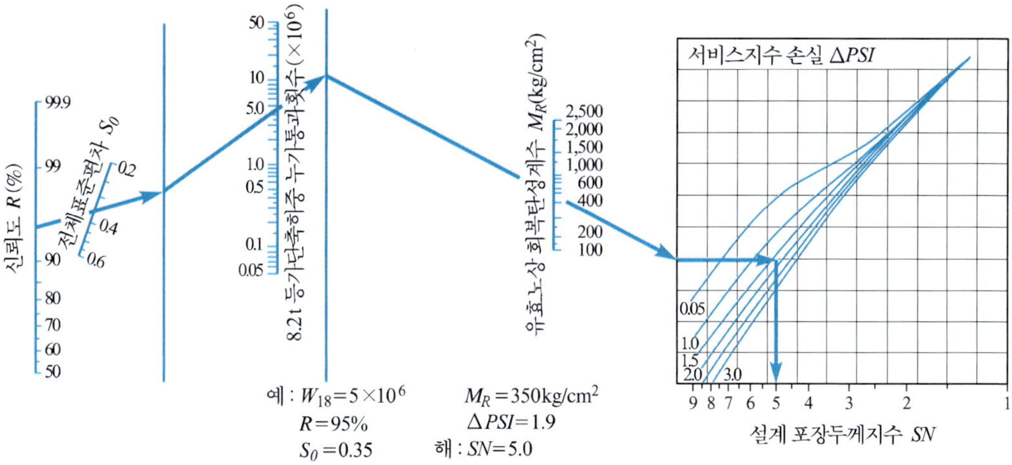

그림 8.11 아스팔트 포장 설계도표

(6) 포장단면 가정

현장 재료의 구입 가능성, 경제성 등을 고려하여 포장층의 구성과 두께를 가정하고, 식 (8.8)에 의하여 포장두께지수를 구한다. 이때 포장 각 층의 최소두께는 표 8.16과 같다.

표 8.16 아스팔트 포장의 최소두께

교통량(ESAL)	최소 두께 (cm)	
	아스팔트 콘크리트	입상재료 기층
50,000 이하	3 (또는 표면처리)	10
50,000~150,000	5	10
150,000~500,000	7	10
500,000~2,000,000	8	15
2,000,000~7,000,000	9	15
7,000,000 이상	10	15

(7) 배수계수

예상 포장 공용성에 대한 배수의 영향을 고려하기 위해 포장의 구조적 특성으로 배수계수 m_i 를 표 8.17을 참고하여 구해서 식 (8.8)에 대입한다.

표 8.17 아스팔트 포장의 입상 기층과 보조기층 재료에 대한 배수계수

배수 상태	포장구조가 포화점에 근접한 수분상태를 나타내는 시간비율			
	1% 미만	1~5%	5~25%	25% 이상
매우 우수	1.40~1.35	1.35~1.30	1.30~1.20	1.20
우 수	1.35~1.25	1.25~1.15	1.15~1.00	1.00
보 통	1.25~1.15	1.15~1.05	1.00~0.80	0.80
불 량	1.25~1.05	1.05~1.80	0.80~0.60	0.60
매우 불량	1.05~0.95	0.95~0.75	0.75~0.40	0.40

(8) 재료조건

포장층의 재료조건은 상대강도계수 a_i로 반영하며, AASHTO 1972년 설계법과 동일한 방법으로 산정한다.

8.6.3 층별해석방법에 의한 포장두께 산정

포장 각 층의 두께는 AASHTO 1972년 설계법과 동일하게 층별해석방법에 의하여 산정한다.

8.7 한국형 포장설계법

8.7.1 설계개요

한국형 포장설계법은 컴퓨터 해석 프로그램을 사용하는 방법으로, 도로의 종류와 교통량에 따라 표 8.18과 같이 설계등급을 1~3등급으로 구분한다.

설계등급 1, 2의 도로는 설계 해석 프로그램을 이용하여 포장 각층의 두께를 결정하며, 프로그램의 자료 입력 순서와 내용은 8.7.10절에서 설명한다.

설계등급 3의 도로는 교통조건(표 8.22)과 노상조건(표 8.23)에 따른 표준 설계단면(표 8.24, 그림 8.15)을 사용하여 포장 각층의 두께를 결정한다.

표 8.18 설계등급

설계등급	설계차량대수(대/일)			설계방법
	고속국도	일반국도	지방도, 특별시도, 광역시도, 시도, 군도, 구도	
1	150,000 이상 (5종 이상의 중차량 50,000 이상)	35,000 이상 (5종 이상의 중차량 12,000 이상)	–	설계 해석 프로그램 사용
2	150,000 미만	7,000~35,000	7,000 이상	
3	–	7,000 미만	7,000 미만	표준 설계단면 사용

8.7.2 설계과정

한국형 포장설계법의 아스팔트 포장에 대한 전반적인 설계과정은 다음과 같다(그림 8.12).

(1) 시공 대상지역의 조건에 적합한 포장단면을 가정한다 : 예비설계

(2) 교통량, 환경조건, 재료물성 등과 관련된 입력변수들을 입력한다.

(3) 설계 해석 프로그램 내의 구조해석 프로그램에 의해 포장단면의 구조적 거동을 계산한다.

(4) 도로 사용기간 동안 유지되어야 할 공용성 기준을 설정한다. 즉, 아스팔트 포장의 피로균열, 영구변형 및 국제평탄성지수(IRI, International Roughness Index)의 허용기준을 설정한다.

(5) 설계 해석 프로그램 내의 공용성 해석 프로그램을 이용하여 포장 손상을 계산한다.

(6) 예비설계 결과가 공용성 기준에 적합한지를 평가한다.

(7) 기준을 만족하지 못하면, 예비설계의 단면을 변경한 후 위의 과정을 반복한다.

(8) 기준을 만족하면, 다른 대안단면들에 대한 예비설계를 수행하고, 생애주기 비용분석에 의한 경제성 평가를 실시하여 최적대안을 선정한다.

(9) 예비설계가 공용성 기준을 만족하면 대안단면의 하나로 선정하고, 추가적인 재료 및 대안 단면에 대하여 (2)~(6)의 과정을 반복한다.

여기서, 공용성이란 포장의 구조적인 능력과 기능적인 상태를 나타내는 것으로, 이용자 측면에서는 포장도로를 통행하는 차량에 주는 쾌적성이나 서비스 능력을 의미하기도 한다.

평탄성지수는 차량의 단위 주행거리에 대한 차축의 연직방향 진폭의 누적값을 나타내는 지수이다.

생애주기비용(Life Cycle Cost : LCC)은 계획비, 설계비, 건설비, 운용관리비, 폐기처분비 등 도로의 수명 동안에 필요한 모든 비용을 말한다.

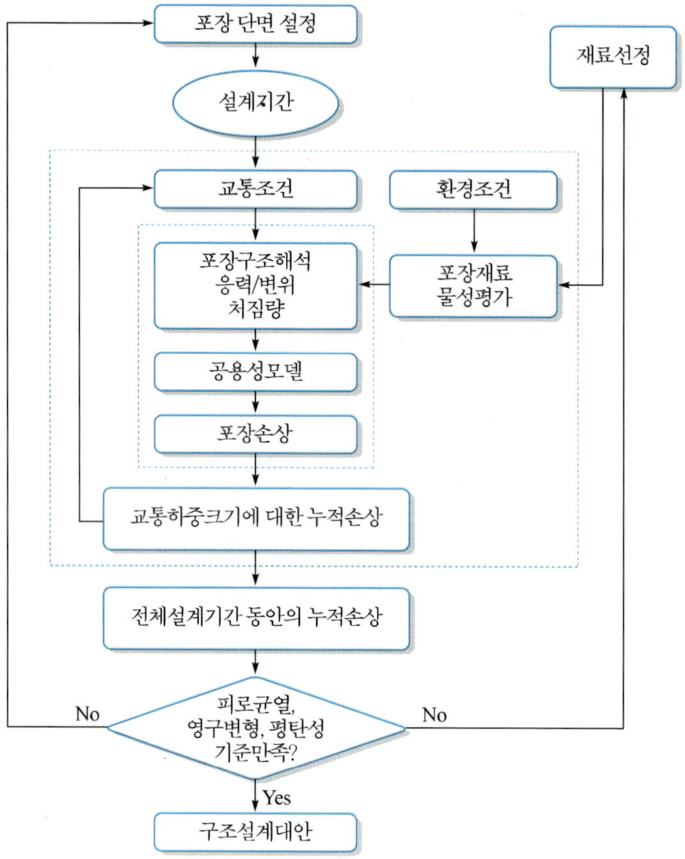

그림 8.12 한국형 포장설계법의 절차 : 아스팔트 포장

8.7.3 사전 설계절차

(1) 포장 설계구간 길이 결정

① 설계구간의 연장(길이)은 우선적으로 교통량을 기준으로 하며, 동일한 교통량 구간에서는 노상재료의 탄성계수를 기준으로 하여 결정한다.

② 설계구간의 최소길이는 750m로 한다.

③ 설계구간의 연장 결정을 위해서는 먼저 포장두께가 결정되어야 하며, 포장두께 결정은 설계등급에 따라 이루어진다.

(2) 포장형식 결정

설계 초기에 공용성을 고려한 생애주기비용 분석을 통해 비용 효율적인 포장형식(아스팔트 포장 또는 시멘트 포장)을 선정한다.

(3) 설계등급 결정

① 설계등급은 도로의 중요도와 교통량 등에 따라 결정한다.

② 설계등급은 1, 2, 3등급으로 구분하며(표 8.18), 설계등급에 따라 재료물성 및 교통량을 결정한다(표 8.19).

표 8.19 설계등급에 따른 포장 구조 설계

설계등급	물성 측정	교통량 측정	설계방법
1	실내시험을 통한 재료의 물성 측정	차종별 교통량 분포 및 축하중 분포 측정	설계 해석 프로그램 사용
2	간단한 실내실험 또는 물성 데이터베이스 및 예측방정식을 사용	데이터베이스화된 축하중별 교통량 분포 사용	설계 해석 프로그램 사용
3	포장재료의 일반적인 물성 사용	데이터베이스화된 축하중별 교통량 분포 사용	표준 설계단면 사용

(4) 설계대안단면 결정

① 포장형식 선정 후 기본설계단면으로부터 설계대안단면을 3개 이상 선정한다.

② 기본 설계단면은 고속국도, 일반국도, 지방도로 구분하여 그림 8.13과 같이 적용한다.

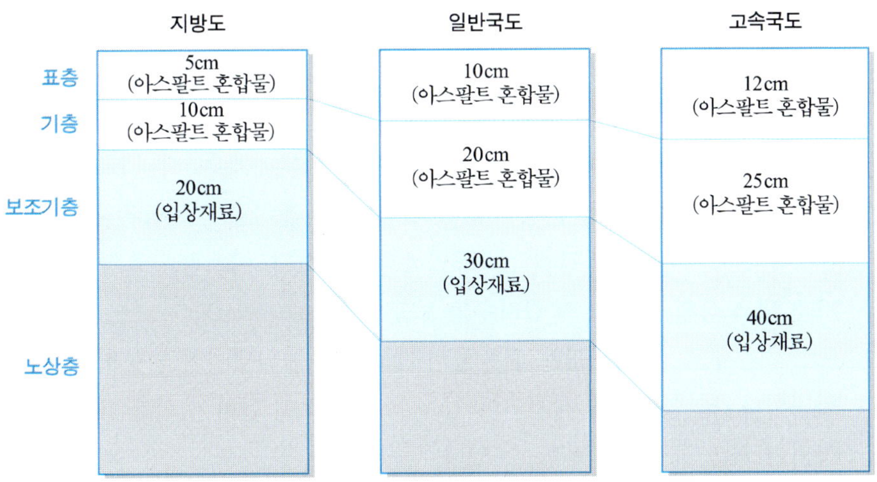

그림 8.13 아스팔트 포장의 기본설계 단면

③ 3개 이상의 대안단면 중 경제성 분석을 통해 최적의 단면을 결정한다. 대안단면은 도로 사용기간 동안 유지보수 없이 균열, 영구변형, 평탄성과 같은 공용성 기준을 만족하는 단면과 도로 사용기간 동안 1회 이상의 유지보수를 허용하는 단면을 포함하여야 한다.

④ 아스팔트 포장의 표층 재료로는 아스팔트 혼합물을 사용하며, 기층 재료로는 아스팔트 혼합물이나 입도조정쇄석을 사용한다.

8.7.4 설계 입력변수

(1) 개설

① 설계 입력변수는 설계등급 1, 2, 3으로 구분하여 적용한다. 단, 설계 입력변수 중 교통특성 및 환경특성은 동일하게 결정한다.

② 설계 입력변수는 교통량, 환경특성, 하부구조 재료물성 및 아스팔트 혼합물 재료특성으로 구성된다.

(2) 설계등급 1

① 고속국도(연평균 일교통량 AADT 150,000대 이상 또는 5종 이상 중차량 50,000대 이상) 및 일반국도(일교통량 35,000대 이상 또는 5종 이상 중차량 12,000대 이상)에 적용된다.

② 교통량은 현장 교통량 조사를 통하여 차종별 축하중 분포를 사용한다. 차종 분류는 표 8.20과 같이 12종으로 분류하며, 축하중이란 포장 단면의 축방향으로 작용하는 차량의 축당 하중을 나타낸다.

차종별 축하중 분포에 따른 교통량을 결정하기 위한 입력값에는 초기년도 연평균 일교통량, 차종별 구성비율, 방향분배계수, 차로분배계수, 시간별 교통량 변동률, 월별 교통량 변동률, 차종별 축하중 분포, 교통량 증가율이 포함된다.

③ 환경특성은 설계등급에 관계없이 동일하게 적용하며, 아스팔트 포장층 내부온도, 보조기층 및 노상의 함수량, 동결지수를 포함한다.

④ 포장 하부구조 및 아스팔트 혼합물의 재료물성은 실내시험을 통하여 결정하는 것이 원칙이나, 본 설계법에 제시되어 있는 포장 재료에 한하여 설계 해석 프로그램에 포함되어 있는 물성을 활용할 수 있다.

포장 하부구조(노상, 보조기층, 쇄석기층)의 재료물성은 탄성계수와 포아송비로

표 8.20 차종 분류

차종분류	차축형태		정 의
1종	2축 4륜	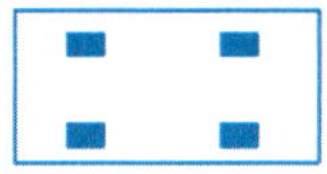	경차, 일반 세단형식 차량 16인승 미만 SUV, RV, 승합차량
2종	2축 6륜		중, 대형 버스
3종	2축 4륜		화물 수송용 트럭으로 2축의 최대 적재량 1~2.5톤 미만의 1단위 차량
4종	2축 4륜		화물 수송용 트럭으로 2축의 최대 적재량 2.5톤 이상의 1단위 차량
5종	3축 10륜		화물 수송용 트럭으로 3축 1단위 차량
6종	4축 12륜		화물 수송용 트럭으로 4축 1단위 차량
7종	5축 16륜		화물 수송용 트럭으로 5축 1단위 차량
8종	4축 14륜	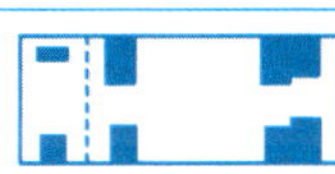	화물 수송용 세미 트레일러 형식으로 4축 2단위 차량
9종	4축 14륜		화물 수송용 풀 트레일러 형식으로 4축 2단위 차량
10종	5축 18륜		화물 수송용 세미 트레일러 형식으로 5축 2단위 차량
11종	5축 18륜		화물 수송용 풀 트레일러 형식으로 5축 2단위 차량
12종	6축 22륜		화물 수송용 세미 트레일러 형식으로 6축 이상 2단위 차량

한다. 탄성계수는 반복삼축압축시험을 수행하여 구하며, 포아송비는 본 설계법에서 제시한 대푯값(표 8.21)을 사용한다.

입상 보조기층 및 쇄석기층 재료는 GP 또는 GW로 분류되고, 비소성(NP)이며, 200번 통과율이 10% 미만인 재료를 사용한다.

아스팔트 혼합물의 재료물성은 동탄성계수와 포아송비로 한다. 동탄성계수는 동탄성계수 표준시험법을 통하여 결정하는 것이 원칙이나 본 설계법에서 제시한 매개변수 표를 사용하여 결정할 수 있다. 포아송비는 본 설계법에서 제안하는 값들을 적용한다.

⑤ 동상방지층의 두께는 노상 동결관입 허용법을 사용하여 결정하며, 성토고가 노상면을 기준으로 2m 이상인 성토구간에서 노상토의 200번 체 통과율이 25% 이하이고, 소성지수가 10 이하인 경우에는 동상방지층을 생략할 수 있다.

표 8.21 노상토 및 입상보조기층 재료의 포아송비

구분	재료특성	포아송비 범위	대표 포아송비
노상토	모래질 점토	0.2~0.3	0.25
	실트	0.3~0.35	0.33
	조밀한 모래	0.2~0.4	0.3
	조립 모래	0.15	0.15
	세립 모래	0.25	0.25
입상보조기층(조립 사질토 또는 입상재료)		0.15	0.15

(2) 설계등급 2

① 고속국도(일교통량 150,000대 미만), 일반국도(일교통량 3,500~7,000대) 및 일교통량 7,000대 이상인 지방도, 특별시도, 광역시도, 시도, 군도, 구도에 적용된다.

② 교통량은 설계등급 1과 같은 방법을 적용한다.

③ 환경특성은 설계등급 1과 같은 방법을 적용한다.

④ 포장 하부구조 및 아스팔트 혼합물의 재료물성은 설계등급 1과 같은 방법을 적용한다.

하부구조 재료의 탄성계수는 기본 물성시험과 설계 해석 프로그램에 포함되어 있는 상관모형을 통해 결정한다.

아스팔트 혼합물의 동탄성계수는 골재입도 및 아스팔트 바인더의 종류에 따라 설계 해석 프로그램에 입력하여 결정하며, 포아송비는 0.35를 사용한다.

⑤ 동상방지층은 설계등급 1과 같은 방법을 적용한다.

8.7.5 구조 해석

(1) 구조해석은 표층, 중간층, 기층에서의 수평방향 또는 수직방향 변형률과 보조기층 중앙,

노상 상단의 수직방향 변형률을 역학적으로 예측하기 위하여 수행한다.

(2) 구조해석은 다층탄성이론에 기반한 구조해석 프로그램을 이용해서 얻어진 수평방향 또는 수직방향 변형률을 이용한다.

(3) 다층탄성 해석 프로그램은 포장층의 재료물성과 두께에 대하여 주어진 교통하중과 환경 특성 조건에서 포장 내부의 응력, 변형률, 처짐량 등 포장층의 거동을 계산하는 프로그램이며, 해석 절차는 그림 8.14와 같다.

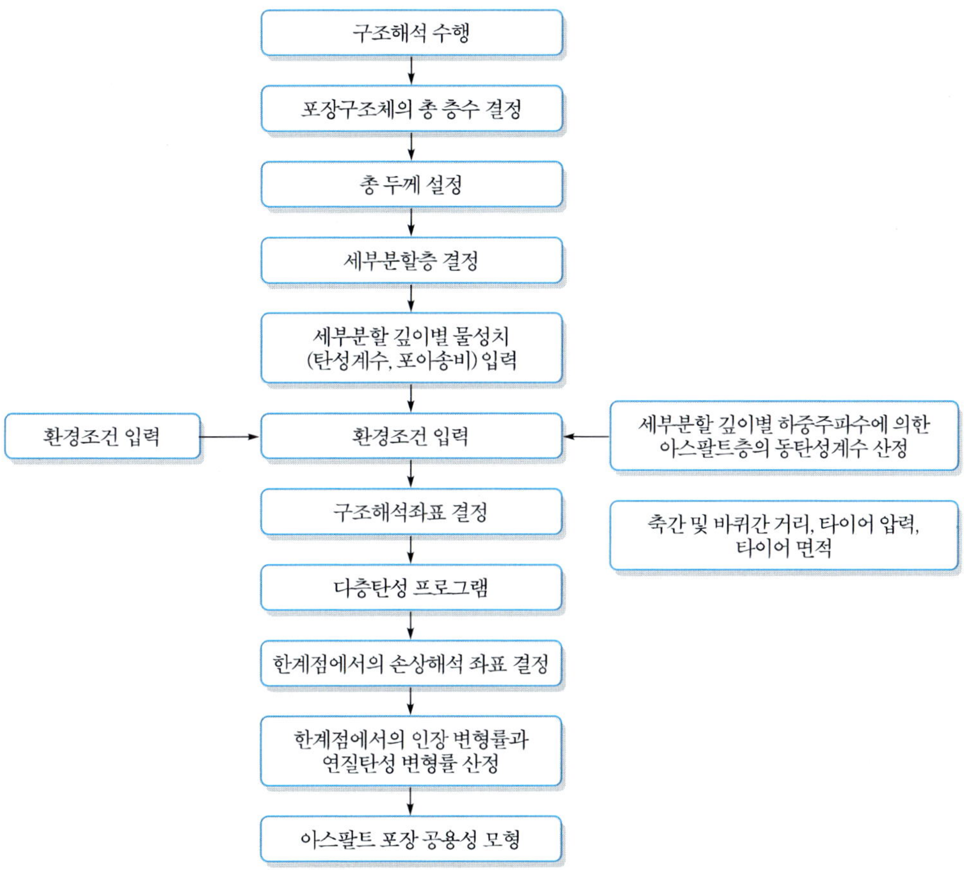

그림 8.14 아스팔트 콘크리트 포장 구조해석 절차

8.7.6 공용성 해석

(1) 공용성 해석은 교통, 환경특성 등 주어진 조건 하에서 포장층의 공용성(피로균열, 영구변형, 평탄성)이 시간에 따라 저하되는 정도를 예측하는 것으로, 설계 해석 프로그램에서

자동으로 수행된다.

(2) 피로균열은 반복되는 교통하중에 의하여 표층에 손상이 누적되어 발생하며, 포장층 하부에서 발생하여 상부로 전이되는 균열을 상향균열, 포장층 하부에서 발생하여 상부로 전이되는 균열을 하향균열이라고 한다.

전체 포장면적 중 피로균열이 발생한 면적의 비율을 피로균열률이라고 하며, 설계등급 1의 경우 15% 이하, 설계등급 2의 경우 20% 이하를 설계기준으로 한다.

(3) 영구변형은 아스팔트 혼합물층 및 입상재료층에서 발생한 바퀴자국의 누적된 변형깊이로 나타내며, 설계등급 1의 경우 10mm 이하, 설계등급 2의 경우 15mm 이하를 설계기준으로 한다.

(4) 평탄성은 국제평탄성지수(IRI=단위거리에 대한 포장층 표면의 단차의 누적 길이)로 나타내며, 설계등급 1의 경우 3.5m/km 이하, 설계등급 2의 경우 4.0m/km 이하를 설계기준으로 한다.

8.7.7 경제성 분석

(1) 설계대안 단면들에 대해 생애주기비용분석(LCCA)을 통하여 경제적으로 가장 유리한 단면을 선정한다.

(2) 생애주기비용분석은 분석기간을 35년으로 하며, 초기투자비용과 유지관리비용을 포함된다. 설계대안 단면에 대한 공용기간 및 유지보수 시기는 프로그램에 의하여 자동으로 계산되며, 이에 따라 관리자 비용과 사용자 비용이 산정된다.

(3) 관리자 비용과 사용자 비용은 할인율 5.5%로 하여 순현재가치로 환산되어 비교하여, 가장 경제적인 단면을 결정한다.

8.7.8 설계등급 3

(1) 목표연도 연평균 일교통량 7,000대 이하인 도로에 적용하며, 교통조건(교통량, 중차량비율)과 노상조건(탄성계수)에 따른 표준적인 설계단면을 적용한다.

(2) 교통조건은 교통량에 따라 표 8.22와 같이 6단계로 구분하며, 중차량비율이 15%를 초과할 경우에는 교통조건을 한 단계 상향 조정한다.

표 8.22 교통조건의 구분

구 분	연평균 일교통량	8.2 t 등가단축하중 누가통과횟수 ESAL ($\times 10^5$)	
		아스팔트 콘크리트 포장	시멘트 콘크리트 포장
C1	~ 100	~ 0.2	~ 0.3
C2	101 ~ 500	0.2 ~ 2.0	0.3 ~ 3.0
C3	501 ~ 1,500	2.0 ~ 6.0	3.0 ~ 9.0
C4	1,501 ~ 3,000	6.0 ~ 10.0	9.0 ~ 15.0
C5	3,001 ~ 5,000	10.0 ~ 15.0	15.0 ~ 27.0
C6	5,001 ~ 7,000	15.0 ~ 20.0	27.0 ~ 40.0

(3) 노상조건은 탄성계수에 따라 표 8.23과 같이 3단계로 구분하여 적용한다.

표 8.23 노상조건의 구분

구분	탄성계수 E		CBR
	kPa	kg/cm^2	
S1	49,300 이하	503 이하	5 이하
S2	49,300 ~ 76,900	503 ~ 784	5~10
S3	76,900 이상	784 이상	10 이상

(4) 설계등급 3의 설계단면은 교통조건(C1~C6)과 노상조건(S1~S3)을 기준으로 설계 해석 프로그램을 이용하여 작성된 표준단면(표 8.24, 그림 8.15)이나 설계그래프(그림 8.16)를 사용한다.

표 8.24 설계등급 3의 표준단면

노상조건	단면(cm)	교통조건							
		C1		C2		C3	C4	C5	C6
S1	표층	5	5	5	5	5	5	5	5
	기층(AGG)	10	–	14	–	–	–	–	–
	기층(BB)	–	7	–	8	10	12	13	15
	보조기층	18	15	23	21	25	28	32	32
	계	33	27	42	34	40	45	50	52
S2	표층	5	5	5	5	5	5	5	5
	기층(AGG)	10	–	14	–	–	–	–	–
	기층(BB)	–	7	–	8	10	12	13	15
	보조기층	15	15	16	15	16	19	22	21
	계	30	27	35	28	31	36	40	41

노상조건	단면(cm)	교통조건							
		C1		C2		C3	C4	C5	C6
S3	표층	5	5	5	5	5	5	5	5
	기층(AGG)	10	–	14	–	–	–	–	–
	기층(BB)	–	7	–	8	10	12	13	15
	보조기층	15	15	15	15	15	16	19	18
	계	30	27	34	28	30	33	37	38

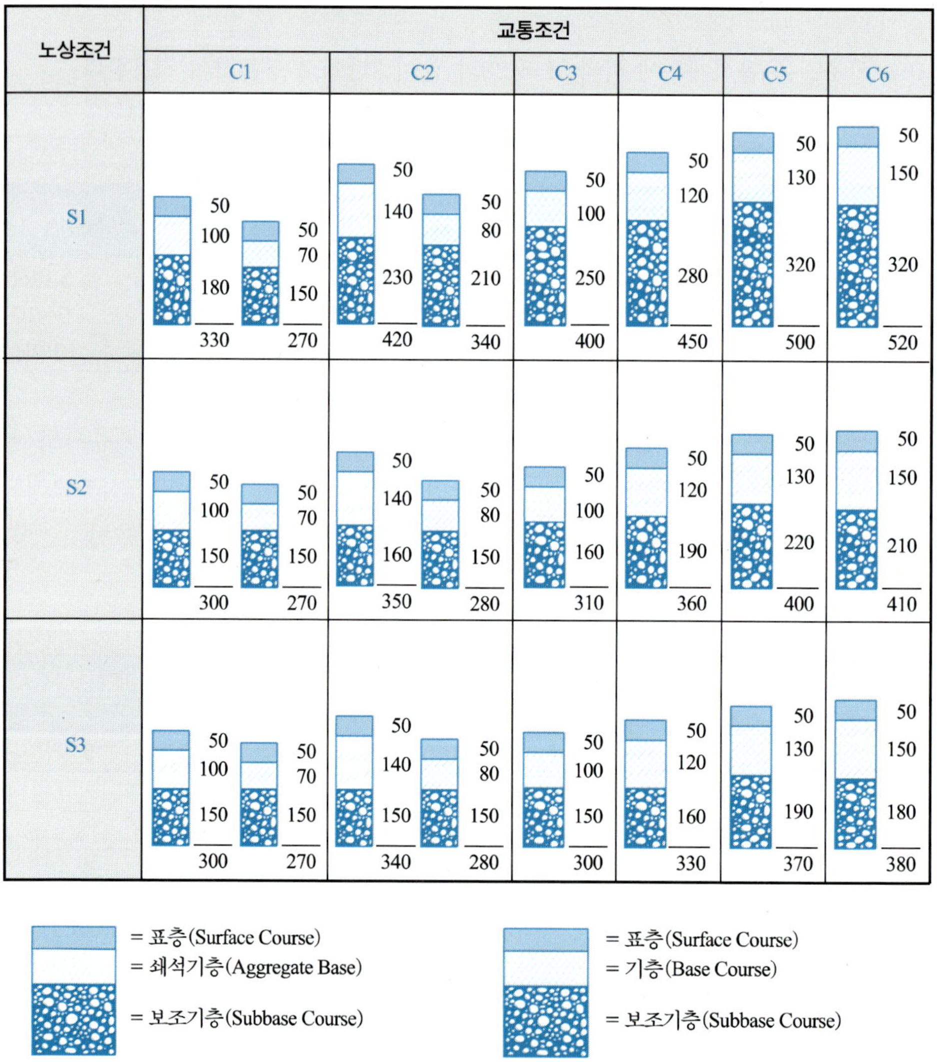

그림 8.15 설계등급 3의 표준단면

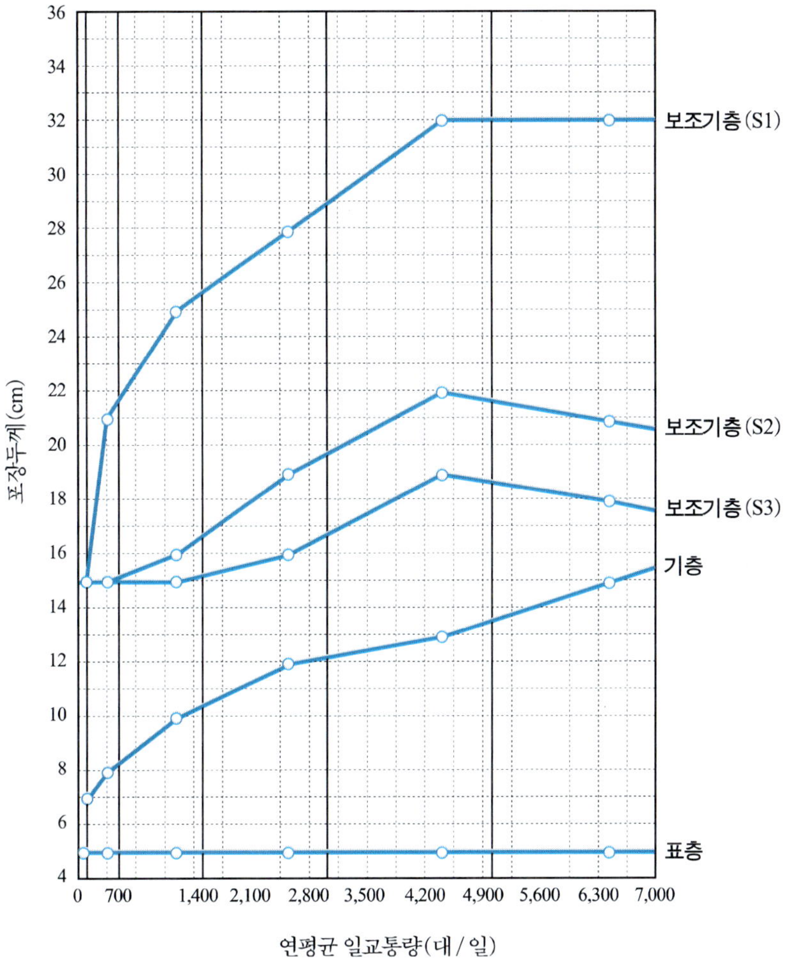

그림 8.16 설계등급 3의 설계그래프

8.7.9 아스팔트 덧씌우기 포장 설계

(1) 기존 아스팔트 포장에 신규로 아스팔트 포장을 덧씌우기 설계하는 경우에 적용하며, 설계 절차는 그림 8.17과 같은 7단계로 구성된다.

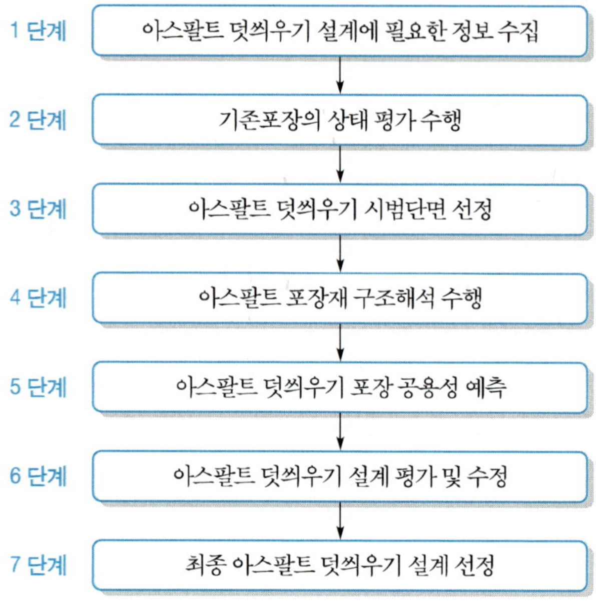

그림 8.17 아스팔트 덧씌우기 포장 설계 절차

(2) 설계입력변수는 앞 절에서와 같이 설계등급 1, 2로 구분하여 적용하며, 교통조건, 환경조건, 재료물성 등을 위한 입력변수도 앞 절에서와 동일하게 적용한다.

(3) 기존 아스팔트 포장층과 하부구조(보조기층, 노상층)의 재료물성은 비파괴시험을 통해 역산하여 추정된 값을 사용한다.

(4) 구조해석 및 공용성 해석은 앞 절에서와 동일하게 적용한다.

8.7.10 아스팔트 포장의 설계 예

(1) 아스팔트 포장의 설계 흐름은 그림 8.18과 같다.

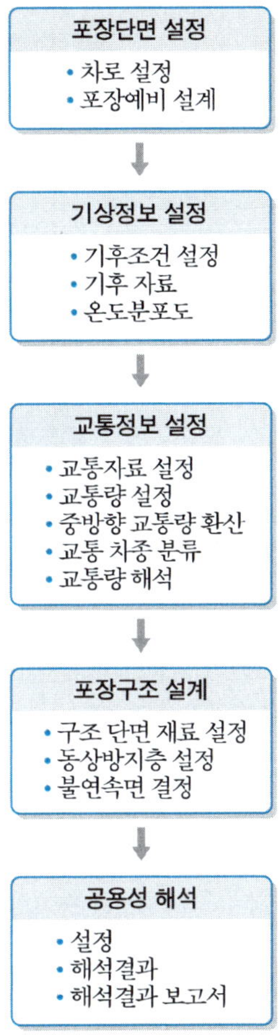

그림 8.18 설계흐름도

(2) 설계해석 프로그램의 입력 순서와 내용은 다음의 ①~⑫와 같다.

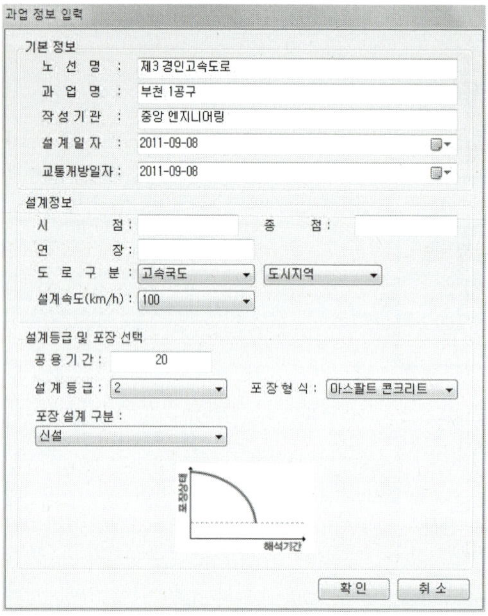

① 과업 정보 입력

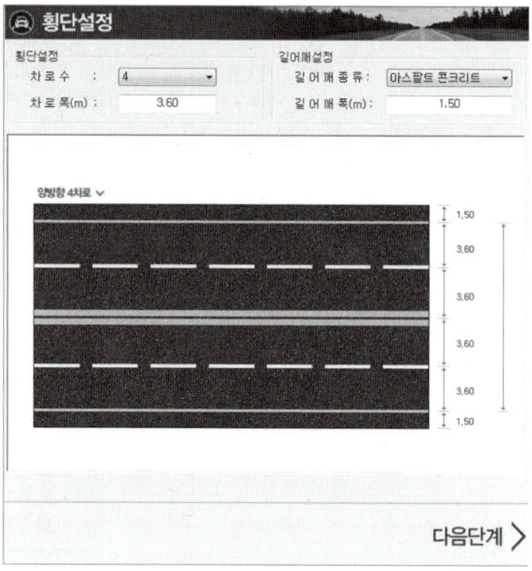

② 횡단설정

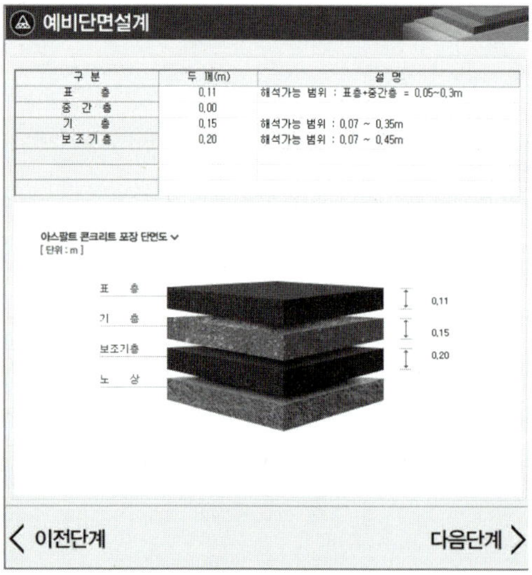

③ 예비단면설계

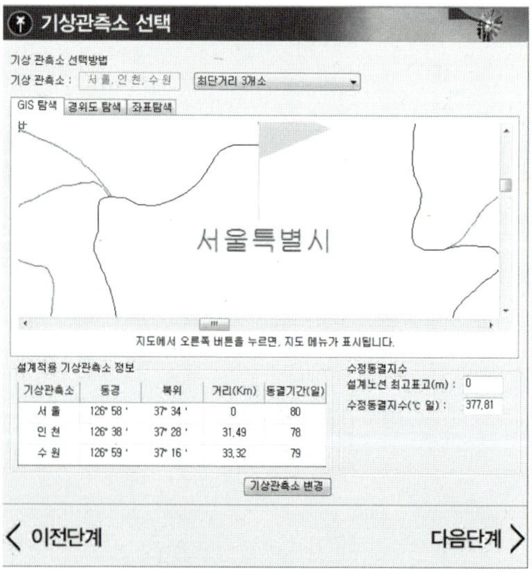

④ 기상관측소 선택

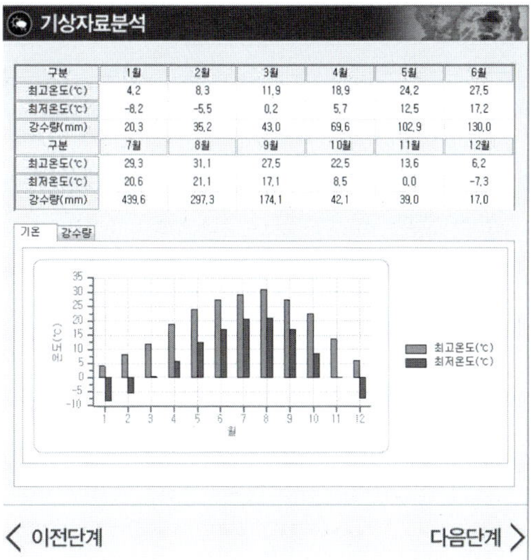

⑤ 기상자료 분석

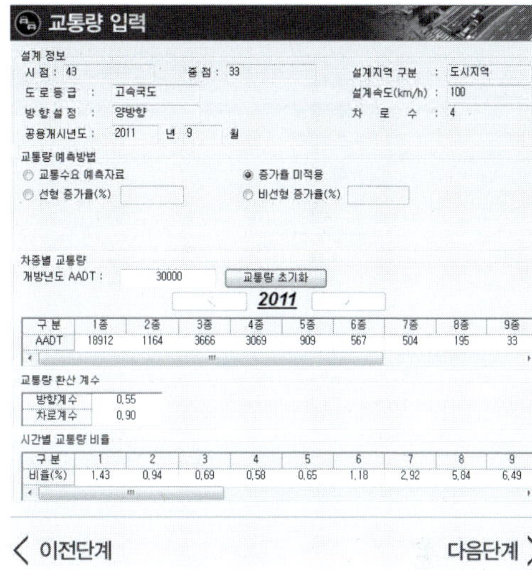

⑥ 교통량 입력

⑦ 교통량 분석

⑧ 설계차로 교통량 분석

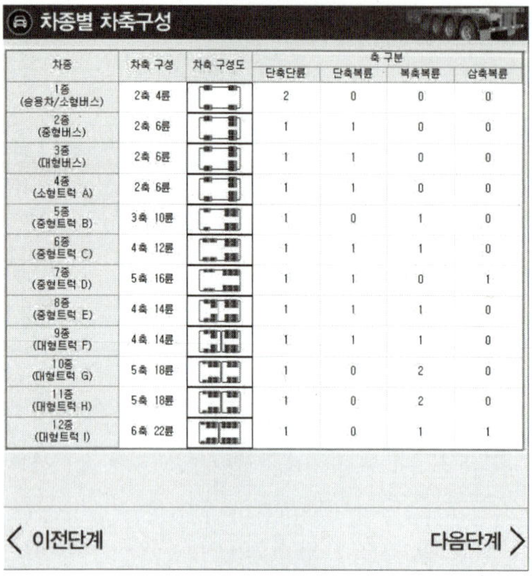

차종	차축 구성	차축 구성도	축 구분			
			단축단륜	단축복륜	복축복륜	삼축복륜
1종 (승용차/소형버스)	2축 4륜	(도)	2	0	0	0
2종 (중형버스)	2축 6륜	(도)	1	1	0	0
3종 (대형버스)	2축 6륜	(도)	1	1	0	0
4종 (소형트럭 A)	2축 6륜	(도)	1	1	0	0
5종 (중형트럭 B)	3축 10륜	(도)	1	0	1	0
6종 (중형트럭 C)	4축 12륜	(도)	1	1	1	0
7종 (중형트럭 D)	5축 16륜	(도)	1	1	0	1
8종 (중형트럭 E)	4축 14륜	(도)	1	1	1	0
9종 (대형트럭 F)	4축 14륜	(도)	1	1	1	0
10종 (대형트럭 G)	5축 18륜	(도)	1	0	2	0
11종 (대형트럭 H)	5축 18륜	(도)	1	0	2	0
12종 (대형트럭 I)	6축 22륜	(도)	1	0	1	1

⑨ 차종별 차축 구성

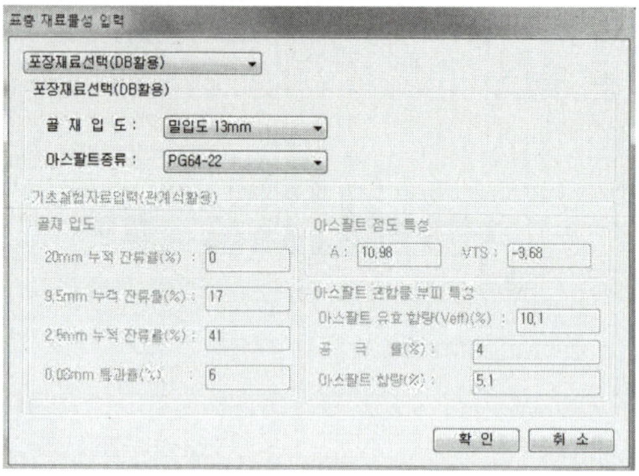

⑩ 표층 재료물성 입력

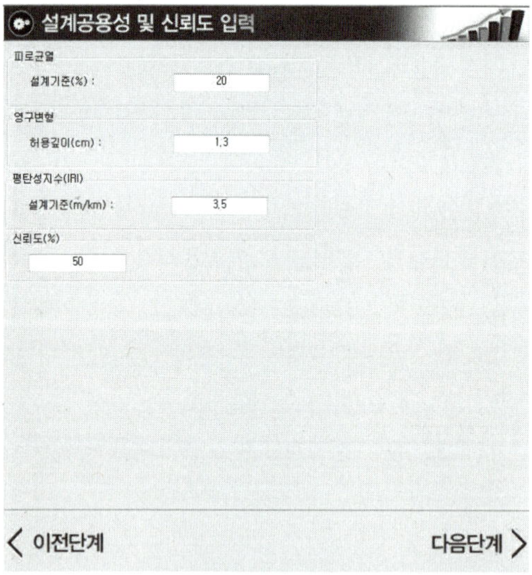

⑪ 공용성 기준 입력

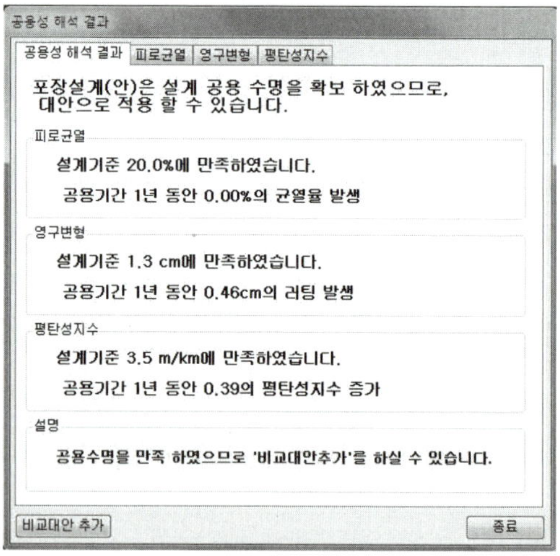

⑫ 공용성 해석 결과

8.7.11 설계기준 요약

앞 절에서 설명한 아스팔트 포장의 설계기준을 요약하면 표 8.25와 같다.

표 8.25 아스팔트 포장의 설계기준 요약

구분		1등급	2등급	3등급
등급 선정 기준		고속국도: · 150,000대 이상 · 5종 이상 중차량 50,000대 이상 일반국도: · 35,000대 이상 · 5종 이상 중차량 12,000대 이상	고속국도: · 150,000대 미만 일반국도: · 7,000대 이상 35,000대 미만 지방도 및 기타도로: · 7,000대 이상	일반국도, 지방도 및 기타 도로: · 7,000대 미만
교통 특성		· 차종별 교통량 분포 및 축하중 분포 측정(12종 분류) → 연평균일교통량(AADT), 차종별 구성비율, 방향 및 차로 분배계수, 시간별 교통량변동률, 월별 교통량변동률, 차종별 축하중 분포, 교통량 증가율 결정	· 데이터베이스화된 축하중별 교통량 분포 사용 → 방향 및 차로분배계수, 시간별 교통량 변동률, 월별교통량 변동률을 제외한 나머지는 설계등급1과 동일	· 데이터베이스화된 축하중별 교통량 분포 사용 → 연평균교통량(AADT)인 0~7,000대/일을 6단계(C1~C6)로 구분하여 적용
환경 특성		· 도로포장 구조설계 해석 프로그램에 저장되어 있는 기상 관측소 기상자료 데이터베이스 이용 → 가장 인접한 1개 기상관측소 또는 인접한 3개 기상관측소 평균값 사용	· 설계등급 1과 동일	–
물성 특성		· 실내 시험을 통한 재료의 물성 측정	· 간단한 실내시험 또는 물성 데이터베이스 및 예측방정식을 사용	· 포장재료의 일반적인 물성 사용
	포장 하부 구조 – 요구 조건	· 도로공사표준시방서에 따름 · 보조기층 및 쇄석기층 재료 → GP 또는 GW, 비소성(NP), #200통과 10% 미만	· 도로공사표준시방서에 따름 · 보조기층 및 쇄석기층 재료 → GP 또는 GW, 비소성(NP), #200통과율 10% 미만	–
	포장 하부 구조 – 쇄석 기층	· 탄성계수, K1, K2계수 결정 → 반복삼축압축 실내시험으로 응력 결정	· 탄성계수 K1, K2계수 결정 → 최대건조단위중량, 최적함수비, 곡률계수, 균등계수, #4통과율, #200체 통과율, D50, D95값 결정	–
	포장 하부 구조 – 보조 기층	· 탄성계수, K1, K2계수 결정 → 반복삼축압축 실내시험으로 응력 결정	· 탄성계수, K1, K2계수 결정 → 최대건조단위중량, 균등계수, #4체 통과율 결정	–
	포장 하부 구조 – 노상	· 탄성계수, Kw, K1, K2, K3, 최적함수비, 함수비 결정 → 반복삼축압축 실내시험으로 응력 결정	· 탄성계수, K1, K2, K3 결정 → 최대건조단위중량, 최적함수비, 균등계수, #200체 통과율 결정	· 탄성계수 37.7~280MPa로 제시되고 있으나, 탄성계수에 따른 노상을 3단계(S1~S3)로 구분하여 적용 → $CBR^{0.64}$ 결정
	포장 하부 구조 – 포아송비	· 도로포장 구조 설계요령에 제시된 대표 값 사용 → 조립질/세립질 노상토 분류	· 설계등급 1과 동일 → 조립질/세립질 노상토 분류	–
	아스팔트	통탄성계수: · 실내시험을 통해 결정	골재 및 아스팔트 종류: · 도로포장 구조 설계요령의 골재입도 종류 참고 · 아스팔트–PG58, PG64, PG76–22 사용 · 새로운 아스팔트의 적용의 경우 별도의 실험을 통해 결정	골재 및 아스팔트 종류: 구분 / 표층 / 기층 골재 / 19, 13mm / 40mm이하 아스팔트 / PG58, PG64–22 / PG58, PG64–22
	아스팔트	포아송비: · 설계요령에 제시된 대표 값 사용	포아송비: · 0.35(대표 값) 사용	비고: 도로공사표준시방서의 기준을 만족하는 재료사용
공용성 해석 기준		피로균열 15% 이하 영구변경 10mm 이하 평탄성 3.5m/km 이하	피로균열 20% 이하 영구변경 15mm 이하 평탄성 4.0m/km 이하	피로균열 – 영구변경 – 평탄성 –
설계 방법		· 설계해석 프로그램 사용	· 설계해석 프로그램 사용	· 표준 설계단면 사용

Chapter 9

아스팔트 콘크리트 포장의 재료와 시공

제9장

아스팔트 콘크리트 포장의 재료와 시공

9.1 개 설

부순돌, 자갈, 모래 등의 골재를 역청재료로 결합하여 만든 표층이 있는 포장을 역청포장(bituminous pavement)이라고 한다. 역청재료에는 아스팔트(asphalt)와 타르(tar)가 있으나, 우리나라에서는 주로 아스팔트를 결합재(binder)로 사용하고 있으며 이러한 포장을 아스팔트 콘크리트 포장이라고 한다.

아스팔트 콘크리트 포장(약칭 : 아스팔트 포장, 아스콘 포장)에는 그 종류가 많으며 간이포장에서 고급 포장(가열혼합식 아스팔트 콘크리트 포장)에 이르기까지 여러 가지 공법이 있다.

9.2 역청재료

역청(bitumen)은 이황화탄소(CS_2)에 용해되는 탄화수소의 혼합체이며, 천연산 또는 원유나 석탄을 증류하거나 건류할 때 기체, 액체, 반고체, 고체의 상태로 생산된다. 이 중에서 도로용 재료로 사용하는 것은 주로 천연 아스팔트(native asphalt), 석유 아스팔트(petroleum asphalt) 및 타르(tar)이다.

9.2.1 석유 아스팔트

우리나라에서 도로재료로 사용하는 아스팔트의 대부분은 원유를 증류하여 휘발성의 가솔린(gasoline), 케로신(kerosene) 등의 성분을 적당히 제거하고 잔류물을 정제한 석유 아스팔트이다. 제조방법에 따라 스트레이트 아스팔트(straight asphalt)와 블로운 아스팔트(blown asphalt)로 분류한다.

스트레이트 아스팔트는 원유 속에 함유된 아스팔트의 성질을 될 수 있는 대로 변화시키지 않고 증류한 것으로서, 증기를 흡입하여 증류한 증기증류 아스팔트와 압력을 감하여 비등점을 낮추고 소요시간을 적게 하여 증류한 진공증류 아스팔트가 있다. 블로운 아스팔트는 제조 중에 공기를 불어넣어 성질을 변화시킨 것이다.

도로포장용으로 쓰이는 것은 스트레이트 아스팔트로서, 침입도시험(KS M 2254), 연화점시험(KS M 2250), 신도시험(KS M 2254) 등을 하여 그 품질을 표 9.1과 같이 정하도록 되어 있으며, 침입도 60~80이 주로 사용되고 있다.

표 9.1 침입도 등급에 따른 도로 포장용 아스팔트 품질기준

항목 \ 침입도 등급		60~80	80~100
침입도(25℃, 100g, 5초)		60~80	81~100
연화점(℃)		44~52	42~50
신도(15℃, cm)		100 이상	
톨루엔가용분(무게, %)		99.0 이상	
인화점(℃)		260 이상	
박막가열 후	질량변화율(무게, %)	0.6 이하	
	침입도 잔류율(%)	55 이상	50 이상
증발 후	침입도비(%)	110 이하	
	밀도(15℃, kg/cm³)	1,000 이상	

침입도시험은 그림 9.1과 같은 침입도시험장치를 사용하며, 규정치수의 침에 100g의 하중을 싣고 25℃의 아스팔트 표면에서 5초간 관입시켜 침의 관입깊이를 1/100cm 단위로 나타내는 양을 표준침입도로 한다. 가령 5mm 관입했을 경우에는 50도이다. 침입도(penetration)가 클수록 연한 아스팔트가 되며 아스팔트는 침입도로 분류한다.

연화점시험은 아스팔트 시료를 규정치수(안지름 15.9mm, 높이 6.4mm)의 놋쇠제 링(ring)에 채우고, 그 위에 강구(지름 9.53mm, 중량 3.5g)를 올려놓고 그림 9.2와 같이 물을 넣은 시험 장치에서 소정의 위치에 놓는다. 이 비커의 물을 1분간 5℃의 비율로 데워서 아스팔트를 연하게 하여 일정거리(25.4mm)를 흘러내리는 순간의 물의 온도를 연화점(softening point)으로 한다. 일반적으로 연화점이 낮은 아스팔트일수록 기온이 상승한 경우에 연화하기 쉽다.

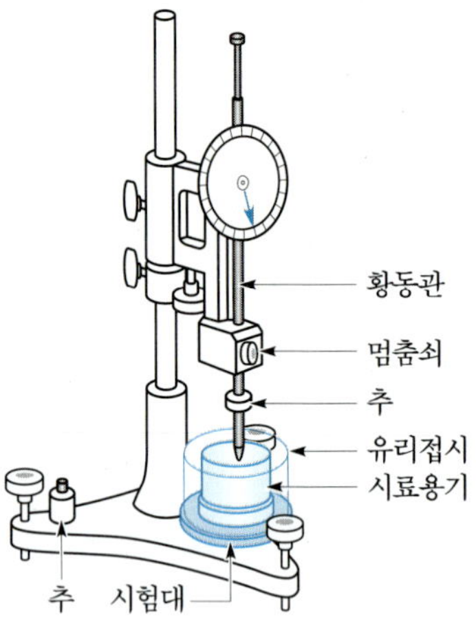

그림 9.1 침입도시험장치

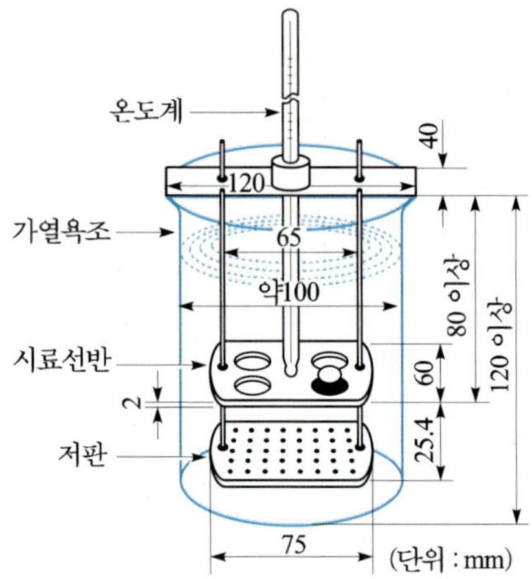

그림 9.2 연화점시험장치

신도시험은 그림 9.3과 같은 신도시험장치의 틀 속에서 성형한 아스팔트 공시체(최소 단면적 1.0cm×1.0cm)를 규정온도(25℃)의 물속에서 규정속도(5cm/min)로 절단될 때까지 잡아당긴다. 공시체가 절단될 때까지 늘어난 길이를 cm 단위로 나타낸 것을 신도(ductility)라고 한다.

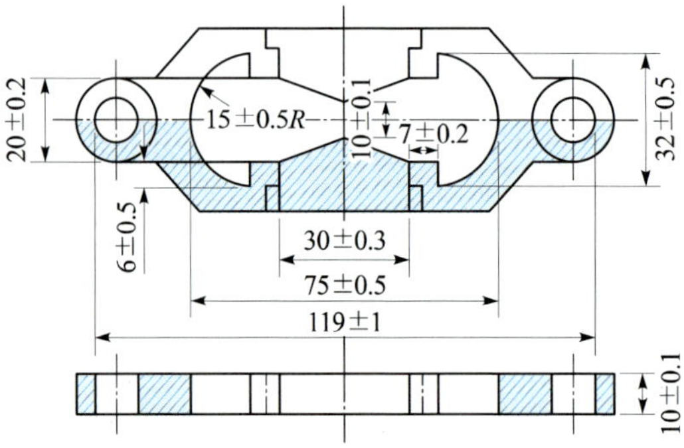

그림 9.3 신도시험장치 (단위 : mm)

9.2.2 컷백 아스팔트

스트레이트 아스팔트를 휘발성의 석유증발유와 혼합한 것이 컷백 아스팔트(cut back asphalt)이다. 컷백 아스팔트는 액상이므로 상온에서 사용할 수 있다.

9.2.3 아스팔트 유제(유화 아스팔트)

아스팔트 유제(emulsified asphalt)는 아스팔트의 미립자를 유화제와 안정제를 포함한 수중에 분산시킨 것으로서, 사용할 때는 스트레이트 아스팔트처럼 가열할 필요가 없고 상온 그대로 골재와 혼합하거나 골재 사이에 침투시킬 수 있어서 편리하다.

컷백 아스팔트나 아스팔트 유제와 같이 상온에서 액상으로 된 것을 액체아스팔트(liquid asphalt)라고 한다.

아스팔트 유제를 골재에 살포하면 물과 아스팔트는 분리되어 물은 증발하거나 침투하여 소실되고 아스팔트만 남아서 골재를 결합시킨다.

9.2.4 도로용 타르

도로용 타르(road tar)의 원료인 조제타르에는 석탄을 건류할 때 생성되는 콜타르(coal tar), 석유를 열분해하여 가스를 제조할 때 생성되는 오일타르(oil tar) 등이 있다.

도로용 타르에는 조제 타르를 증류하여 수분과 휘발분의 일부를 제거한 직류타르와 조제타르를 피치(pitch)분과 유분으로 나누고, 이것을 적당히 배합한 컷백 타르(cut back tar)가 있다. 보통 사용되고 있는 것은 후자이다.

9.3 골 재

아스팔트 포장에 쓰이는 골재는 보통 굵은골재, 잔골재(모래) 및 석분(채움재)이다. 굵은골재(coarse aggregate)는 2.5mm보다 큰 입자의 부순돌, 부순자갈, 자갈 또는 슬래그(slag), 잔골재(fine aggregate)는 2.5mm 이하 0.075mm 이상의 모래, 석분은 입자가 0.075mm 이하의 가는 재료를 말한다.

9.3.1 굵은골재

부순돌(쇄석)은 암석을 부순 것을 말하며, 크러셔로 부순 후 선별하지 않은 것을 막부순돌(크러셔런)이라 한다. 부순돌은 균질이고 깨끗하고 강경하고 내구적이며, 편평하거나 기다란 석편, 먼지, 진흙, 유기물 등의 유해물을 함유해서는 안 된다.

부순자갈은 호박돌 또는 자갈을 부순 것이며, 4.75mm체에 잔류하는 것 중 중량으로 40%

이상이 적어도 한 파쇄면을 갖는 것을 말한다. 부순자갈의 품질에 대해서는 부순돌의 규정을 준용한다. 그리고 머캐덤공법용, 침투식공법용에는 4.75mm체에 남는 것 중 중량으로 75% 이상이 적어도 2개의 파쇄면을 갖지 않으면 안 된다.

자갈은 강자갈, 산자갈, 바다자갈로 나누어지며, 깨끗하고 강경하고 내구적이며 적당한 입도를 가지며, 편평하거나 기다란 석편, 유기물 기타의 유해량을 함유해서는 안 된다. 재질은 전술한 부순돌에 준한 것이어야 한다. 자갈과 모래를 구별하지 않고 채취한 것을 막자갈이라고 하며, 보조기층 재료로 많이 사용된다.

슬래그는 고로에서 생성되는 용융슬래그를 냉각하여 부순 것으로서, 균일한 재질과 밀도를 가지며 편평하거나 기다란 것, 흙 기타의 이물의 유해량을 갖지 않은 것을 사용한다.

9.3.2 잔골재

천연모래는 강모래, 산모래, 바다모래로 나누어진다. 인공모래는 암석, 호박돌을 부순 것이다. 부순돌을 만들 때 생기는 입경 2.4mm(No.8체) 이하의 가는 부분을 부순돌 더스트(dust, screening)라고 한다.

잔골재는 깨끗하고 강경하고 내구적이고 적당한 입도를 가지며, 먼지, 진흙, 유기물 등의 유해물질을 함유해서는 안 된다.

9.3.3 석분(채움재)

석분(filler)은 석회암, 화성암류의 분말 또는 포틀랜드 시멘트 등을 분쇄한 것으로서 먼지, 진흙, 유기물, 덩어리진 미립자가 함유되지 않아야 한다.

석분의 역할은 굵은골재나 잔골재의 틈 사이를 메워서 아스팔트의 소요량을 줄이고 아스팔트의 안정성과 내노화성을 높이는 데 있다.

9.4 가열아스팔트 혼합물

아스팔트 포장의 표층 및 중간층은 교통하중이나 기상작용의 영향을 가장 많이 받는 부분이며, 가열아스팔트 혼합물을 사용한다.

가열아스팔트 혼합물(Hot Mix Asphalt : HMA)은 골재를 건조시키고 적당한 온도(약 180℃)로 가열하여 충분한 혼합을 한다. 또 균일하게 포설하고 고온에서 다짐하여 소정의 밀도가 얻어지고 마무리면은 양호한 평탄성과 균질한 결을 갖도록 시공해야 한다.

9.4.1 아스팔트 혼합물의 종류

(1) 표층용 아스팔트 혼합물

표층용(wearing course) 아스팔트 혼합물은 골재의 비율과 입도분포에 따라 표 9.2와 같이 WC-1~WC-6의 6가지로 구분하며, 골재의 최대크기에 따라 13mm, 20mm로 구분한다.

골재의 최대크기가 커질수록 아스팔트 혼합물의 재료분리 가능성이 높아지고 승차감이 나빠지지만, 내유동성이 증가하여 소성변형에 대한 저항성이 높아진다.

일반적인 표층용 아스팔트 혼합물로는 밀입도인 WC-1, WC-2, WC-3, WC-4를 사용하며, 소성변형(rutting)의 가능성이 높은 지역에서는 내유동성인 WC-5, WC-6를 사용한다.

표 9.2 표층용 아스팔트 혼합물의 종류

체의 호칭크기(mm) \ 종류		WC-1	WC-2	WC-3	WC-4	WC-5	WC-6
		밀입도	밀입도 세립	밀입도	밀입도 세립	내유동성	
		13	13F	20	20F	20R	13R
통과율(%)	25	–	–	100	100	100	–
	20	100	100	90~100	95~100	90~100	100
	13	90~100	95~100	72~90	75~90	69~84	90~100
	10	76~90	84~92	56~80	67~84	56~74	73~90
	5	44~74	55~70	35~65	45~65	35~55	40~60
	2.5	28~58	35~50	23~49	35~50	23~38	25~40
	0.60	11~32	18~30	10~28	18~30	10~23	11~22
	0.30	5~21	10~21	5~19	10~21	5~16	7~16
	0.15	3~15	6~16	3~13	6~16	3~12	4~12
	0.08	2~10	4~8	2~8	4~8	2~10	3~9
아스팔트 양(%)		5~7	6~8	5~7	6~8		

(2) 중간층용 아스팔트 혼합물

중간층(binder course) 아스팔트 혼합물로는 표 9.2의 WC-5나 표 9.3의 BC-1을 사용한다.

표 9.3 중간층용 아스팔트 혼합물의 종류

체의 호칭 크기(mm) \ 종류		BC-1	WC-5
		20	20R
통과율(%)	25	100	100
	20	90~100	90~100
	13	70~90	69~84
	10	–	56~74
	5	35~55	35~55
	2.5	20~35	23~38
	0.60	11~23	10~23
	0.30	5~16	5~16
	0.15	4~12	3~12
	0.08	2~7	2~10

(3) 기층용 아스팔트 혼합물

기층용(base course) 아스팔트 혼합물은 표 9.4와 같이 BB-1~BB-4의 4가지로 구분한다.

표 9.4 기층용 아스팔트 혼합물의 종류

체의 호칭 크기(mm) \ 종류		BB-1	BB-2	BB-3	BB-4
		40	30	25	25R
통과율(%)	50	100	–	–	–
	40	95~100	100	–	–
	30	80~100	95~100	100	100
	25	70~100	80~100	90~100	95~100
	20	55~90	55~90	71~90	80~90
	13	40~80	46~80	56~80	60~78
	10	30~70	40~70	45~72	45~68
	5	17~55	28~55	29~59	25~45
	2.5	10~42	19~42	19~45	15~33
	0.60	5~28	7~26	7~25	6~18
	0.30	3~22	4~19	5~17	4~14
	0.15	2~16	2~13	3~12	3~10
	0.08	1~10	1~7	1~7	2~8

9.4.2 설계 아스팔트양의 결정

배합된 합성입도의 골재에 대하여 설계 아스팔트양을 다음 방법에 따라 결정한다.

① 선정된 혼합물의 종류에 대응하는 아스팔트양의 범위 내에서 0.5% 간격으로 아스팔트양을 바꾼 혼합물에 대하여 각각 마샬시험용 공시체를 제작한다.

② 공시체의 밀도, 안정도 및 흐름값을 측정하고, 공극률과 포화도를 산출한다.

③ 각 공시체의 아스팔트양을 가로축에 잡고, 밀도, 안정도, 공극률, 포화도, 흐름값을 세로축에 잡고, 모두 산술눈금으로 각각의 값을 표시하여 그림 9.4와 같은 원활한 곡선으로 연결한다.

④ 이들의 그림 위에서 표 9.5에 표시한 기준치를 각각 만족하는 아스팔트양의 범위를 구한다(그림 9.4 참조).

⑤ 모든 기준치를 만족하는 아스팔트양의 범위를 구하여, 이 범위의 중앙값을 설계 아스팔트양으로 한다. 다우다설지역, 교통량이 적은 도로, 한랭 시 등의 시공에서는 중앙값에서 상한값의 범위 내에서 증가시킬 수 있다.

표 9.5 마샬시험에 대한 기준치

구분	밀입도 아스팔트 콘크리트(13mm, 19mm)	조립도 아스팔트 콘크리트(19mm)
다짐횟수(회)	50(75)*	50(75)*
안정도(kg)	500 이상(750 이상)*	500 이상
흐름값(1/100cm)	20~40	20~40
공극률(%)	3~6	3~7
포화도(%)	70~85	65~85

주) * ( )안은 대형차교통량이 1일 1방향 1,000대 이상인 경우에 유동에 의한 소성변형이 우려되는 포장에 적용함.

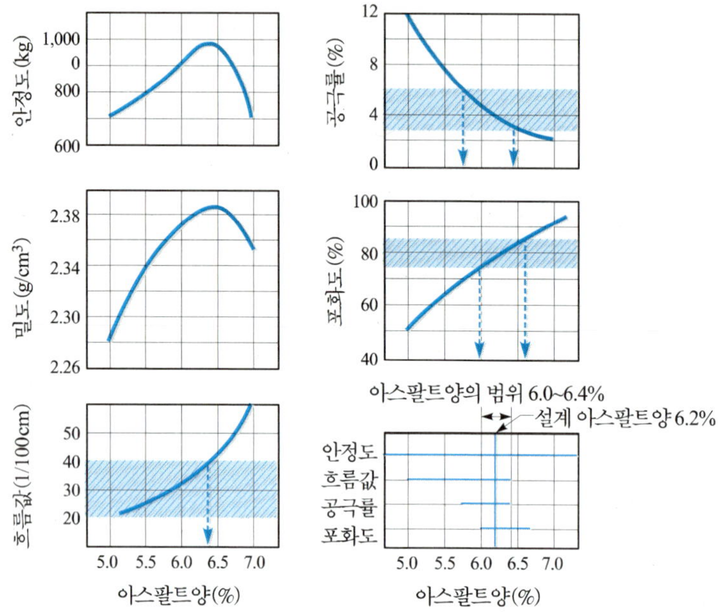

그림 9.4 설계 아스팔트양의 결정 예

9.4.3 마샬 안정도시험 및 밀도, 공극률, 포화도의 계산

(1) 마샬 안정도시험(Marshall stability test)

이 시험방법은 마샬시험기에 의한 포장용 아스팔트 혼합물의 소성유동에 대한 저항성 측정에 적용된다. 원칙적으로 입경 25mm 이하의 골재를 품는 가열혼합식 아스팔트 혼합물을 대상으로 한다.

마샬 공시체용 몰드와 해머로 지름 101.6mm, 높이 63.5±1.3mm의 원주형 공시체를 만든다.

공시체는 실온에서 12시간 이상 정치하고 밀도 및 두께를 측정한다. 공시체를 60±1℃의 수조 속에 30~40분 넣은 후, 매분 50±5mm의 균일한 변위속도로 공시체를 지름방향으로 압축한다. 이때 하중침의 최대치를 마샬 안정도(Marshall stability, kg)라고 하며, 그 최대치를 나타냈을 때의 압축량을 1/100cm 단위로 표시한 것이 흐름값이다(그림 9.5, 그림 9.6 참조).

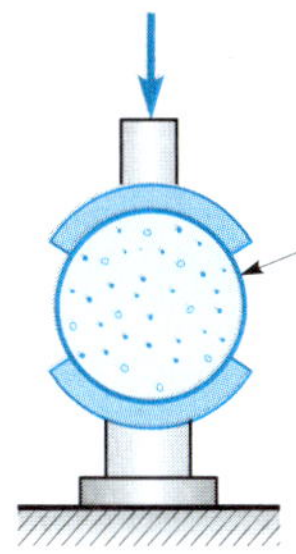

그림 9.5 마샬시험

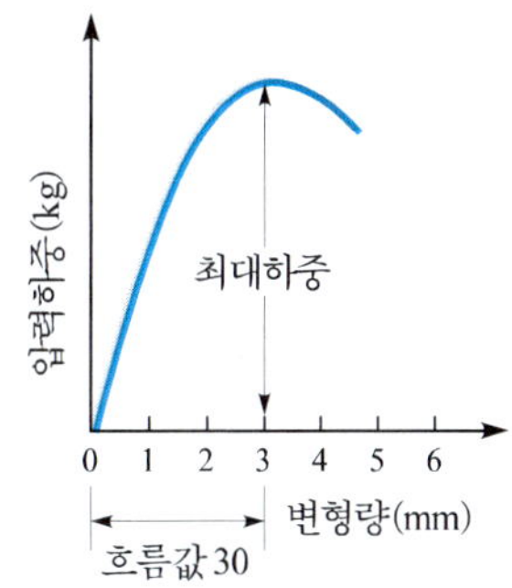

그림 9.6 흐름값

(2) 밀도, 공극률, 포화도

아스팔트 혼합물의 밀도(단위중량)는 아스팔트 혼합물의 전체무게를 전체부피로 나눈 값이며, 포화도는 아스팔트 혼합물에서 골재를 제외한 부피(아스팔트+공기) 중에서 아스팔트가 차지하는 비율을 말한다(그림 9.7 참조).

아스팔트 혼합물 내의 공기의 부피를 전체 부피로 나눈 값을 공기공극률 또는 간단히 공극률이라고 하며, 공기와 아스팔트의 부피를 전체 부피로 나눈 값을 골재공극률이라고 한다.

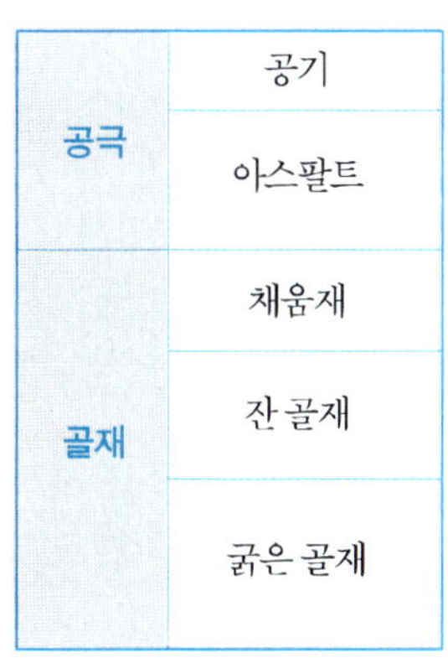

그림 9.7 아스팔트 혼합물의 부피

9.5 시 공

9.5.1 혼합 및 운반

가열 아스팔트 혼합물은 재료의 가열, 계량 및 혼합의 각 작업이 연속적으로 이루어지는 아스팔트 플랜트(asphalt plant)에서 제조하여 덤프트럭(dump truck)으로 포설현장으로 운반한다.

아스팔트 플랜트에는 계량방법에 따라 배치식(batch plant)과 연속식(drum mix plant)이 있으며, 배치식은 1배치마다 각 재료를 중량으로 계량하고, 연속식은 피더(feeder)에 의하여 연속적으로 각 재료를 용적 또는 중량으로 계량하여 혼합한다.

플랜트의 혼합능력은 30~35t/h인 것이 보통이나 60~70t/h인 것도 비교적 많다. 종래는 아스팔트 혼합물을 제각기 공사현장에 가설한 플랜트로 제조해왔으나, 요즘은 안정공급과 수요증가로 상설의 혼합소에서 제조하는 일이 많아졌다.

아스팔트 탱크(asphalt tank)의 가열보온방식에는 직접가열방식과 간접가열방식이 있다. 일반적으로 사용하고 있는 배치식 아스팔트 플랜트의 구조 주요부는 그림 9.8과 같다.

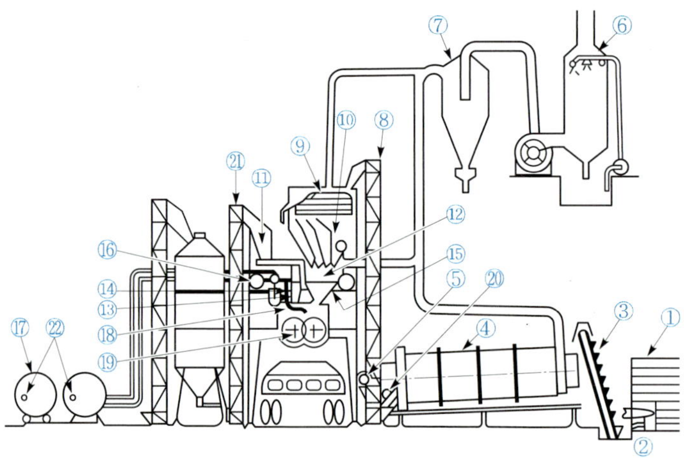

① cold-bin	⑦ 건식집진장치	⑬ 석분계량조	⑲ 믹서
② cold feeder	⑧ hot elevator	⑭ 아스팔트 계량조	⑳ 온도검출기
③ cold elevator	⑨ sieve	⑮ 골재 계량기	㉑ 석분 엘리베이터
④ drier	⑩ hot-bin	⑯ 석분 아스팔트 계량기	
⑤ burner	⑪ 석분 bin	⑰ 아스팔트 계량기	
⑥ 습식집진장치	⑫ 골재계량조	⑱ 아스팔트 방출장치	

그림 9.8 배치식 플랜트의 구조

9.5.2 포 설

아스팔트 혼합물을 포설하기 전에 보조기층, 기층 또는 중간층의 표면은 먼지, 흙, 뜬돌 등을 제거하고, 결합재의 과부족 등으로 안정되어 있지 않은 곳, 지하수 등으로 인하여 부분적으로 연화되어 있는 곳, 동결되어 있는 곳, 요철이 있어 고르지 못한 곳이 있으면 손질을 한다.

보조기층 위에 아스팔트 혼합물을 포설할 경우에 부착을 증진시키고 방수성을 높이기 위하여 컷백 아스팔트를 뿌려주며, 이를 프라임코트(prime coat)라고 한다.

그 후 역청재 또는 시멘트 등을 사용한 기층이나 중간층 위에 아스팔트 혼합물을 포설할 때 아스팔트 혼합물의 부착을 잘하기 위하여 택코트(tack coat)를 한다.

택코트는 될 수 있는 한 소량의 역청재를 균일하게 살포해야 하며 컷백 아스팔트, 아스팔트 유제, 스트레이트 아스팔트 등이 사용된다. 사용량은 $0.3\sim1.0l/m^2$ 정도이다.

아스팔트 혼합물의 깔기 작업은 기계 또는 인력으로 하지만, 인력에 의한 작업은 기계로 작업을 할 수 없는 좁은 장소 이외에는 거의 하지 않는다. 기계에 의한 깔기 작업은 보통 아스팔트 피니셔(asphalt finisher)를 사용한다.

혼합물을 깔 때의 아스팔트 혼합물의 온도는 110℃를 내려가지 않도록 한다. 작업 중에 비가 오면 즉시 작업을 중지하고, 또 기온이 5℃ 이하일 때나 겨울철 기온이 5℃ 이상이라도 강풍일 때는 포설시공은 하지 않는 것이 좋다.

포설용 기계 중 주요한 것을 들면 아스팔트 살포용의 아스팔트 디스트리뷰터(asphalt distributer) 또는 아스팔트 스프레이어(asphalt sprayer), 아스팔트 혼합물 펴깔기용의 아스팔트 피니셔(asphalt finisher), 다짐기계 등이다.

아스팔트 디스트리뷰터는 역청재료를 트럭 또는 트레일러의 보온탱크에 채워 일정한 속도로 주행하면서, 후부의 스프레이 바(spray bar)에서 역청재료를 노면에 균질하게 살포하는 장비이다. 탱크용량은 $1.5\sim4.0m^3$의 것이 많이 사용되며, 살포 폭은 1.5~4.7m 정도이다. 살포량의 정확성, 균일한 살포, 높은 능력을 얻을 수 있으므로 인력으로 조작하는 아스팔트 스프레이어보다 훨씬 우수하며 대면적 시공에 적합하다.

아스팔트 피니셔에는 무한궤도형(crawler type)과 차륜형(wheel type)이 있으며, 깔기 두께의 조절과 평탄성을 유지하는 기계의 원리는 모두 같다. 피니셔는 그림 9.9와 같이 혼합물을 받는 호퍼(hopper), 혼합물을 뒤쪽으로 보내는바 피더(bar feeder), 보내진 혼합물을 좌우 균등하게 배분하는 스크루 스프레더(screw spreader), 혼합물을 포설하고 다지는 탬퍼(tamper) 및 혼합물의 층 두께를 조절하고 표면을 고르는 스크리드(screed) 등의 장치를 갖추고 있다.

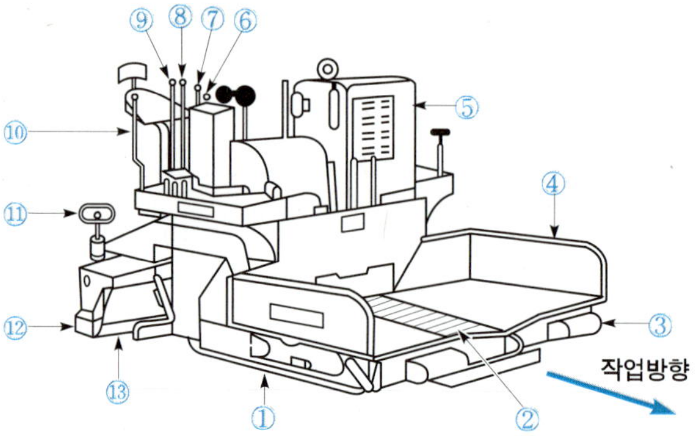

① crawler
② bar-feeder
③ push roller
④ hopper
⑤ engine
⑥ 변속기 lever
⑦ screw spreader cruch lever
⑧ 좌전진 후퇴 lever
⑨ 우전진 후퇴 lever
⑩ scrow spreader cruch lever
⑪ thickness controller
⑫ screed
⑬ tamper

그림 9.9 아스팔트 피니셔

피니셔는 펴깔기와 동시에 어느 정도의 다짐작업을 할 수 있으며, 다짐방법에는 ㉮ 탬퍼의 진동, ㉯ 스크리드의 진동, ㉰ 탬퍼와 스크리드의 두 진동에 의한 것의 3가지가 있다. 아스팔트 피니셔의 포설 폭은 최소 2.4~3m, 최대 4.5m 정도의 기종이 많으며, 10m를 넘는 것도 있다.

9.5.3 다 짐

가열혼합물은 펴깔기가 끝나면 곧 다져야 한다. 소정의 밀도가 얻어지도록 충분히 다져야 하며, 다짐기계로서는 로드롤러(road roller), 타이어롤러(pneumatic tire roller), 진동롤러 등을 사용한다. 로드롤러에는 머캐덤롤러(macadem roller), 탠덤롤러(tandem roller)가 있다(그림 9.10, 그림 9.11 참조).

다짐작업은 이음다짐, 1차다짐, 2차다짐, 3차(마무리)다짐의 순서로 한다. 1차다짐에는 머캐텀롤러, 2차다짐에는 타이어롤러, 3차다짐에는 탠덤롤러를 주로 사용한다.

이음다짐은 포장부의 약점이 되는 가로줄눈, 세로줄눈 및 구조물과의 접촉부에서 충분히 다져서 밀착시키기 위한 다짐을 말한다.

다짐 온도는 높을수록 좋으나 너무 높으면 헤어크랙(hair crack)이나 변위를 일으키는 경우가 많다. 또 다짐 온도가 너무 낮으면 다짐효과가 불충분하고 마무리 면이 곰보가 되므로 주의해야 하며, 또 이것이 포장의 내구성에 큰 영향을 준다.

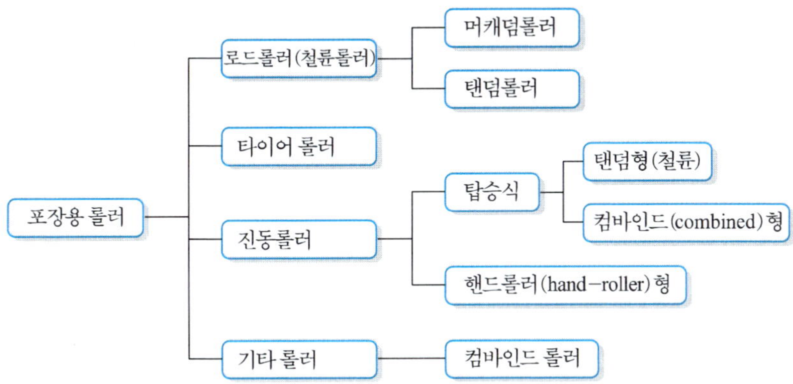

그림 9.10 포장용 롤러의 종류

주) 1. 철륜 진동롤러가 무진동으로 작업을 하면 로드롤러와 동일한 기능을 가진다.

2. 1차 다짐에 사용하는 로드롤러의 선압력(線壓力)은 35kg/cm^2 이상을 표준으로 하며, 대개 현행의 머캐덤롤러 또는 탠덤롤러가 이것에 해당된다. 2차 다짐에 로드롤러를 사용할 경우의 선압력은 55~70kg/cm^{2}이다.

(a) 머캐덤롤러 (b) 탠덤롤러 (c) 타이어롤러

그림 9.11 포장용 롤러

1차다짐은 보통 110~140℃의 온도에서 8~12t 정도의 머캐덤롤러로 다지는 것이 좋다. 다짐작업은 도로를 종단방향으로 낮은 곳에서 점차 높은 쪽으로 옮겨가도록 하고 2회(1왕복) 정도로 한다.

2차다짐은 1차다짐에 이어 타이어롤러, 진동롤러로 시행하고 경우에 따라서 8t 이상의 머캐덤롤러를 사용한다. 2차다짐은 충분히 실시해야 하며, 타이어롤러로 다지면 교통하중과 유사한 다짐작용에 의하여 골재가 서로 잘 물리고, 1차다짐의 헤어크랙을 봉하는 효과도 있고, 또 깊이 방향으로 고른 밀도를 얻기가 수월하다. 타이어롤러는 겹치기 다짐을 하며, 머캐덤롤러는 구동륜 폭의 1/2 정도를 겹치면서 다진다. 2차다짐의 종료온도는 70~90℃이다.

3차다짐은 60℃ 정도의 온도에서 탠덤롤러를 사용하여 요철을 수정하거나 롤러 자국 등을 없애기 위하여 다진다. 다질 때 롤러의 차륜에 혼합물의 부착을 방지하기 위하여 소량의 물 또는 기름유제의 희석액을 사용하는 것이 좋다.

다진 후 필요할 때는 표층 위에 실코트(seal coat)를 한다. 실코트는 보통 다음과 같은 목적으로 시공된다.

㉮ 포장 표면을 내수성으로 만든다.

㉯ 표층 혼합물의 노화를 방지한다.

㉰ 미끄럼방지 효과를 증대시킨다.

실코트는 디스트리뷰터로 포장 표면에 역청재료를 얇게 고루 뿌리고 즉시 골재를 균일하게 살포하는 공법으로, 고르고 얇은 역청재료의 피막을 만드는 것이 비교적 어렵고 얼룩지기 쉬우며, 역청재료의 양과 골재의 양의 배율이 적절하지 못하면 여러 가지 결함이 생긴다. 시공 시기는 온난하고 건조한 시기를 택한다. 사용골재는 경질이고 내구성이 풍부하며 먼지 등이 없는 깨끗한 부순돌이 좋다.

9.6 특수 아스팔트 포장

9.6.1 특수공법을 사용한 포장

(1) 구쓰 아스팔트 포장

구쓰 아스팔트(Guss asphalt) 포장은 롤러로 다짐을 하지 않고 고온의 혼합물의 유동성을 이용하여 된비비기 콘크리트처럼 치고 피니셔로 평활하게 고른 것이다.

이 공법의 재료는 보통의 가열혼합식 아스팔트 콘크리트와 같으나, 아스팔트양이 7~10%, 석분량이 20~27%로 많은 양을 포함한 것이 특징이다. 아스팔트 플랜트에 의하여 생산된 혼합재(온도 180~240℃)는 쿠커(cooker, 가열보온장치 및 교반기를 장치한 차)에 넣어서 30분 이상 교반 가열하여 혼합물의 온도를 200~250℃로 하여 포설한다.

사용골재는 최대입경이 13mm이다. 혼합물을 깐 직후에 미리 아스팔트양 1.2% 정도로 프리코팅(precoating)한 입경 5mm의 부순돌 약 10kg/m^{2}를 뿌린다. 구쓰 아스팔트 혼합물의 1층 깔기 두께는 3~4cm이다.

이 포장의 특징은 다음과 같다.

① 아스팔트 포장 중에서 특히 마모저항이 크고 내구적이다.

② 아스팔트와 석분의 양이 아주 많아서 응집력이 강하고 완전히 수밀성이다.

③ 포장은 고온에서 치고 다짐을 위한 롤러 등은 사용하지 않는다.
④ 유지가 간단하고 경제적이다.
⑤ 교면 포장(교량 상판 위의 포장)에 많이 사용된다.

(2) 롤드 아스팔트 포장

롤드 아스팔트(rolled asphalt) 포장은 모래, 석분, 아스팔트로 이루어진 아스팔트 모르타르에 비교적 단립도의 조골재를 일정량 혼입한 불연속 입도의 혼합물에 의한 포장이다.

이 포장은 미끄럼저항성, 내구성, 수밀성, 내마모성이 우수하며 적설한랭지나 산악지의 도로에 사용되는 일이 많다.

(3) 폼드 아스팔트 포장

폼드 아스팔트(foamed asphalt) 포장은 가열아스팔트 혼합물을 만들 때 가열한 아스팔트를 거품상태로 만들어 믹서 속에 분사하여 제조한 혼합물에 의한 포장이다.

이 포장은 다음과 같은 특성이 있으며, 세립분을 많이 함유하는 한랭지 포장에 효과적이다.

① 아스팔트의 부피가 5~10배로 늘어나기 때문에 혼합 시에 골재를 피복하는 아스팔트의 피막이 얇게 되고 골재 간의 결합력이 커진다.
② 아스팔트의 점도가 감소하므로 석분과 흙을 다량으로 함유하는 혼합물에 대해서도 침투피복이 잘 된다.
③ 포장시공에 있어서 피니셔빌리티가 좋고 다짐도 용이하다.

(4) 전단면 아스팔트 포장

전단면 아스팔트(full depth asphalt) 포장은 노상 위의 모든 층에 가열아스팔트 혼합물을 사용하는 포장이다. 이 포장의 특징은 포장두께의 설계에서 소요 지지능력만을 만족시켜주면 되므로 포장두께를 얇게 할 수 있고 공기를 단축할 수 있다.

(5) 반강성 아스팔트 포장

반강성 아스팔트 포장은 공극이 큰 아스팔트 포장을 시공한 후, 그 공극에 침투용 시멘트 페이스트(cement paste)를 침투시키는 공법이다.

이 포장의 특징은 내유성(耐油性), 내유동성이 좋고 침투용 시멘트 페이스트가 표면을 덮기 때문에 백색에 가까운 명색 포장도 되어 교차점 부근, 버스터미널, 터널, 주차장 등에 사용한다.

9.6.2 특수용도를 목적으로 한 포장

(1) 투수성 포장

투수성 포장(=투수콘)은 포장체를 통하여 빗물을 노상에 침투시켜 흙속으로 보내는 기능을 갖는 포장이다. 이 포장은 보도와 경교통이 통과하는 차도 및 주차장, 구내 포장 등에 사용한다.

이 포장은 노상 위에 필터층(모래층), 보조기층(보도에서는 생략), 기층 및 표층 순으로 구성되며, 프라임코트와 택코트의 접착층은 두지 않는다.

투수성 아스팔트 혼합물은 10~2cm/sec 정도의 높은 투수계수를 갖는 아스팔트 혼합물로서, 공극률을 높이기 위하여 잔골재를 거의 포함하지 않는 비교적 단립도의 개립도 혼합물이다.

(2) 착색 포장

착색 포장(=칼라콘)의 목적을 용도별로 분류하면 다음과 같다.

① 미관상 : 보도, 공원 내의 산책로, 운동경기장, 주차장

② 교통안전상 : 횡단보도, 교차점, 사고 많은 지점, 학교 앞 도로, 터널 내 포장

③ 도로기능 향상 : 도로의 분기점, 버스정류장

착색하는 방법에는 유색골재를 사용하는 방법과 착색결합재를 사용하는 방법이 있다.

(3) 명색 포장

명색 포장은 일반 아스팔트 포장의 표층부분에 광선반사율이 큰 백색의 골재를 사용함으로써 노면의 휘도를 높인 포장이다.

이 포장은 야간에 노면 조명효과가 향상되고 노면이 백색이기 때문에 여름의 고온에도 노면온도가 상승하지 않아 내유동성 효과도 기대할 수 있으며, 교차점, 도로 분기점, 길어깨 및 측대, 터널 내 등에 사용한다.

9.6.3 특수재료를 사용한 포장(=개질아스팔트 포장)

아스팔트 혼합물은 저온에서는 취성을 띠어 균열이 발생하고 고온에서는 소성변형이 쉽게 발생하는 단점이 있다.

이러한 일반적인 아스팔트 혼합물의 성질(탄성력, 점성, 강도 등)을 개선하기 위하여 아스팔트에 첨가하는 재료를 개질재라 하고, 개질재를 사용한 아스팔트를 개질아스팔트라고 한다.

개질재에는 섬유첨가재, 고무 계열, 플라스틱 계열 등의 여러 가지가 있으며, 그에 따른 여

러 공법이 있다. 또 폐기된 아스팔트 혼합물이나 폐타이어의 고무분말을 첨가하는 공법도 개발되고 있다.

(1) SMA 포장

SMA(stone mastic asphalt) 포장은 아스팔트 혼합물 제조 시에 섬유첨가재(cellulose fiber)를 추가하여 골재의 맞물림 효과를 증가시켜 내유동성, 내구성을 증진시킨 것이다.

(2) SBS 개질아스팔트

SBS(styrene butadien styrene) 아스팔트는 고무계열 고분자 개질재를 첨가하여 내유동성, 내구성을 증진시킨 것이다.

국내에서는 슈퍼팔트(Superphalt) 등으로 명명된 제품이 사용되고 있다.

고무 계열과 플라스틱 계열을 포함한 폴리머(polymer) 계열의 고분자 개질재를 사용한 아스팔트를 PMA(polymer modified asphalt)라고도 한다.

(3) SBR 라텍스 개질아스팔트

SBR(styrene butadien rubber) 라텍스는 인공합성 라텍스로서 이를 첨가하여 품질을 개선한 아스팔트를 SBR 라텍스 개질아스팔트라고 한다.

(4) CRM 개질아스팔트

CRM(crumb rubber modifier) 개질아스팔트는 폐타이어를 분쇄하여 생기는 고무분말을 고온(약 150℃)의 아스팔트와 혼합한 것이다.

(5) CMR 개질아스팔트

CMR(cold mix recycling) 개질아스팔트는 폐기된 아스팔트 혼합물을 상온(약 60℃)에서 아스팔트와 혼합한 것이다.

(6) DAMA 개질아스팔트

DAMA(drain asphalt modified additive) 개질아스팔트는 폐타이어 고무분말과 수지(polyethylene)분말을 아스팔트와 혼합한 것이다.

이 아스팔트를 적용한 개립도 아스팔트 혼합물이 약 20%의 공극을 갖는 경우 배수성이 매우 좋으며, 이를 배수성 포장, 다공성 포장, 저소음 포장이라고도 한다.

국내에서는 에코팔트(ecophalt) 등으로 명명된 제품이 사용되고 있다.

시멘트 콘크리트 포장의 구조와 설계

Chapter 10

제10장

시멘트 콘크리트 포장의 구조와 설계

10.1 개 설

시멘트 콘크리트 포장(cement concrete pavement)은 보조기층과 그 위에 설치하는 콘크리트 슬래브로 구성되는 포장으로서, 시멘트 포장 또는 콘크리트 포장이라고 약칭한다.

시멘트 콘크리트 포장은 강성 포장으로서 콘크리트 슬래브가 큰 휨강도에 저항할 수 있기 때문에 교통하중을 지지하기 위한 하부의 보조기층이나 노상의 부담을 크게 덜어주고, 보조기층은 아스팔트 포장에 비하여 지지력이 작아도 된다.

그러나 온도변화에 의해서 생기는 슬래브의 팽창이나 수축에 따른 균열에 대비하기 위하여 줄눈(joint)을 설치해야 하며, 이것이 콘크리트 포장의 약점으로 되어 있다. 이 줄눈부분은 다웰바(dowel bar)나 타이바(tie bar)와 같은 철근으로 보강할 필요가 있다.

콘크리트 포장은 적절히 준비된 보조기층 위에 직접 시공한다. 그러나 오래된 콘크리트 포장이 파손되어 지지력이 부족한 것은 새로운 역청 포장으로서의 기층, 즉 화이트 베이스(white base)로도 이용된다. 이에 대해서 역청혼합물의 기층을 블랙 베이스(black base)라고 한다.

10.2 콘크리트 포장의 구조

콘크리트 포장은 그림 8.2와 같이 콘크리트 슬래브, 보조기층, 노상으로 이루어지며, 콘크리트 슬래브와 보조기층을 합한 두께가 동결깊이보다 작은 경우에는 동상방지층을 설치한다. 보조기층의 두께는 15cm 이상으로 하며, 보조기층의 상부에 아스팔트 중간층을 두는 경우도 있다.

10.2.1 노 상

노상은 포장층의 두께를 결정하는 기초가 되는 흙의 부분으로, 포장 아래 약 1m의 흙을 말한다.

노상의 지지력은 평판재하시험이나 CBR시험에 의하여 판정하며, 노상토의 설계 CBR이 2 이하인 경우에는 지지력 증가를 위해 연약지반처리를 해야 한다.
지하수위는 노면 아래 60cm 이내로 상승하지 않도록 설계해야 한다.

10.2.2 보조기층

(1) 보조기층의 기능

보조기층은 콘크리트 슬래브를 지지하며 균열부에서의 펌핑(pumping)현상을 막아주는 중요한 층으로, 균등하고 충분한 지지력을 가지며 내구성이 풍부한 재료를 잘 다져서 만들어야 한다. 펌핑을 방지하기 위해 아스팔트나 시멘트로 처리된 재료를 사용하는 것이 좋다.

펌핑현상은 콘크리트 슬래브의 균열틈으로 새어 들어간 물이 노상토의 세립토와 섞여서 중차량 통과 시에 솟아나오는 현상으로, 균열 하부에 공동을 만들어 지지력을 저하시킨다.

보조기층의 마무리 폭은 그림 10.1과 같이 콘크리트 슬래브의 양쪽으로 각각 50~100cm 정도 더 넓게 하며, 그 이유는 다음과 같다.

① 포장 단부, 측면거푸집, 슬립폼 페이버를 견고히 지지한다.
② 팽창성 흙의 사용이나 동상현상에 의해 포장 단부에 발생하는 불균일 팽창을 방지한다.
③ 길어깨 포장에 대한 보조기층으로의 역할을 한다.

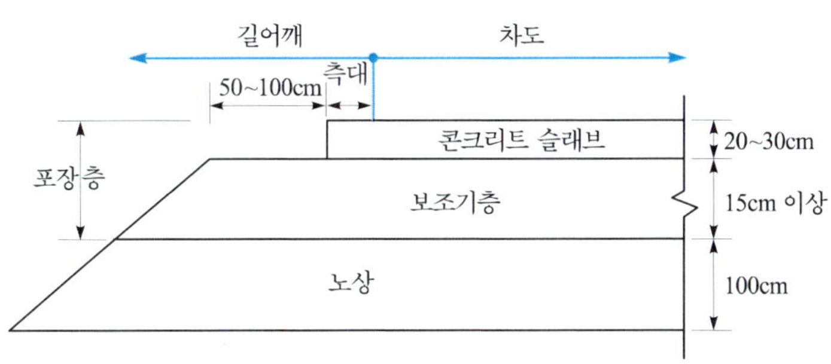

그림 10.1 콘크리트 포장의 구성

(2) 보조기층의 재료

보조기층에는 입도조정 쇄석, 입도조정 슬래그, 시멘트안정처리 재료, 석회안정처리 재료 및 역청안정처리 재료 등을 사용한다. 보조기층 두께가 30cm 이상인 경우에는 상부보조기층과 하부보조기층으로 나누어 하부보조기층에는 현장에서 구득하기 용이한 입상재료를 사용한다.

보조기층에 입도조정 쇄석이나 입도조정 슬래그 등의 입상재료를 사용할 경우에는 최대입경은 40mm 이하, 수정 CBR은 80 이상, 소성지수는 4 이하가 되어야 한다.

시멘트안정처리 첨가재료로는 보통포틀랜드 시멘트, 고로 시멘트, 플라이애쉬 시멘트 등을 사용하며, 6일 양생 1일 수침 후의 일축압축강도가 20kg/cm^{2}가 되도록 배합해야 한다.

석회안정처리 첨가재료로는 소석회를 사용하며 9일 양생 1일 수침 후의 일축압축강도가 10kg/cm^{2}가 되도록 재료를 배합한다. 석회안정처리 보조기층 재료를 사용하는 경우에는 아스팔트 중간층을 설치한다.

역청안정처리의 첨가재료로 사용하는 역청재의 품질은 아스팔트 포장의 경우에 준한다.

하부보조기층을 설치하는 경우에는 최대입경 50mm 이하, 수정 CBR 20 이상, 소성지수 6 이하인 입상재료를 사용한다. 하부보조기층에 시멘트안정처리를 하는 경우에는 일축압축강도가 10kg/cm^2, 석회안정처리를 하는 경우에는 일축압축강도가 5kg/cm^{2}가 되도록 해야 한다.

10.2.3 아스팔트 중간층

아스팔트 중간층은 보조기층의 내수성 및 내구성을 개선하기 위하여 보조기층 상부에 설치하며, 보조기층을 평탄히 마무리함으로써 콘크리트 슬래브 두께를 균등하게 하는 역할도 한다.

밀입도 아스팔트 혼합물을 사용하여 중간층을 만들 경우 중간층의 두께는 4cm를 표준으로 한다.

중교통 도로에서 보조기층에 입상재료를 사용하는 경우에는 원칙적으로 아스팔트 중간층을 설치해야 한다.

10.2.4 콘크리트 슬래브

콘크리트 슬래브는 직접 교통에 공용되어 그 하중을 지지하는 가장 중요한 층으로, 온도변화나 건조수축 등에 의한 균열의 위치를 인위적으로 조절하기 위하여 적당한 간격으로 줄눈을 설치하기도 한다.

콘크리트 슬래브는 보통 직선의 횡단경사를 갖는 동일한 두께의 단면으로 설계하며, 철망이나 철근으로 보강한다. 보강철근의 역할은 균열의 발생 자체를 막는 것이 아니라 발생한 균열이 과도하게 벌어지는 것을 막는 데 있다. 철망으로는 원형철근이나 이형철근을 사용하며 철근으로는 이형철근을 사용한다.

10.2.5 줄 눈

콘크리트 슬래브의 수축응력이나 팽창응력을 경감하고 균열을 일정한 장소로 유도하기 위하여 콘크리트 슬래브에는 줄눈(joint)을 설치한다.

줄눈은 그 위치에 따라 횡방향줄눈(=가로줄눈)과 종방향줄눈(=세로줄눈)으로 구분하며, 횡방향줄눈은 기능에 따라 수축줄눈, 팽창줄눈, 시공줄눈 등으로 구분한다(그림 10.2 참조).

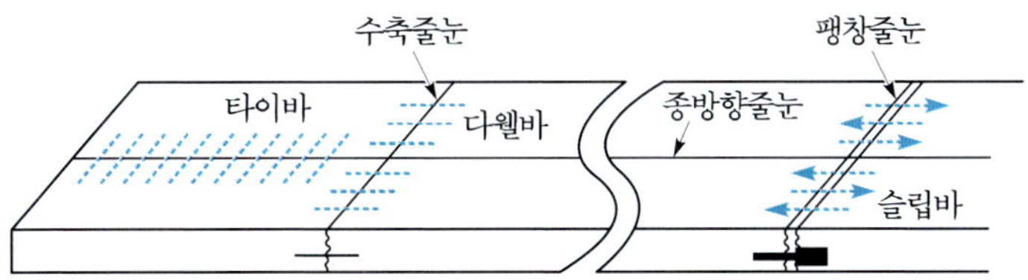

그림 10.2 줄눈과 보강철근

수축줄눈은 콘크리트 슬래브가 수축할 때 불규칙한 균열이 발생하는 것을 막기 위해 설치하는 줄눈이며, 팽창줄눈은 콘크리트 슬래브가 팽창할 수 있는 공간을 설치하기 위한 줄눈이다.

시공줄눈은 콘크리트 슬래브의 1일 포설 종료 시에 설치하는 줄눈이다. 종방향 줄눈은 종방향 균열의 발생을 방지하기 위하여 설치하는 줄눈이다.

수축줄눈에는 다웰바(dowel bar), 팽창줄눈에는 슬립바(slip bar)를 설치하며, 설치목적은 줄눈부에서의 하중전달을 원활히 하여 하중에 의한 슬래브의 처짐을 감소시켜 주고 승차감을 좋게 유지시켜 주는 데 있다. 다웰바나 슬립바에는 원형철근을 많이 사용한다.

표 10.1 줄눈의 간격과 구조

<table>
<tr><th colspan="3">줄눈의 종류</th><th>줄눈의 간격</th><th>줄눈 구조</th><th>보강철근</th></tr>
<tr><td rowspan="4">횡방향 줄눈 (가로 줄눈)</td><td colspan="2">수축줄눈</td><td>6~10m</td><td>맹줄눈</td><td>다웰바</td></tr>
<tr><td rowspan="2">팽창줄눈</td><td>10~5월 시공</td><td>t=15, 20cm : 60~120m
t=25cm 이상 : 120~240m</td><td rowspan="2">맞댄줄눈</td><td rowspan="2">슬립바</td></tr>
<tr><td>6~9월 시공</td><td>t=15, 20cm : 160~240m
t=25cm 이상 : 240~480m</td></tr>
<tr><td colspan="2">시공줄눈</td><td>시공 종료 시마다</td><td>맞댄줄눈</td><td>다웰바</td></tr>
<tr><td colspan="3">종방향 줄눈(세로줄눈)</td><td>1차로마다(4.5m 이내)</td><td>맹줄눈
맞댄줄눈</td><td>타이바</td></tr>
</table>

주) t=콘크리트 슬래브의 두께

종방향 줄눈에는 타이바(tie bar)를 설치하며, 줄눈부에 발생한 균열이 과도하게 벌어지는 것을 막아주고 양쪽 슬래브를 견고하게 연결해 주는 역할을 한다. 타이바에는 이형철근을 사용한다.

줄눈의 간격과 구조는 표 10.1과 같으며, 11장에서 자세히 설명한다.

10.3 콘크리트 포장의 종류

콘크리트 포장의 종류에는 횡방향 줄눈과 보강철근의 유무 및 형식에 따라 무근 콘크리트 포장(jointed concrete pavement : JCP), 철근 콘크리트 포장(jointed reinforced concrete pavement : JRCP), 연속철근 콘크리트 포장(continuously reinforced concrete pavement : CRCP) 및 프리스트레스트 콘크리트 포장(prestressed concrete pavement : PCP), 롤러 다짐 콘크리트 포장(roller compacted concrete pavement, RCCP) 등이 있다.

그림 10.3은 여러 가지 콘크리트 포장의 유형을 나타낸 것이다.

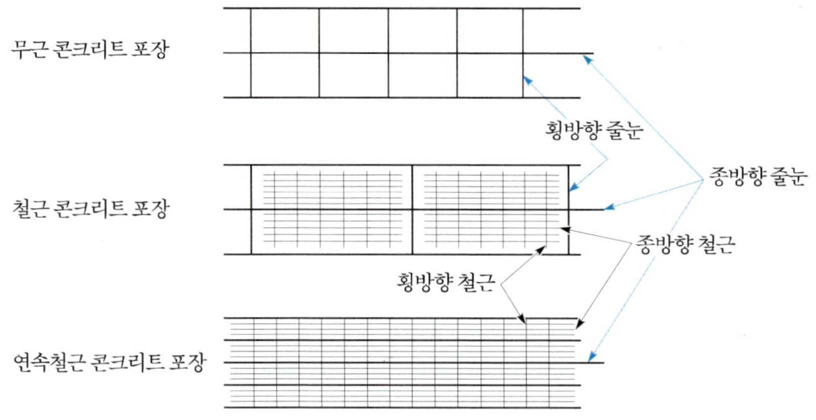

그림 10.3 콘크리트 포장의 종류

10.3.1 무근 콘크리트 포장

무근 콘크리트 포장은 철근보강이 없는 포장으로서, 일정한 간격으로 줄눈을 설치하여 균열의 발생위치를 조절하고, 줄눈부에 다웰바를 설치하여 하중전달을 돕기도 한다.

이 포장에서는 줄눈 이외에서는 균열을 허용하지 않으며, 이는 철근보강이 없으므로 줄눈부

이외에서 발생한 균열이 과대하게 벌어지는 것을 막을 수가 없기 때문이다. 미세한 균열의 발생과 확산을 방지하기 위하여 철망을 삽입하는 경우도 있다.

무근 콘크리트 포장은 콘크리트 슬래브와 보조기층 사이에 분리막을 설치하며, 이는 두 층 사이의 마찰력을 줄임으로써 온도변화와 건조수축에 의한 슬래브의 움직임을 억제하는 구속력을 감소시키기 위한 것이다.

이 포장은 일반 도로구간, 지지력이 균일한 산악지역 등에 주로 사용한다.

10.3.2 철근 콘크리트 포장

철근 콘크리트 포장은 무근 콘크리트 포장의 많은 줄눈으로 인한 문제점을 감소시키기 위한 것으로, 줄눈의 개수를 감소시키며 줄눈 이외에서 발생하는 균열을 어느 정도 허용하며, 이러한 균열이 과대하게 벌어지는 것을 방지하기 위하여 종방향 철근을 사용하는 포장이다. 이 포장은 줄눈의 수는 줄었으나 줄눈 부위에서 균열이 발생하는 문제점이 남아 있다.

일반적인 도로구간에는 별로 사용하지 않으며 주로 절성토 경계부, 구조물 접속부, 교대 배면 등의 부등침하가 예상되는 경우에 사용한다.

10.3.3 연속철근 콘크리트 포장

연속철근 콘크리트 포장은 슬래브의 횡방향 줄눈을 모두 생략한 것으로서, 이 때문에 생기는 슬래브의 횡방향 균열에 대해서는 상당량의 종방향 철근(콘크리트 단면적의 0.6~0.7%)을 사용하여 균열의 폭을 좁게 하려고 한 것이다.

이 포장은 가능한 한 온도변화 및 건조수축에 의한 슬래브의 움직임을 막아야 하므로 슬래브와 보조기층 사이의 분리막을 사용하지 않는다.

이 포장은 균열이 없으므로 승차감이 좋고 포장수명도 길기 때문에 고급 도로나 중교통 도로에 많이 사용한다.

10.3.4 프리스트레스트 콘크리트 포장

프리스트레스트 콘크리트 포장은 콘크리트 슬래브에 미리 프리스트레스를 주어서 슬래브에 생기는 인장응력을 경감하도록 한 것이다. 이렇게 함으로써 슬래브의 두께를 늘리지 않고도 구조적으로 강하게 할 수 있고, 또 횡방향 줄눈의 수가 상당히 생략되므로 자동차 주행 시에 승차감을 좋게 할 수 있다.

보통 PC강재를 포스트텐션(posttension)방식 또는 프리텐션(pretension)방식으로 긴장함으로써 프리스트레스를 줄 수 있다.

10.4 콘크리트 포장 설계법의 종류

시멘트 콘크리트 포장(약칭 : 콘크리트 포장) 설계법으로는 일본도로협회에서 개발한 콘크리트 포장 요강 설계법 및 미국의 AASHTO에서 1972년(1981년 개정), 1986년, 2002년에 개발한 설계법이 있다. 우리나라에는 2011년에 개발된 한국형 포장설계법이 있다.

일본의 콘크리트 포장 요강 설계법은 교통량 등급과 노상의 지지력에 따라 콘크리트 슬래브와 보조기층의 두께를 결정하는 경험적 설계법이다.

미국에서 1972년, 1986년에 개발된 AASHTO 설계법은 1950년대부터 실시한 다양한 현장시험에 근거하여 개발된 경험적 설계법으로 도표를 이용하는 방법이며, 2002년 설계법은 1986년 설계법의 미비점을 보완한 역학적-경험적 설계법이다.

우리나라에서 개발된 한국형 포장설계법은 시험도로의 현장계측자료에 근거한 역학적-경험적 설계방법으로 설계프로그램을 사용하여 자동으로 계산되는 방법이다.

10.5 콘크리트 포장 요강 설계법

10.5.1 보조기층의 설계

보조기층의 두께는 노상의 지지력계수 또는 설계 CBR을 기초로 하여 설계하며, 최소 두께는 15cm 이상이어야 한다.

동결융해를 받는 한랭지방에서는 그 지역의 동결깊이를 구하여 지지력계수나 설계 CBR로부터 구한 포장두께와 비교하여, 동결깊이가 큰 경우에는 그 차이만큼 동상을 일으키지 않는 재료로 두껍게 해야 한다.

(1) CBR에 의한 보조기층의 설계

노상의 CBR에 의하여 보조기층의 두께를 결정하기 위해서는 우선 노상의 설계 CBR을 구하고 표 10.2에 의하여 보조기층의 두께를 결정한다.

표 10.2 노상의 설계 CBR과 보조기층 두께 (단위 : cm)

노상의 설계 CBR	2	3	4	6	8	12 이상
L, A 교통	50	35	25	20	15	15
B, C, D교통	60	45	35	25	20	15

(2) 지지력계수에 의한 보조기층의 설계

시멘트 콘크리트 포장의 보조기층의 설계는 보조기층의 지지력계수가 20kg/cm^{3}로 되도록 시험보조기층을 만들어 결정하며, 이것이 곤란한 경우에는 그림 10.4의 설계곡선을 써서 그 두께를 결정한다.

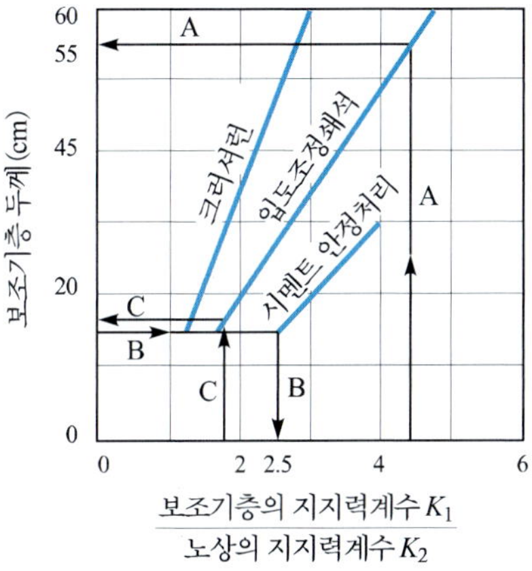

그림 10.4 보조기층 두께 설계곡선

실제로 시공한 보조기층의 지지력계수가 15~20kg/cm^{3}인 경우에는 설계를 변경할 필요가 없고, 15kg/cm^{3}보다 작게 되는 경우에는 안정처리 등의 수단으로 설계를 변경해야 한다.

지지력계수는 KS F 2310(도로의 평판재하 시험방법)에 따라 구한다. 설계에 사용하는 지지력계수는 거의 동일 재료로 노상을 시공한 구간에 대해서 절토구간 3개소 이상, 성토구간 3개소 이상의 실측값을 기초로 하여 다음 식으로 구한다.

$$\text{지지력계수} = \text{각 지점의 지지력계수의 평균} - \frac{\text{지지력 계수의 최대치} - \text{지지력 계수의 최솟값}}{C} \quad (10.1)$$

여기서, C는 표 6.12에 표시한 계수를 사용한다.

예제 10.1

노상의 지지력계수를 6개소에서 측정하였는데 6.8, 6.5, 5.6, 5.2, 4.5 및 4.3kg/cm^{3}이었다. 보조기층의 두께를 구하라.

풀이

식 (10.1)에 의하여

$$\text{노상의 지지력계수} = 5.5 - \frac{6.8 - 4.3}{2.67} = 4.6$$

$$\frac{\text{보조기층의 지지력계수}}{\text{노상의 지지력계수}} = \frac{K_1}{K_2} = \frac{20}{4.6} = 4.3$$

보조기층으로 입상재료를 이용한다면 그림 10.4에서 A의 화살표를 보면 55cm의 보조기층 두께가 필요하다.

예제 10.2

[예제 10.1]의 경우에 상부보조기층에 두께 15cm의 시멘트안정처리를 채택한다면 보조기층의 두께는 어떻게 되는가?

풀이

시멘트안정처리층의 밑면에 필요한 지지력계수는 그림 10.4에서 세로축의 15cm에서 B의 화살표를 보면 $K_1/K_2 = 2.5$를 얻는다. 따라서 시멘트안정처리층의 밑면에서필요한 지지력계수는 20/2.5=8kg/cm^{3}로 된다.

여기서, 하부보조기층에서의 K_1/K_2는

$$\frac{\text{보조기층의 지지력계수}}{\text{노상의 지지력계수}} = \frac{8}{4.6} = 1.7$$

그림 10.4에서 가로축의 1.7에서 C의 화살표를 따라가면 시멘트안정처리층의 밑에 사용할 입상재료의 두께는 약 20cm가 된다.

따라서 입상재료 20cm, 시멘트안정처리층 15cm, 합계 35cm의 보조기층이 필요하다.

10.5.2 콘크리트 슬래브의 두께

콘크리트 슬래브의 두께는 콘크리트의 휨강도를 45kg/cm^{2}로 할 때 교통량에 따라 표 10.3을 표준으로 한다. 설계에 사용하는 교통량의 구분은 공용개시 5년 후에 대형차의 1일 1방향당 교통량에 의한 것으로 표 8.8에 따라 분류한다.

표 10.3 콘크리트 슬래브의 두께

교통량 구분	콘크리트 슬래브 두께(cm)
L 교통	15(20)
A 교통	20(25)
B 교통	25
C 교통	28
D 교통	30

주) 괄호 안의 값은 휨강도를 40kg/cm^{2}로 한 경우이다.

10.5.3 보조기층면의 분리막 설치

무근 콘크리트 포장이나 철근 콘크리트 포장에서는 보조기층과 슬래브 사이에 분리막을 설치해야 하며, 이는 슬래브와 보조기층 사이의 마찰저항을 감소시켜 온도나 습도변화에 따른 슬래브의 팽창작용을 원활히 하도록 하기 위한 것이다.

분리막은 콘크리트 중의 수분이나 모르타르가 보조기층으로 손실되는 것을 막아주고, 보조기층 표면의 이물질이 콘크리트에 혼입되는 것을 방지하는 역할도 한다.

연속철근 콘크리트 포장에서는 슬래브와 보조기층 사이의 마찰저항을 증대시켜 팽창을 구속하는 것이 좋으므로 분리막을 사용하지 않는다.

분리막은 취급이 용이하고, 물을 흡수하지 않고, 콘크리트를 타설할 때 찢어지지 않아야 하며, 보통 폴리에틸렌 시트(polyethlene sheet)를 사용한다.

10.5.4 콘크리트 포장의 단면 설계 예

최종적인 포장단면은 보조기층의 결과를 기초로 하여 사용재료, 시공법, 현장조건, 경제성 등을 포함한 종합적인 비교 검토를 한 후 결정하는 것이 좋으며, 설계 예를 그림 10.5에 표시한다.

교통량 구분	노상설계 CBR / 보조기층	2	3	4	6	8	12이상
L·A 교통	입상재료	15~20 콘크리트슬래브 25 CBR>80 40 CBR>20 15~30 차단층	15~20 콘크리트슬래브 20 CBR>80 25 CBR>20	15~20 콘크리트슬래브 25 CBR>80	15~20 콘크리트슬래브 25 CBR>80	15~20 콘크리트슬래브 15 CBR>80	15~20 콘크리트슬래브 15 CBR>80
	시멘트 안정처리 (입상재료)	15~20 콘크리트슬래브 20 시멘트안정처리 30 CBR>20 15~30 차단층	15~20 콘크리트슬래브 15 시멘트안정처리 20 CBR>20	15~20 콘크리트슬래브 15 시멘트안정처리	15~20 콘크리트슬래브 15 시멘트안정처리	15~20 콘크리트슬래브 15 시멘트안정처리	15~20 콘크리트슬래브 15 시멘트안정처리
B 교통	입상재료	25 콘크리트슬래브 35 CBR>80 45 CBR>20 15~30 차단층	25 콘크리트슬래브 30 CBR>80 30 CBR>20	25 콘크리트슬래브 20 CBR>80 25 CBR>20	25 콘크리트슬래브 25 CBR>80	25 콘크리트슬래브 20 CBR>80	25 콘크리트슬래브 15 CBR>80
	시멘트 안정처리 (입상재료)	25 콘크리트슬래브 35 CBR>80 45 CBR>20 15~30 차단층	25 콘크리트슬래브 20 시멘트안정처리 25 CBR>20	25 콘크리트슬래브 20 시멘트안정처리	25 콘크리트슬래브 15 시멘트안정처리	25 콘크리트슬래브 15 시멘트안정처리	25 콘크리트슬래브 15 시멘트안정처리
C·D 교통	시멘트 안정처리 (입상재료)	28~30 콘크리트슬래브 4 중간층 아스팔트 25 CBR>80 45 CBR>20 15~30 차단층	28~30 콘크리트슬래브 중간층 아스팔트 20 CBR>80 30 CBR>20	28~30 콘크리트슬래브 4 중간층 아스팔트 10 CBR>80 25 CBR>20	28~30 콘크리트슬래브 4 중간층 아스팔트 15 CBR>80	28~30 콘크리트슬래브 4 중간층 아스팔트 15 CBR>80	28~30 콘크리트슬래브 4 중간층 아스팔트 15 CBR>80
	시멘트 안정처리 (입상재료)	28~30 콘크리트슬래브 20 시멘트안정처리 45 CBR>20 15~30 차단층	28~30 콘크리트슬래브 20 시멘트안정처리 25 CBR>20	28~30 콘크리트슬래브 20 시멘트안정처리	28~30 콘크리트슬래브 15 시멘트안정처리	28~30 콘크리트슬래브 15 시멘트안정처리	28~30 콘크리트슬래브 15 시멘트안정처리

그림 10.5 콘크리트 포장 단면의 설계 예(단위 : cm)

10.6 AASHTO 1972년 설계법(1981년 개정)

10.6.1 설계기본식

AASHTO 도로시험에서 정립된 서비스능력-공용성 개념(serviceability-performance concept)을 토대로 하여 개발된 시멘트 콘크리트 포장의 설계기본식은 다음과 같다.

$$\log W_{8.2} = 7.35\log(D+1) - 0.06 + \frac{G_t}{1.0 + \dfrac{1.624\times 10^7}{(D+1)^{8.46}}}$$
$$+ (4.22 - 0.32P_t)\log\left\{\frac{S_c'(D^{0.75} - 1.132)}{215.63J\left(D^{0.75} - \dfrac{18.42}{(E_c/k)^{0.25}}\right)}\right\} \tag{10.2}$$

여기서, $W_{8.2}$: 설계공용기간 동안의 8.2톤 등가단축하중의 누가통과횟수(1차로당)

D : 콘크리트 슬래브 두께(inch)

G_t : $\log\dfrac{4.5-P_t}{4.5-1.5}$ 로 표시되며, P_t 는 최종 서비스지수

S_c' : 콘크리트의 파괴계수(psi=pound/inch^2)

E_c : 콘크리트의 탄성계수(psi)

J : 하중전달계수

k : 복합반력계수(pci=pound/inch^3)

이 기본식을 이용하여 콘크리트 슬래브 두께를 구할 수 있으며, 이를 손쉽게 구할 수 있도록 도표(nomograph)로 작성한 것이 그림 10.6으로서, 이는 설계기간 동안의 8.2톤 등가단축하중 통과횟수가 50,000 이상인 경우에 적용하는 것이 바람직하다.

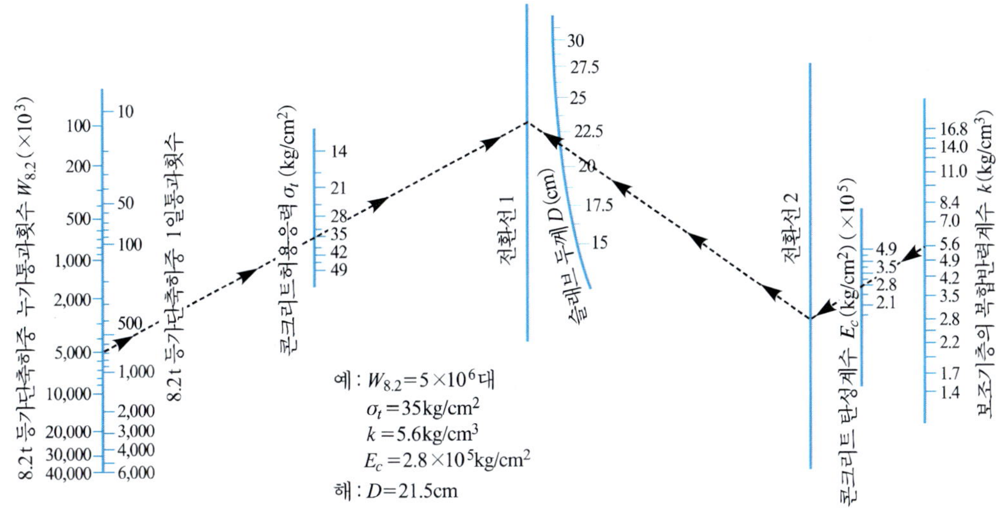

그림 10.6 콘크리트 포장 슬래브 두께 설계도표

10.6.2 설계입력변수

(1) 8.2톤 등가단축하중 누가통과횟수 $W_{8.2}$

$W_{8.2}$를 구하는 방법은 아스팔트 포장 설계법과 동일하다.

(2) 복합반력계수 k

복합반력계수는 콘크리트 슬래브와 접하고 있는 보조기층 상면에서의 지지능력을 나타내는 것으로서, 보조기층의 재료, 두께 및 탄성계수(E_1)와 노상의 지지력계수나 회복탄성계수로부터 그림 10.7을 이용하여 복합반력계수를 구한다.

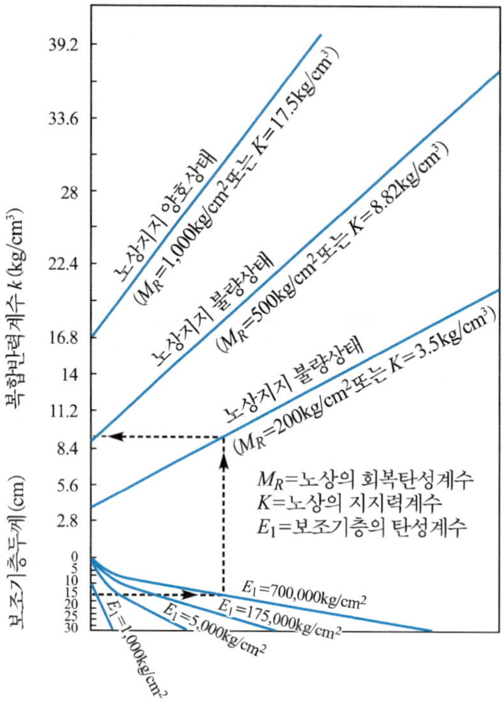

그림 10.7 복합반력계수 산정도표

예를 들면, 시멘트안정처리된 두께 15cm 보조기층의 탄성계수가 700,000kg/cm^{2}이고, 이것이 지지력계수 K가 3.5kg/cm^{3}인 불량한 노상에 시공되었을 경우, 보조기층 상면의 복합반력계수 k는 9.4kg/cm^{3}가 된다.

(3) 콘크리트의 재료 특성

콘크리트의 탄성계수 E_c는 압축강도로부터 다음 식을 이용하여 구한다.

$$E_c = 15,000\sqrt{\sigma_{28}} \tag{10.3}$$

여기서, E_c : 콘크리트의 탄성계수(kg/cm^2)

σ_{28} : 콘크리트의 압축강도(kg/cm^2)

콘크리트의 파괴계수 S_c'는 28일간 양생한 공시체에 대하여 휨강도시험(단순보의 3등분점 하중법시험)을 실시하여 구한 휨강도를 사용한다.

(4) 하중전달계수 J

하중전달계수는 줄눈, 균열 또는 포장과 길어깨 사이 등 콘크리트 슬래브의 불연속 지점에서 하중전달의 능력을 나타내는 계수로서, 하중전달이 잘 될수록 작은 값이며, 표 10.4의 값을 사용한다.

표 10.4 포장조건에 따른 하중전달계수

		아스팔트 길어깨	콘크리트 길어깨
무근 및 철근 콘크리트 포장	다웰바 사용	3.2	2.5~3.1
	다웰바 비사용	3.8~4.4	3.6~4.2
연속철근 콘크리트 포장		2.9~3.2	2.3~2.9

10.7 AASHTO 1986년 설계법

10.7.1 기본설계식

시멘트 콘크리트 포장의 AASHTO 1986년 설계기본식은 다음과 같다.

$$\log(W_{8.2}) = Z_R\,S_o + 7.35\log(D+1) - 0.06 + \frac{\log\dfrac{\Delta PSI}{4.5-1.5}}{1.0+\dfrac{1.624\times10^7}{(D+1)^{8.46}}}$$

$$+ (4.22-0.32P_t)\log\left\{\frac{S_c'\,C_d\,(D^{0.75}-1.132)}{215.63J\left(D^{0.75}-\dfrac{18.42}{(E_c/k)^{0.25}}\right)}\right\} \qquad (10.4)$$

여기서, $W_{8.2}$: 설계공용기간 동안의 8.2톤 등가단축하중의 누가통과횟수(1차로당)

Z_R : 표준정규편차

S_o : 교통량예측과 공용성 예측에 대한 표준오차

D : 콘크리트 슬래브 두께(inch)

ΔPSI : 초기 서비스지수 P_o와 최종 서비스지수 P_t의 차 = 서비스지수 손실

S_c' : 콘크리트의 파괴계수(psi=pound/inch^2)

E_c : 콘크리트의 탄성계수(psi)

J : 하중전달계수
C_d : 배수계수
k : 복합반력계수(pci=pound/inch^3)

10.7.2 설계입력변수

(1) 8.2톤 등가단축하중 누가통과횟수 $W_{8.2}$

$W_{8.2}$를 구하는 방법은 아스팔트 포장 설계법과 동일하다.

(2) 복합반력계수 k

보조기층의 두께와 탄성계수, 노상토의 회복탄성계수, 기반암(bed rock)의 깊이, 지지력 손실 등 여러 가지 요소들을 고려하고, 각종 도표를 이용하여 다음 단계와 같이 복합반력계수 k를 구한다(표 10.5 참조).

단계 1 : 복합반력계수에 대한 영향요소 결정 : 노상토의 회복탄성계수, 보조기층의 종류와 두께, 보조기층 재료의 탄성계수, 기반암의 깊이

단계 2 : 각 월별 노상의 회복탄성계수 M_R을 구한다.

단계 3 : 각 월별 보조기층의 탄성계수를 구한다(표 10.5 참조).

단계 4 : 노상면으로부터 기반암의 깊이가 3m 이상인 노상의 경우에는 그림 10.8에서 복합반력계수 k_∞를 구한다.

단계 5 : 기반암의 깊이가 3m 이내(강성기초)인 노상의 경우에는 그림 10.9에 따라 복합반력계수를 수정한다.

단계 6 : 콘크리트 슬래브의 두께를 가정한 후 그림 10.10을 이용하여 각 월별 상대손상 u_r를 구한다.

단계 7 : 총 상대손상값을 월수(月數)로 나누어 평균 상대손상을 결정하고 복합반력계수를 구한다.

단계 8 : 보조기층의 침식에 의해 야기되는 지지력손실을 고려하여 수정 복합반력계수를 구한다(표 10.6, 그림 10.11 참조)

표 10.5 복합반력계수 산정 예

시험보조기층 :

종류	입상재료
두께(cm)	15
지지력손실 LS	1.0
강성기초의 깊이(m)	1.5
슬래브 두께(cm)	23

(1) 월	(2) 노상 회복 탄성계수 M_R (kg/cm^2)	(3) 보조기층 탄성계수 E_{SB} (kg/cm^2)	(4) 복합반력계수 k_∞ (kg/cm^3) (그림 10.7)	(5) 강성기초의 k (kg/cm^3) (그림 10.8)	(6) 상대손상 u_r (그림 10.9)
1	1,400	3,500	30.4	37.4	0.35
2	1,400	3,500	30.4	37.4	0.35
3	175	1,000	4.4	6.4	0.86
4	280	1,000	6.4	8.3	0.78
5	280	1,000	6.4	8.3	0.78
6	490	1,400	11.3	15.0	0.60
7	490	1,400	11.3	15.0	0.60
8	490	1,400	11.3	15.0	0.60
9	490	1,400	11.3	15.0	0.60
10	490	1,400	11.3	15.0	0.60
11	280	1,000	6.4	8.3	0.78
12	1,400	3,500	30.4	37.4	0.35

계 : $\Sigma u_r = 7.25$

평균 : $u_r = \dfrac{\Sigma u_r}{n} = \dfrac{7.25}{12} = 0.60$

복합반력계수 $k_\infty = 15\text{kg/cm}^3$

지지력손실에 대한 수정 복합반력계수 $k = 4.7\text{kg/cm}^3$

표 10.6 보조기층 재료에 따른 탄성계수와 지지력 손실계수

보조기층 재료	탄성계수 E (kg/cm^2)	지지력 손실계수 LS
빈배합 콘크리트	70,000~210,000	0.0~1.0
시멘트안정처리	70,000~140,000	0.0~1.0
아스팔트안정처리	25,000~70,000	0.0~1.0
석회 안정처리	1,400~5,000	1.0~3.0
입상재료	1,000~3,100	1.0~3.0
자연 노상토	200~2,800	2.0~3.0

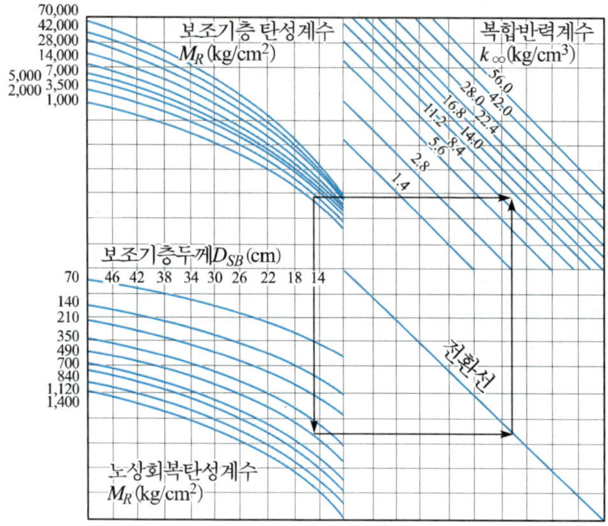

예 : D_{SB}=15cm　　　M_R=500kg/cm^2

E_{SB}=1,400kg/cm^2　　　해 : k_∞=11.0kg/cm^3

그림 10.8 복합반력계수 k_∞(기반암 깊이 3m 이상인 경우)

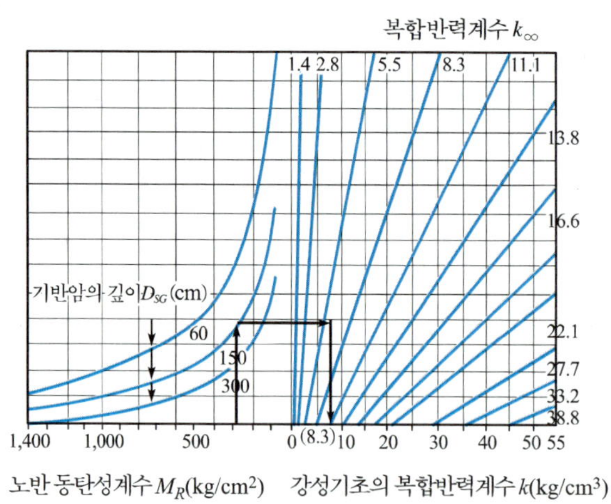

예 : M_R =280kg/cm^2　　　k_∞ =6.4kg/cm^3

D_{SG} =150cm　　　해 : k=8.3kg/cm^3

그림 10.9 강성기초인 경우의 복합반력계수 k

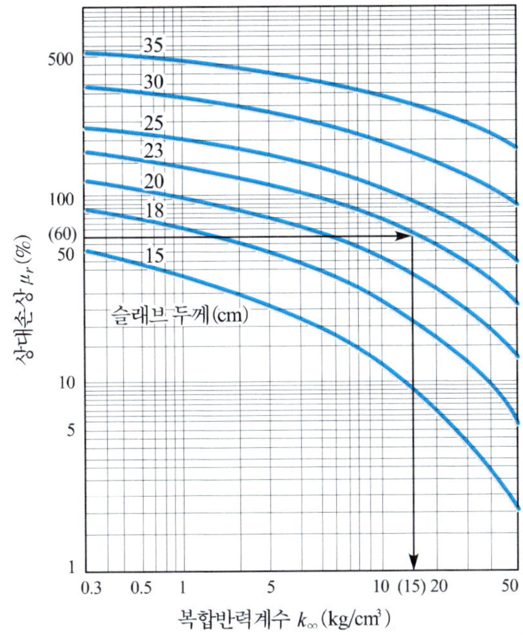

그림 10.10 복합반력계수와 상대손상

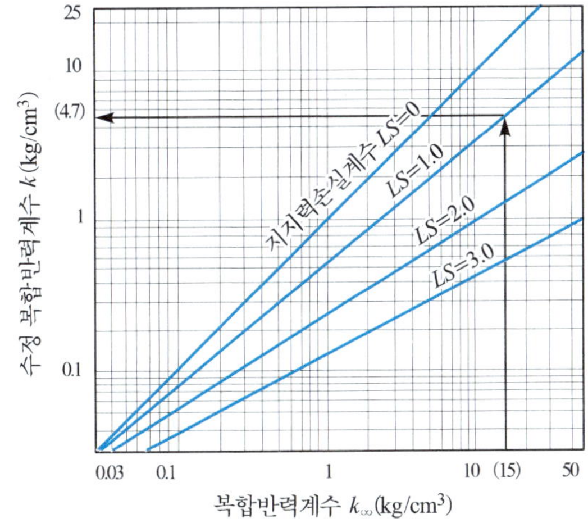

그림 10.11 보조기층 지지력손실에 대한 수정 복합반력계수

(3) 콘크리트의 재료 특성

콘크리트의 파괴계수 S_c'와 탄성계수 E_c는 AASHTO 1972년 설계법과 같은 방법으로 구한다.

(4) 하중전달계수 J

AASHTO 1972년 설계법에서와 동일한 값이다.

(5) 배수계수 C_d

배수계수는 배수조건이 포장수명에 미치는 영향을 나타내는 계수로서, 계획된 배수시설에 따라 표 10.7의 값을 사용하며 배수조건이 좋을수록 큰 값을 사용한다.

표 10.7 배수상태에 따른 배수계수

배수상태	배수 소요시간	포장체가 거의 포화상태에 있는 시간			
		1% 이하	1~5%	5~25%	25% 이상
우 수	2시간 이내	1.25~1.20	1.20~1.15	1.15~1.10	1.10
양 호	1일 이내	1.20~1.15	1.15~1.10	1.10~1.00	1.00
보 통	1주일 이내	1.15~1.10	1.10~1.00	1.00~0.90	0.90
불 량	1개월 이내	1.10~1.00	1.00~0.90	0.90~0.80	0.80
극히 불량	1개월 이상	1.00~0.90	0.90~0.80	0.80~0.70	0.70

(6) 기타 조건

신뢰도 R, 표준편차 S_o, 서비스지수 손실 ΔPSI는 아스팔트 포장 설계법에서와 같은 방법으로 구한다.

(7) 콘크리트 슬래브 두께 결정

(2)~(7)에서 구한 여러 변수의 값을 그림 10.12의 설계도표에 적용하여 콘크리트 슬래브 두께를 결정한다.

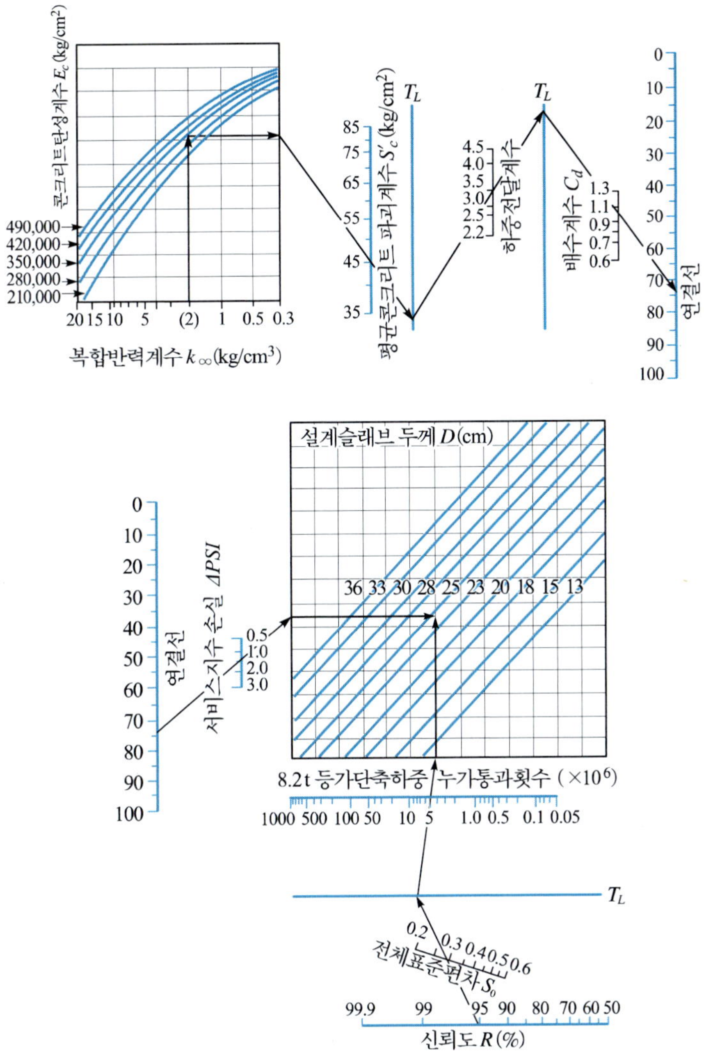

그림 10.12 콘크리트 포장의 설계도표

예제 10.3

8.2톤 등가단축하중 누가통과횟수 $W_{8.2}=5.1\times10^6$, 복합반력계수 $k=2$kg/cm³, 콘크리트 탄성계수 $E_c=$ 350,000kg/cm², 콘크리트 파괴계수 $S_c'=45$kg/cm², 하중전달계수 $J=3.2$, 배수계수 $C_d=1.0$, 신뢰도 $R=95\%$, 표준오차 $S_o=0.29$, 서비스지수 손실 $\Delta PSI=4.2-2.5=1.7$일 때의 콘크리트 슬래브 두께 D는 그림 10.12로부터 24cm가 된다.

10.8 한국형 포장 설계법

10.8.1 설계개요

한국형 포장 설계법은 컴퓨터 해석 프로그램을 사용하는 방법으로, 설계등급은 아스팔트 포장 설계법과 동일한 방법으로 도로의 종류와 교통량에 따라 표 8.18과 같이 1~3등급으로 구분한다.

설계등급 1, 2의 도로는 설계 해석 프로그램을 이용하여 포장 각층의 두께를 결정하며, 프로그램의 자료 입력 순서와 내용은 10.8.8절에서 설명한다.

설계등급 3의 도로는 교통조건(표 8.22)과 노상조건(표 8.23)에 따른 표준 설계단면(표 10.8, 그림 10.14)을 사용하여 포장 각층의 두께를 결정한다.

10.8.2 설계과정

한국형 포장 설계법의 콘크리트 포장에 대한 전반적인 설계과정은 아스팔트 포장 설계법과 유사하며, 다음과 같다.

① 시공 대상지역의 조건에 적합한 포장단면을 가정한다 : 예비설계
② 교통량, 환경조건, 재료물성 등과 관련된 입력변수들을 입력한다.
③ 설계 종료시 유지되어야 할 균열 및 국제평탄성지수의 허용기준을 설정한다.
④ 줄눈 간격, 타이바 등의 불연속면 설계를 수행한다.
⑤ 본 설계에서 제시된 회귀분석식을 이용하여 포장의 구조적 거동을 계산한다.
⑥ 피론손상 모형을 이용하여 매월별로 포장의 손상을 예측한다.
⑦ 전체 설계기간에 대하여 매월별로 누적된 손상을 계산한다.
⑧ 누적 손상을 이용하여 시멘트 콘크리트 포장의 균열률과 평탄성을 계산한다.
⑨ 예비설계 결과가 공용성 기준에 적합한지를 평가한다.
⑩ 기준을 만족하지 못하면, 예비설계의 단면을 변경한 후 위의 과정을 반복한다.
⑪ 기준을 만족하면, 다른 대안단면들에 대한 예비설계를 수행하고, 생애주기 비용분석에 의한 경제성 평가를 실시하여 최적대안을 선정한다.

10.8.3 사전 설계절차

(1) 설계구간 길이 결정 : 아스팔트 포장 설계법과 동일

(2) 포장형식 결정 : 아스팔트 포장 설계법과 동일

(3) 설계등급 결정 : 아스팔트 포장 설계법과 동일

(4) 설계대안 단면 결정

① 콘크리트 포장의 기본 설계단면으로부터 대안 단면을 3개 이상 결정한다.

② 기본 설계단면은 고속국도, 일반국도, 지방도로 구분하여 그림 10.13과 같이 적용한다.

③ 표층 재료는 시멘트 콘크리트 혼합물을 사용한다. 골재는 40mm 또는 32mm를 사용하고, 시멘트는 포틀랜드 시멘트, 특수시멘트, 혼합시멘트를 사용한다.

④ 기층 재료는 빈배합(lean) 콘크리트 골재의 표준입도를 사용한다.

⑤ 보조기층 재료는 입도번호 SB-1, SB-2를 사용한다.

⑥ 포장재료 물성과 교통량은 다음 절의 설계입력변수에 따른다.

⑦ 대안 단면에 대한 구조해석과 공용성해석을 통해 기준에 적합한 단면들을 선정한다.

⑧ 선정한 단면들의 경제성 분석을 통해 최적의 단면을 결정한다.

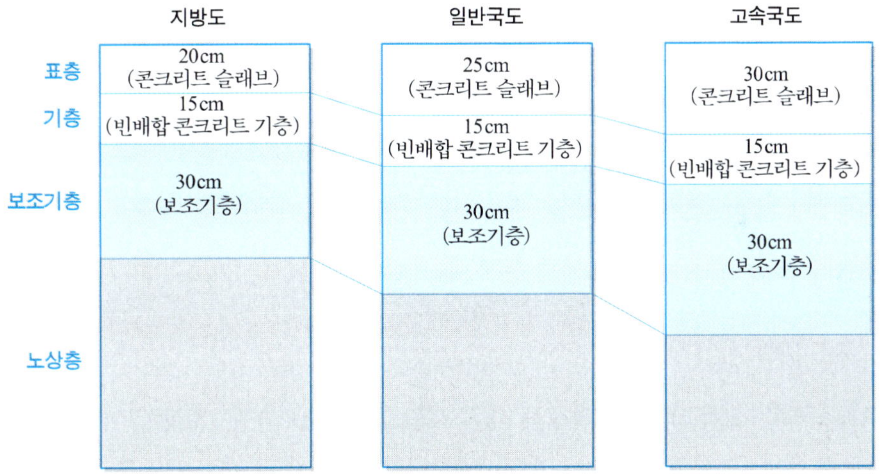

그림 10.13 시멘트 콘크리트 포장의 기본 설계단면

10.8.4 설계 입력변수

(1) 개설

① 설계 입력변수는 설계등급 1, 2, 3으로 구분하여 적용한다. 단, 설계 입력변수 중 교통특성 및 환경특성은 동일하게 결정한다.

② 설계 입력변수는 교통량, 환경특성, 하부구조 재료물성 및 시멘트 콘크리트 재료특성으로 구성된다.

(2) 설계등급 1

① 교통량, 환경특성, 하부구조 재료물성, 동상방지층에 대한 사항은 아스팔트 포장 설계법과 동일하다.

② 시멘트 콘크리트 포장 슬래브의 재료물성으로 탄성계수, 압축강도, 휨강도, 포아송비, 열팽창계수, 건조수축, 단위중량을 사용하며, 이들 재료물성은 원칙적으로 시험을 통하여 결정한다.

(3) 설계등급 2

① 교통량, 환경특성, 하부구조 재료물성, 동상방지층에 대한 사항은 아스팔트 포장 설계법과 동일하다.

② 시멘트 콘크리트 포장 슬래브의 재료물성으로 탄성계수, 압축강도, 휨강도, 포아송비, 열팽창계수, 건조수축, 단위중량을 사용한다.

탄성계수, 휨강도, 건조수축은 굵은 골재에 따른 예측방정식을 통해 설계 해석 프로그램에 입력하여 결정하며, 포아송비, 열팽창계수, 단위중량은 굵은 골재에 따라 설계 해석 프로그램에 입력하여 결정한다.

새로운 포장재료는 기존 재료와 유사한 경우에는 설계등급 1에 해당하는 시험만 수행하여 측정한 물성값을 사용하고, 유사하지 않은 경우에는 설계등급 1의 시험뿐만 아니라 공용성 평가를 하여야 한다.

10.8.5 구조 해석

(1) 구조 해석은 교통 및 환경 특성에 따른 포장체의 거동(변형, 응력)을 분석하는 것으로, 스프링 위에 놓인 평면쉘 이론을 사용한 유한요소해석 결과로부터 얻어진 회귀분석식을 이용한다.

(2) 시멘트 콘크리트 포장층은 선형 탄성, 등방, 균질하다고 가정하며, 포장층은 평면쉘로, 하부구조는 스프링으로 모델링한다.

10.8.6 공용성 해석

(1) 공용성 해석은 교통, 환경특성 등 주어진 조건 하에서 포장층의 공용성(피로균열, 스폴링, 평탄성)이 시간에 따라 저하되는 정도를 예측하는 것으로, 설계 해석 프로그램에서 자동으로 수행된다.

(2) 피로균열은 반복되는 교통하중에 의하여 표층에 손상이 누적되어 발생하며, 전체 포장 면적 중 피로균열이 발생한 면적의 비율을 피로균열률이라고 하며, 설계등급 1의 경우 15% 이하, 설계등급 2의 경우 20% 이하를 설계기준으로 한다.

(3) 스폴링(spalling)은 줄눈이나 균열 부근에서 콘크리트 슬래브 조각이 떨어져 나가는 파손으로, 전체 줄눈 중 스폴링이 발생한 줄눈의 비율로 나타낸다.

(4) 평탄성은 국제평탄성지수(IRI=단위거리에 대한 포장층 표면의 단차의 누적 길이)로 나타내며, 설계등급 1의 경우 3.5m/km 이하, 설계등급 2의 경우 4.0m/km 이하를 설계기준으로 한다.

10.8.7 경제성 분석

경제성 분석에 대한 사항은 아스팔트 포장 설계법과 동일하다.

10.8.8 설계등급 3

(1) 목표연도 연평균 일교통량 7,000대 이하인 도로에 적용하며, 교통조건(교통량, 중차량 비율)과 노상조건(탄성계수)에 따른 표준적인 설계단면을 적용한다.

(2) 교통조건은 아스팔트 포장 설계법과 동일하게 교통량에 따라 표 8.22와 같이 6단계로 구분한다.

(3) 노상조건은 아스팔트 포장 설계법과 동일하게 탄성계수에 따라 표 8.23과 같이 3단계로 구분하여 적용한다.

(4) 설계등급 3의 설계단면은 교통조건(C1~C6)과 노상조건(S1~S3)을 기준으로 설계 해석 프로그램을 이용하여 작성된 표준단면(표 10.8, 그림 10.14)이나 설계그래프(그림 10.15)를 사용한다.

표 10.8 시멘트 콘크리트 포장 설계등급 3의 표준단면

노상조건	단면(cm)	교통조건					
		C1	C2	C3	C4	C5	C6
S1	콘크리트 슬래브	15	15	16	18	19	21
	보조기층	15	15	15	15	15	15
	계	30	30	31	33	34	36

노상조건	단면(cm)	교통조건					
		C1	C2	C3	C4	C5	C6
S2	콘크리트 슬래브	15	15	15	17	19	20
	보조기층	15	15	15	15	15	15
	계	30	30	30	32	34	35
S3	콘크리트 슬래브	15	15	15	16	18	20
	보조기층	15	15	15	15	15	15
	계	30	30	30	31	33	35

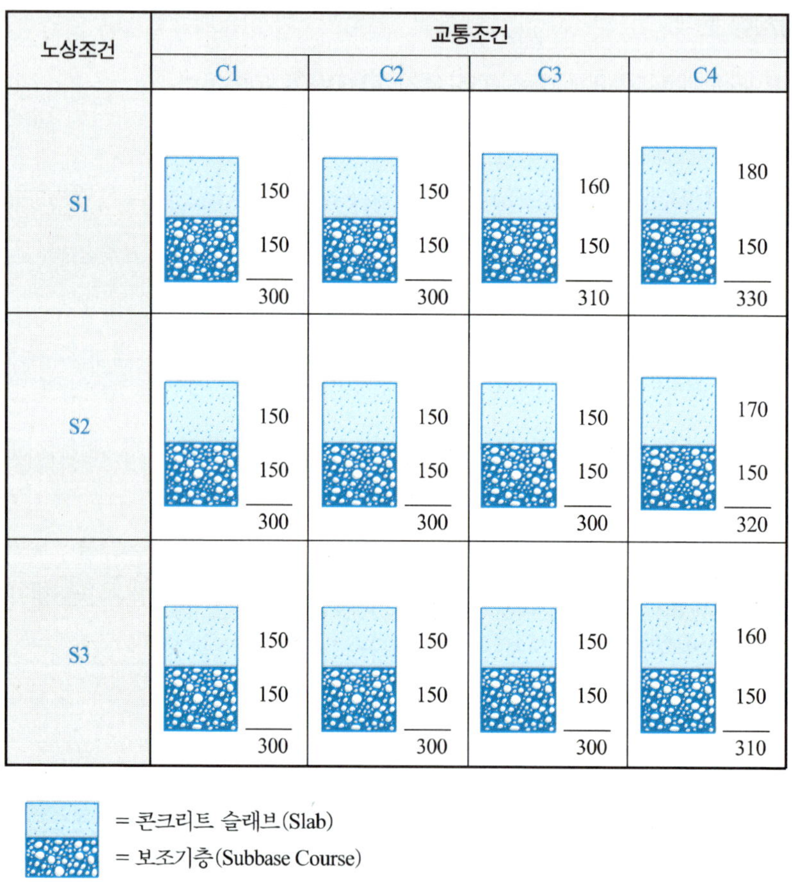

그림 10.14 시멘트 콘크리트 포장 설계등급 3의 표준단면

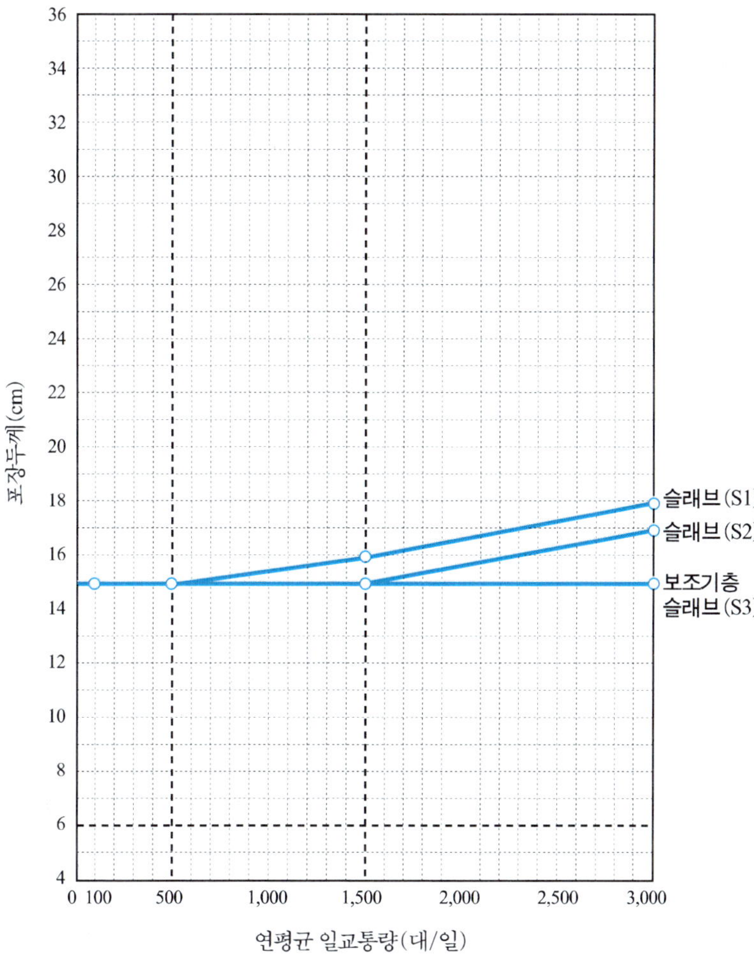

그림 10.15 시멘트 콘크리트 포장 설계등급 3의 설계그래프

10.8.9 시멘트 콘크리트 포장의 설계 예

(1) 시멘트 콘크리트 포장의 설계 프로그램 흐름은 그림 10.16과 같다.

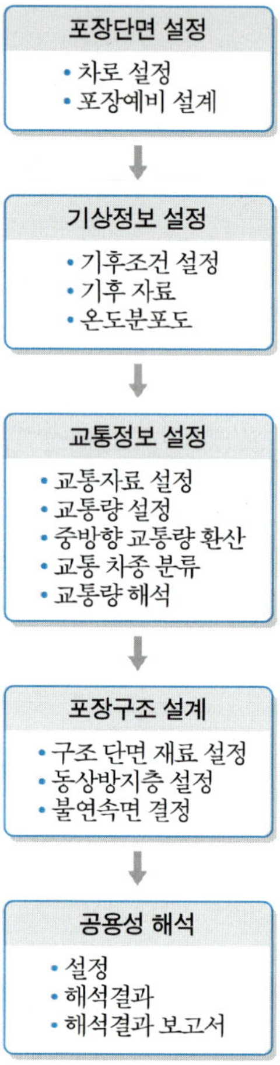

그림 10.16 시멘트 콘크리트 포장의 설계 흐름도

(2) 설계 해석 프로그램의 입력 순서와 내용은 다음의 ①~⑬과 같다.

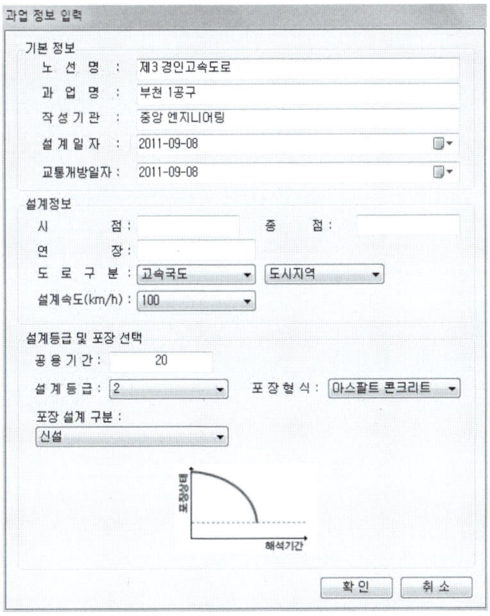

① 과업 정보 입력

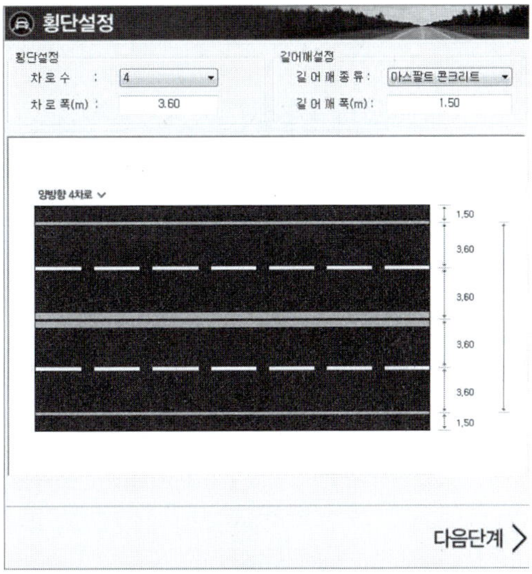

② 횡단설정

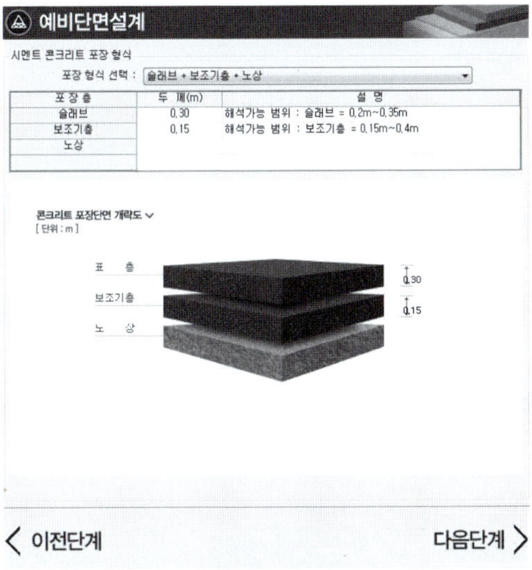

③ 예비단면설계

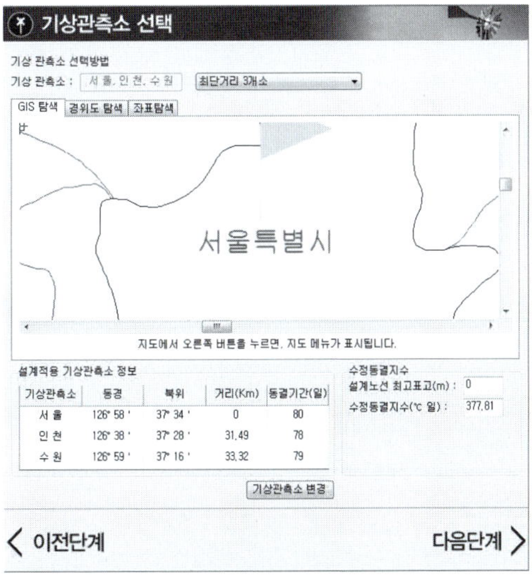

④ 기상관측소 선택

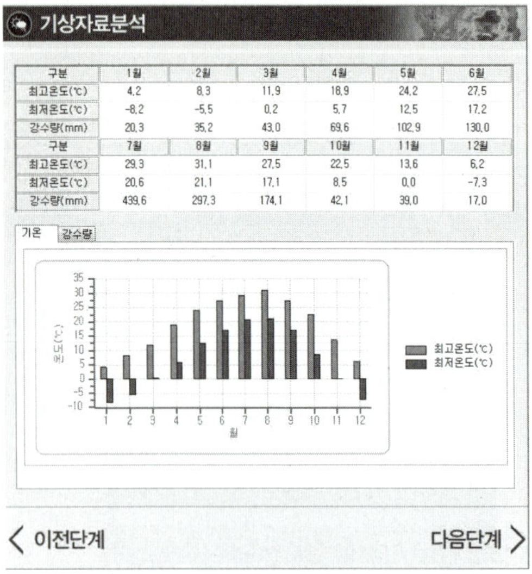

⑤ 기상자료 분석

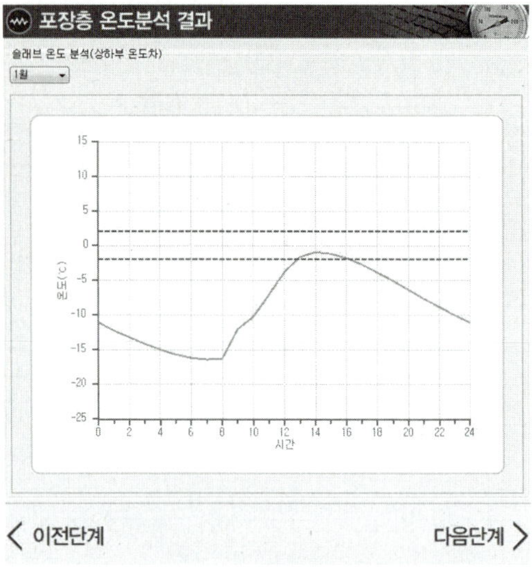

⑥ 포장층 온도분석 결과

⑦ 컬링주기 분석

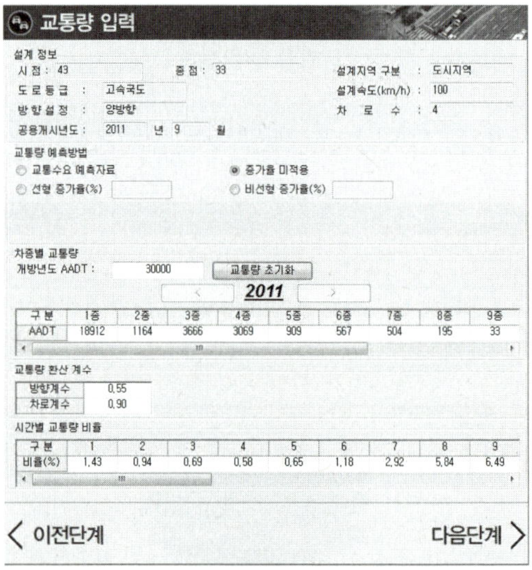

⑧ 교통량 입력

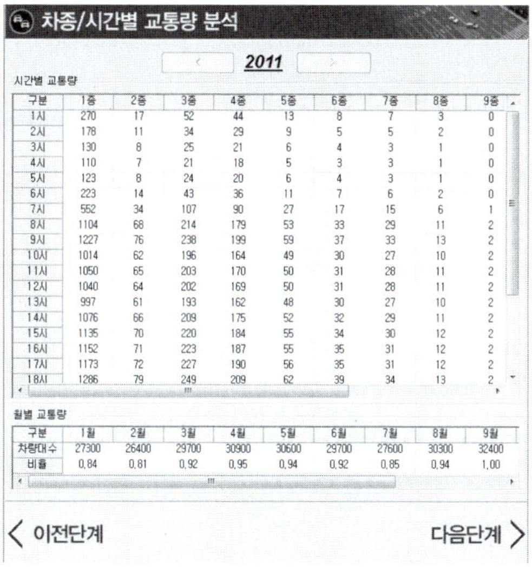

⑨ 교통량 분석

⑩ 설계차로 교통량 분석

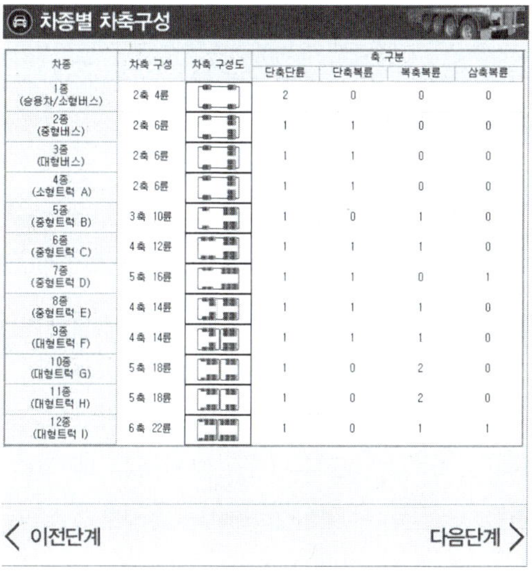

⑪ 차종별 차축 구성

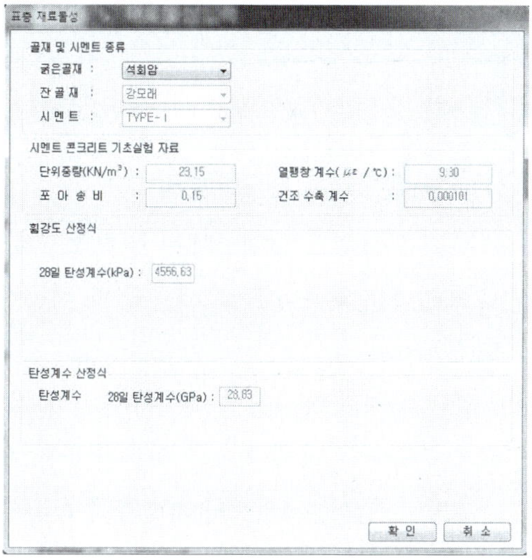

⑫ 콘크리트 재료물성 입력

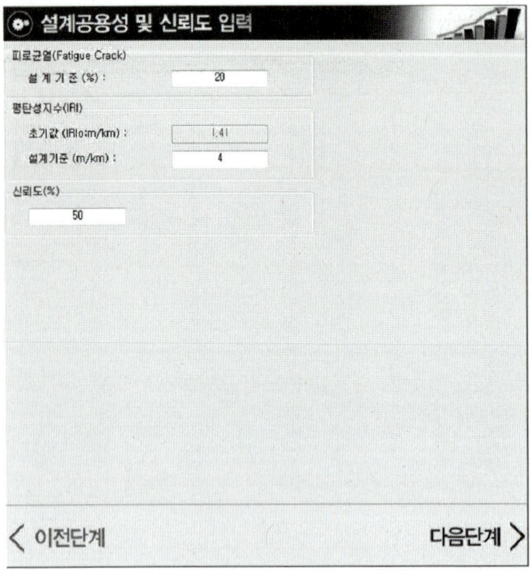

⑬ 공용성 기준 입력

10.9 콘크리트 슬래브의 철근 설계

10.9.1 콘크리트 포장 요강 설계법에 의한 철근 설계

(1) 무근 콘크리트 포장의 철망

무근 콘크리트 슬래브에는 원칙적으로 철망(wire mesh)을 사용하지만, 슬립폼 페이버로 포설하는 경우나 L, A 교통일 때 시공상 철망 사용이 곤란한 경우에는 철망을 생략할 수도 있다.

철망 설치의 목적은 슬래브에 균열이 생겨도 폭이 커지지 않고 균열면에서 골재가 서로 물려서 하중의 전달을 꾀함과 아울러 균열로 인하여 요철이 발생하는 것을 방지하는 데 있다.

철망의 폭은 콘크리트 슬래브의 폭보다 10cm 정도 좁게 한다. 철망의 길이는 겹이음을 20cm 정도로 하고 수축줄눈 간격 사이에 꼭 들어가도록 정하며, 또 운반이 편리하도록 정한다.

철망의 철근량은 $1m^2$에 대하여 3kg을 표준으로 하고, 보통 6mm의 원형철근 또는 이형철근을 써서 용접 또는 결속하여 망상으로 한다. 매입깊이는 콘크리트를 2층으로 나누어서 깔 경우에는 표면에서 콘크리트 슬래브 두께의 1/3의 위치, 슬래브 두께가 15cm인 경우에는 1/2의 위치, 철망 삽입기(mesh installer)를 사용할 경우에는 콘크리트 슬래브 표면에서 5~7cm로 한다.

콘크리트 슬래브의 세로방향 가장자리를 보강하기 위하여 세로방향 가장자리에 지름 13mm의 이형철근을 3개 결속하는 것이 좋다.

(2) 연속철근 콘크리트 포장의 철근

세로방향 철근(종방향 철근)은 가로방향 균열이 더 이상 벌어지지 않도록 발달을 억제하기 위한 것으로 항복강도 4,000kg/cm^2 이하의 이형철근을 사용한다.

최소철근비는 0.6%이며, 기온변화가 큰 지역이나 기온이 매우 낮은 지역에서는 0.7%로 한다. 또 콘크리트 단위체적에 대한 최소 부착면적비는 여름에는 0.0012cm^2/cm^3, 봄, 가을에는 0.0016cm^2/cm^{3}로 한다.

세로방향 철근은 슬래브 두께 중앙이나 중앙 바로 위에 배근하는 것이 좋으며, 배근 간격은 10cm~22.5cm, 콘크리트 덮개는 6.5cm 이상으로 한다. 철근의 이음은 직경의 30배 이상의 겹이음으로 하되, 겹이음부가 여러 방향으로 엇갈려있는 것이 좋다.

가로방향 철근(횡방향 철근)은 세로방향 균열을 억제하며, 배근 간격은 철근직경의 70배 또는 70cm~120cm이다.

연속철근 콘크리트 포장의 자유단부는 습도 및 온도변화에 의한 팽창을 억제하도록 정착단(anchor)을 설치하거나 신축줄눈을 설치해야 한다.

10.9.2 AASHTO 설계법에 의한 철근 설계

(1) 철근 콘크리트 포장의 철근

가로방향 철근이나 세로방향 철근을 구하는 방법은 동일하며, 다음 식을 이용하여 철근량을 구할 수 있다.

$$p_s = 0.23\frac{L \cdot f}{2F} \times 100(\%) \tag{10.5}$$

여기서, p_s : 콘크리트 단면적 중 철근이 차지하는 비율

L : 콘크리트 슬래브 길이(m)

f : 슬래브와 보조기층 사이의 마찰계수

F_s : 철근의 작용응력(항복강도의 75%)(kg/cm^2)

슬래브의 길이는 세로방향 철근의 경우 줄눈간격을 사용하며, 가로방향 철근의 경우에는 슬래브의 폭을 사용한다. 여기서 슬래브 폭은 자유단부(longitudinal free edge) 간의

거리를 말하며, 타이바로 연결된 것은 자유단부가 아니다.

슬래브와 보조기층 사이의 마찰계수는 표 10.9의 값을 사용한다.

표 10.9 슬래브 아래의 재료에 따른 마찰계수

슬래브 아래의 재료	마찰계수 f
표면처리	2.2
빈배합 콘크리트	1.9
석회안정처리	1.8
아스팔트안정처리	1.8
시멘트안정처리	1.8
강자갈	1.5
쇄 석	1.5
사암(sand stone)	1.2
자연지반(암반)	0.9

가로방향 철근의 간격은 다음 식에 의해 구한다.

$$Y = \frac{A}{p_s\,D} \times 100 \tag{10.6}$$

여기서, Y : 철근과 철근의 간격(cm)

A : 철근 1개의 단면적(cm^2)

p_s : 철근비(%)

D : 슬래브 두께(cm)

(2) 연속철근 콘크리트 포장의 철근

연속철근 콘크리트 포장에서 주철근은 포장의 전 구간에 걸쳐 연속되는 세로방향 철근이다.

가로방향 철근의 산정방법은 철근 콘크리트 포장의 가로방향 철근량 설계법과 동일하며, 식 (10.5), 식 (10.6)을 사용한다.

연속철근 콘크리트 포장에서 철근량이 너무 많으면 균열의 폭은 작아지나 균열이 많이 발생하고, 철근량이 적으면 균열의 발생은 줄어드나 균열폭이 벌어진다.

1) 설계기준

세로방향 철근의 설계에서는 다음 세 가지 사항을 만족하는 철근량을 구해야 한다.

① 균열간격이 너무 작으면 펀치아웃(punch out)이 생기고, 균열간격이 너무 크면 스폴링(spalling)이 발생하므로 균열간격은 1~2.5m를 유지하는 것이 좋다.

② 균열폭은 물의 침투를 방지하기 위하여 1mm 이하로 유지하는 것이 좋다.

③ 철근의 응력이 너무 커지면 철근이 영구적인 변형을 일으키거나 절단이 되는 경우도 있으므로 철근의 응력은 항복강도의 75% 이하가 되도록 한다.

2) 설계입력변수

세로방향 철근의 설계는 여러 개의 설계도표를 이용하여 철근비, 철근직경, 철근개수 등을 구하며, 이때 필요한 입력변수는 다음과 같다.

① 콘크리트의 간접인장강도, 건조수축계수(표 10.10 참조), 열팽창계수 α_c(표 10.11 참조)

② 철근의 허용응력(표 10.12 참조), 직경(19mm를 많이 사용), 열팽창계수 α_c

③ 온도강하 : 콘크리트의 평균 양생온도와 포장의 공용기간 동안의 예상되는 콘크리트의 최저온도와의 차이

④ 윤하중에 의해 콘크리트 슬래브에 발생하는 인장응력(그림 10.17 참조)

⑤ 슬래브 아래의 재료에 따른 마찰계수

표 10.10 콘크리트의 건조수축계수

간접 인장강도(kg/cm^2)	건조수축계수
21 이하	0.00080
28	0.00060
35	0.00045
42	0.00030
50 이상	0.00020

주) 간접인장강도는 28일 휨강도의 86% 정도를 사용할 수 있다.

표 10.11 굵은골재별 콘크리트의 열팽창계수 α_c

굵은골재의 종류	콘크리트 열팽창계수(10^{-6} ℃$^{-1}$)
석 영	11.9
사 암	11.7
자 갈	10.8
화강암	9.5
현무암	8.6
석회암	6.8

주) 국토해양부 콘크리트 표준시방서의 철근 열팽창계수 α_s : 1.0×10^{-5}℃$^{-1}$
콘크리트 열팽창계수 α_c : 1.0×10^{-5}℃$^{-1}$

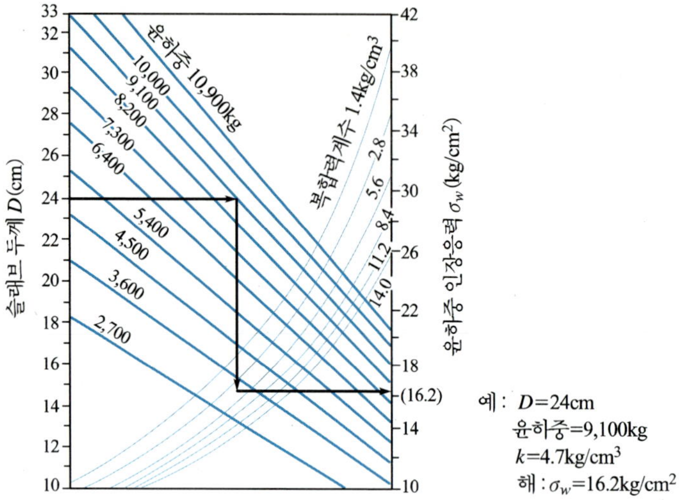

그림 10.17 윤하중 인장응력 산정도표

표 10.12 철근의 허용응력 (단위 : kg/cm^2)

28일 양생 콘크리트의 간접 인장강도(kg/cm^2)	철근 직경(mm)		
	ϕ13	ϕ16	ϕ19
21 이하	4,570	4,010	3,800
28	4,710	4,220	3,870
35	4,710	4,290	3,940
42	4,710	4,430	4,080
49	4,710	4,570	4,150
56 이상	4,710	4,710	4,220

3) 설계순서

세로방향 철근을 산정하기 위한 설계순서는 다음과 같다.

① 그림 10.18, 그림 10.19, 그림 10.20의 설계도표를 이용해서 각 제한기준에 합당한 최소철근비와 최대철근비를 구한다.

② 필요한 철근의 개수는 다음 식으로 구한다.

$$N = 0.01273\frac{p \cdot W_s \cdot D}{\phi^2} \tag{10.7}$$

여기서, N : 필요한 철근개수

p : 철근비(%)

W_s : 콘크리트 슬래브 폭(cm)

D : 콘크리트 슬래브 두께(cm)

ϕ : 철근 직경(cm)

③ 결정된 철근량을 이용하여 균열간격, 균열틈, 철근응력을 다시 산정한다.

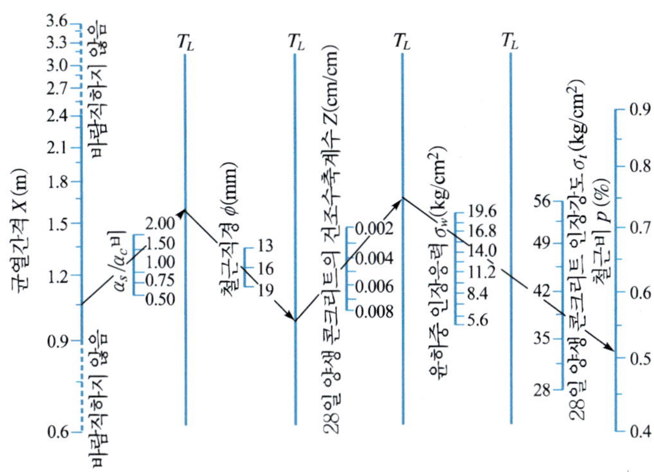

예 : $X=1\text{m}$
$\alpha_s/\alpha_c=1.32$
$\phi=16\text{mm}$
$Z=0.0004$

$\sigma_w=16.1\text{kg/cm}^2$
$\sigma_t=38.5\text{kg/cm}^2$
해 : $p=0.51\%$

그림 10.18 균열간격의 기준을 만족시키기 위한 철근비

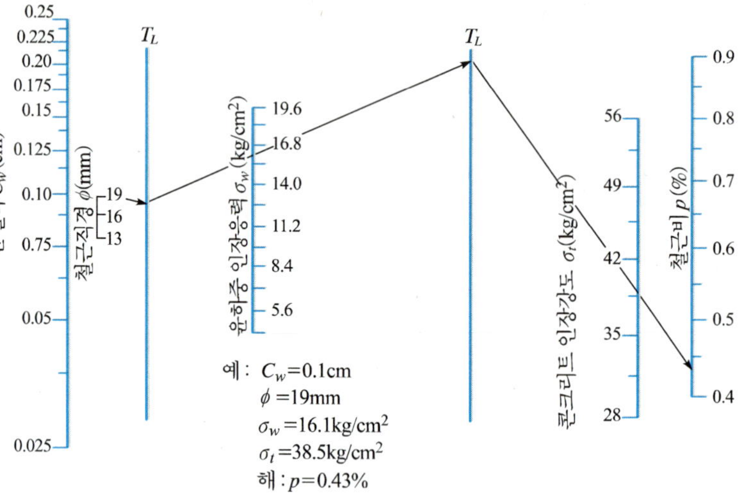

그림 10.19 균열의 폭을 만족시키기 위한 철근

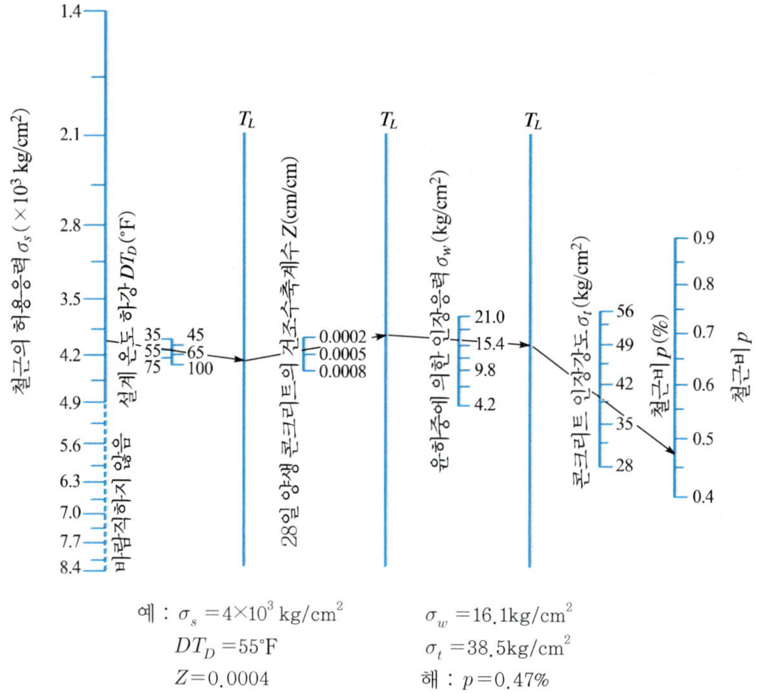

그림 10.20 철근응력의 기준을 만족시키기 위한 철근비

예제 10.4

슬래브두께 24cm의 연속철근 콘크리트 포장의 세로방향 철근을 설계하라. 단, 콘크리트의 인장강도 σ_t = 39kg/cm^2, 콘크리트의 건조수축계수 Z=0.0004, 윤하중인장응력 σ_w =16.2kg/cm^2, 철근과 콘크리트의 열팽창계수비 α_s/α_c =1.32, 설계온도 강하 DT_D =55°F(일평균 최고온도 75°F, 일평균 최저온도 20°F로 가정)

풀이

① 허용응력이 4,000kg/cm^{2}인 직경 19mm철근을 사용하면, 그림 10.18, 그림 10.19, 그림 10.20에서 균열간격(1~2.5m), 균열폭(1mm 이내), 철근의 허용응력(4,000kg/cm^2)을 만족하는 철근비는 0.47%~0.51%가 된다.
② 슬래브의 폭을 3.6m, 두께를 24cm로 하면, 식 (10.7)에 의하여 철근의 개수는 14.3~15.5개이므로 15개를 사용하고, 철근의 간격은 24cm가 된다.
③ 직경 19mm인 철근 15개를 사용하면 철근비는 0.48%가 되고, 이때의 균열간격은 1.4m, 균열폭은 0.81mm, 철근의 응력은 3,870kg/cm^{2}가 된다.

(3) 타이바의 설계

타이바는 주로 세로줄눈부가 과도하게 벌어지는 것을 방지하기 위하여 사용하며, 연속철근 콘크리트 포장의 시공줄눈에서 건조수축이나 윤하중에 의하여 세로철근에 걸리는 응력을 경감시키기 위하여 사용하는 경우도 있다.

타이바는 콘크리트와의 부착력을 높이기 위하여 직경 13mm, 16mm의 이형철근을 사용하며, 콘크리트와의 부착이 유지될 수 있도록 충분한 길이를 가져야 한다.

타이바 설치 간격의 결정은 가로방향 철근 설계방법과 동일하며, 철근량 계산식 식 (10.5)에서 슬래브의 폭 대신에 가까운 자유단까지 거리의 2배를 사용한다.

시멘트 콘크리트 포장의 재료와 시공

Chapter 11

제11장

시멘트 콘크리트 포장의 재료와 시공

11.1 재 료

콘크리트 슬래브는 큰 윤하중, 기상작용, 마모작용 등을 받게 되므로 사용재료는 공사 착수 전에 신중한 조사, 시험을 거쳐서 그 품질을 확인하고 그 사용의 가부를 결정해야 한다. 또 공사비 중에서 재료비가 차지하는 비중이 상당히 크므로 경제적인 배려가 필요하다.

11.1.1 시멘트

시멘트 콘크리트 포장에 사용하는 시멘트는 보통 포틀랜드 시멘트, 중용열 포틀랜드 시멘트, 조강 포틀랜드 시멘트 등으로서 KS L 5201에서 그 품질을 규정하고 있으며, 일반적으로 보통 포틀랜드 시멘트가 사용된다.

조기강도를 필요로 할 경우나 한중시공을 할 경우에는 조강 포틀랜드 시멘트를 사용하기도 하며, 중용열 포틀랜드 시멘트는 조기강도는 보통 포틀랜드 시멘트보다 떨어지지만 장기강도는 더 크며 경화수축이 작다는 이점이 있다.

포장용 콘크리트로서는 휨강도가 크고 팽창수축이 작은 것이 좋다. 콘크리트의 품질은 시멘트 및 여타 재료의 성질뿐만 아니라 시공조건에 따라서 상당한 차이가 생기므로, 시멘트를 선정할 때는 공사 시공 예를 참조함은 물론 콘크리트의 시험을 거쳐 사용 여부를 검토하는 것이 바람직하다.

11.1.2 물

콘크리트의 혼합에 사용하는 물은 기름, 산, 염류, 유기물 등 콘크리트의 품질에 영향을 미치는 유해물질을 함유해서는 안 되며, 특별한 맛, 냄새, 빛깔, 탁도 등이 없는 음료수 정도의 깨끗한 물이어야 한다. 해수는 철망, 다웰바, 타이바 등의 강재를 부식시키고 콘크리트의 품질을 저하시키므로 사용해서는 안 된다.

콘크리트 양생용 물은 기름, 산, 염류 등 콘크리트의 표면을 해치는 유해물질을 함유해서는 안 된다.

11.1.3 잔골재

시멘트 콘크리트 포장에 사용하는 골재는 입경에 따라서 잔골재와 굵은골재로 나눈다. 잔골재는 입경이 0.08mm(200번체)~5mm(4번체)인 골재를 말하고, 굵은골재는 입경이 5mm(4번체) 이상인 골재를 말한다.

잔골재는 깨끗하고, 강하고, 내구적이고, 적당한 입도를 가져야 하며, 점토, 유기물, 염분 등의 유해한 물질이 규정량 이상 함유되어서는 안 된다. 일반적으로 강모래, 바다모래 등의 자연산과 부순모래, 고로슬래그 잔골재 등의 인공산이 있다.

잔골재는 입도분포가 좋은 것을 사용해야 하며, 입경이 거의 같거나 세립이 많은 것은 소요의 반죽질기(consistency)를 만드는 데 필요한 단위수량과 단위시멘트양이 많아지고, 반대로 조립이 많은 것은 콘크리트가 거칠고 블리딩(bleeding)이 많아지고 표면마무리를 하기도 곤란하다.

염분을 많이 함유한 바다모래는 철망, 다웰바, 타이바 등의 콘크리트 슬래브 속에 들어 있는 강재류를 부식할 염려가 있기 때문에, 이것을 사용할 때는 모래를 깨끗하게 씻거나 살수하여 염분의 함유량을 적게 하거나 또는 양질의 모래를 섞어 염분함유량을 0.1% 정도로 제한하는 것이 좋다.

11.1.4 굵은골재

굵은골재는 크고 작은 알이 적당히 혼합되어 있는 것으로서, 깨끗하고 강경하고 내구적이며, 얇은 석편, 가느다란 석편, 유기불순물, 염분 등의 유해물을 함유해서는 안 된다.

일반적으로 굵은골재로서는 강자갈 등의 천연자갈이나 부순돌을 사용하고 있다. 골재의 최대크기는 균질의 콘크리트를 얻고 양호한 시공성을 얻기 위하여 40mm 이하가 좋으며, 슬립폼 공법일 때는 30mm 이하로 하는 것이 좋다.

11.1.5 혼화재료

시멘트, 물, 골재 이외에 혼화제 또는 혼화재를 혼합하는 경우가 있다. 혼합제는 AE제, 감수제, 경화촉진제 등과 같이 사용량이 비교적 적고 그 자체의 용적이 콘크리트의 배합계산에서 무시되는 것을 말한다. 이에 대해서 혼화재는 포조란처럼 사용량이 비교적 많고 그 자체의 용적이 콘크리트 배합계산에 가산되는 것을 말한다.

11.2 배합설계

콘크리트의 배합은 소요의 품질(소요강도, 내구성, 마모저항성, 팽창수축)과 작업에 적합한 워커빌리티가 좋고 피니셔빌리티(finishability)가 우수한 것이 얻어지도록 각 재료의 배합비율을 결정해야 한다.

콘크리트의 품질 및 시공성에 가장 관계가 깊은 것은 단위수량과 단위시멘트양이다. 단위수량이 적으면 소요강도의 콘크리트를 만드는 데 필요한 시멘트양을 적게 할 수 있으므로 체적변화가 적은 콘크리트를 얻을 수 있고 균열의 발생이 적어진다.

포장용 콘크리트의 강도는 재령 28일의 휨강도를 기준으로 하고 45kg/cm^2(=4.5MPa)를 표준으로 하며, 이때 배합기준은 표 11.1과 같으며, 시멘트양은 280~350kg/m^3 정도이다.

표 11.1 포장용 콘크리트의 배합기준

항목	시험방법	단위	기준
설계기준 휨강도(f28)	KS F 2408	MPa(kg/cm^2)	4.5 이상(45 이상)
단위수량		kg/m^3	150 이하
굵은골재의 최대치수		mm	32 이하
슬럼프값	KS F 2402	mm	40 이하
AE 시멘트 콘크리트의 공기량 범위	KS F 2409	%	4~6

11.3 혼합 및 운반

콘크리트의 혼합 및 운반에는 다음과 같은 방법이 있다.

(1) 중앙혼합방식

현장 부근의 적당한 장소에 재료계량 및 혼합 설비를 설치하며, 콘크리트를 혼합하고 덤프트럭, 아지테이터(agitator)트럭 등으로 포설현장까지 운반한다. 시가지에서 레디믹스트 콘크리트(ready mixed concrete)를 구입하여 포설하는 것도 이에 속한다. 이 방식은 재료의 계량이 정확하고 혼합작업을 관리하기 쉬운 장점은 있으나 운반가능거리가 짧은 것이 결점이다.

(2) 중앙계량 현장혼합방식

배치 플랜트(batch plant)에서 계량한 재료를 덤프트럭으로 운반하고 타설현장에 설치한 믹서에서 혼합하는 방식이다. 이 방식의 장점은 혼합, 타설을 관리하기 쉽고 운반으로 인한 콘크리트의 재료분리가 없다는 것이며, 포설기계가 크기 때문에 포설현장에서 여유폭을 필요로 하는 결점이 있다.

(3) 트럭믹서방식

적당한 장소에 배치 플랜트를 설치하고 재료를 계량하여 트러믹서로 비비면서 운반하는 방식으로서, 원거리 운반이 가능하다는 장점은 있으나, 혼합작업의 관리가 어렵고 된비비기 콘크리트에 적합한 믹서차가 적당한 것이 없는 것 등이 결점이다.

포장용 콘크리트는 된비비기이므로 믹서는 성능이 좋은 강제식 믹서 또는 중력식(가경식) 믹서를 사용해야 한다. 충분한 혼합을 하는 데 필요한 시간은 믹서의 형식, 배치의 양, 재료의 투입순서, 반죽질기 등에 따라 다르므로 시험으로 혼합시간을 정해야 한다.

시험을 하지 않은 경우에 혼합시간은 믹서 안에 재료를 전부 투입한 후, 강제식 믹서를 쓸 경우에는 1분, 가경식 믹서를 쓸 경우에는 1분 30초를 표준으로 한다.

혼합된 콘크리트는 될 수 있는 대로 재료가 분리되지 않도록 덤프트럭 등으로 신속히 운반하여 즉시 타설한다. 혼합하고 나서 타설할 때까지의 시간은 덤프트럭은 1시간, 아지테이터 트럭은 1.5시간을 넘어서는 안 된다.

11.4 포설과 양생

포설방법에는 거푸집을 설치하고 포설기와 피니셔 등의 조합장비를 사용하는 픽스드폼(fixed form, side form, set form)공법과 거푸집을 사용하지 않고 콘크리트의 포설, 다짐, 마무리 등의 기능을 갖추어 슬래브를 연속적으로 시공하는 슬립폼(slip form)공법이 있다.

11.4.1 픽스드폼(fixed form) 공법

(1) 거푸집

거푸집은 강재로 하고 취급상 편리하게 길이를 3m 정도로 한다. 거푸집은 거푸집 본체와 레일(rail)을 분리할 수 있는 것이 좋다.

그림 11.1은 포장용 강제 거푸집의 예이다. (a)는 거푸집에 주행레일을 설치한 것이고, (b)는 거푸집 마루를 직접 포설용 기계의 차륜이 주행하는 것이다.

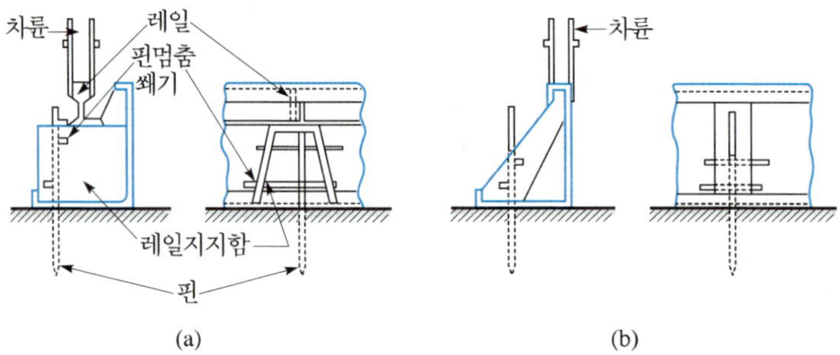

그림 11.1 포장용 강제 거푸집

거푸집의 마루는 계획높이에 맞추어서 설치해야 하므로 거푸집은 소요강도와 강성을 갖고 확실하고 손쉽게 설치할 수 있어야 한다. 거푸집은 소정위치에 정확하게 거치하고 거푸집 내면에는 콘크리트를 치기 전에 기름을 고루 얇게 칠한다. 거푸집은 콘크리트를 친 후 60시간 이후에 떼어낸다.

(2) 포설의 준비

포설에 앞서 거푸집, 보조기층 등의 상황을 점검하고 그 치수를 확인한다. 보조기층의 마무리면의 오차는 높은 경우는 5mm, 낮은 경우는 10mm 이내로 하고, 수정은 보통 보조기층재료의 채움재료로 메운다.

다음에 보조기층에는 분리막을 깐다. 이것은 콘크리트 슬래브와 보조기층과의 마찰을 감소하여 슬래브의 신축을 자유롭게 하고, 시멘트 페이스트가 보조기층에 흡수되는 것을 막기 위함이다.

(3) 포설

보조기층 위에 콘크리트를 덤프트럭이나 사이드피더(side feeder)를 사용하여 공급하고, 콘크리트 깔기는 거푸집을 레일로 하여 주행하는 스프레더(spreader)로 시공한다.

스프레더에는 패들형(paddle type), 스크루형(screw type) 및 박스형(box type)의 3형식이 있으며, 현재 패들형이 널리 사용된다.

패들형 스프레더는 스프레더 자체가 거푸집 위를 자유로이 전·후진한다. 그림 11.2와 같이 전면에 있는 가이드 파이프(guide pipe)에 패들이 매달려 있다. 패들은 파이프에 따라 좌우로 움직이고 또 패들 자체도 회전하므로 보조기층 위에 내려놓은 콘크리트의 무더기를 이 패들로 어느 방향으로든지 자유로이 펴 깔 수 있다.

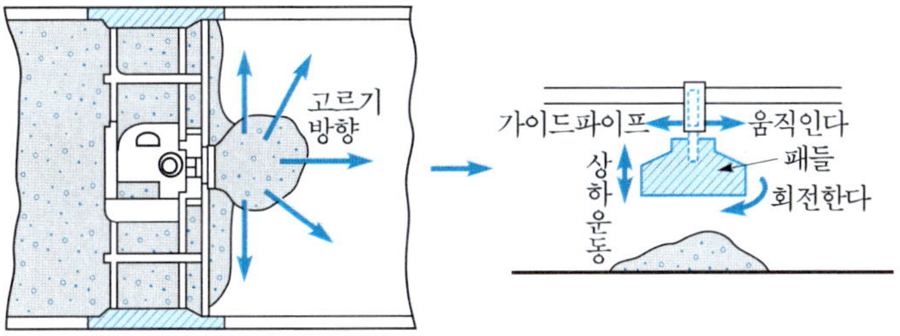

그림 11.2 패들형 스프레더

박스형 스프레더는 그림 11.3과 같이 강제의 박스가 콘크리트를 받아서 스프레더의 진행방향에 직각으로 이동하면서 박스의 하단에서 콘크리트를 소정의 높이로 고르면서 펴 깔아 나간다.

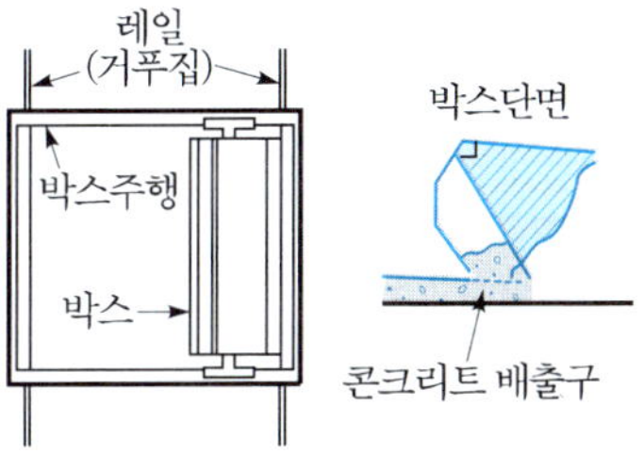

그림 11.3 박스형 스프레더의 주요부

스크루형 스프레더는 그림 11.4와 같이 지름 50cm 정도의 스크루를 중앙에서 분리하여 장치하고 이것이 정역으로 회전할 수 있으므로, 콘크리트를 좌우로 어떤 방향이든지 고르게 깔 수 있다. 스크루 스프레더는 보통 피니셔에 앞서 콘크리트를 고른다.

콘크리트는 적당한 더돋기를 고려해서 깔아야 하며, 보통 슬래브 두께의 15% 정도의 더돋기가 필요하다. 깔기는 2층으로 나누어서 하며, 하층 콘크리트를 펴 깐 다음 철망을 놓고 그 위에 상층 콘크리트를 깐다.

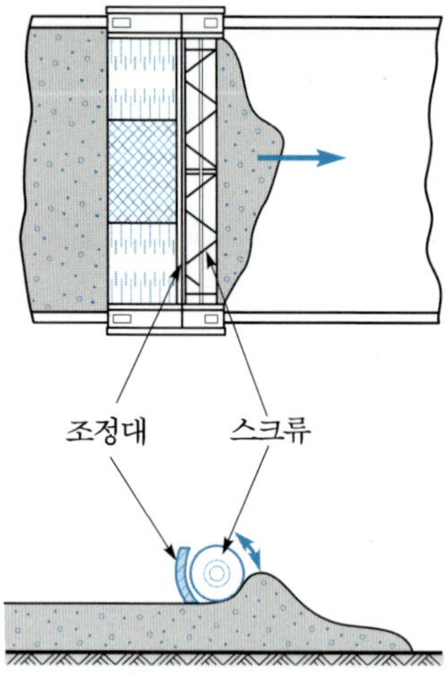

그림 11.4 스크루형 스프레더

(4) 다지기

다지기에는 거푸집 레일 위를 주행하는 피니셔(finisher)를 사용한다. 피니셔는 일반적으로 스프레더로 펴 깐 콘크리트를 한 번 더 고르기, 다지기, 거친면 마무리를 하는 기계로서, 그 기구의 개요는 그림 11.5와 같다.

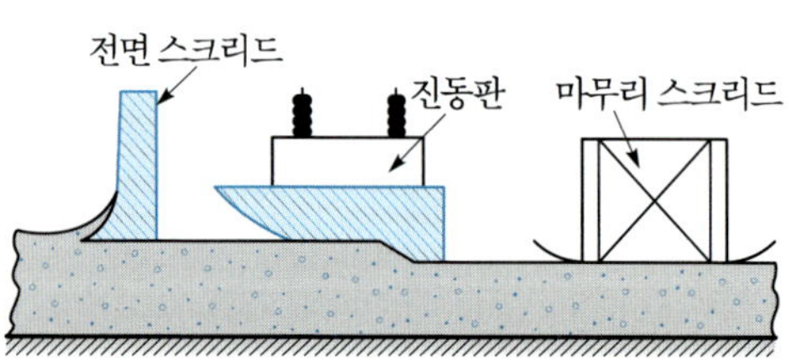

그림 11.5 피니셔의 기구

우선 전면 스크리드(first screed)로 슬래브 두께에 더돋기를 더한 높이로 고르고 진동판의 진동으로 콘크리트 표면에서 다진 후, 좌우로 움직이는 마무리 스크리드(finishing screed)로 초벌마무리를 한다.

콘크리트의 다짐에는 내부진동식 다짐기도 사용한다. 이것은 병렬로 장치한 봉진동기를 콘크리트 속에 삽입하여 내부로부터 다지는 것이다. 진동기는 일반적으로 프레임(frame)에 장치되어 레일 위를 주행하도록 되어 있고 자주식과 피니셔로 견인하는 것 등이 있다. 줄눈이나 거푸집 부근은 보조적으로 봉진동기를 사용하여 다진다.

11.4.2 슬립폼(slip form) 공법

(1) 거푸집

슬립폼 공법은 슬립폼 페이버(slip form paver)를 사용하여 깔기, 다지기, 표면마무리 등의 일관작업을 하는 기계시공이며, 슬립폼 페이버에는 거푸집이 내장되어 있으므로 거푸집 설치가 필요 없다. 슬립폼 페이버의 개요 및 그 기구를 표시하면 그림 11.6 및 그림 11.7과 같다.

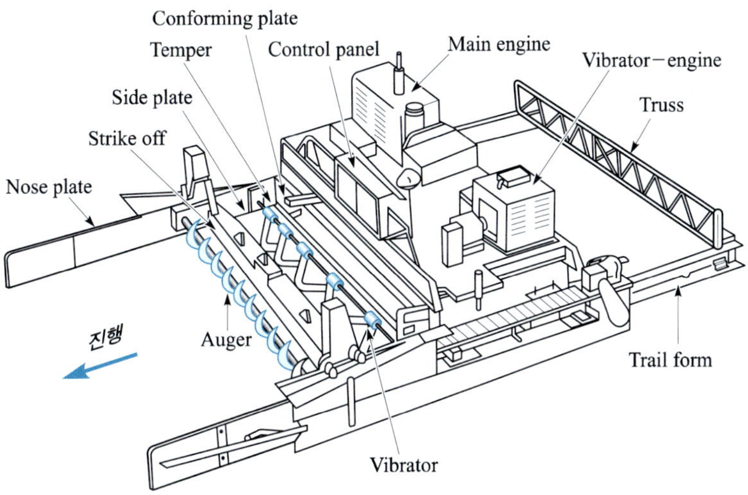

그림 11.6 슬립폼 페이버

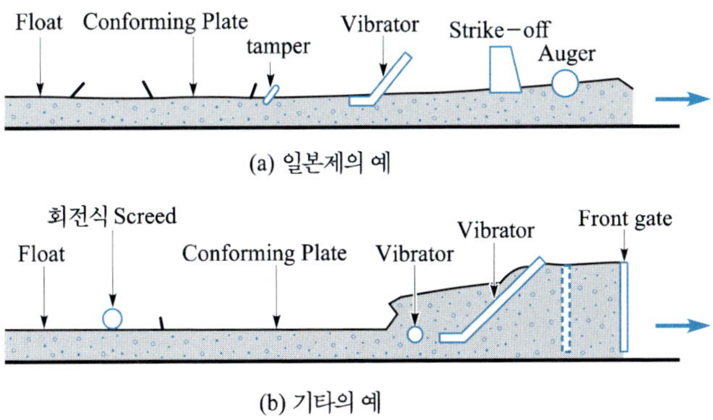

그림 11.7 슬림폼 페이버 기구의 예

(2) 포설의 준비

콘크리트 포설을 위한 준비작업은 픽스드폼 공법의 경우와 동일하다.

(3) 포설

콘크리트는 덤프트럭이나 사이드피더(side feeder) 또는 사이드피더를 갖춘 스프레더(spreader)를 사용하여 공급한다.

스프레더 등을 이용하여 콘크리트를 보조기층 또는 중간층 위에 포설하는 것을 1차 포설이라고 하며, 1차 포설된 콘크리트를 슬립폼 페이버에 의해 알맞은 폭과 두께로 성형하는 것을 2차 포설이라고 한다.

페이버 전방의 콘크리트를 펴 고르기 위하여 auger와 strike-off를 사용하고, 다짐과 표면마무리에 vibrator, tamper, conforming plate를 사용한다. 진동기에는 스퍼드 진동기(spud vibrator)와 같은 내부진동기와 진동판 진동으로 다짐하는 표면진동식이 있다.

(4) 픽스드 공법과의 차이점

슬립폼 공법으로 시공할 경우 픽스드 공법과의 차이점은 다음과 같다.

① 보조기층에는 원칙적으로 아스팔트 중간층(표준두께 4cm)을 쓴다.

② 콘크리트의 배합에는 세립분을 약간 많이 하고, 반죽질기는 슬럼프 4~5cm를 표준으로 한다.

③ 될 수 있는 대로 작업을 연속적으로 할 수 있도록 준비한다.

④ 페이버의 시공능력에 맞는 대용량의 콘크리트 플랜트와 운반수단을 확보한다.

⑤ 하루의 시공연장이 길어지고 교차하는 도로나 접속도로도 많아지므로 횡단보행자 및 자전거를 위한 가교 등의 횡단시설을 준비한다.

11.4.3 인력 포설

1일의 포설구간이나 전 공사량이 소규모인 경우 및 기계포설이 어려운 구간에는 인력에 의하여 포설한다.

소규모 공사란 통상 3~4일 정도에 포설을 완료할 수 있는 공사를 말하며, 기계포설이 어려운 곳이란 폭, 경사 등 변화가 심한 교차점 접속부나 보강철근을 많이 사용한 슬래브 및 노측 구조물 등 때문에 포설장비의 사용이 곤란한 공사를 말한다.

11.4.4 표면마무리

콘크리트 슬래브의 표면은 치밀 견고하고 평탄해야 하며, 특히 세로방향의 작은 파형이 적게 되도록 마무리한다. 또 차량이 미끄러지거나 광선의 반사 때문에 운전에 지장을 받지 않게 하고 쾌적한 주행을 할 수 있도록 거친면으로 마무리해야 한다.

표면마무리(surface finishing)는 초벌마무리, 평탄마무리, 거친면 마무리의 순으로 시공한다.

(1) 초벌마무리

초벌마무리는 픽스드폼 공법에서는 피니셔에 의한 기계마무리 또는 간이 피니셔나 템플릿 탬퍼(template tamper)에 의하여 실시하고(그림 11.8, 그림 11.9 참조), 슬립폼 공법에서는 슬립폼 페이버의 피니싱 스크리드(finishing screed)로 실시한다.

초벌 마무리면의 높이 및 표면상태는 그 후의 평탄마무리 작업에 큰 영향을 주므로 소정의 높이로 균일한 마무리면이 되도록 주의해야 한다.

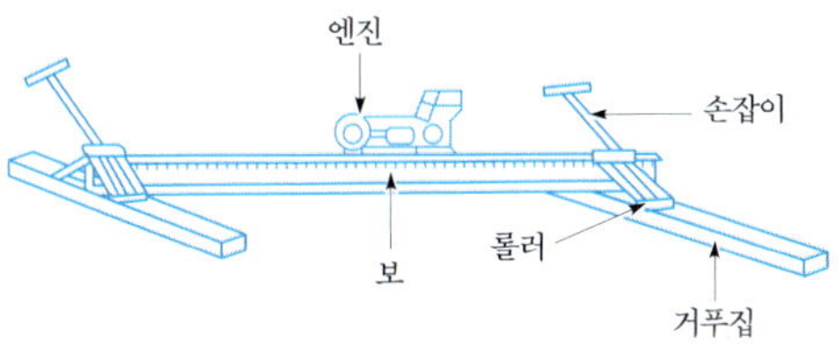

그림 11.8 간이 피니셔

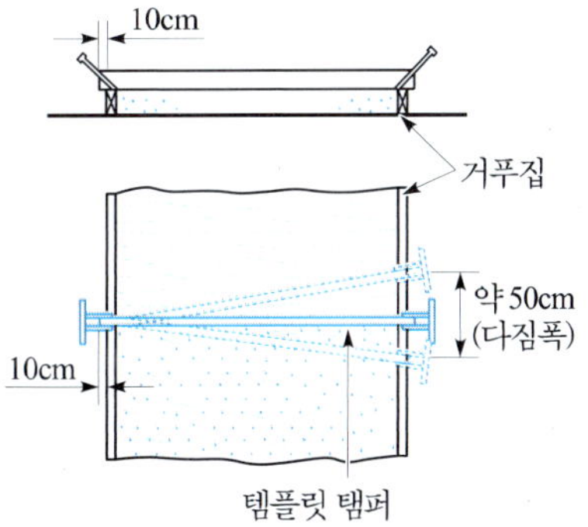

그림 11.9 템플릿 탬퍼

(2) 평탄마무리

평탄마무리에는 표면마무리기에 의한 기계마무리와 플로트(float)에 의한 인력마무리가 있다.

표면마무리기는 콘크리트면 위로 스크리드를 끌어 움직이면서 가로방향으로 왕복 이동하고 본체를 세로방향으로 전진시키면서 포장 표면을 평탄하게 마무리하는 것과 본체를 가로방향으로 이동하는 것이 있다. 그림 11.10은 세로형 표면마무리기이고, 그림 11.11은 플로트형 표면마무리기이다.

콘크리트면이 낮아서 플로트가 닿지 않는 곳이 있으면 콘크리트를 보충하여 콘크리트 전면에 플로트가 닿을 때까지 마무리한다.

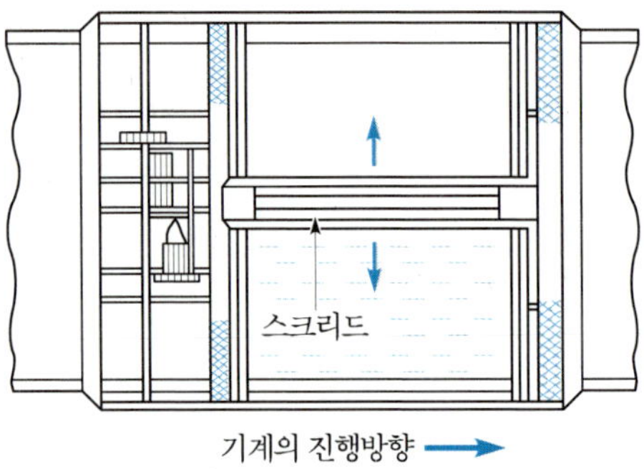

그림 11.10 세로형 표면마무리기

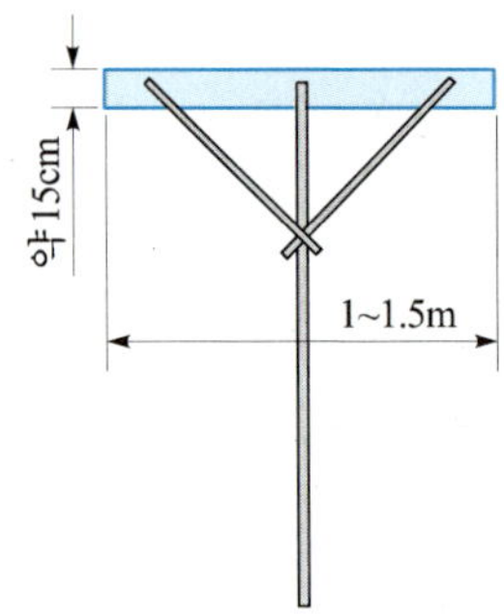

그림 11.11 플로트형 표면마무리기

(3) 거친면 마무리

평탄마무리가 완전히 끝나고 표면의 물의 비침이 보이지 않게 되면 거친면 마무리를 한다. 거친면 마무리에는 그루빙(grooving)에 의한 방법, 마대처리에 의한 방법, 브러시에 의한 방법, 골재노출에 의한 방법 등이 있으며, 횡방향 그루빙에 의한 방법이 많이 사용된다.

거친면 마무리에서 생기는 홈의 방향은 도로중심선에 직각이 되게 하고, 이때 생기는 홈의 깊이는 3~5mm, 홈의 폭은 3mm, 홈의 간격은 25~30mm 정도로 한다.

11.4.5 양 생

양생(curing)은 표면마무리가 끝난 후 교통을 허용할 때까지 그 사이에 소요의 품질을 얻을 수 있도록 하기 위하여 실시하는, 슬래브에 대한 보호, 보온, 습도조절을 겸한 처리를 말하며, 양생은 초기양생과 후기양생으로 나눈다.

(1) 초기양생

콘크리트가 충분한 강도를 얻기 전에 건조수축에 의한 균열이 발생하지 않게 하기 위한 수분의 증발방지, 바람의 방어 및 콘크리트에 과대한 온도응력이 일어나지 않도록 온도변화를 되도록 작게 하기 위한 처치, 또 사람, 차량 등으로 인한 슬래브 표면 등의 손상방지를 위하여 실시하는 양생이다.

초기양생에 있어서 콘크리트가 충분한 습윤상태와 적당한 온도상태로 유지되는지 여부에 따라 콘크리트 품질이 크게 영향을 받게 되므로 초기양생에는 세심한 주의를 기울여야 한다. 초기양생에는 삼각지붕양생과 피막양생이 있다.

삼각지붕덮개(차광막덮개)는 차륜이 붙어 있어서 레일 위를 용이하게 이동할 수 있으므로 취급이 간단하며, 수분의 증발을 적게 하고 직사일광을 피하고 바람이나 강우를 막을 수 있다.

피막양생은 콘크리트 슬래브에 막을 만드는 양생제를 살포하는 방법으로서, 초기양생에서 후기양생까지 일관해서 사용할 수 있고 시공능력이 아주 높다. 이 경우에도 삼각지붕을 병용한다. 피막양생제는 콘크리트 표면에 물비침이 없어진 직후에 종횡방향으로 2회 이상으로 나누어 고르게 충분히 살포한다. 비닐(vinyl)유제의 경우 규정농도는 $1l/m^2$ 이상으로 한다.

(2) 후기양생

후기양생은 초기양생에 이어 콘크리트 슬래브의 수화작용이 충분히 이루어져 충분한 강도에 도달할 때까지 물의 증발을 방지하고 콘크리트를 보호하는 양생으로, 급습양생과 보온양생이 있다.

급습양생은 매트(mat), 마대, 가마니 등을 콘크리트 슬래브 표면에 깔고 살수하는 방법이다. 보통 급수차로 살수하지만 현장에서 비닐관을 배치하여 스프링클러(sprinkler) 등으로 살수하는 것이 가장 좋은 방법이다.

보온양생은 전술한 피막양생 외에 매트와 삼각지붕덮개를 병용하는 것이다.

후기양생은 콘크리트 슬래브의 표면뿐만 아니라 거푸집을 떼어낸 후의 측면에 대해서도 실시해야 한다.

(3) 양생기간

양생기간은 포설시기에 따라 크게 다르므로 시험에 의하여 정하고, 현장양생 공시체의 휨강도가 $35kg/cm^2$(=3.5MPa) 이상이 될 때까지로 한다.

시험을 하지 않을 때는 보통 포틀랜드 시멘트를 사용한 경우에는 2주간, 조강 포틀랜드 시멘트를 사용한 경우에는 1주간, 중용열 포틀랜드 시멘트 및 플라이애쉬 시멘트를 사용한 경우에는 3주간을 표준으로 한다.

11.5 줄눈의 설계와 시공

11.5.1 횡방향줄눈(가로줄눈)

(1) 수축줄눈

수축줄눈은 온도변화, 수분, 마찰 등에 의해 생기는 콘크리트 슬래브의 수축응력을 경감하기 위하여 설치한다. 콘크리트의 인장강도는 콘크리트를 포설하고 나서 얼마 동안은 작다. 이 기간에 수축이 일어나면 균열이 생기기 쉬우므로 이에 대비하여 줄눈의 간격을 정할 필요가 있다.

수축줄눈의 간격을 정하는 주요한 요소는 슬래브의 두께이며, 슬래브 보강 여부, 콘크리트의 온도팽창계수, 콘크리트 경화시의 온도, 슬래브와 보조기층 사이의 마찰 등과 관련된다.

수축줄눈의 간격은 무근 콘크리트 포장에서는 6m 이하로 하고, 철망을 사용하는 무근 콘크리트 포장이나 철근 콘크리트 포장에서는 슬래브 두께가 25cm 미만인 경우에 8m, 25cm 이상인 경우에 10m를 표준으로 한다. 연속철근 콘크리트 포장에서는 수축줄눈을 설치하지 않는다.

수축줄눈은 다웰바를 이용한 맹줄눈 구조를 표준으로 하며(그림 11.12 참조), 이 줄눈을 시공줄눈으로 병용할 때는 맞댄줄눈으로 한다.

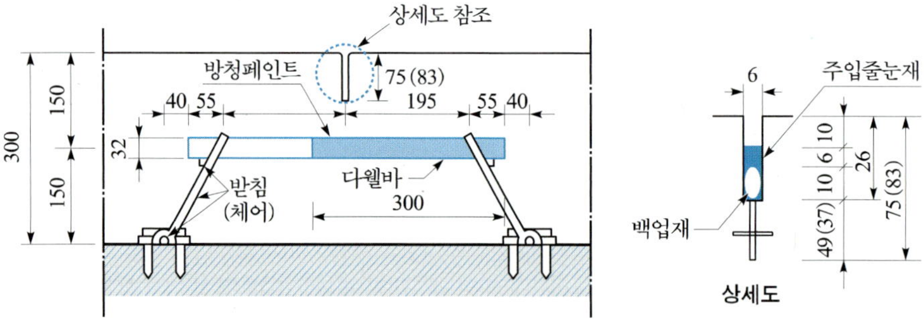

그림 11.12 수축줄눈의 구조 (단위 : mm)

맹줄눈은 콘크리트가 굳지 않았을 때 상부에 홈을 만드는 타설줄눈과 콘크리트가 경화한 후에 절단기(cutter)로 끊는 커터줄눈 등이 있으며, 주로 커터줄눈을 사용한다.

커터줄눈의 깊이는 슬래브 두께의 1/4 이상으로 하고, 주입줄눈재가 여름에 돌출하는 것을 작게 하기 위하여 백업(back up)재를 사용하며, 채움부의 최소깊이는 6mm이고 줄눈재 상부가 표면으로부터 10mm 이상 오목하게 되어야 한다.

(2) 팽창줄눈

팽창줄눈은 슬래브 시공 시의 온도와 그 후의 온도변화를 고려하여 설계해야 한다. 콘크리트 슬래브는 온도가 상승하면 블로우업(blow up)을 일으키므로 적당한 간격으로 팽창줄눈을 설치해야 한다.

블로우업이란 콘크리트의 팽창으로 인하여 팽창줄눈 틈 사이가 없어지고 슬래브가 좌굴을 일으켜서 부분적으로 떠오르는 현상을 말한다.

팽창줄눈은 교량접속부, 포장구조가 변경되는 위치, 교차 접속부에 설치하며, 기타 위치에 설치할 경우에는 표 10.1의 값을 기준으로 하여 설치한다.

팽창줄눈의 구조는 그림 11.13과 같은 맞댄줄눈을 표준으로 한다. 팽창줄눈은 주입줄눈재와 줄눈판을 상하에 병용하는 구조로 한다. 주입줄눈재는 줄눈을 수밀로 유지하기 위하여 사용하는 것으로 주입깊이는 20~40mm 정도로 한다.

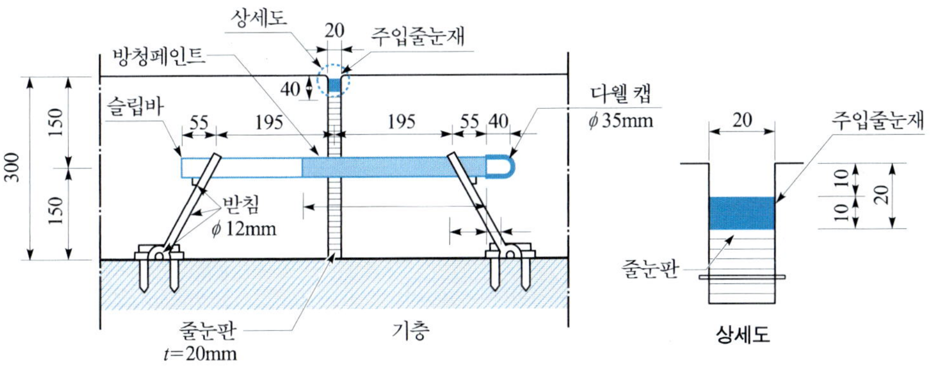

그림 11.13 팽창줄눈의 구조 (단위 : mm)

팽창줄눈은 슬립바(캡 다웰바)로 보강해야 하며, 다웰바는 직경 25~31mm(슬래브 두께의 1/8 정도), 길이 500mm의 원형철근을 사용한다.

다웰바는 콘크리트 슬래브의 팽창을 허용하도록 고무관을 씌우며, 한쪽 끝에는 철제 캡(cap)을 씌우고 다른 한쪽 부분에는 타르, 아스팔트, 페인트 등을 칠하여 콘크리트와의 절연을 꾀한다.

다웰바가 도로중심선에 평행한 위치에 바르게 묻히도록 받침(chair)으로 지지해야 한다. 받침은 가로줄눈 연단부의 보강을 겸하여 지름 13mm 정도의 철근을 용접해서 만들고 시공 중에 변형되지 않는 구조로 한다.

다웰바의 설치간격은 그림 11.14와 같이 차로 중앙부분은 45cm, 바깥부분(바퀴 접축구간)은 30cm를 기준으로 한다.

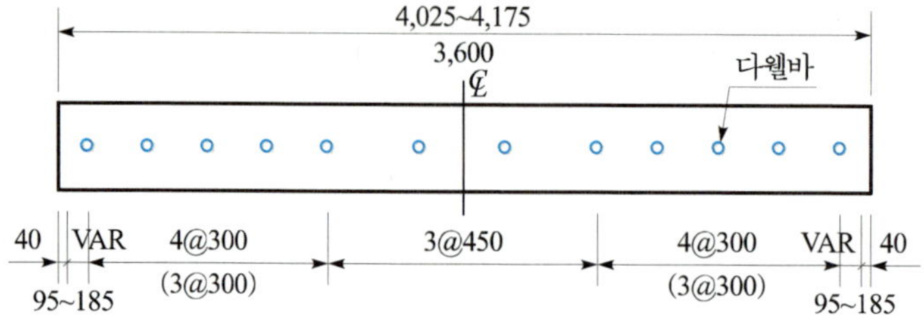

그림 11.14 다웰바 간격 기준 (단위 : mm)

(3) 시공줄눈

시공줄눈은 콘크리트 슬래브의 1일 포설 종료 시나 강우 등에 의해서 시공을 중단할 때 설치하는 줄눈이다. 시공줄눈의 위치는 수축줄눈의 위치에 설치하는 것이 좋으며, 맞댄구조의 수축줄눈이나 팽창줄눈으로 한다(그림 11.15 참조).

강우와 기계고장으로 시공줄눈을 수축줄눈의 위치에 설치하는 것이 곤란할 경우에는 수축줄눈에서 3m 이상 떨어진 위치에 맞댄줄눈으로 설치한다.

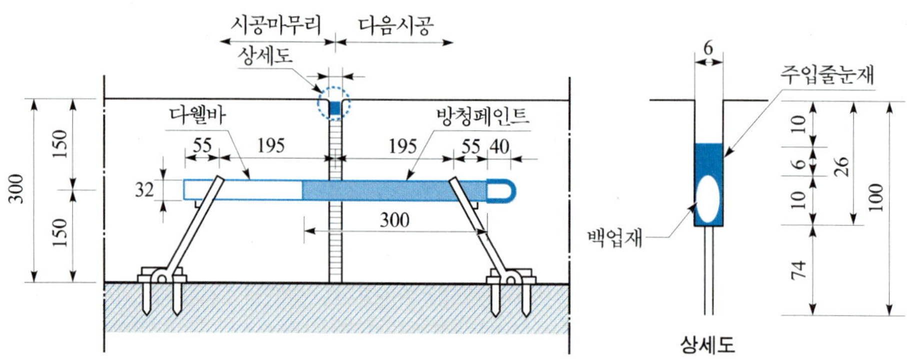

그림 11.15 시공줄눈의 구조 (단위 : mm)

11.5.2 종방향줄눈(세로줄눈)

세로줄눈은 세로방향의 균열의 발생을 방지하기 위하여 설치하며, 보통 1차로마다 설치하고 간격이 4.5m 이상이 되지 않도록 한다.

같은 횡단경사의 콘크리트 슬래브는 가능한 한 2차로 폭으로 시공하며, 그림 11.14(a)에 표시된 바와 같이 그 중앙에 설치하는 세로줄눈은 타이바를 이용한 맹줄눈 구조로 한다.

1차로로 시공할 경우의 세로줄눈은 그림 11.16(b)에 표시된 바와 같이 타이바를 사용한 맞댄줄눈 구조로 한다.

세로줄눈의 폭은 6mm, 깊이는 단면의 1/4이어야 하며, 채움부의 최소깊이는 10mm 이상이다.

세로줄눈의 저면에 약 50mm의 삼각형 목재 또는 L형 플라스틱재 등을 설치해서 슬래브 단면을 감소시켜 줄눈의 위치에 균열이 생기도록 유도할 수도 있다.

타이바는 이형철근으로 하며, 직경 16mm, 길이 80cm의 것을 75cm 간격으로 설치하고, 내구성을 높이기 위하여 중앙 10cm에 방청페인트를 칠하는 것이 좋다. 타이바는 줄눈이 벌어지는 것을 막아주고 단층이 생기는 것을 막아주며 슬래브 연단부를 보강하는 효과도 준다.

맞댄줄눈은 미리 타설한 굳은 콘크리트 슬래브에 돌기를 붙여서 인접한 콘크리트 슬래브를 타설하여 만든다.

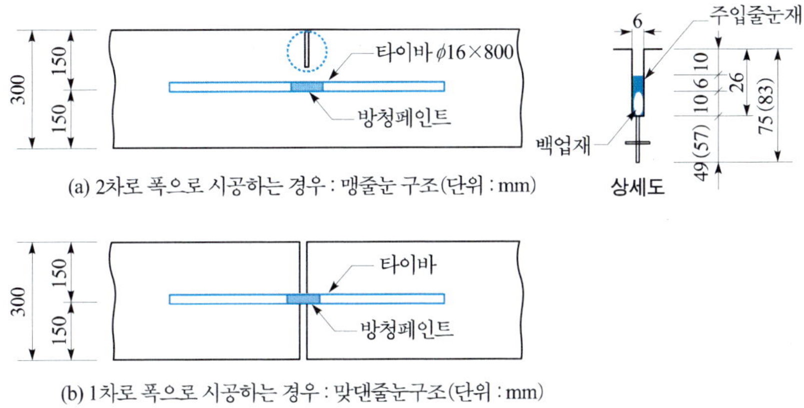

그림 11.16 세로줄눈의 구조

11.5.3 줄눈재료

빗물의 침입에 의한 보조기층의 약화 방지나 펌핑에 의한 보조기층재의 유출 방지를 위하여 줄눈의 틈새를 막아야 한다. 이를 위하여 사용하는 줄눈재료에는 줄눈판과 주입줄눈재 및 성형줄눈재가 있다.

줄눈판은 콘크리트 슬래브 팽창 시에 밀려 빠져나오지 않아야 하며 수축 시에는 슬래브 사이에 틈이 생겨서도 안 된다. 또 내구적이며, 설치할 때나 콘크리트를 다질 때 부서지거나 구부러지거나 비틀어지지 않는 것이어야 한다. 많이 사용하는 줄눈판에는 아스팔트 섬유질 줄눈판, 코르크계, 삼나무판 등이 있다.

주입줄눈재는 콘크리트 슬래브의 팽창수축에 순응하고 콘크리트와 잘 부착하며, 고온 시에 변형하지 않고 저온 시에도 교통차량에 의한 충격에 견디고 토사의 침입을 막으며 내구적이어야 한다. 주입줄눈재로는 고무화 아스팔트 주입줄눈재, 고무수지계 줄눈주입재 등이 많이 사용되고 있다.

성형줄눈재로는 고무로 만든 제품이 많이 사용되며, 접착제를 발라서 슬래브에 잘 접착시켜야 한다.

11.5.4 줄눈 시공

줄눈은 콘크리트 슬래브에 불규칙한 균열의 발생을 방지하고 이곳으로 균열을 유도하기 위하여 설치하는 것으로, 구조적으로 결함이 되기 쉬우며, 줄눈시공의 양부는 콘크리트 포장의 내구성과 평탄성을 좌우하므로 설계 및 시공상 특히 유의해야 한다.

(1) 줄눈부 자르기

절단시기는 기후, 골재, 절단장비에 따라 다르지만 일반적으로 타설 후 4~24시간 이내에 절단을 실시하며, 초기균열을 사전유도하기 위하여 가로 수축줄눈을 2~3블록마다 초기에 절단한다. 절단깊이를 한 번에 절단하면 절단 모서리부가 깨어지기 쉬우므로 2~3회에 걸쳐 반복 절단한다.

(2) 줄눈재 주입

줄눈자르기 작업 시 발생한 먼지나 외부로부터 침입한 토사 등은 압력공기를 이용하여 제거하고, 백업재를 동일한 깊이가 되도록 삽입하고 절단부 내부에 프라이머를 바른 후 줄눈재를 삽입한다.

주입줄눈재(sealant)는 콘크리트 경화 시 발생하는 알칼리 성분이 없어지는 2주 후에 주입하며, 슬래브 표면보다 2~3mm 정도 낮게 충전하여 여름철에 밀려나오는 것을 막아야 하고, 주입 후 2~3일 간은 차량통행을 금지해야 한다.

백업재(back up material, backer rod)는 줄눈재 길이를 너무 크지 않게 하기 위하여 줄눈의 일부를 메우는 역할을 한다. 백업재는 폴리에틸렌폼(스티로폼)과 같은 재료를 사용하며, 그 직경은 줄눈폭보다 약간 커야 한다.

11.6 특수장소의 포장

11.6.1 교면포장

(1) 교면포장의 특성

교면포장은 교량 상판 위를 아스팔트 포장이나 콘크리트 포장으로 덧씌우는 것으로, 교통하중에 의한 충격, 기상변화, 빗물 및 제설용 염화물의 침투 등에 의한 교량 상판의 부식을 최소화하여 교량의 내하력 손실을 방지하고 통행차량의 쾌적한 주행성을 확보하는 것이 목적이다.

교면포장은 토공부 포장과는 달리 상판 위에 설치되기 때문에 다음과 같은 특성을 확보해야 한다.

① 승차감이 양호하도록 표면이 평탄해야 한다.
② 미끄럼에 대한 저항능력, 즉 마찰능력이 있어야 한다.
③ 차량의 충격하중, 제동력, 추진력에 대한 내구성이 있어야 한다.
④ 교면의 빗물을 신속히 배수시키고, 재설용 염화물, 빗물 등에 대한 불투수층을 형성하여 상판의 부식을 방지한다.
⑤ 교량 상판과의 부착성이 좋아야 한다.
⑥ 과도한 사하중으로 작용하지 않아야 한다.
⑦ 교량 구조체의 신축 팽창을 수용하고, 교통의 충격하중에 저항할 수 있어야 한다.

(2) 아스팔트 교면포장

아스팔트 교면포장은 교량 상판에 아스팔트 혼합물을 2층으로 포설하는 것으로, 일반적으로 상층부인 두께 3~4cm의 마모층, 하층부인 두께 3~5cm의 레벨링(leveling)층 그리고 방수층 및 접착층의 구조로 이루어진다(그림 11.17(a) 참조).

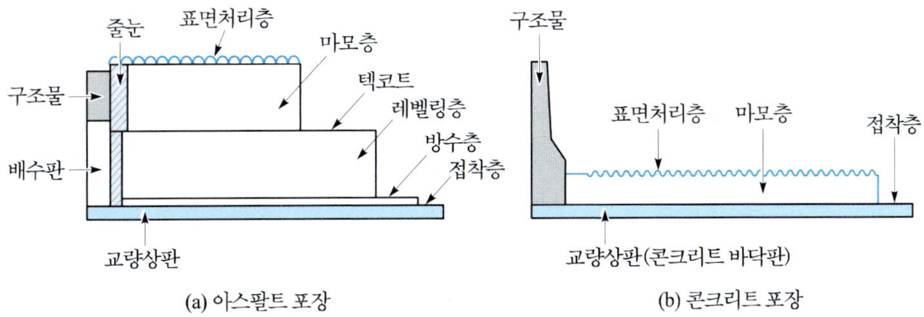

그림 11.17 교면포장의 구조

보수 시에는 마모층만 절삭하여 덧씌우기를 실시하며, 상판과 마모층 사이의 레벨링층은 상판의 요철을 보정하고 상판과 마모층을 일체화시키는 역할을 한다.

마모층과 레벨링층에는 가열 아스팔트, 구쓰 아스팔트, 특수 결합재료를 사용한 개질아스팔트 등의 혼합물을 사용하며, 교량의 종류 및 형태, 교통 및 기후환경 등을 고려하여 적합한 것을 사용한다.

물의 침투를 방지하여 상판의 내구성을 높이기 위해 방수층을 설치하며 방수층은 시트계, 도막계, 침투계 방수재료를 사용하여 형성한다.

접착층은 교량 상판과 방수층을 부착시켜 일체화시키는 역할을 하며 고무계나 아스팔트계 접착제를 사용한다.

(3) 콘크리트 교면포장

콘크리트 교면포장은 교량 상판에 시멘트 콘크리트를 단층으로 포설하는 것으로, 두께 4~6cm 정도의 마모층과 접착층으로 구성된다(그림 11.17(b) 참조).

이 포장은 콘크리트 상판일 경우에만 사용하며, 콘크리트 바닥판과 동질의 재료를 사용하여 부착성능이 우수하고 바닥판과의 일체거동으로 별도의 방수층이 불필요하다.

마모층에는 다양한 종류의 개질콘크리트를 사용하며, 교량의 종류 및 환경에 적합한 것을 사용한다.

11.6.2 터널 내의 포장

터널 내의 포장은 토공부와는 다른 지지력 조건과 기후 환경적 특이성 조건을 가지고 있기 때문에 일반 토공부와는 다른 포장 설계법을 적용해야 한다.

터널 내 포장은 일반적으로 시멘트콘크리트 포장으로 한다. 그러나 터널 연장이 500m 이하로 짧은 경우에는 지역 여건과 시공성을 고려하여 터널 전후 구간의 포장 형식과 동일하게 적용할 수 있다.

콘크리트 포장으로 할 경우에는 콘크리트 슬래브의 두께는 본선과 동일하게 하고, 슬래브의 하부층에 필터층(용출수가 없는 경우)이나 시멘트 안정처리 필터층(용출수가 있는 경우)을 설치한다(그림 11.18 참조).

터널 내의 포장을 아스팔트 포장으로 할 경우에는 아스파트 혼합물층의 두께는 본선과 동일하게 하고, 노상이 암반으로 이루어져 하중지지 역할이 크므로 보조기층은 생략하고 대신에 필터층을 설치한다.

필터층은 침투된 지하수를 신속히 배수하고 노상에서 침투한 용수를 배수하기 위하여 설치한다.

터널 굴착 시 여굴에 따른 노상의 요철은 필터층, 시멘트안정처리 필터층 등으로 보정한다.

터널 내 포장의 동상방지층은 갱구 입구부로부터 50m까지 설치하고 출구부는 기후환경 여건에 따라서 설치하지 않을 수 있다. 상하행이 분리되지 않은 터널에서는 양쪽 갱구부에 모두 동상방지층을 설치한다.

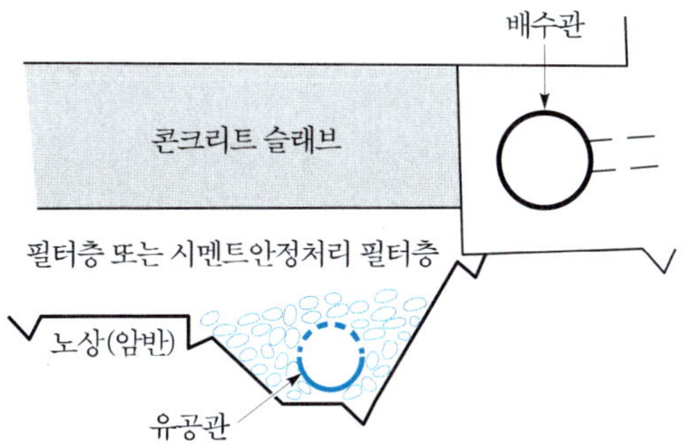

그림 11.18 터널 내의 콘크리트 포장의 구조

11.6.3 암반구간의 포장

암반구간의 포장은 용출수에 의하여 습윤상태가 되기 쉬우므로, 표층의 재료는 내수성을 갖추어야 하고 하부층의 재료는 투수성을 갖추어야 한다.

암반구간에서는 암반이 노상 역할을 하여 하중을 지지하므로 보조기층 및 동상방지층을 생략하며, 침투수의 배수를 위한 필터층이나 시멘트안정처리 필터층을 설치한다.

필터층에서 배수되는 침투수는 유공관을 통하여 배수구로 배수되어야 하며, 유공관의 상면이 필터층의 바닥면보다 최소 50mm 아래에 위치해야 한다.

암반구간 굴착 시 노상면에서 여굴에 따른 요철이 발생하며, 이를 보정하는 방법에 다음과 같은 2가지가 있다.

① 요철을 빈배합 콘크리트로 채우고 면 고르기를 한 후, 노상면 위로 시멘트안정처리 필터층을 설치하고 그 위에 포장을 한다.

② 요철을 빈배합 콘크리트로 채우지 않을 경우에는 시멘트안정처리 필터층 등으로 요철을 채워야 한다.

Chapter 12

도로의 유지보수

제12장

도로의 유지보수

도로는 안전하고 쾌적하며 능률적으로 교통을 처리해야 하므로 항상 순찰차로 도로상태를 감시하고, 필요하면 즉시 유지보수 작업에 착수하도록 한다.

도로의 유지보수는 도로를 신설했을 때와 거의 같은 상태로 유지하는 작업이며, 매일 실시하는 소규모의 작업부터 도로의 일부를 새로이 하는 비교적 대규모의 작업에 이르기까지 포함한다.

도로의 유지보수 대상으로서는 포장면, 배수공, 도로시설 등이 있다. 또 도로의 청소, 제설 등에 관한 작업도 여기에 포함된다.

도로포장 수명기간 동안 사용 가능한 상태가 유지되도록 포장 상태를 조사・평가・분석하여 포장 보수시기 및 보수공법, 보수 우선순위 등을 결정하는 시스템을 포장유지관리시스템(PMS : Pavement Management System)이라고 한다.

12.1 아스팔트 포장의 유지보수

12.1.1 포장의 파손과 원인

포장은 교통의 반복하중에 의하여 노면성상에 변화가 생기고 피로하여 파손에 이르며, 포장의 파손은 노상토의 지지력, 교통량, 포장두께의 균형이 깨어짐으로써 생긴다.

파손의 분류와 원인을 정리하면 표 12.1과 같다.

(1) 노면성상에 관한 파손

이는 공용성에 관한 것으로 노면의 주행성과 교통의 안전성, 쾌적성, 연도환경을 저해하며, 결국에는 포장의 내구성과 구조의 기능을 해치는 것을 말한다.

1) 국부적인 균열

일반적으로 균열의 폭이 5mm 정도의 것까지를 말하며, 미세균열, 선상균열, 종방향

균열, 횡방향균열, 시공조인트 균열 등이 있다.

종방향 균열, 횡방향 균열, 거북등 균열 등 교통하중이나 환경하중으로 인하여 발생하는 모든 균열을 피로균열이라고 한다.

2) 단차

구조물과의 접속부분, 지하매설물 등의 주변에 생기는 요철을 말한다.

표 12.1 아스팔트 포장 파손의 분류와 원인

<table>
<tr><th colspan="3">파손의 분류</th><th>주된 원인</th></tr>
<tr><td rowspan="18">주로 노면성상에 관한 파손</td><td rowspan="4">국부적인 균 열</td><td>미세균열</td><td>혼합물의 품질불량, 다짐온도의 부적당에 의한 다짐 초기의 균열</td></tr>
<tr><td>선상균열</td><td>시공불량, 절성경계의 부등침하, 기층의 균열</td></tr>
<tr><td>종방향 균열
횡방향 균열</td><td>노상, 보조기층의 지지력 불균일</td></tr>
<tr><td>시공조인트 균열</td><td>포장다짐불량</td></tr>
<tr><td>단 차</td><td>구조물 부근의 요철</td><td>노상, 보조기층, 혼합물 등의 다짐 부족, 지반의 부등침하 등에 의한 요철</td></tr>
<tr><td rowspan="4">변 형</td><td>소성변형</td><td>과대한 대형차교통, 혼합물의 품질불량</td></tr>
<tr><td>종단방향 요철</td><td>혼합물의 품질불량, 노상, 보조기층의 지지력 불균일</td></tr>
<tr><td>파상요철 침하, 범프</td><td>프라임코트, 택코트의 시공불량</td></tr>
<tr><td>플러시</td><td>프라임코트, 택코트의 시공 불량, 혼합물의 품질불량
(특히 아스팔트의 품질불량)</td></tr>
<tr><td rowspan="3">마 모</td><td>라벨링</td><td>제설 후의 타이어체인, 스파이크타이어의 사용</td></tr>
<tr><td>폴리싱</td><td>혼합물의 골재품질, 혼합물의 품질불량</td></tr>
<tr><td>스케일링</td><td>혼합물의 품질불량, 다짐부족</td></tr>
<tr><td rowspan="3">붕 괴</td><td>포트홀</td><td>혼합물의 품질불량, 다짐부족</td></tr>
<tr><td>박리</td><td>골재와 아스팔트의 친화력부족, 혼합물에 침투한 수분</td></tr>
<tr><td>노화(老化)</td><td>혼합물 중 아스팔트의 열화(劣化)</td></tr>
<tr><td rowspan="3">기 타</td><td>타이어 자국</td><td>이상기온, 혼합물의 품질불량</td></tr>
<tr><td>흠집</td><td>사고 등</td></tr>
<tr><td>표면 부풀음</td><td>혼합물의 품질불량, 표면하 공기의 팽창</td></tr>
<tr><td rowspan="2">주로 구조에 관한 파손</td><td>전면적인 균 열</td><td>거북등균열</td><td>포장두께의 부족, 혼합물, 보조기층, 노상의 부적당, 계획 이상의 교통량 통과, 지하수</td></tr>
<tr><td>기 타</td><td>분니, 동상</td><td>포장두께, 동상방지층 두께의 부족, 지하수</td></tr>
</table>

3) 변형

① 소성변형(rutting) : 도로의 횡단방향의 요철로, 차륜의 통과빈도가 많은 곳에 생기는 오목형 패임

② 파상요철(corrugation) : 도로 진행방향으로 생기는 파장이 짧은 물결 모양의 요철

③ 종단방향 요철 : 도로 진행방향으로 생기는 파장이 비교적 긴 요철

④ 플러시(flush) : 포장 표면에 아스팔트가 스며 나온 상태

⑤ 범프(bump) : 포장 표면이 국부적으로 밀려 혹 모양으로 솟아 오른 것

⑥ 침하 : 포장 표면의 국부적인 침하

4) 마모

① 라벨링(ravelling) : 포장 표면의 골재입자가 이탈된 상태로, 표면의 모르타르가 이탈되고 표면이 거칠어진 상태

② 폴리싱(polishing) : 포장 표면이 마모작용으로 평탄하게 닳아 미끄럽게 된 상태

③ 스케일링(scaling) : 포장 표면이 차륜에 의하여 얇은 층으로 벗겨진 상태

5) 붕괴

① 포트홀(pot hole) : 포장 표면의 국부적인 작은 구멍

② 박리(stipping) : 골재와 아스팔트의 접착성이 감소하여 골재가 벗겨진 상태

③ 노화(aging) : 아스팔트혼합물의 결합이 풀어진 상태

(2) 포장구조에 관한 파손

노면성상에 관한 파손이 더욱 진행된 것이 많으며, 포장내구성과 구조를 직접 저해하는 것을 말한다.

① 거북등 균열 : 거북등 모양의 균열을 말하며, 전면적인 균열이라고도 한다.

② 분니(pumping) 및 동상 : 포장두께 부족, 동상방지층 두께 부족, 지하수 영향 등에 의하여 발생한다.

12.1.2 노면의 조사

포장노면의 조사는 노면의 상태, 포장이 파손되는 모양, 파손원인을 파악하기 위한 것으로서, 순찰에 의하여 노면상황을 대강 파악하는 노면상황조사와 노면의 유지보수공법을 결정하기 위하여 파손상황을 수치로 파악하는 상세조사가 있다. 상세조사에는 다음과 같은 것이 있다.

(1) 균열

아스팔트 포장의 균열의 정도는 다음과 같은 식의 균열률로 나타내며, 균열 측정은 스케치에 의한 방법과 균열측정차(사진연속촬영)에 의한 방법이 있다.

$$\text{균열률}(\%) = \frac{\text{균열면적} + \text{패칭면적}}{\text{조사구간의 면적}} \times 100 \tag{12.1}$$

① 스케치에 의한 방법 : 노면 위에 균열이 발생한 부위를 사각형으로 둘러싸도록 생각하여 그 면적을 기록한다. 종방향균열이 있을 경우에는 폭을 30cm로 하고 길이를 곱하여 면적을 구한다. 패칭의 면적도 같은 방법으로 구한다.

② 균열측정차에 의한 방법 : 자동차에 탑재한 촬영장치와 조명장치를 이용하여 시속 30~50km로 주행하며 노면을 연속적으로 촬영하여 해석하는 방법이다.

(2) 단차

단차는 교량접속부, 암거 등 지하매설구조물의 주변에 생기며, 순찰차에 의하여 충격을 느낄 정도이면 측정한다. 측정은 그림 12.1과 같이 1차로당 3점 이상 또는 가장 깊은 곳에서 시행하며, 최대치 D(mm)로 단차량을 나타낸다. 실을 당기는 길이는 일반도로에서는 10m, 고속도로에서는 15m로 한다.

(3) 소성변형

소성변형의 측정은 조사대상 구간 100m마다 차로별로 시행하며, 각 단면의 최대치 평균을 취하여 조사대상 구간의 값으로 한다. 측정방법에는 다음과 같은 방법이 있다.

① 직선자 또는 실을 당기는 방법 : 측정은 차로를 바르게 횡단하도록 직선자 또는 실을 당겨 그림 12.2와 같이 차로별로 D_1, D_2(mm)를 측정하고 그 중 큰 값을 취한다.

② 횡단 프로필로미터(profilometer)에 의한 방법 : 평탄성 측정용 프로필로미터를 이용하여 구한 기록지 위의 파형으로부터 작도하여 최대소성변형량을 구한다.

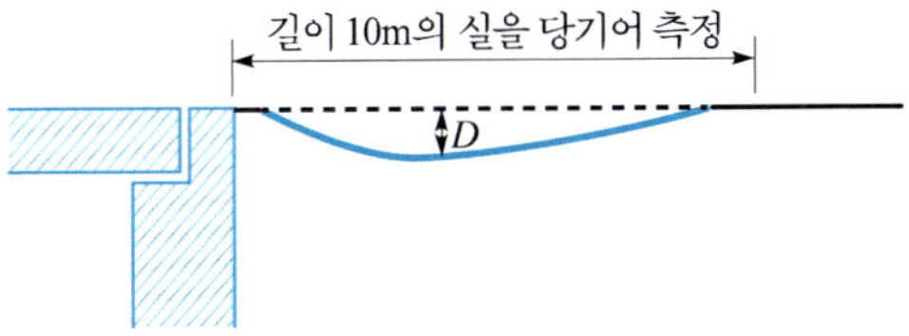

그림 12.1 단차의 측정

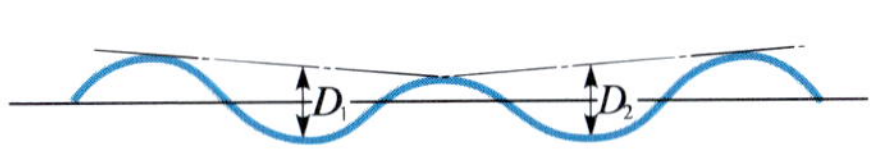

그림 12.2 소성변형의 측정

(4) 종단방향 요철, 파상요철

종단방향의 요철은 자동차 주행에 대한 영향이 가장 크며, 측정방법에는 다음과 같은 것이 있다.

① 3m 직선자에 의한 방법

② 프로필로미터에 의한 방법 : 프로필로미터로 측정한 요철의 중앙에 상하로 3mm의 띠를 그어, 그 띠 밖으로 벗어난 부분의 높이(cm)를 합계하여 이를 측정거리(km)로 나눈 값 PRI(Profile Index, cm/km)를 구한다.

최근에는 포장면 단차의 누적길이를 거리로 나눈 국제평탄성 지수 IRI(International Roughness Index, m/km)를 기준으로 하여 평탄성을 관리하기도 한다.

③ Roughnessmeter에 의한 방법

④ 벤켈만 빔(Benkelman beam)에 의한 방법 : 고정대에 장치된 길이 3.6m의 빔 한쪽을 복륜타이어 사이에 놓고 다른 쪽에 다이얼게이지를 달아 윤하중에 의한 노면의 처짐량을 구한다.

(5) 포트홀, 침하

구멍의 길이, 단경의 평균치를 cm 단위로 구하며, 포트홀이 여러 개 있을 경우에는 평균지름과 개수를 기록한다.

(6) 포장의 구조적 능력

포장의 구조적 능력이란 교통하중이나 환경하중에 대한 포장의 내구성을 말하며, 포장체의 일부를 굴착하여 실시하는 파괴시험과 포장표면에서 실시하는 비파괴시험이 있다.

시험이 비교적 간단한 비파괴적시험으로는 FWD(falling weight deflectometer)시험이 많이 사용되며, 이는 포장층에 충격하중이 가해질 때 발생하는 처짐량을 측정하여 포장층의 탄성계수를 구하는 방법이다.

12.1.3 노면의 평가

노면조사 결과를 종합적으로 평가하여 적정한 시기를 놓치지 않도록 유지보수를 실시해야 하며, 평가법에는 다음과 같은 것이 있다.

(1) 공용성지수(PSI)에 의한 방법

미국의 AASHTO 도로시험 결과로부터 얻어진 공용성지수(present serviceability index :

PSI)를 이용하는 방법으로, 공용성지수는 균열을 중시한 평가지수로 식 (12.2)를 이용하여 구한다. 공용성지수에 따른 유지보수공법은 표 12.2와 같다.

$$\mathrm{PSI} = 4.53 - 0.518\log\sigma - 0.317C^{1/2} - 0.174D^2 \tag{12.2}$$

여기서, σ : 종단방향 요철의 표준편차(mm)

C : 균열률(%)

D : 소성변형 깊이의 평균(cm)

표 12.2 공용성지수와 유지보수방법

공용성지수(PSI)	개략적인 대응공법
3~2	표면처리
2~1	덧씌우기
1~0	재포장

(2) 유지관리지수(MCI)에 의한 방법

유지관리지수(maintenance control index : MCI)는 일본의 건설성연구소가 제안한 값으로 노면의 소성변형을 중시한 평가지수이며, 다음 식으로 구한다. 유지관리지수에 따른 유지보수기준은 표 12.3과 같다.

$$\mathrm{MCI} = 10 - 1.48C^{0.3} - 0.29D^{0.7} - 0.47\sigma^{0.2} \tag{12.3}$$

여기서, σ : 평탄성(mm)(3m 프로필로미터에 의한 측정치의 표준편차)

C : 균열률(%)

D : 소성변형량(mm)

표 12.3 유지관리지수에 의한 유지보수기준

MCI	유지보수기준
3 이하	시급히 보수가 필요
4 이하	보수가 필요
5 이하	바람직한 관리수준

(3) 개별적인 파손에 대한 유지보수기준

개개의 파손에 대해서 유지보수의 필요여부를 판단하는 경우에는 공용성지수에 관계없이 표 12.4의 값을 참고로 하여 유지보수기준으로 정한다.

표 12.4 유지보수 판단의 기준치

항목 / 도로종류	소성변형 및 라벨링(mm)	단차(mm)		미끄럼 마찰계수	종단방향 요철(mm)	균열률 (%)	포트홀 지름(cm)
		교량	암거				
자동차전용도로	25	20	30	0.25	8m 측정기 90(PRI) 3m 측정기 3.5(σ)	20	20
교통량이 많은 일반도로	30~40	30	40	0.25	3m 측정기 4.0~5.0(σ)	30~40	20
교통량이 적은 일반도로	40	30	–	–		40~50	20

(4) 균열률에 의한 방법

균열률과 대형차 교통량에 따른 유지보수공법의 선정은 그림 12.3에서 구할 수 있고, 균열률과 변형량에 따른 유지공법의 선정은 그림 12.4에서 구할 수 있다.

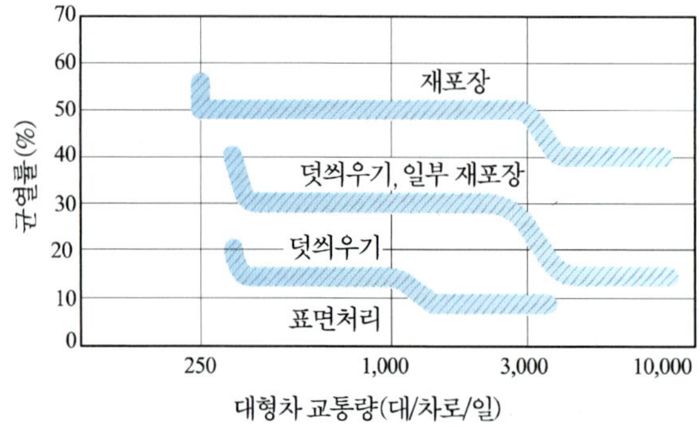

그림 12.3 균열률과 대형차 교통량에 따른 유지보수공법

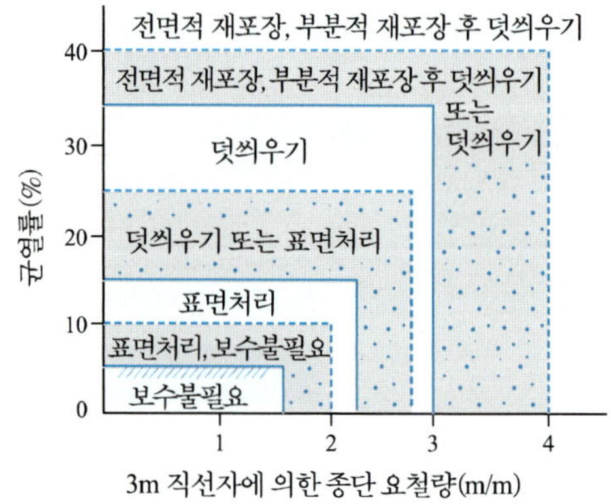

그림 12.4 균열률과 변형량에 따른 유지보수공법

12.1.4 유지공법

포장의 유지보수는 도로순찰에 의하여 결함을 조기에 발견하고 시기에 놓치지 않도록 적절한 방법으로 보수하는 것이 가장 중요하다.

유지공법은 포장의 파손을 근본적으로 수리하는 것이 아니고 일상적으로 수리하는 것이며, 다음과 같은 방법이 있다.

(1) 패칭(patching, 소파보수)

패칭은 포트홀, 단차, 침하 등과 같은 파손을 조기에 포장재료로 채우는 응급적인 처리 방법으로, 면적이 $10m^2$ 미만인 표층과 기층까지의 보수 또는 표층만의 보수를 말한다.

포장재료로 쓰이는 혼합물은 가열혼합식공법, 상온혼합식공법, 침투식공법 등이 있으며, 시공방법은 그림 12.5와 같다.

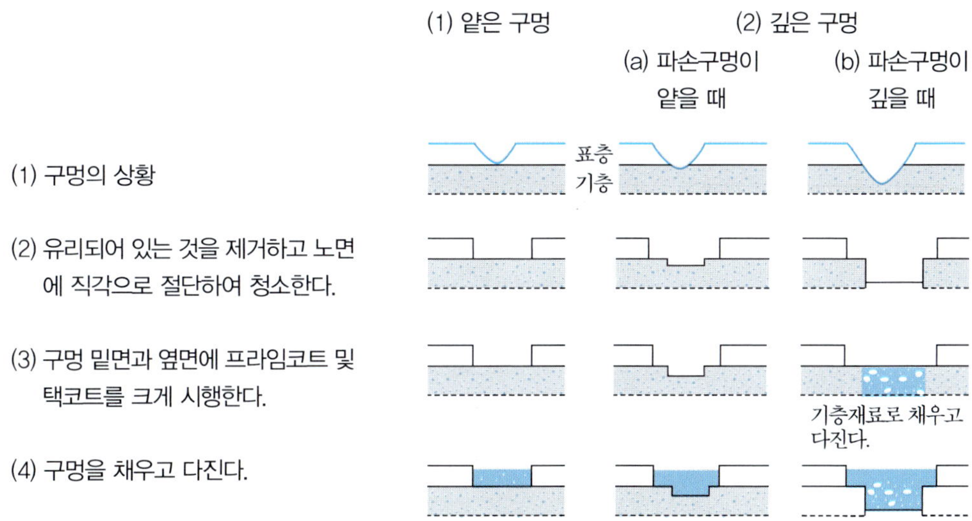

그림 12.5 패칭 시공방법

(2) 표면처리

표면처리는 국부적인 균열, 변형, 마모 및 붕괴와 같은 파손이 발생한 경우에 기존 포장에 2.5cm 이하의 얇은 층으로 실링(sealing)층을 시공하는 공법이다.

표면처리를 실시하는 기존 포장은 사전에 요철을 정정하고 균열 등을 수리하여 평탄한 노면으로 만들어 두어야 하며, 다음과 같은 공법이 있다.

① 포그 실(fog seal) : 물로 묽게 한 유화아스팔트를 얇게 살포하여 작은 균열과 표면의 공극을 채워 노면을 소생시키는 공법이다.

② 슬러리 실(slurry seal) : 유화아스팔트, 골재, 물 등을 슬러리 상태로 혼합하여 얇게 포설하는 공법으로 상온혼합식에 의한 공법이다.

③ 실코트(seal coat) 및 아마코트(armor coat) : 실코트는 포장 표면에 살포한 역청재료(유화아스팔트, 컷백 아스팔트, 아스팔트 시멘트) 위에 모래와 부순돌(쇄석)을 살포하여 부착시키는 공법이다. 이 공법을 2회 이상 반복하여 두께를 두껍게 하는 공법을 아마코트라고 한다.

④ 카펫코트(carpet coat) : 포장 표면에 아스팔트 혼합물을 1.5~2.5cm 두께로 얇게 포설하여 다지는 공법이다.

(3) 부분 재포장

파손이 미친 부분의 표층 또는 기층까지 부분적으로 포장을 재포장하는 공법으로 면적이 10m^2 이상인 것을 말한다.

콘크리트 커터 등으로 아스팔트층을 직사각형으로 그림 12.6과 같이 절단하며, 재포장의 폭은 시공기계의 작업성을 고려하여 2.5m 이상으로 하고, 두께는 교통개방 후의 침하를 고려하여 기존 포장면보다 0.5~1.0cm 높게 마무리가 되도록 한다.

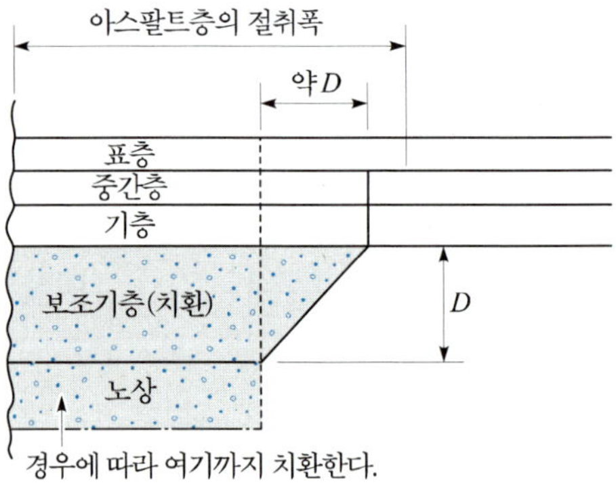

그림 12.6 부분 재포장

(4) 기타 공법

① 절삭(milling) : 아스팔트 포장 표면에 요철이 발생하여 평탄성이 불량하게 된 경우 이 부분을 기계로 절삭하는 공법으로, 가열식과 상온식이 있다.

② 노상 표층재생공법 : 아스팔트 포장의 표층을 가열한 후 긁어 일으켜 재생첨가제나 신재 혼합물 등을 섞어서 상부에 포설하는 공법이다.

③ 플랜트 재생 가열아스팔트 혼합물 공법 : 아스팔트 폐재를 파쇄하고 소요품질이 얻어지도록 보충재(골재, 아스팔트)와 재생 첨가재를 가하여 아스팔트 플랜트에서 제조한 재생 가열아스팔트 혼합물을 포설하는 공법이다.

12.1.5 보수공법

보수공법은 포장이 전면적인 파손에 이르렀을 때 근본적으로 파손을 수리하는 것이며, 덧씌우기, 절삭 덧씌우기, 재포장 등이 있고 유지공법에 비하여 고가이다.

(1) 덧씌우기(overlay)

덧씌우기는 기존 포장 위에 아스팔트 혼합물을 1~5cm 두께로 포설하는 공법으로, 아스팔트 포장 보수의 대종을 이루고 있으며, 기존 포장의 강도 보충 외에 노면의 평탄성 개량, 균열을 통한 빗물의 침투방지의 목적도 겸하고 있다.

덧씌우기의 시공에 앞서 기존 포장면의 요철부분은 평탄하게 수정해야 하며, 이를 레벨링(leveling)이라고 한다. 또 기존노면을 깨끗이 청소하여 먼지, 진흙 등을 제거하고 유화아스팔트로 택코트를 실시한 후 덧씌우기를 실시한다.

(2) 절삭 덧씌우기

포장의 균열이나 소성변형 등이 심하지만 전면적인 재포장을 실시할 정도는 아니고 인접지나 배수시설과의 높이 문제나 경제적인 문제로 덧씌우기가 부적합할 경우에 실시하는 공법으로, 파손부분을 절삭하고 덧씌우기를 실시한다.

(3) 재포장

파손이 심하게 되어 다른 유지보수방법으로는 양호한 노면을 유지하기 어려울 때 채택하는 공법이다. 포장의 상태와 파손원인을 충분히 조사하고 경제적 · 기술적인 면 등을 종합적으로 판단하여 재포장공법의 채택여부를 결정해야 한다.

시공순서는 먼저 기존 포장층 및 노상을 제거 굴착하고 노상의 판정 및 보수를 하며 보조기층재를 부설한 후 다짐을 실시한다. 또 아스팔트 안정처리공법으로 기층을 시공한 후에 표층을 시공한다.

12.2 콘크리트 포장의 유지보수

12.2.1 무근 콘크리트 포장의 파손과 원인

콘크리트 포장에서 손상의 대부분은 줄눈에 관한 것이며, 주요한 손상의 원인과 형태는 표 12.5와 그림 12.7과 같다.

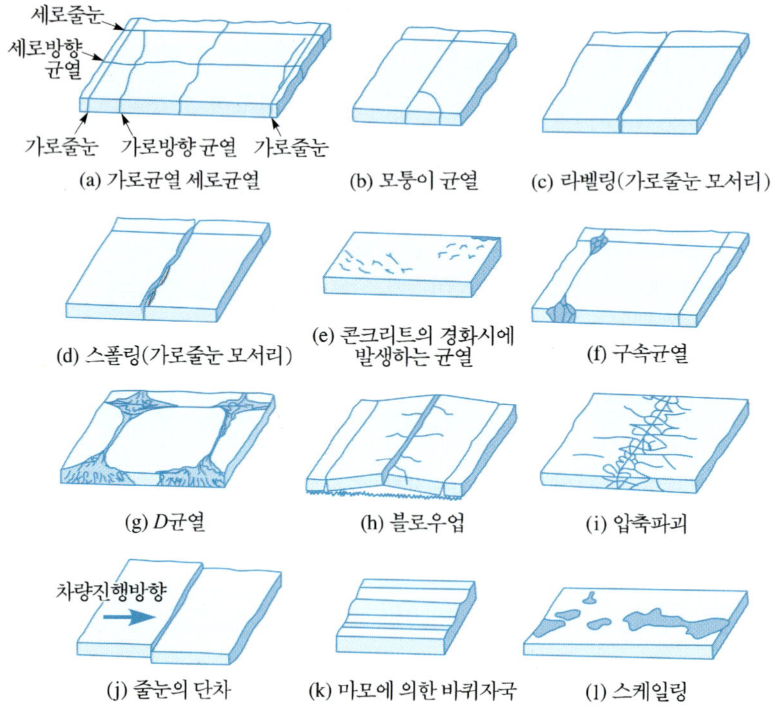

그림 12.7 무근 콘크리트 포장의 파손형태

표 12.5 무근 콘크리트 포장의 파손원인과 형태

손상의 원인: 원인의 발생 위치, 이유 – 노상·보조기층	콘크리트 슬래브 – 구성의 설계	콘크리트 슬래브 – 구조의 설계	콘크리트 슬래브 – 시공	콘크리트 슬래브 – 줄눈 – 설계	콘크리트 슬래브 – 줄눈 – 시공	콘크리트 슬래브 – 줄눈 – 유지	재료·배합	교통작용	기상작용	기타	손상이 발생하는 원인	손상을 유도하는 직접적인 원인 (유인)	손상의 형태: 균열 현상 – 가로방향	세로방향	모퉁이	가로줄눈 모서리	횡단구조물 부근	콘크리트의 경화 시 발생하는 균열	구상균열	구속균열	D균열	콘크리트 슬래브의 파괴 – 블로우업	압축파괴	줄눈부의 단차	슬래브 표면의 손상 – 마모	미끄럼저항의 감소	스케일링
V								V	V		노상·보조기층의 지지력 부족	큰 교통하중 반복 작용	V	V	V				왼쪽에 기록한 각종의 균열이 진행된 것								
V								V			펌핑				V									V			
	V							V			좁은 폭				V												
	V							V			부적당한 줄눈배열		V	V	V												
		V						V			보강부족, 두께부족		V	V	V												
V								V	V		노상의 부등침하		V	V	V		V							V			
					V	V			V		줄눈균열에의 이물침입	온도·습도에 의해 생기는 슬래브의 팽창, 압축력				V				V		V	V				
					V				V		다웰바의 위치 부정확					V											
													V			V		V									
						V			V		다웰바의 기능 불량		V			V											
V			V						V		보조기층 마모저항의 과대		V														
									V		철망의 위치 부정확		V			V											
					V				V		줄눈의 시공: 커터줄눈 굴착의 지연	콘크리트의 경화 또는 온도·습도에 의해 생기는 슬래브의 수축, 인장력	V			V											
					V				V		줄눈의 시공: 타설줄눈의 조기굴착					V											
					V				V		줄눈의 시공: 타설줄눈의 줄눈판의 파손·휨				V	V											
					V				V		줄눈의 시공: 팽창줄눈 줄눈판 파손·휨				V	V											
					V				V		줄눈의 시공: 팽창줄눈 굴착지연					V											
	V	V							V		과다하게 긴 슬래브 길이		V														
	V	V		V	V	V						줄눈에 있어서의 하중전달불량												V			
			V						V		양생불량	강풍, 직사일광						V									
							V		V	V	공기량의 부족	동결 또는 동결방지제의 살포															V
							V		V		골재의 품질 부적당	융해								V							V
							V																		V	V	
			V					V			거친면 마무리가 불충분	많은 교통량														V	
			V					V			강도의 거친면 마무리														V		
								V		V	(통상의 노면)	체인, 스파이크의 높은 장착률													V		

(1) 노상, 보조기층에 기인한 손상

콘크리트 포장 손상은 노상, 보조기층의 지지력 저하나 국소적인 결함 또는 체적변화가 직접적인 원인이다.

지지력의 국소적인 변화는 노상의 압밀로 인한 부등침하나 침투수에 의한 세굴 또는 동결융해의 반복 등 때문에 발생하며, 체적변화는 점성토가 수분을 흡수 팽창하여 콘크리트 슬래브에 응력을 발생시키기 때문에 발생한다.

(2) 가로균열, 세로균열

가로균열 중 슬래브 중앙부에 발생하는 것은 하중이나 온도응력에 의한 경우가 많으며, 가로줄눈에서 조금 떨어진 균열은 줄눈 부근에서 보조기층의 지지력이 부족한 것을 나타내는 경우가 많다. 또 가로줄눈에 인접한 가로균열은 줄눈의 절단이 늦은 것에 의한 경우가 많다.

세로균열은 세로줄눈 간격이 부적당하거나 성토의 부등침하에 의해 많이 발생한다.

(3) 모퉁이균열(우각부 균열)

세로줄눈과 가로줄눈이 교차한 부근에서 발생하는 모퉁이균열은 슬래브 전체 두께를 통해 수직으로 확대된다. 슬래브의 응력은 모퉁이에서 최대가 되기 때문에 그 부분에 하중이 작용하면 균열이 발생하기 쉬우며, 시공 시 다짐부족 또는 펌핑현상으로 지반의 지지력이 저하되거나 콘크리트 배합불량 등이 원인이 된다.

(4) 스폴링(spalling), 라벨링(ravelling)

스폴링은 가로줄눈 좌우 6mm 이내에서 깊이 25~50mm 정도로 콘크리트가 파손되는 현상으로, 단단한 입자가 줄눈에 침입하여 슬래브의 팽창을 방해하여 국부적으로 압축파괴를 일으켜 발생한다.

라벨링은 가로줄눈 좌우 25mm 이내에서 콘크리트가 깨지거나 부서지는 현상으로, 줄눈의 성형시기나 절단시기가 빨라서 발생한다.

(5) 경화 시에 발생하는 균열, 구속균열

경화 시에 발생하는 균열에는 철망이나 철근의 매설깊이가 부적당하여 콘크리트의 침하가 방해되어 생기는 침하균열과 슬래브 표면의 직사광선, 온도저하나 강풍 등 양생 불량에 의하여 발생하는 플라스틱 균열이 있다.

구속균열은 가로줄눈과 세로줄눈의 교점에서 생기며, 단단한 입자의 줄눈침입에 의해 생긴다.

(6) 블로우업(blow-up), 압축파괴

블로우업은 슬래브의 온도와 습도가 높아져 팽창할 때 단단한 이물질의 침입으로 줄눈이 팽창량을 흡수하지 못해 압축응력이 발생하여 생기는 좌굴현상이다.

압축파괴는 블로우업과 원인은 같지만 좌굴이 아니고 콘크리트의 압축강도가 국부적으로 작기 때문에 발생한다. 압축강도의 부족은 줄눈부의 다짐부족이나 줄눈으로 침입한 염분에 의한 노화나 동결융해가 원인이 된다.

(7) 펌핑(pumping), 단차(faulting)

펌핑은 보조기층이나 노상의 흙이 빗물의 침입과 교통하중의 반복에 의해 노면으로 뿜어 나오는 현상이다.

단차는 차량 진행방향의 슬래브가 내려가고 후방측의 슬래브가 올라가 생기는 슬래브 간의 부등수직변위이며, 펌핑현상으로 슬래브 하단에 생기는 공동이 원인이 된다.

(8) 마모에 의한 손상, 스케일링(scaling)

슬래브의 구조적인 손상이 아니더라도 차량의 쾌적한 주행을 저해하는 것의 하나가 슬래브 표면의 마모에 의한 손상이다. 이는 교통차량의 타이어체인이나 스파이크 타이어가 영향을 크게 미친다.

스케일링은 콘크리트 표면이 6~12mm 정도로 얇게 박리되어서 골재가 이탈되어 거친 면이 나타나는 현상으로, 염화칼슘이나 소금 등의 동결방지제를 살포함에 따라 콘크리트가 화학적으로 부식되거나 동결융해의 반복에 의해 발생한다.

12.2.2 연속철근 콘크리트 포장의 파손과 원인

(1) 펀치아웃(punch out)

펀치아웃은 모서리부와 가로균열 또는 세로균열로 둘러싸인 부분 및 슬래부의 중앙 부근에서 작은 부분이 탈락하는 현상이다.

지지력이 국부적으로 저하하고 슬래브의 처짐이 크게 발생하는 조건하에서 하중의 반복에 의하여 골재의 집합력이 소멸되고 철근의 응력이 크게 되어 슬래브의 일부가 탈락하게 된다.

(2) 스폴링(spalling)

무근 콘크리트 포장에서와 같은 이유로 스폴링이 생기며, 고유한 손상원인으로는 철근의 부식에 의한 팽창을 들 수 있다. 철근의 부식은 수분이나 염화물이 슬래브에 침입하여 발생한다.

(3) 철근 파단

온도나 건조수축 및 철근부식에 의하여 종방향 철근이 파단하는 현상을 말한다.

12.2.3 유지보수공법

파손된 콘크리트 포장에서 보수공법의 선택기준은 아스팔트 포장의 경우와 같이 그림 12.4의 균열률과 변형량에 따른 선택기준을 사용한다.

(1) 줄눈의 보수

줄눈재의 파손은 시공불량, 교통하중에 의한 수직운동 및 슬래브의 수축팽창으로 인한 수평운동의 반복에 의해 생긴다. 보수방법은 파손된 줄눈재를 깨끗이 제거하고 프라이머를 바른 후 백업재를 채우고 주입기를 이용하여 줄눈재를 채운다.

팽창줄눈부의 파손은 팽창줄눈의 간격이 너무 커서 슬래브의 열팽창량을 감당하지 못하는 것이 원인이므로 팽창줄눈을 1개소 더 설치하고 손상된 팽창줄눈은 재시공한다.

줄눈모서리 부위의 콘크리트 손상은 파손부위를 절단 제거하고 절단면을 거칠게 하여 청소한 후 모르타르나 콘크리트를 채운다.

(2) 균열의 보수

노면균열은 균열상태에 따라 균열폭 0.5mm 이하는 미세균열, 0.5~1.5mm 폭의 균열은 중간균열, 1.5mm 이상은 대균열로 분류한다.

미세균열은 균열부위를 완전 청소한 후 레진 모르타르(resin mortar)를 충전하거나 에폭시수지를 주입한다. 중간균열 및 대균열은 손상된 부분을 절단 제거하고 청소한 후, 타이바나 다웰바를 삽입하고 레진 모르타르나 콘크리트로 채운다.

(3) 단면보수

콘크리트 슬래브의 파손이 표면에만 발생한 경우에는 파손된 콘크리트를 절단 제거하고 콘크리트를 다시 채우는 부분단면보수를 하며, 콘크리트 슬래브의 파손이 바닥까지 발생한 경우에는 슬래브 전체를 절단 제거하고 콘크리트를 다시 타설하는 전단면보수를 한다.

(4) 주입공법

주입공법은 콘크리트 슬래브에 구멍을 뚫어 주입재료를 삽입하여 슬래브와 보조기층 사이의 공극과 공동을 채워서 펌핑작용 등으로 인한 슬래브의 파손을 방지하고 침하된 슬래브를 정상의 위치로 들어올리는 공법이다.

주입재료에 따라 아스팔트 주입공법과 시멘트 주입공법이 있으며, 아스팔트 주입공법은 시공 후 1시간이 지나면 교통을 개방할 수 있으나 시멘트 주입공법은 3일 이상의 양생이 필요하다.

시공순서는 슬래브에 구멍을 뚫고 공기를 불어 넣어 제팅(jetting)을 실시한 후 주입공에 아스팔트나 시멘트 혼합물을 주입한다. 주입공에 나무마개를 하고 양생이 끝난 후 마개를 제거하고 모르타르를 채운다.

아스팔트 주입재료는 블로운 아스팔트를 사용하며, 주입기계는 아스팔트 디스트리뷰터나 스프레이어를 사용한다. 시멘트 주입재료는 시멘트와 물 이외에 세립토, 플라이애쉬 등을 가하기도 하며, 주입기계는 그라우트 펌프나 머드잭(mud jack)이라 하는 주입펌프를 사용한다.

(5) 덧씌우기(overlay)

파손이 일어난 시멘트 콘크리트 포장의 수명을 조금이라도 연장하고자 할 때나 포장 슬래브의 표면이 대단히 거칠어져서 표면을 바꾸려고 할 때는 슬래브 표면에 덧씌우기를 실시한다.

덧씌우기에는 시멘트 콘크리트 덧씌우기와 아스팔트 콘크리트 덧씌우기가 있으며, 시멘트 콘크리트 덧씌우기에는 무근 콘크리트 덧씌우기(최소두께 15cm), 철근보강 콘크리트 덧씌우기(최소두께 10cm), 접착식 콘크리트 덧씌우기(최소두께 5cm) 등이 있다.

덧씌우기를 하면 다음과 같은 효과를 기대할 수 있다.

① 윤하중의 분산을 도모하고 재래 포장 슬래브에 생기는 응력을 경감시켜 슬래브의 파괴를 지연시킨다.

② 줄눈이나 균열을 봉하여 보조기층으로의 물의 침입을 막고 보조기층의 약화로 인해 생기는 포장슬래브의 파손을 늦춘다.

③ 표면의 평탄성을 개선한다.

덧씌우기를 한 후에는 줄눈 위와 포장슬래브 위의 움직임이 다르기 때문에 줄눈 위에 균열이 발생하기 쉽다. 이 균열을 리플렉션 크랙(reflection crack)이라고 부르며, 이것이 시멘트 콘크리트 포장 보수의 단점이다. 이 균열을 적게 하려면 덧씌우기의 두께를 10cm 정도로 할 것과 주입공법을 병용할 것 등의 대책 이외에는 없다. 또 덧씌우기의 두께는 5cm 이상을 취하지 않으면 벗겨지고 만다.

(6) 재포장

포장슬래브의 파손이 심하거나 도로조건으로 볼 때 덧씌우기를 할 수 없는 경우에는 재포장을 해야 한다. 재포장을 할 때는 교통량에 따른 설계두께를 취하도록 하고, 부분적으로 재포장을 할 때도 종전과 같은 포장두께로 하지 않고 교통량, 공용연수, 재포장면적 등을 고려하여 적어도 종래의 포장보다 튼튼한 구조로 한다.

재포장은 시멘트 콘크리트 포장뿐만 아니라 아스팔트 포장으로 할 수도 있으며, 아스팔트 포장으로 하면 양생시간이 불필요하여 교통개방이 빠르게 된다. 교통공용중의 도로 위에서 시멘트 콘크리트 포장으로 재포장할 때는 양생기간의 단축을 위하여 조강 시멘트의 사용, 염화칼슘의 첨가, 진공콘크리트공법의 채용 등을 고려할 필요가 있다.

(7) 연속철근 콘크리트 포장의 유지보수

연속철근 콘크리트 포장의 유지공법으로는 시멘트 그라우팅 주입법을 많이 사용하며, 보수공법으로는 콘크리트 패칭을 많이 사용한다.

패칭은 파손된 부분의 슬래브를 절단하여 콘크리트를 제거하고 겹이음이나 용접으로 종방향 철근을 기존 철근에 연결한 후 콘크리트를 타설 양생하는 공법이다. 패칭의 최소길이는 철근을 겹이음하는 경우에는 1.5m, 용접하는 경우에는 1.0m가 필요하며, 패칭의 폭은 한 차로 전체로 하는 것이 원칙이다.

12.3 비탈면의 유지보수

도로의 유지보수 중에서 큰 비율을 차지하고 있는 것 중의 하나가 비탈면의 유지보수에 관계되는 것이다. 지형이 험준하고 강수량이 많고 지질이 복잡한 우리나라의 도로에서는 비탈면 유지에 대하여 각별한 관심을 기울이고 있다.

도로의 비탈면은 성토와 절토비탈면으로 대별할 수 있으며, 그 각각에 대하여 지형, 지질, 기후, 교통량 등의 여러 조건에 따라 가장 적합한 비탈면 보호공이 시공되어야 한다.

12.3.1 식생(植生) 비탈면

자연식생으로 방치한 자연비탈면은 통계적으로 가장 재해가 발생하기 쉽다고 한다. 토질, 비탈경사, 배수상황 등을 고려하여 강우량과 비탈면의 안정에 대한 상관관계를 경험적으로 파악하여 통행규제를 포함한 여러 가지 대책을 세워두어야 한다.

배수대책을 충분히 실시하는 것이 비탈면 보호에 효과적이며, 식목이 너무 무성하면 풍우로 인하여 넘어지는데 이것이 비탈면 붕괴의 원인이 되기도 하고 시계를 가리게 되므로 적절히 가지치기를 하는 것이 좋다.

비탈면은 일단 붕괴 등의 파손이 생겼을 경우에는 그대로 복원하기가 어려우므로 적절한 비탈면 보호공을 해야 한다.

떼붙임 비탈면의 유지는 떼를 잘 생육시키는 데 있으므로 1년에 2회 이상 벌초를 하고 다른 식물의 번식을 막는 것이 필수조건이다. 벌초는 인력 또는 기계로 실시한다. 비탈면에는 직접 물이 흘러내리지 않도록 배수에 충분히 주의해야 한다.

파종공 및 식생공은 보통 벌초는 필요가 없고 시공할 때나 그 후의 유지도 간단하므로 떼붙임 비탈면 대용으로 이용하게 되었다. 식생한 비탈면에도 연 1회는 비료를 주는 것이 좋으며, 도로상에서 0.5~1.0kg/m^2의 화학비료를 펌프로 살포하면 된다. 이때 착색제를 소량 혼입하면 고루 살포할 수 있을 뿐 아니라 녹색의 깨끗한 비탈면을 만들 수 있다. 또 식생 자체는 안정되어 있어도 토질에 따라 식생이 밑에서 탈락하는 경우가 있으며, 이런 때는 망을 치는 등의 보강책을 세워야 한다.

12.3.2 뿜어붙이기 비탈면

시멘트 모르타르나 시멘트 콘크리트를 뿜어 붙인 비탈보호공은 토질, 용수의 유무, 뿜어붙이기 두께, 보강철근의 유무 등에 따라 그 수명이 크게 달라진다. 결함부에는 물이 스며 나오고 균열이 확대되어 점차 탈락해간다. 탈락한 것은 통행자에게 위험하므로 조기에 보수해야 한다. 보수할 때는 그 원인을 잘 조사해 두어야 한다.

결함부가 용수나 토질로 인한 것이면 다른 비탈면보호공을 생각할 필요가 있다. 보강철망이 들어있지 않은 경우의 결함부는 그 부분을 포함시켜 크게 철망을 치고 앵커용 볼트로 본바닥에 고정시킨 후 재차 뿜어 붙인다. 앵커볼트나 보강철망을 사용할 때 본 바닥과의 고착을 어느 정도까지 확보하는가에 따라서 그 수명의 장단이 정해지므로, 유지보수할 때는 이 점을 잘 고려하여 가능한 한 그 접착이 오래가도록 대책을 세워야 한다.

12.3.3 비탈면 구조물의 유지

옹벽은 전도, 활동, 균열 등으로 결함의 징조를 알 수 있다. 특히 주의를 요하는 것은 성토 밑에 있는 옹벽 등의 기초의 세굴이다. 그러므로 정기적으로 순찰하여 점검할 필요가 있고 이에 편리하도록 계단이나 사다리 등을 설치해 놓으면 좋다. 결함을 발견하면 그 원인을 조사하여 보강법을 연구하여 보수나 보강을 하고 큰 사고로 확대되지 않도록 한다.

콘크리트 붙이기공은 균열이나 침하로 그 징조를 알 수 있으나 대개의 경우 기초의 침하나 용수의 내압에 기인된 것이다. 이들은 원인을 제거하여 복구시킨다. 콘크리트 두께가 작을 때는 초목이 줄눈에 살아 붙는 수가 있으며, 이것은 조기에 제거하고 줄눈을 봉해둔다.

돌쌓기나 돌붙이기 구조물의 유지보수는 옹벽이나 콘크리트 붙이기와 같으나, 메쌓기의 경우에는 균열을 발견하기 어려우므로 배불림에 주의해야 한다. 배불림은 밑에서 위로 보는 것 보다도 위에서 밑으로 보는 편이 잘 보인다. 파손의 원인은 바닥굴착, 기초의 침하, 배면 토압이나 수압의 증대, 용수, 돌 사이에서 나오는 초목 등이며, 결함부는 원인을 제거하고 필요에 따라 다시 붙이거나 전면에 보강을 한다.

콘크리트 틀에 의한 보호는 용수가 있는 비탈면이나 토질이 연한 비탈면에서는 효과적인 비탈면 보호이지만 그만큼 본바닥이 약하다는 것을 생각하여 잘 점검해 두어야 한다. 특히 신설 후 수년간은 신중한 점검이 필요하다. 비탈면에 붙인 틀은 배불림, 균열, 가운데를 메운 돌의 탈락 등에 주의한다. 식생공을 병용한 틀은 이 점검이 어려우므로 특히 주의를 요한다.

12.4 배수시설의 유지보수

12.4.1 측구

도로의 유지 중에서 배수시설의 유지가 차지하는 역할은 매우 크다. 배수의 양부는 포장이나 비탈면의 유지에 큰 영향을 주고, 또 겨울에는 배수불량의 결과로 물이 노상에 고여서 동결하고 사고의 원인이 되는 경우도 있다.

배수시설의 유지 중에서 가장 노력이 드는 것이 측구의 유지다. 주변의 개발도나 종단경사 등에 따라 다르긴 하나 보통 3년에 1회 정도 청소하지 않으면 30cm 정도의 토사가 채워지곤 한다. 20~30m 간격으로 맨홀(manhole)이 설치되어 있어 이것을 정기적으로 청소하면 토사의 저류는 상당히 적어진다. 측구는 노면배수를 대상으로 하고 있기 때문에 일반하수가 유입하면 단면이 부족하다.

12.4.2 관 거

관거의 배수 중에서 가장 말썽이 많은 것은 횡단관거의 결함, 즉 배수능력 부족 등 때문에 물이 넘치는 예이다. 이러한 경우 횡단관거를 굵은 것으로 개조하든지 관거의 전후에 물받이를 설치하든지 배수를 다른 곳으로 돌리지 않으면 해결할 수 없다. 횡단관거의 청소는 제트(jet)식이나 진공흡인식의 기계를 이용하면 간단히 할 수 있는 경우가 많으나 잘 막히는 곳은 개조해야 한다.

종단관거에는 적당한 간격(20~30m)으로 물받이를 설치하고 여기서 청소할 수 있게 해 둔다. 기계청소도 간단하다. 개거에서 관거로 옮기는 곳에서는 반드시 맨홀을 설치하지 않으면 물이 넘치므로 주의를 요한다.

12.5 노측부의 유지보수

포장이 없는 노측(路側), 길어깨는 풀깎기·풀뽑기를 정기적으로(가능하면 연 2회) 실시함과 동시에 그 결손을 고치고, 또 길어깨가 차량의 통행 등으로 노면보다 높게 되어 있으면 노면배수가 되지 않으므로 그레이더(grader)로 바른 형상으로 정형하고 롤러로 다져서 배수가 잘되게 한다. 포장이 되어 있는 길어깨는 일반 포장면과 같은 방법으로 유지보수를 한다.

12.6 도로 청소

도로의 청소는 미관상, 위생상 중요한 작업이다. 청소작업을 능률적으로 하여 전 구역을 깨끗한 상태로 유지하기 위해서는 교통량이나 오손의 정도를 조사하고 이에 따라서 노선별 또는 구역별로 청소횟수를 결정해야 한다. 여기에는 상당한 비용이 필요하게 되므로 청소계획을 신중하게 수립하고 입안해야 한다. 또 도시지역의 청소에는 그 처리장의 확보에 유의해야 한다.

번화가나 교통량이 많은 노선에서 주간의 작업이 곤란한 구역에는 새벽 또는 야간작업을 계획하는 등 각각 그 지역실정에 맞추어서 작업시간을 정한다.

청소작업은 인력으로 하지만 교통이 번잡한 곳에서는 작업에 위험이 따를 뿐만 아니라 비능률적이므로, 최근에는 로드 스위퍼(road sweeper)를 주체로 하는 기계청소가 이루어지고 있다. 교통량이 많은 도로에서는 노측에 토사가 몰리므로 노측에 살수하고 스위퍼(sweeper)로 훔친다.

보도나 보도교의 청소는 인력에 의지할 수밖에 없다.

12.7 제설, 노면동결 대책

노면 위 수 cm의 강설이면 타이어체인이나 스노우타이어를 달면 자동차가 통행할 수 있으나 10cm 이상에서는 주행이 불가능하다. 그러므로 적설지에서 도로교통을 확보하려면 제설작업이 필요하다.

처음에는 고속제설작업을 한다. 이것은 제설판이나 그레이더로 노면의 눈을 노측으로 치우면서 눈을 다지는 역할을 한다. 이 출동이 늦어지면 도로교통이 두절되고 그 후의 제설작업을 할 수 없게 된다.

강설량이 어느 양에 달하면 저속제설을 한다. 이것은 노상의 압설깊이를 크게 하지 않고, 또 노측의 눈벽(설벽)을 제거하면서 확폭제설을 하는 데 목적이 있다.

제설방법에는 다음과 같은 것이 있다.

(1) 밀어내기 제설

노면 위에서 차에 제설판을 연결하여 눈을 노측부로 밀어낸다. 덤프트럭, 모터그레이더, 불도저, 트랙터 등에 제설판을 단 경우와 불도저, 그레이더의 토공판을 그대로 사용하는 경우가 있다.

(2) 뿜어내기 제설

기계 앞부분의 눈을 뿜어내기 장치(blower)로 10~40m 정도 옆쪽으로 날려보내는 방법으로서 가옥이 양쪽에 없을 경우에 이용할 수 있다. 전용기계를 사용하는 경우와 자동차나 트랙터에 달아서 사용하는 경우가 있다.

(3) 반출제설

트럭 등으로 싣고 제설장까지 운반하는 방법으로 인가가 줄지은 다설지구에서는 밀어내기 제설과 병용한다. 신기기계로서는 트랙터 쇼벨과 연속식 스노우 로더(snow loader) 등이 사용된다. 이 작업은 노력과 비용이 들므로 이러한 구간에는 소설파이프의 설치가 효과적이다. 소설파이프의 설치는 노면에 비교적 온난한 지하수를 계속적으로 흐르게 하여 적설을 방지하는 유수제설을 목적으로 한다.

보도의 제설은 현재 적당한 수단이 없다.

적설 한랭지에서 기온이 0℃를 오르내리면 노면이 동결하고 미끄러지기 쉽고 위험하다. 특히 곡선부, 경사부 등에서는 위험률이 크므로 대책을 강구할 필요가 있다. 이러한 곳에는 아스팔트 콘크리트 포장 내에 전열선을 넣은 로드 히팅(road heating)을 이용하는 경우도 있다.

보통 실시하고 있는 동결노면의 미끄럼 방지대책으로는 마찰저항의 증대를 꾀하는 모래, 부순돌, 석회부스러기의 살포, 빙점 이하에서 미끄러지기 쉬운 얼음을 녹이는 염화칼슘, 소금 등을 뿌린다. 또 이들을 혼합하여 쓰기도 한다.

Chapter 13

도로의 부속시설

제13장

도로의 부속시설

13.1 개 설

교통의 안전을 도모하고 도로를 효율적으로 운영하기 위하여 도로에는 여러 가지 부속시설이 필요하다.

도로의 부속시설에는 시선유도시설, 방호울타리, 조명시설, 횡단보도육교 등의 도로안전시설과 교통신호기, 도로표지, 긴급연락시설 등의 교통관리시설 및 주차장, 방호시설, 환경시설 등의 부대시설이 있다.

도로의 부속물을 설치하는 경우에는 교통약자의 통행편의를 고려해야 하며, 필요하다고 인정되는 경우에는 교통약자를 위한 별도의 시설을 설치해야 한다.

13.2 도로안전시설

교통사고를 방지하기 위하여 필요한 경우에는 시선유도시설, 방호울타리, 충격흡수시설, 조명시설, 과속방지시설, 도로반사경, 미끄럼방지시설, 노면요철 포장, 긴급제동시설, 안개지역 안전시설, 횡단보도육교(지하횡단보도 포함) 등의 도로안전시설을 설치해야 한다.

13.2.1 시선유도시설

시선유도시설은 도로의 측방에 설치하여 도로 끝 및 도로선형을 명시하여 주간 및 야간에 운전자의 시선을 유도하기 위하여 설치하는 시설로서, 직선 및 곡선구간에 일정한 간격으로 설치한다.

시선유도시설의 종류에는 그림 13.1과 같은 시선유도표지, 갈매기표지, 표지병 등이 있으며, 장애물 표적표지, 구조물 도색 및 빗금표시, 시선유도봉 등의 시인성 증진 안전시설도 여기에 포함된다.

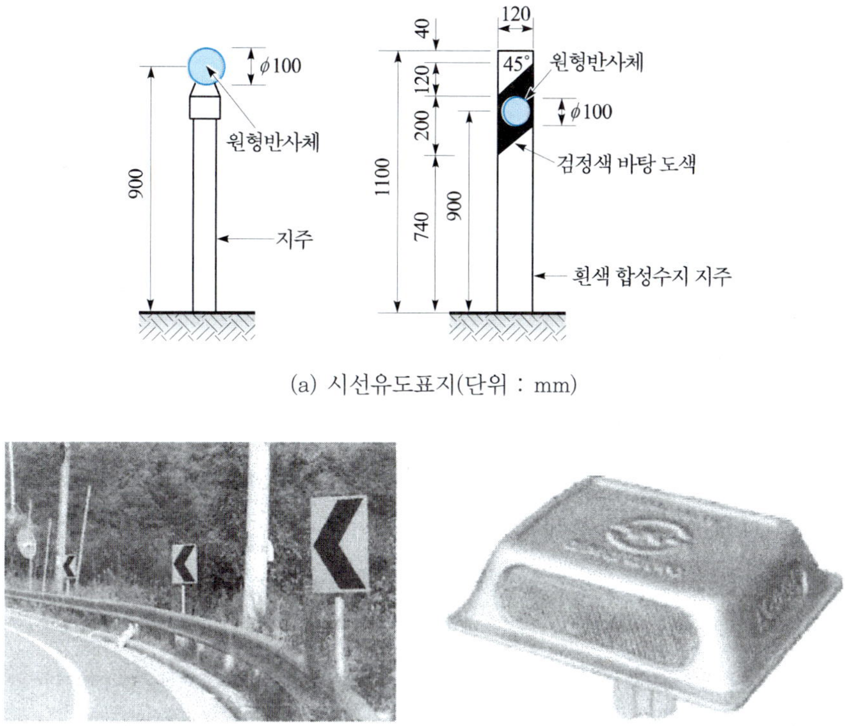

(a) 시선유도표지(단위 : mm)

(b) 갈매기표지

(c) 표지병

그림 13.1 시선유도시설

시선유도표지는 반사체, 반사체틀 및 지주로 이루어진다. 반사체는 직경 10cm의 원형으로 하얀색 및 노란색을 사용하며, 설치위치는 도로 끝으로부터 0~2m 떨어진 곳에 설치하고, 설치높이는 노면에서 반사체 중심까지 90cm를 표준으로 한다.

갈매기표지는 시선유도표지와 기능이 유사하나 반경이 작은 곡선구간에서 시거가 불량한 경우에 사용한다.

악천후나 강우 시 노면에 물이 고여서 중앙선이나 노면표시선이 잘 보이지 않는 지역이나 터널 등에는 운전자가 차로를 유지할 수 있도록 표지병을 설치한다. 또 도로의 곡선부, 언덕길 정점부 등 시인성이 좋지 못한 경우에도 표지병을 설치한다. 표지병은 캣스아이(cat's eye)라고 하는 야간 반사형 금속병을 많이 사용한다.

장애물 표적표지는 중앙분리대 시점부, 지하차도의 기둥 등에서 운전자에게 위험물이 있다는 정보를 전달하는 반사체 표지를 말한다.

구조물 도색 및 빗금표지는 도로상에 구조물이 있다는 정보를 전달하기 위하여 구조물 외벽에 도색 및 빗금표시를 하는 것을 말한다.

시선유도봉은 운전자의 주의가 현저히 요구되는 장소에서 교통류를 공간적으로 분리하기 위하여 설치하는 것이다.

13.2.2 방호울타리

방호울타리는 교통의 안전과 원활한 흐름을 확보하기 위하여 설치한 것으로서, 다음과 같은 종류가 있다.

① 자동차의 차도이탈 방지를 위한 방호울타리

도로의 외측여건, 폭 및 선형조건, 지형여건 그리고 기상조건 등에 의해 자동차가 차도를 이탈할 염려가 있거나, 사고발생 시 그 피해가 클 것으로 예상되는 구간과 구조물 등에 충돌할 우려가 있는 도로의 구간에는 도로 및 교통의 상황에 따라 방호울타리를 설치한다.

② 보행자 등의 보호를 위한 울타리

자동차가 보도나 자전거도로를 침입할 우려가 있는 구간에는 보행자, 자전거 및 연도의 민가를 보호하기 위하여 도로 및 교통의 상황에 따라 방호울타리를 설치한다.

③ 보행자의 횡단억제를 위한 방호울타리

보도가 있는 일반도로에서 보행자의 도로횡단이 금지되어 있는 구간의 경우에 보행자의 횡단을 억제하기 위하여 도로 및 교통의 상황에 따라 방호울타리를 설치한다.

방호울타리에는 가드레일(guard rail), 가드케이블(guard cable), 가드파이프(guard pipe) 등과 같은 연성 방호울타리와 콘크리트벽으로 만든 강성 방호울타리가 있다(그림 13.2 참조).

차량 방호울타리는 차량이탈 방지를 위한 시설물의 강도와 탑승자의 안전성을 모두 만족시켜야 하며, 시설물의 강도(충격도)에 따라 9등급으로 구분한다.

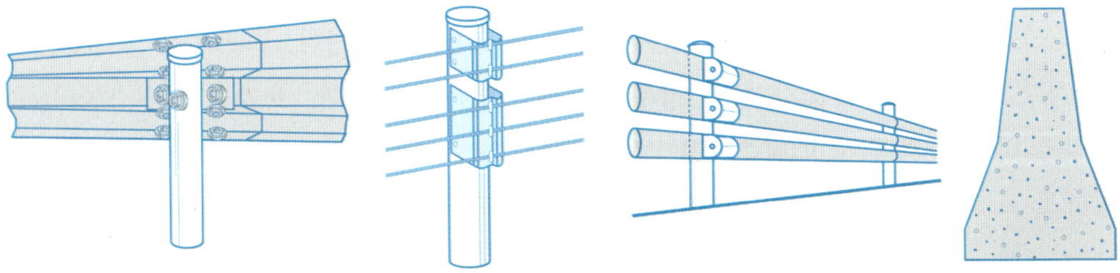

(a) 가드레일 (b) 가드케이블 (c) 가드파이프 (d) 콘크리트 벽

그림 13.2 방호울타리

13.2.3 충격흡수시설

차로를 이탈한 차량이 도로 주변의 고정장애에 충돌하여 사고발생의 위험이 있는 곳에는 충격에너지를 흡수하는 기능을 갖는 충격흡수시설을 설치한다.

충격흡수시설은 구조물 보호용으로 설치하는 것으로서, 설치장소는 교각, 교대, 지하차도 기둥, 분기점, 영업소 입구 및 중앙분리대 단부 등에 설치한다(그림 13.3 참조).

그림 13.3 충격흡수시설

13.2.4 조명시설

일반적으로 교통사고는 밝은 장소보다 어두운 장소에서 발생하기 쉽다. 따라서 야간에는 도로나 터널 등에 조명(lighting)을 하여 교통사고를 감소시켜서 교통의 원활한 흐름을 유지할 수가 있다. 또 가로에서는 방범과 도시경관의 목적으로도 조명을 밝힐 경우가 많다.

조명은 도로조명과 터널조명으로 구분하며, 도로조명은 도로의 일정한 구간 전체를 일정한 간격으로 조명하는 연속조명과 필요한 장소만을 국부적으로 조명하는 국부조명이 있다.

연속조명은 도시지역도로와 같이 교통량이 많은 구간, 도로의 기하구조가 갑자기 축소된 구간 및 교통사고 발생 상황 등에 의하여 필요하다고 인정하는 장소 등에 배치한다.

국부조명은 인터체인지, 신호교차점, 신호기가 있는 횡단보도, 곡선부, 폭이 갑자기 변하는 곳, 건널목, 터널, 교량, 급경사의 오르막길 등에 설치하며, 각각의 성격에 알맞은 조명을 할 필요가 있다.

13.2.5 과속방지시설

과속방지시설은 도로구간의 낮은 주행속도가 요구되는 지역에서 자동차의 과속주행을 방지하고 생활공간이나 학교지역 등에서 통과 자동차의 진입을 억제하기 위하여 설치하는 시설로서, 그림 13.4와 같은 원호형 과속방지턱을 많이 사용하고 있다.

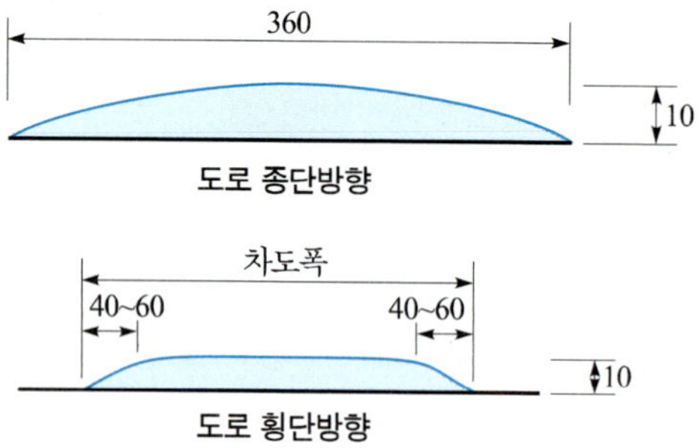

그림 13.4 원호형 과속방지턱 (단위 : mm)

과속방지턱은 저속주행을 유도하기 위한 교통정온화시설의 하나로서, 다음과 같은 장소에 설치한다.

① 학교 앞, 유치원, 어린이놀이터, 근린공원, 마을통과지점 등으로 차량의 속도를 저속으로 규제할 필요가 있는 구간

② 보도·차도의 구분이 없는 도로로서 보행자가 많거나 어린이의 놀이로 교통사고 위험이 있다고 판단되는 도로

③ 공동주택, 근린상업시설, 학교, 병원, 종교시설 등 차량의 출입이 많아 속도규제가 필요하다고 판단되는 구간

④ 차량의 통행속도를 30km/h 이하로 제한할 필요가 있다고 인정되는 도로

과속방지턱의 연속적 설치간격은 도로교통 특성에 따라 20~90m를 원칙으로 하며, 자동차의 통행속도를 35km/h로 제한할 경우에는 설치간격을 35m로 한다.

원호형 과속방지턱의 규격은 폭 6m 이상의 도로에서는 길이 3.6m, 높이 10cm를, 폭 6m 미만의 도로에서는 길이 2m, 높이 7.5cm를 표준으로 하며, 표면에는 흰색과 노란색으로 빗금도색을 한다.

13.2.6 도로반사경

도로반사경은 다른 자동차나 보행자를 사전에 확인하기 위하여 설치해 놓은 거울을 말하며, 도로의 굴곡부나 평면곡선 반지름이 작은 곳, 시거가 불량한 교차로 및 건널목 등에 설치한다.

도로반사경에는 원형과 사각형이 있으며, 일반적으로 반사효율이 높은 볼록거울이 이용된다(그림 13.5 참조).

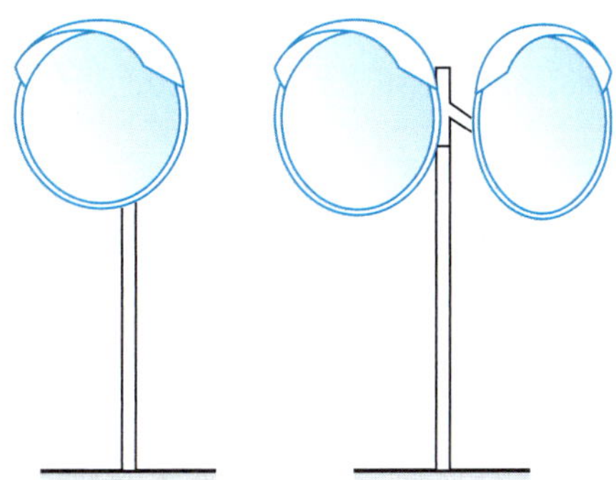

그림 13.5 원형 도로반사경

13.2.7 미끄럼방지시설

긴 직선구간 끝부분의 곡선부나 내리막경사의 곡선부 등과 같이 도로의 선형이 불량하거나 시거가 짧은 구간에서는 제동정지거리를 단축시키고 운전자의 주의력을 환기시켜 사고발생의 방지를 위하여 미끄럼방지시설을 설치해야 한다.

미끄럼방지시설은 도로 표면에 신재료를 추가하는 형식과 표면의 재료를 제거하는 형식으로 구분할 수 있으며, 표면에 신재료를 추가하는 형식으로는 개립도 마찰층(배수성 포장)을 많이 사용하고 있다. 미끄럼방지시설의 방식은 그림 13.6과 같다.

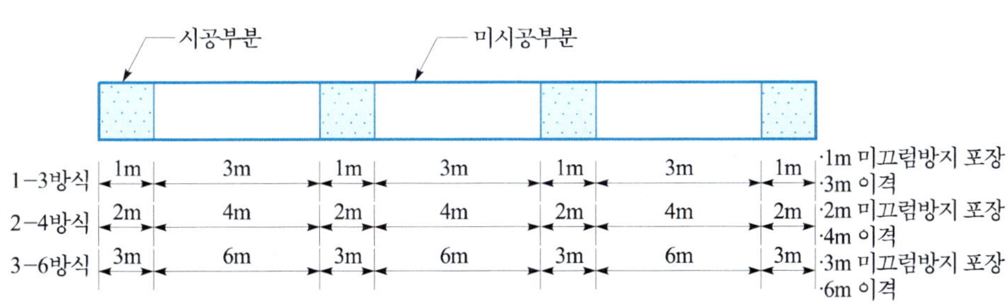

그림 13.6 미끄럼방지시설의 방식

13.2.8 노면요철포장

노면요철포장은 노면에 인위적인 요철을 만들어 졸음운전 또는 운전자 부주의 등으로 인해 자동차가 차로를 이탈할 경우 타이어에서 발생하는 마찰음과 차체의 진동을 통해 운전자의 주의를 환기시켜 자동차가 원래의 차로로 복귀하도록 유도하는 시설이다.

노면요철포장은 길어깨나 바깥차로 위에 설치하며(그림 13.7 참조), 원호형의 홈을 절삭하는 절삭형과 아스팔트 포장면을 다짐할 때 원호형의 홈을 만드는 다짐형 등이 있다. 소음과 진동으로 인한 생활환경의 침해가 예상되는 도심지역이나 취락지 등에서는 다짐형을 많이 사용한다.

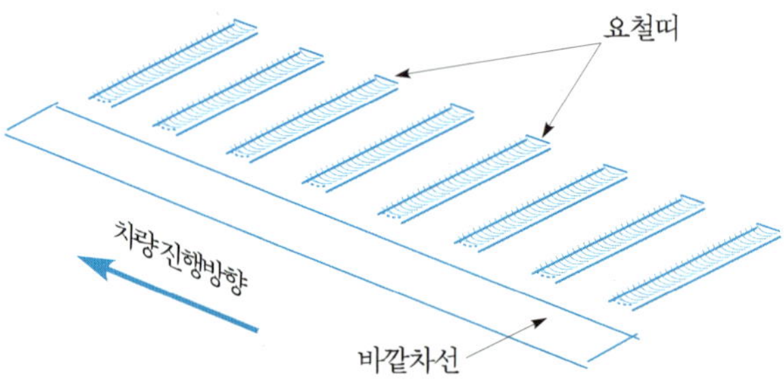

그림 13.7 노면요철포장

13.2.9 긴급제동시설

긴급제동시설은 급경사의 내리막경사가 연속되는 도로에서 제동장치의 이상이 발생한 자동차가 안전하게 시설로 진입하여 정지함으로써 도로이탈 및 충동사고 등으로 인한 교통사고 위험을 방지하는 것이다.

긴급제동시설에는 모래더미 형식과 골재부설 형식이 있으며(그림 13.8 참조), 골재부설 형식에는 하향식, 수평식, 상향식 등이 있다.

긴급제동시설은 본선도로의 우측에 설치하며, 긴급제동시설의 주의표지는 전방 여러 곳에 설치하고 진입부에는 조명시설을 설치한다.

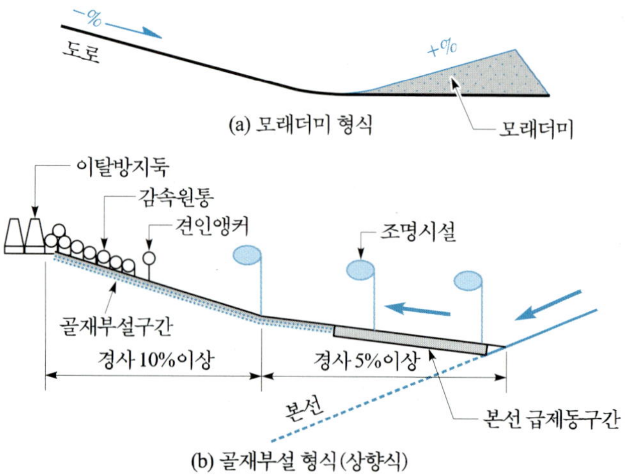

그림 13.8 긴급제동시설

13.2.10 안개지역 안전시설

짙은 안개가 자주 발생하여 자동차가 정상적인 주행을 하기 어려운 안개지역에는 안전하고 원활한 교통을 확보하기 위하여 교통안전표지, 도로전광표지, 안개시정표지, 미끄럼방지 포장, 노면요철 포장 등의 안전시설을 설치한다(그림 13.9 참조).

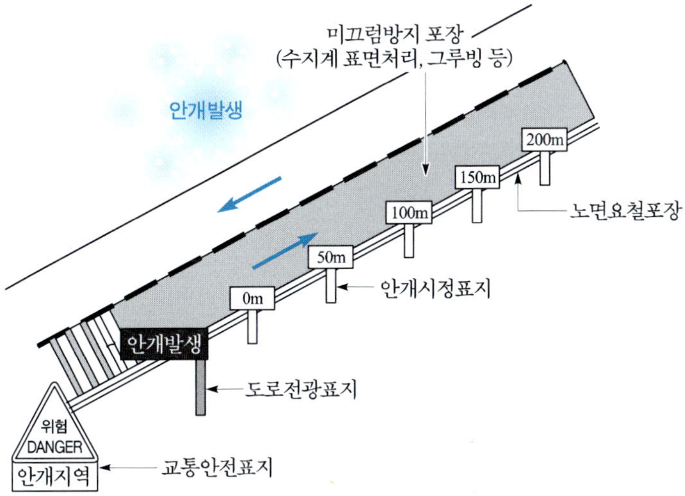

그림 13.9 안개지역 안전시설

13.2.11 횡단보도육교

(1) 횡단보도육교

소위 육교라고도 부르며, 이것은 차량교통과 보행자, 자전거를 입체적으로 분리할 수 있으므로 안전면에서는 충분하지만 보행자나 자전거가 계단을 오르내리게 하는 점에서 부담이 크고 불편하다. 특히 일기가 나쁠 때는 이용하기에 힘이 든다. 계단 대신 완만한 경사로를 둘 때도 있다.

(2) 지하공공보도

육교보다 계단수를 적게 할 수 있고 일기가 나쁠 때도 이용하기 쉽고 도시미관상에 있어서도 좋다. 그러나 일반적으로 건설비가 비싸고 조명, 배수 등의 유지관리비가 많이 들므로 도시의 중심지역의 횡단보행자가 아주 많은 장소에만 만들고 있다.

(3) 입체횡단보도

횡단보도육교와 지하공공보도를 입체횡단보도라 하며, 자동차전용도로 및 철도와 교차하는 도로에는 입체횡단보도를 반드시 설치해야 한다. 또 고속국도를 제외한 도로 중 시간당 6,000명 이상이 통행하는 도시지역 도로와 지방지역 도로 중 교통상황, 도로상황, 경제성 등을 감안하여 필요한 곳에 설치한다.

횡단보도육교와 지하공공보도의 선정은 횡단보행자의 상황(보행자의 수, 연령, 사고수 등), 자동차교통의 상황(교통량, 주행속도 등), 도로의 상황(폭, 시거, 환경, 지형 등), 시공조건, 유지관리문제 등을 고려하여 결정한다.

지하공공보도의 경우는 공사비가 고가이며, 배수방법, 조명 및 환기 등 유지관리비용 증가 등의 단점이 있으나 도시미관상 바람직하다. 따라서 다음과 같은 경우에는 지하공공보도로 계획한다.

① 도시미관을 해칠 우려가 있는 경우
② 지장물로 인해 육교의 높이가 너무 높아 그 이용이 곤란한 경우
③ 횡단보도육교에 비하여 공사비, 공법 등이 유리한 경우
④ 기상이 불순하여 횡단보도육교 설치 시 이용도가 저감될 경우
⑤ 횡단보행자가 극히 많은 역 앞 등의 경우
⑥ 지방지역도로에서 높은 흙쌓기부로서, 공사비가 저렴한 경우

13.2.12 교통약자를 위한 안전시설

도로는 장애인, 고령자, 임산부, 영유아를 동반한 자, 어린이 등 이동에 불편을 느끼는 교통약자가 안전하고 편리하게 이동할 수 있도록 이동편의시설을 갖추어야 한다.

교통약자를 위한 도로시설에는 교통약자가 통행할 수 있는 보도, 장애인 전용주차구역, 교통약자가 통행할 수 있는 보도와 관련해서는 보도의 유효폭, 포장, 기울기, 턱낮추기, 점자블록, 지하도 및 육교 등이 있다.

13.2.13 고속국도 휴게시설 안전시설

고속국도에 설치된 휴게시설, 주차장 등을 이용하는 보행자의 안전과 차량의 원활한 통행을 위하여 다음과 같은 도로안전시설을 설치하고 관리하여야 한다.

① 과속방지시설
② 속도제한 표지

③ 노면요철포장
④ 점멸식 신호등
⑤ 감속유도 차선
⑥ 그 밖에 안전을 위하여 필요한 시설 : 역주행금지표지 등

13.2.14 교통정온화시설

교통정온화란 주거지 생활도로를 사용하는 사람들에게 안전하고 쾌적한 생활공간을 제공하기 위하여 물리적 시설을 설치하고, 통행 규제를 통해 교통흐름을 조절하거나 주차통제 등으로 생활환경을 개선하는 것을 말한다.

교통정온화 기법의 종류에는 규제에 의한 교통억제 기법과 물리적 교통억제 기법으로 나눈다.

(1) 규제에 의한 교통억제 기법 : 30km/h 최고 속도 구역 지정, 보행자우선도로 지정, 일방통행구간 지정, 주차금지구간 지정, 주차허가제, 일시정지 규제 등

(2) 물리적 교통억제 기법

① 속도저감시설 : 고원식 교차로, 소형회전교차로, 지그재그 형태의 도로, 차도폭 좁힘, 노면요철포장, 과속방지턱 등
② 횡단시설 : 고원식 횡단보도, 보행섬식 횡단보도, 대중교통 정보 알림 등의 교통안내시설, 보행자자전거 우선통행을 위한 교통신호기, 보행자용 울타리(난간) 등
③ 노상주차억제시설 : 자동차 진입억제용 말뚝, 주차금지시설 등 재

13.3 교통관리시설

교통의 원활한 소통과 안전을 도모하고 교통사고를 방지하기 위하여 교통안전시설(교통신호기, 안전표지), 도로표지, 도로명판, 긴급연락시설, 도로교통정보 안내시설, 과적차량검문소, 차량 검지체계 등의 교통관리시설을 설치한다.

차량 검지체계는 도로 일정 지점에서 차량의 존재나 교통량, 속도, 점유율, 차량길이 등의 교통상황에 대한 자료를 수집하기 위해 설치한 장치를 말한다.

또 교통체계의 효율성과 안전성을 위하여 필요한 경우에는 도로교통상황을 파악하고 관리할 수 있는 지능형 교통관리체계를 설치할 수 있다.

13.3.1 교통안전시설

(1) 교통신호기

교통신호기는 도로교통에 관하여 문자, 기호, 등화로서 진행, 정지, 방향전환, 주의 등의 신호를 표시하여 다양한 교통류에 우선권을 할당하는 기능을 한다.

교통신호기는 차량의 교통정리를 위하여 평면교차로에 설치하거나 보행자의 안전을 위하여 횡단보도에 설치하며, 설치기준은 도로의 폭, 교통량 등에 따른다.

(2) 교통안전표지

보행자나 운전자가 안전하게 통행하는 데 필요한 여러 정보를 제공하는 교통안전표지는 다음과 같이 분류한다(그림 13.10 참조).

① 주의표지 : 도로상 및 그 연도에 존재하는 운전상 위험하거나 주의할 상태를 표시하는 것으로서, 교차점, 도로의 굴곡부, 건널목 기타 주의를 요하는 장소에 설치한다.

② 규제표지 : 통행금지, 주차금지, 속도제한, 일방통행 등 교통상의 금지 또는 지시를 표시하는 표지이며, 도로이용자에게 제약을 주므로 반드시 필요한 장소에만 설치한다.

③ 지시표지 : 도로의 통행방법, 통행구분, 도로지정 등의 지시를 하는 경우에 설치하는 표지로서, 적절한 위치에 설치하여 도로이용자가 명확하게 표지를 인식하고 지시에 따를 수 있어야 한다.

④ 보조표지 : 주의표지, 규제표지, 지시표지 등의 기능을 보충하여 알리는 표지로서, 거리, 구역, 시점, 종점 및 주차시간제한 등을 나타낸다.

그림 13.10 교통안전표지

교통안전표지 및 도로표지의 설치방법에는 지주식, 내민식, 문형식, 부착식 등이 있다(그림 13.11 참조). 지주식은 1개 또는 2개의 지주에 표지판을 부착하여 도로의 측단, 보도 또는 중앙분리대에 설치하는 방법이다. 내민식은 지주를 차도 상부까지 높게 달아낸 끝부분에 표지판을 설치하는 방법이다.

문형식은 차도 상부를 가로지르는 문형(門型) 시설물에 표지판을 설치하는 방법이다. 부착식은 타 목적으로 설치된 시설물(신호기, 육교)에 표지판을 부착하는 방법이다.

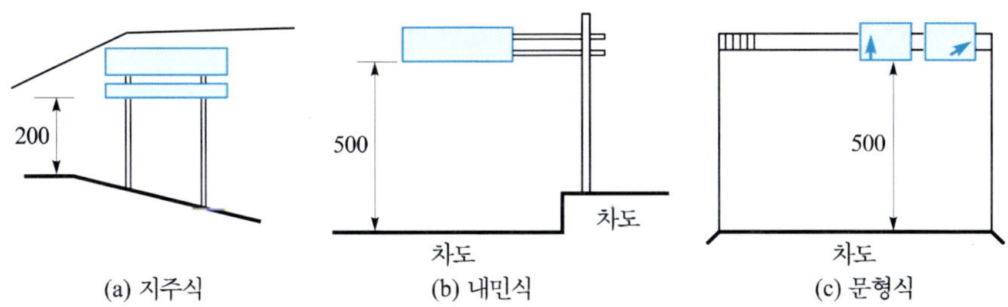

그림 13.11 표지의 설치방법 (단위 : cm)

(3) 교통노면표시

노면표시(road marking)는 교통류를 유도하고 운전자에게 적절한 안내, 규제, 지시를 줄 수 있도록 노면에 표시하는 선·기호·문자 등의 총칭이며, 규제표시와 지시표시로 분류된다.

규제표시는 교통의 안전을 위하여 각종 제한, 금지 등의 규제를 하는 것으로서 추월금지, 주차금지, 최고속도 등의 표시가 있으며, 지시표시는 도로의 통행방법, 통행구분 등의 지시를 하는 것으로서 횡단보도, 정지선, 진행방향 등은 지시표시이다.

노면표시의 예를 들면 그림 13.12와 같다.

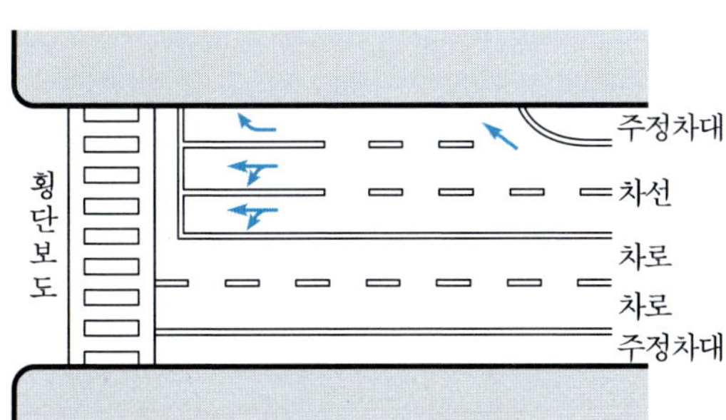

그림 13.12 노면표시의 예

13.3.2 도로표지

도로표지는 운전자가 안전하게 도로를 주행하는 데 필요한 각종 정보를 제공하는 것이다. 도로표지는 표 13.1과 같이 경계표지, 이정표지, 방향표지, 노선표지 등으로 분류할 수 있으며, 그 이외에도 하천, 교량, 터널, 휴게소, 비상주차장, 관광지 등을 나타내는 기타 표지들이 있다.

표 13.1 도로표지의 기능별 분류

도로표지 종류		기 능
경계표지		도 · 시 · 군 · 읍 · 면 단위의 지역경계를 나타내는 표지
이정표지		목표지까지의 거리를 나타내는 표지
방향표지		방향 또는 방면을 나타내는 표지로 방향예고표지와 방향표지가 있음
노선표지	노선표지	진행방향의 도로등급 및 노선번호를 확인시켜주는 표지
	분기점표지	교차로 전방에서 분기되는 노선의 번호를 안내하여주는 표지

13.3.3 도로명판

도로명판은 「도로명 주소 등 표기에 관한 법률」에 따른 도로명과 기초번호를 안내하기 위하여 제작 설치하는 판을 말한다.

13.3.4 긴급연락시설

고속국도나 그 밖의 도로 중 차량출입이 제한되는 도로에서는 차량의 사고나 고장 시 도로관리기관, 경찰, 소방관서에 긴급히 연락할 수 있도록 긴급연락시설(긴급전화)을 설치해야 한다.

긴급전화는 휴게소, 간이휴게소, 비상주차대, 터널 등에 이동통신 신호가 약할 경우를 대비하여 설치한다.

설치간격은 도로 순찰의 빈도, 터널이나 지형조건에 따른 이동통신신호 난청의 정도, 도로상의 설치 공간 등을 고려하여 적정한 간격으로 설치한다.

13.3.5 과적차량 검문소

대형자동차와 과적차량의 통행량이 증가하여 도로 및 교량 등에 심각한 손상요인이 되고 있다.

도로의 구조를 보존하고 운행의 위험을 방지하기 위하여 총 중량 40t이나 축하중 10t을 초과하는 차량의 운행을 제한할 수 있으며, 이를 위하여 과적차량 검문소를 설치한다.

13.3.6 지능형 교통체계

지능형 교통체계(ITS : intelligent transport system)란 교통, 전자, 통신, 제어 등의 첨단기술을 이용하여 도로, 차량 등에 대한 실시간 교통정보를 수집, 관리, 제공함으로써 도로교통의 효율성, 안전성, 쾌적성 등을 향상시키기 위한 교통체계를 말한다(그림 13.13 참조).

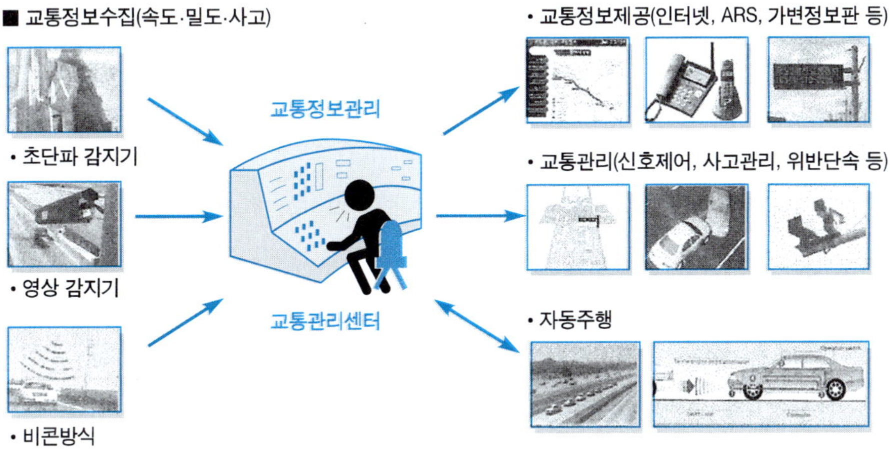

그림 13.13 지능형 교통체계

지능형 교통체계의 기대효과는 교통혼잡 완화, 교통서비스의 개선, 안전성 향상, 물류비 감소, 환경보전 및 에너지 절감 등이다.

교통사고, 지체 및 정체 등 교통장애가 예상되는 지점, 교통진입을 제한하는 구간 등에는 초단파 검지기, 영상 검지기, 루프 검지기 등의 교통정보수집시설을 설치한다.

수집된 교통정보는 교통정보센터와 같은 교통정보관리시설에서 지역 및 도로의 특성에 따라 최적의 교통정보(1분, 5분 등의 단위)로 가공 처리한다.

이러한 교통정보 및 기상정보 등과 그에 따른 교통규제 상황을 도로이용자에게 제공하기 위하여 도로전광표지와 같은 도로교통정보 안내시설을 설치한다. 도로교통정보는 인터넷, 휴대전화, PDA, ARS, FAX 등의 다양한 매체를 통하여 제공될 수도 있다.

13.4 도로의 부대시설

원활한 교통의 확보 또는 공중의 편의를 위하여 필요한 경우에는 도로에 주차장, 버스정류시설, 비상주차대, 휴게시설 기타 이와 유사한 시설을 설치해야 한다. 이러한 시설을 설치하는 경우 본선 교통의 원활한 소통을 위하여 적절한 변속차로 등을 설치해야 한다.

13.4.1 주차장

주차장에는 도로의 노면이나 교통광장 등에 설치하는 노상주차장과 그 외의 장소에 설치하는 노외주차장 및 부설 주차장 등이 있으며, 여기서는 도로의 휴게시설 내의 주차장이나 택시주차장 등과 같은 노외주차장을 대상으로 한다.

주차장은 주차와 승객의 승강을 위한 주차구획과 자동차를 주차구획으로 인도하고 주차 시 회전이나 후진하는 데 필요한 차로로 구성되어 있다.

1대의 차량을 주차시키기 위한 주차면을 주차단위구획이라고 하며, 주차단위구획의 최소치수는 그림 13.14와 같다.

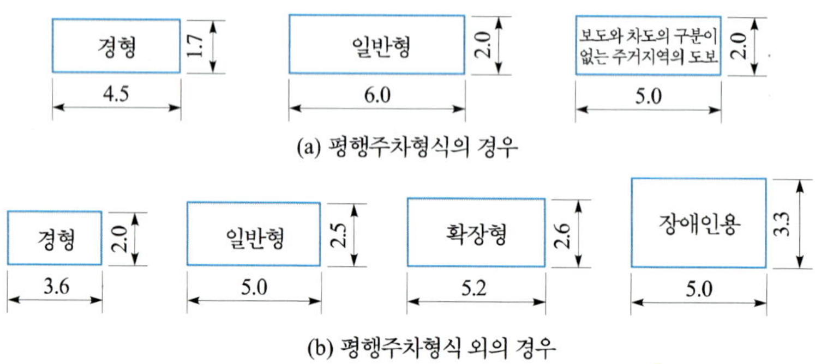

그림 13.14 주차단위구획의 최소치수 (단위 : m)

주차방법에는 그림 13.15와 같이 전면주차와 후면주차가 있으며, 주차면의 배치방법은 평행주차, 각도주차로 분류한다. 평행주차는 차도의 진행방향에 평행하게 주차하는 방법이며, 각도배차에는 진행방향에 직각으로 세우는 방법과 진행방향에 대하여 45°, 60° 등의 각도로 주차하는 사각주차가 있다. 주차형식의 특징은 표 13.2와 같다.

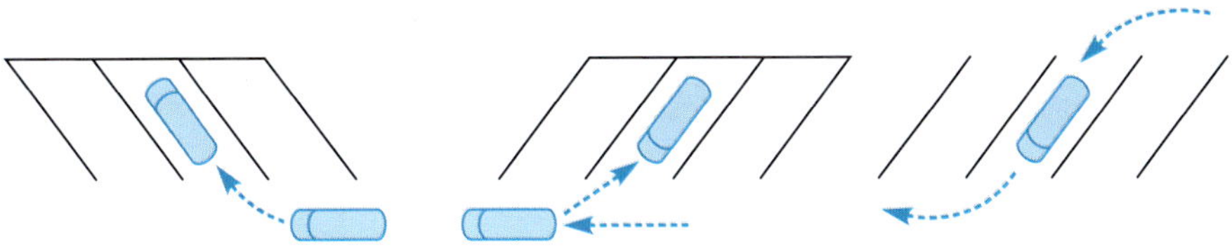

그림 13.15 주차방법

표 13.2 주차형식의 특징

각도와 방향	특 징
45°	전진, 후진주차방법이 같이 이용되나 전진주차방법이 주차가 쉽다.
60° 전진주차 후진주차	전진, 후진주자방법이 같이 이용되며 자동차의 조종이 쉽다. 차로폭은 크게 해야 하나 1대마다 주차 소요 면적은 작다.
직각주차	전진, 후진주차방법이 같이 이용되며, 1대마다 주차 소요 면적은 작으나 승강의 편리를 위해 주차 면의 폭을 0.25m 늘리는 것이 바람직하다.
교차식 주차	교차식으로 하면 1대마다 주차 소요 면적은 작으나, 주차질서가 정연하지 않으면 주차 효율이 현저히 떨어질 우려가 있다.

13.4.2 버스정류시설

버스정류시설은 노선버스 이용자가 안전하게 승강할 수 있도록 설치한 시설로서, 본선으로부터 분리하여 전용으로 사용하는 버스정류장(bus bay)과 본선의 외측차로를 그대로 사용하는 버스정류소(bus stop) 및 간이버스정류장이 있다.

고속국도 등 주간선도로와 같이 주행속도가 높고 교통류의 혼란과 교통용량의 저하를 가져올 염려가 있는 경우에는 버스정류장을 설치해야 하며, 그 외의 도로에서도 버스정차로 인한 교통혼란이 예상되는 경우에는 버스정류장을 설치해야 한다.

버스정류장의 구조는 본선과 버스정차로를 외측분리대로 분리한 것과 노면표시만으로 분리한 것의 2종류가 있다. 버스정류장은 버스가 정차하는 데 충분한 길이의 버스정차로와 고속주행의 본선에서 유출하여 정지하는 데 충분한 길이의 감속차로 및 본선으로 유입하기 위한 충분하고 안전한 길이의 가속차로를 갖고 있어야 한다.

고속국도에 설치하는 버스정류장의 변속차로의 폭은 3.6m, 버스정차로의 폭은 5.6m, 승강장의 폭은 3m를 표준으로 하며, 그 밖의 도로에 설치하는 버스정류장의 변속차로의 폭은

3.5m, 정차로의 폭은 3.5m, 승강장의 폭은 2.25m를 표준으로 한다. 그림 13.16은 설계속도 100km/h인 고속국도의 버스정류장의 예를 나타낸 것이다.

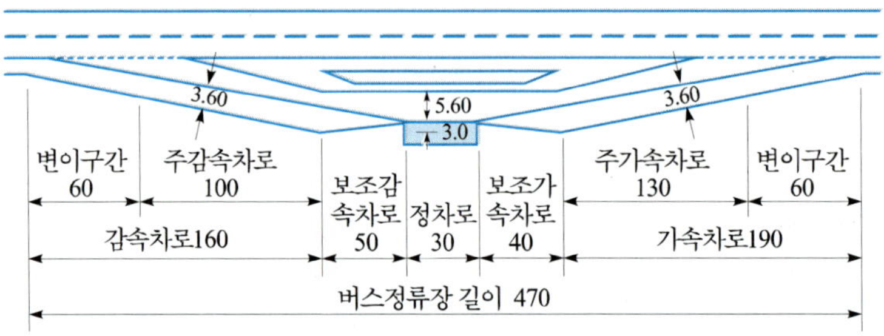

그림 13.16 버스정류장의 예 (단위 : m)

간이버스정류장은 고속국도를 제외한 왕복 2차로의 도로에서 외측분리대를 갖춘 버스정류장을 설치하기가 어려울 경우에 본선 차로에서 분리하여 버스이용자의 승강을 위하여 설치한 최소한의 공간을 말한다.

13.4.3 비상주차대

오른쪽 길어깨가 좁고 고장차가 대피할 여유가 없는 도로에서는 고장차가 교통의 장애가 되거나 사고나 교통혼잡을 일으킬 염려가 있고 또 교통용량에도 큰 영향을 미치게 한다. 이와 같은 도로에는 적당한 간격으로 그림 13.17과 같은 비상주차대를 설치할 필요가 있다.

주간선도로에서 우측 길어깨의 폭이 2.5m 미만일 경우와 그 밖의 도로에서 교통량이 많은 경우에는 설치간격 750m 이하로 비상주차대를 설치한다.

장대교, 터널 등에서는 길어깨폭이 2m 미만이며, 구조물의 길이가 1,000m 미만일 때는 그 구조물 전후의 토공 구간에 비상주차대를 설치할 수 있으나, 구조물 길이가 그 이상일 경우에는 구조물 중간에 750m 이내의 간격으로 비상주차대를 설치할 필요가 있다.

비상주차대의 유효길이와 접속길이는 도로의 구분에 따라 표 13.3과 같이 하고, 비상주차대(표준형)의 폭은 3m(측대가 있으면 측대를 포함)로 한다.

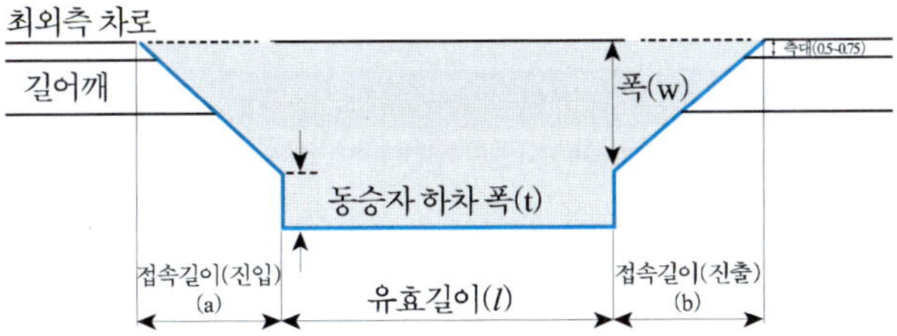

그림 13.17 비상주차대(표준형)

표 13.3 비상주차대(표준형) 규격

도로 구분	설치 최소 규격				
	a	l	b	w	f
고속국도	50~100	30	50~100	4	0.5~1.0
도시고속국도	30~60	30	30~60	3	0.5~1.0
고속국도 제외한 그 밖의 주간선도로	30~60	20	30~60	3	0.5~1.0
보조간선도로 이하	10~20	15	10~20	3	0.5~1.0

13.4.4 휴게시설

고속국도, 자동차전용도로에서 장시간의 연속주행으로 인한 운전자의 생리적 욕구 및 피로를 해소하거나 자동차의 주유 및 정비를 위하여 휴게시설을 설치해야 한다.

휴게소는 규모에 따라 일반휴게소, 화물차휴게소, 간이휴게소, 졸음쉼터 등으로 구분할 수 있으며, 그 특징은 표 13.4와 같다.

일반휴게소는 사람과 자동차가 필요로 하는 다양한 서비스를 제공하는 휴게시설이고, 화물차휴게소는 대형 화물차의 운행이 많은 도로에 설치하며 화물차 운전자를 위한 시설(화물정보센터, 세탁·목욕·수면시설 등)이 추가로 필요하다.

간이휴게소는 짧은 시간 내에 차의 점검정비 및 운전자의 피로회복을 위한 휴게시설이고, 졸음쉼터는 휴게소 간 간격이 먼 구간에 졸음 운전으로 인한 사고예방을 위하여 도로 안전 기능을 강화하고, 생리욕구 해소를 위하여 설치한 시설이다.

휴게시설의 간격은 모든 휴게시설 상호간에 15~25km 이내로 설치하는 것이 바람직하다.

표 13.4 휴게시설의 분류와 특징

종류		특성
일반휴게소	대형	• 본선의 전체 편측 교통량이 35,000대/일 이상인 경우 • 운전자를 위한 휴게기능, 편의기능, 차량관리기능 등을 충족
	중형	• 본선의 전체 편측 교통량이 35,000대/일 미만인 경우 • 휴게실, 식당, 주유소 등을 중심으로 운영
	소형	• 본선의 전체 편측 교통량이 20,000대/일 이하인 경우 • 식당, 화장실 등 기본적인 기능만 충족(주유소는 선택적으로 설치)
화물차휴게소	대형	• 본선의 화물차 편측 교통량이 24,000대/일 이상인 경우 • 화물차 운전자를 위한 휴게기능, 편의기능, 차량관리기능, 비즈니스 기능 등 모두를 충족하는 대규모 휴게소
	중형	• 본선의 화물차 편측 교통량이 24,000대/일 미만인 경우 • 화물차 운전자를 위한 휴게기능, 편의기능, 차량관리기능 등을 충족
	소형	• 본선의 화물차 편측 교통량이 15,000대/일 이하인 경우 • 숙박과 화물정보센터, 차량관리기능 일부를 제외한 중규모 휴게소
간이휴게소		• 주차면 16~60면 정도 주차규모를 갖는 휴게소 • 화장실, 파고라 등 소규모 편의시설 설치 • 소규모 매점(편의점), 주유소 등 필요에 따라 선택적으로 영업시설 운영
졸음쉼터		• 주차면 7~15면 정도 주차규모를 갖는 휴게소 • 화장실, 파고라 등 최소 휴식, 졸음예방 기능만 설치

13.4.5 체인탈착장

체인탈착장은 적설한랭지에서 주행하는 자동차가 노면의 결빙에 따라 체인을 설치하거나 제거하기 위한 공간을 말한다.

도로를 이용하는 모든 차량이 의무적으로 체인을 탈착해야 하는 경우에는 대규모 체인탈착장을 설치하며, 차량이 자유의지에 따라 체인을 탈착하는 경우에는 소규모 체인탈착장을 설치한다.

체인탈착장은 겨울철에만 필요한 시설이기 때문에 가능하면 휴게소나 주차장을 체인탈착장으로 이용하는 것이 좋다.

다음과 같은 경우에 휴게소나 주차장을 체인탈착장으로 이용할 수 없으면 본선을 확폭하여 체인탈착장을 설치해야 한다.

① 비적설지와 적설지의 경계 부근

② 장대터널이나 터널 연속구간에서 체인 없이 주행하는 거리가 약 10km 이상 되는 구간의 앞과 뒤

③ 적설지에서 본선과 접속도로의 제설 수준에 차이가 있는 경우
④ 대규모 체인탈착장 사이에 기상 급변부가 있는 경우
⑤ 산악적설지의 긴 구간을 통과하는 경우
⑥ 길이가 2km 이상인 터널의 양쪽 입구

①, ②, ③의 경우에는 대규모 체인탈착장을, ④, ⑤, ⑥의 경우에는 소규모 체인탈착장을 설치한다.

소규모 체인탈착장의 설치는 원칙적으로 우측 길어깨를 확폭하여 확보하며, 평행식 주차 형식으로 하며, 폭은 5m, 변이구간의 길이는 20m로 한다.

13.5 방호시설

낙석, 붕괴, 파랑, 바람 또는 적설 등으로 인하여 교통소통에 지장을 주거나 도로의 구조에 손상을 줄 우려가 있는 부분에는 울타리, 옹벽, 방호시설, 방풍시설 또는 제설시설을 설치한다.

13.5.1 낙석방지시설

도로의 비탈면으로부터 낙석, 토사붕괴 등의 위험이 예상될 경우에는 비탈면의 경사, 지질에 따라 낙석방지망, 낙석방지울타리, 낙석방지옹벽, 피암터널 등의 낙석방지시설을 설치해야 하며, 이에 대해서는 6장의 낙석 대책공법을 참조한다.

붕괴의 우려가 있는 도로의 비탈면에는 지질, 지형, 기상조건을 감안하여 식물공 및 구조물에 의한 비탈면보호공 등의 조치를 취해야 하며, 이에 대해서는 6장의 비탈면 보호공법을 참조한다.

13.5.2 방파시설

해안을 따라서 도로를 설치할 경우에는 파랑에 의한 침식, 세굴 등을 방지하기 위하여 아래와 같이 원인에 따른 구조물의 설치대책을 세워야 한다(그림 13.18 참조).

① 파랑에 의하여 옹벽 배면의 토사가 세굴될 염려가 있을 경우에는 옹벽과 일체로 된 난간을 설치한다.

② 파랑에 의하여 옹벽의 기초가 세굴될 우려가 있을 경우에는 토류벽, 말뚝기초, 사석 등으로 대처한다.

③ 돌쌓기는 메쌓기를 지양하고 찰쌓기로 한다.

④ 파랑이 노면을 덮을 우려가 있는 경우에는 이에 대한 저항력이 큰 시멘트 콘크리트 포장으로 한다.

⑤ 옹벽기초와 뒤채움에는 자갈 등으로 채워 썰물 시에 옹벽배면의 잔류수가 바다로 완전히 배출되도록 한다.

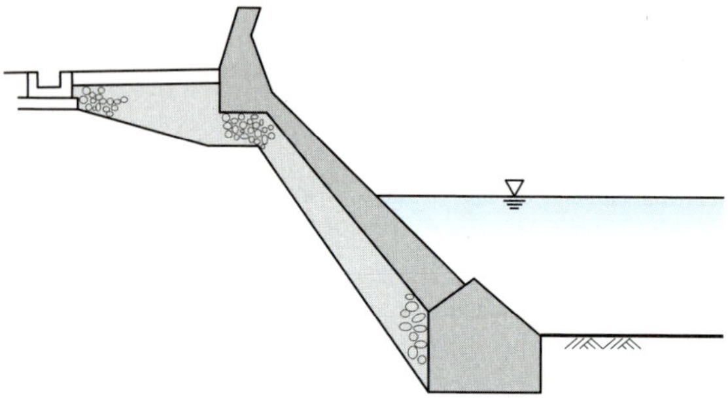

그림 13.18 방파시설

⑥ 앞의 ①에서의 난간 내측에 측구를 설치하고, 난간에도 배수구멍을 설치하여 노면배수를 완전하게 한다.

13.5.3 방풍시설

산악지대나 해안지역을 통과하는 도로에는 강풍에 의하여 자동차가 전도되거나 직진성을 상실하지 않도록 대책을 세워야 한다.

방풍대책으로는 풍속에 따라 자동차의 속도나 통행을 제한하는 방법 이외에 방풍벽 설치 등이 있으며, 지역 및 지형에 적합한 대책을 적용한다.

13.5.4 제설시설

제설시설이란 겨울철 폭설로 인한 피해를 방지하기 위하여 설치하는 시설로서, 제설작업시설, 방설시설, 부대시설 등이 있다.

제설작업시설에는 제설작업원이 대기하거나 제설장비, 제설제를 보관하는 제설작업 대기소, 취약지역에 설치하는 제설제 저장탱크, 적사함 등이 있다.

방설시설에는 비탈면에 계단을 설치하여 눈의 이동을 적게 하는 방법, 비탈면에 눈사태 예방 말뚝이나 울타리를 설치하는 방법, 노측에 방설 울타리를 설치하는 방법 등이 있다(그림 13.19 참조).

부대시설에는 이탈방지 충격흡수시설, 체인탈착장, 적설량 측정대, 퇴설대 등이 있다.

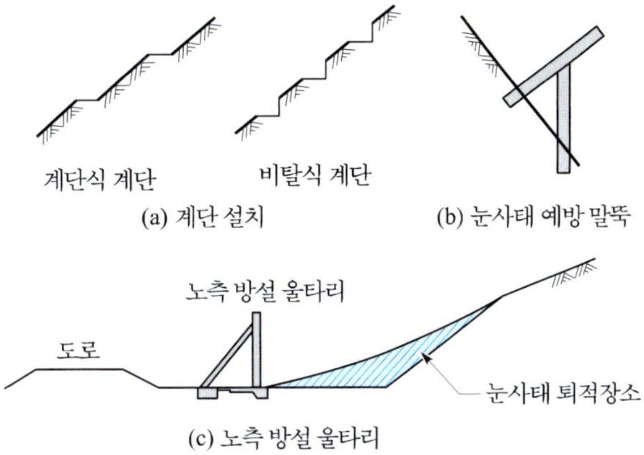

그림 13.19 방설시설

13.6 환경시설

13.6.1 환경영향저감시설

도로건설로 인한 환경피해를 최소화하기 위하여 필요한 경우에는 환경영향저감시설을 설치해야 한다. 주요 환경영향저감시설에는 다음과 같은 것들이 있다.

① 도로공사 및 운영 중 소음・진동・분진 등의 영향을 최소화하기 위한 방음시설, 방진시설
② 도로운영 중 발생할 소음을 사전에 경감시키는 저소음 포장
③ 도로건설에 따른 야생동물의 서식지 단절로 인한 영향의 최소화를 위한 생태통로
④ 야생동물이 도로에 나왔다가 자동차에 치어 사망하는 것(로드킬, road kill)을 방지하기 위한 유도울타리, 도로침입방지벽
⑤ 도로변 배수로에 떨어진 작은 동물을 위한 탈출 측구
⑥ 빛에 민감한 동물이나 곤충류의 피해를 줄이기 위한 조명장치나 차광벽
⑦ 비점오염 저감시설

13.6.2 방음시설

교통량이 많은 도로 주변의 주거지역, 정숙을 요하는 시설이나 공공시설 등이 위치한 지역과 환경보존을 위하여 필요한 지역에는 도로의 바깥쪽에 환경시설대나 방음시설을 설치해야 한다.

방음시설에는 그림 13.20과 같은 방음벽, 방음둑, 방음림, 방음터널(방음복공, 복공터널) 등이 있다.

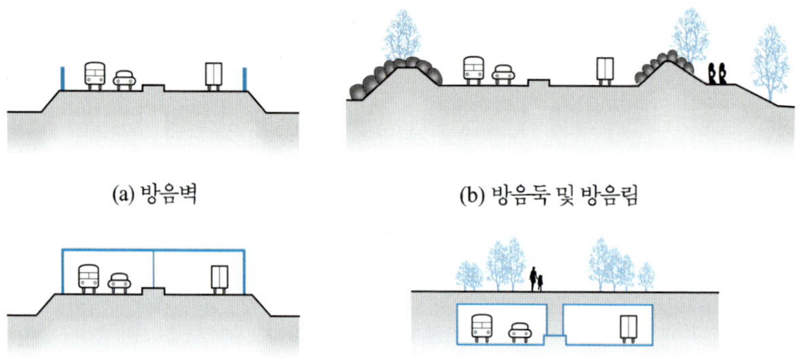

(a) 방음벽 (b) 방음둑 및 방음림

(c) 방음복공 (d) 복공터널

그림 13.20 방음시설

(1) 방음벽

방음벽은 그림 13.20(a)와 같이 차도로부터 음이 직접 연도에 전파되는 것을 차단하기 위하여 도로 옆에 설치한 벽이며, 차음벽이라고도 한다.

방음벽은 음향특성의 원리에 따라 반사형과 흡음형으로 구분할 수 있고, 용도 및 재질에 따라 투명형·칼라형 등으로 구분되며, 주위경관, 주거밀집지역의 위치 및 설치지역의 특성을 고려하여 방음벽의 형식을 결정해야 한다.

① 반사형 : 방음벽에 의한 반사음의 악영향을 무시할 수 있는 일반지역
② 흡음형 : 도로의 좌우에 방음벽을 설치해야 하는 지역
③ 투명형 : 일조권 침해 예상지역 및 불투명 방음벽 설치 시 결빙 예상지역
④ 칼라형 : 대도시 주변 대단위 밀집지역 및 종합병원과 같은 요양시설이 위치한 지역 등의 미관이 중요시되는 지역

방음벽의 설치기준은 다음과 같다.

① 4km 이상의 도로신설 또는 2차로 이상으로 10km 이상의 도로확장구간에 대하여는 환경영향평가를 실시한 후 그 결과에 따라 필요한 장소에 설치한다.
② 학교, 병원 등 정숙을 요하는 공공시설 부근은 우선 설치한다.
③ 주거밀집지역으로서 예측 소음도가 환경정책기본법의 소음기준치를 상회하는 지역에 설치한다.

④ 환경영향평가 때 설치가 제외된 구간이라도 현장여건상 필요하다고 판단되는 곳은 설치여부를 재검토하여 반영한다.

(2) 방음둑

방음둑은 그림 13.20(b)와 같이 도로를 따라 흙으로 둑을 만들어서 음을 차단하는 것이다. 방음효과는 같은 위치에 같은 높이로 만들어진 방음벽과 같다고 생각해도 좋다.

방음둑은 압박감이 적고 일조, 통풍의 저해도 적을 뿐만 아니라, 일반적으로 둑 위에 식수할 수 있어 미관, 환경보전상의 기능도 탁월하다.

(3) 방음림

방음림은 그림 13.20(b)와 같이 연도에 폭이 넓은 식수대를 만드는 것으로, 이 감음기능은 음의 거리감쇠와 수림에 의한 감쇠효과를 겸용하고 있다. 그러나 보통 수림만으로는 충분한 효과를 낼 수 없기 때문에 완만한 성토를 하여 둑의 방음효과를 병용하는 경우가 많다.

(4) 방음터널

방음터널은 도로 전체를 완전히 덮어버림으로써 음이 직접 밖으로 새어나가지 못하게 하여 감음하려는 시설로서, 방음벽이나 방음둑 등으로 감음효과가 부족할 경우에 부득이 채용하는 시설이다.

방음터널에는 그 위의 토지이용의 유무에 따라 방음복공과 복공터널이 있다. 방음복공은 그림 13.20(c)와 같이 도로 전체를 덮고 그 위의 토지를 이용하지 않는 것이다. 복공터널은 그림 13.20(d)와 같이 절토나 굴착한 부분에 뚜껑을 덮어서 복토가 얕은 터널로 하고 그 위의 토지를 공원 등으로 이용하는 것으로서, 공비는 방음복공에 비하여 비싸지만 지역주민으로서는 바람직한 시설이다.

13.6.3 생태통로

생태통로는 도로건설에 따른 야생동물의 서식지 단절로 인한 영향을 최소화하기 위해 설치하는 시설로서, 그림 13.21과 같이 터널형과 육교형으로 구분한다.

생태통로를 동물들이 잘 이용할 수 있도록 비탈면 녹화, 유도식재, 유도울타리, 경사로 설치 등의 보조시설이 필요하다.

그림 13.21 생태통로

13.6.4 유도울타리와 수로탈출시설

동물이 도로를 횡단할 수 없도록 하여 로드킬(road kill)을 방지하고 생태통로를 이용하도록 유도하기 위하여 유도울타리를 설치한다.

수로 탈출시설은 소형 동물이 도로의 측구 및 배수로 또는 농수로에 빠질 경우에 대비하여 경사로 등을 설치하여 탈출을 도와주는 시설이다.

13.6.5 비점오염 저감시설

비점오염원이란 도시, 도로,산지, 공사장 등과 같은 불특정 장소에서 불특정하게 수질오염물질을 배출하는 배출원을 말한다.

도로의 노면은 자동차 통행으로 인한 먼지, 타티어 분진, 겨울철의 염화칼슘 사용, 교통사고로 인한 유류 및 유독물의 유출 등 다양한 원인으로 노면에 오염 물질이 축적되어 강우시 하천 수계로 직접 유입되므로, 수질 보존이 필요한 지역을 통과하는 노선 및 구간은 노면으로부터 발생하는 비점오염원 관리를 위하여 도로 특성 및 주변 환경에 적합한 비점오염물질 유출 저감 계획을 수립해야 한다.

상수도보호구역 등 수질보존이 필요한 지역을 통과하는 도로에서는 겨울철 제설작업 시 염화칼슘 사용, 교통사고 발생 시 유류 및 유독물 유출 등으로 인한 수질오염을 방지하기 위하여 완충저류조 등의 비점오염물질 저감시설을 설치한다.

13.7 공동구

교통이 복잡한 도로에서 노면굴착으로 인해 도로구조의 보전 및 도로교통에 현저한 지장이 초래될 경우에는 공동구를 설치해야 한다.

공동구는 도로의 굴착을 수반하는 전력선, 통신선, 가스관, 상하수도관 등의 지하매설물을 터널 모양을 한 구조물 속에 공동 수용하는 시설을 말한다.

공동구를 설치하면 노면의 빈번한 굴착을 방지하여 경제적 손실방지, 도로교통의 원활화, 교통사고의 감소, 노면의 내구력의 유지 및 지하매설물의 유지관리에 도움이 될 뿐만 아니라, 전주, 전력선, 전화선이 보이지 않으므로 도시 미관에 좋다.

공동구의 표준구조는 내부에 사람이 출입하여 수용한 관, 선의 점검, 증설, 보수 등을 할 수 있을 정도의 공간을 가져야 한다. 공동구 내 통로는 높이 2.1m 이상, 폭 1m 이상으로 하고, 환기구, 맨홀, 재료반입구 등을 적당한 간격으로 설치한다.

13.8 터널의 부속시설

터널에는 안전하고 원활한 교통의 확보를 위해 필요하다고 인정하는 경우에 그 도로의 설계속도, 교통조건, 환경여건, 터널의 제원 등을 고려하여 환기시설 및 조명시설을 설치해야 한다.

터널 내에서 통행자를 자동차의 유해한 배기가스로부터 보호하기 위해서 교통량과 터널길이에 따라 일정 수준의 환기설비를 설치해야 한다. 그림 13.22는 터널길이와 교통량에 따른 환기방식의 관계를 나타낸 것이고, 표 13.5는 터널길이에 따른 환기방식에 대한 일반적인 적용기준이다.

터널의 환기는 일산화탄소(허용농도 100ppm) 및 질소산화물(허용농도 25ppm)에 대하여 검토해야 하며, 환기 시 터널 내 풍속이 10m/sec 이하가 되도록 환기시설을 설치해야 한다.

터널 밖에서 터널 안으로 진입할 때 운전자가 쉽게 적응할 수 있도록 하기 위하여 터널의 조명시설은 특별한 고려가 필요하다.

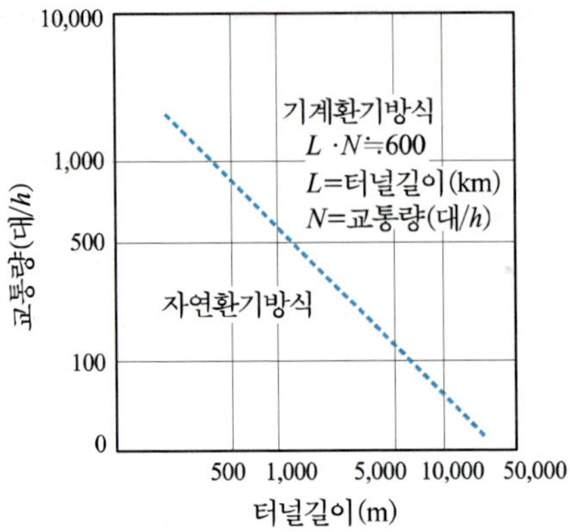

그림 13.22 터널의 길이와 교통량에 따른 환기방식

표 13.5 터널길이와 환기방식

환기방식	적용 터널길이
자연환기	약 500m 이하
종류식 환기	약 1,000m 이하
반 횡류식 환기	약 2,000m 이하
횡류식 환기	약 2,000m 이상

화재 및 기타 사고로 인하여 교통에 위험한 상황이 발생될 우려가 있는 터널에는 소화설비, 경보설비, 피난대비설비, 소화활동설비, 비상전원설비 등의 방재시설을 설치해야 한다.

13.9 식 재

도로식재(highway planting)는 자연환경의 보호, 자연환경과의 조화, 도로경관의 조성, 교통공해의 완화, 도로 및 휴게시설 등의 기능 향상, 도시미의 조성, 재해방지 등을 꾀하기 위하여 도로의 분리대, 도로 옆, 인터체인지, 휴게시설, 보도 등에 식수하는 것을 말한다.

도로식재의 계획에 있어서는 토양, 기후, 식생, 경관, 도로구조, 건축물, 도시계획 등의 기본조사를 실시하고, 시공시기, 장래의 유지관리를 고려하여 식재의 규모와 형식 등을 정해야 한다.

13.9.1 식재기능

도로의 식재기능은 다음과 같다.

① 시선유도식재 : 중앙분리대 및 길어깨에 중목 또는 고목을 열지어 심어서 선형의 변화를 예지시켜 유도한다.

② 명암순응식재 : 터널의 출입구에서의 명과 암의 차를 상록고목을 심어서 가능한 한 완화한다.

③ 차광식재 : 도로에서 오는 빛이나 대향차의 전조등의 눈부심을 방지한다.

④ 출입방지식재 : 사고방지를 위하여 도로부지 내에 출입을 금지한다.

⑤ 완충식재 : 가지가 많은 저목류(低木類)를 길어깨 등에 심어서, 튀어 나오는 사고차의 충격을 완화하고 피해를 최소한으로 억제한다.

⑥ 차폐식재 : 색채나 형상이 눈에 거슬리는 구조물이나 시설 등이 연도에 있을 경우에는 이것을 가리게(차폐)하여 안전성과 쾌적성을 확보한다.

⑦ 조화식재 : 도로와 이를 포함한 환경을 한 개의 아름답고 조화된 경관으로 한다.

⑧ 지표식재 : 대상으로 하는 것의 위치나 방향 등을 나타낸다. 따라서 식재한 것이 그 위치에서 주위를 환기시키는 형태로 되어 있어야 한다.

⑨ 방재식재 : 바람, 눈, 안개, 모래 등에 의한 재해를 방지하고, 또 소음, 배출가스, 먼지 등을 완화하거나 정화한다. 또 비탈면 등의 침식을 방지한다.

⑩ 수경식재 : 인터체인지, 서비스지역, 주차지역 등의 경관을 정비한다.

이들의 식재는 단일기능뿐만 아니라 각종 기능의 복합으로 이루어지는 경우가 많으므로 식재의 방법, 수종은 입지조건에 따라 정한다.

13.9.2 가로수

도시지역의 가로에서는 비단 교통을 위해서 뿐만 아니라 연도의 환경보호, 도시미의 조성을 위해서도 가로수를 식재하고 잘 가꾸어야 한다. 가로수에 요구되는 필요조건은 다음과 같다.

① 수형(樹形)은 정연하고 우아하며, 수엽(樹葉)은 형태나 색채가 모두 아름답고 가지나 잎이 밀생하여 여름에 녹음을 만드는 낙엽수일 것

② 강건하고 성장력이 왕성하며 재배가 용이하고 성수의 이식이 가능한 것

③ 단단하게 밟혀서 빗물이나 통기도 잘 통하지 않는 황폐한 흙에도 생육이 가능한 것

④ 자동차의 배출가스, 매연, 먼지 등으로 오염된 환경에서도 자랄 수 있는 것

⑤ 지중에 발생했거나 새로 들어온 유독가스, 높은 지하수, 오수, 조수에도 영향이 없는 것

⑥ 병충해 및 폭풍에 대하여 저항력이 강한 것

⑦ 줄기가 강하며 가지치기에 견디고 맹아력이 강한 것

⑧ 독성, 악취, 가시가 없는 것

이러한 조건을 다 구비한 수목을 구하기는 곤란하므로 식재하는 장소에 따라 장래의 성장도를 고려하여 비교적 적합하다고 생각되는 것을 선정한다.

부록

도로의 구조 · 시설 기준에 관한 규칙

부 록

도로의 구조 · 시설 기준에 관한 규칙

[국토교통부령 제922호, 2021.12.13., 일부개정]

제1조(목적) 이 규칙은 「도로법」 제47조의2, 제48조 및 제50조에 따라 도로를 신설 또는 개량하거나 자동차전용도로를 지정하고 고속국도 휴게시설 등에 도로안전시설을 설치하는 경우 그 도로의 구조 및 시설에 적용되는 최소한의 기준을 규정함을 목적으로 한다.

제2조(정의) 이 규칙에서 사용하는 용어의 뜻은 다음 각 호와 같다.

1. "자동차"란 「도로교통법」 제2조제18호에 따른 자동차(이륜자동차는 제외한다)를 말한다.
2. "설계기준자동차"란 도로 구조설계의 기준이 되는 자동차를 말한다.
3. "승용자동차"란 「자동차관리법 시행규칙」 제2조에 따른 승용자동차를 말한다.
4. "소형자동차"란 승용자동차와 「자동차관리법 시행규칙」 제2조에 따른 승합자동차 · 화물자동차 · 특수자동차 중 경형(輕型)과 소형을 말한다.
5. "「자동차관리법 시행규칙」 제2조에 따른 자동차(이륜자동차는 제외한다) 중 소형자동차와 세미트레일러를 제외한 자동차를 말한다.
6. "세미트레일러"란 앞 차축(車軸)이 없는 피견인차(被牽引車)와 견인차의 결합체로서 피견인차와 적재물 중량의 상당한 부분이 견인차에 의하여 지지되도록 연결되어 있는 자동차를 말한다.
7. 삭제 〈2020. 3. 6.〉
8. 삭제 〈2020. 3. 6.〉
9. "자동차전용도로"란 간선도로로서 「도로법」 제48조에 따라 지정된 도로를 말한다.
10. "소형차도로"란 제5조제1항 단서에 따라 설계기준자동차가 소형자동차인 도로를 말한다.
11. "접근관리"란 주도로(主道路)와 부도로(副道路)가 접속하는 지점에서 주행하는 모든 자동차의 안전성과 효율성을 확보하기 위하여 주도로에 접속하는 부도로의 접속 위치, 간격, 기하구조 설계, 교통제어방식 등을 합리적으로 관리하는 것을 말한다.
12. "도로의 계획목표연도"란 도로를 계획하거나 설계할 때 예측된 교통량에 따라 도로를 건설하여 적절하게 유지 · 관리하는 경우 적정한 수준 이상의 기능이 유지될 수 있을 것으

로 보는 기간(도로의 공용개시 계획연도를 시점으로 한다)을 말한다.
13. "도로의 설계서비스수준"이란 도로를 계획하거나 설계할 때의 기준으로서 도로의 통행속도, 교통량과 도로용량의 비율, 교통 밀도와 교통량 등에 따른 도로운행 상태의 질을 말한다.
14. "계획교통량"이란 도로의 계획목표연도에 그 도로를 통행할 것으로 예상되는 자동차의 연평균 일교통량을 말한다.
15. "설계시간교통량"이란 도로의 계획목표연도에 그 도로를 통행할 시간당 자동차의 대수를 말한다.
16. "도시지역"이란 시가지를 형성하고 있는 지역이나 그 지역의 발전 추세로 보아 시가지로 형성될 가능성이 높은 지역을 말한다.
17. "지방지역"이란 도시지역 외의 지역을 말한다.
18. "설계속도"란 도로설계의 기초가 되는 자동차의 속도를 말한다.
19. "차로"란 자동차가 도로의 정해진 부분을 한 줄로 통행할 수 있도록 차선에 의하여 구분되는 차도의 부분으로서 길어깨를 제외한 부분을 말한다.
20. "차로수(車路數)"란 양 방향 차로(오르막차로, 회전차로, 변속차로 및 양보차로는 제외한다)의 수를 합한 것을 말한다.
21. "차도"란 차로와 길어깨로 구성된 도로의 부분을 말한다.
22. "차선"이란 차로와 차로 또는 차로와 길어깨를 구분하기 위하여 그 경계지점에 표시하는 선을 말한다.
23. "오르막차로"란 오르막 구간에서 저속 자동차를 다른 자동차와 분리하여 통행시키기 위하여 추가로 설치하는 차로를 말한다.
24. "회전차로"란 자동차가 우회전, 좌회전 또는 유턴을 할 수 있도록 직진하는 차로와 분리하여 추가로 설치하는 차로를 말한다.
25. "변속차로"란 자동차를 가속시키거나 감속시키기 위하여 추가로 설치하는 차로를 말한다.
26. "측대"란 운전자의 시선을 유도하고 옆 부분의 여유를 확보하기 위하여 중앙분리대 또는 길어깨에 차로와 동일한 구조로 차로와 접속하여 설치하는 부분을 말한다.
27. "분리대"란 차도를 통행의 방향에 따라 분리하거나 성질이 다른 같은 방향의 교통을 분리하기 위하여 설치하는 도로의 부분이나 시설물을 말한다.
28. "중앙분리대"란 차도를 통행의 방향에 따라 분리하고 옆 부분의 여유를 확보하기 위하여 도로의 중앙에 설치하는 분리대와 측대를 말한다.
29. "길어깨"란 도로를 보호하고, 비상시나 유지관리시에 이용하기 위하여 차로에 접속하여

설치하는 도로의 부분을 말한다.

30. "주정차대(駐停車帶)"란 자동차의 주차 또는 정차에 이용하기 위하여 도로에 접속하여 설치하는 부분을 말한다.
31. "노상시설"이란 보도, 자전거도로, 중앙분리대, 길어깨 또는 환경시설대(環境施設帶) 등에 설치하는 표지판 및 방호울타리, 가로등, 가로수 등 도로의 부속물[공동구(共同溝)는 제외한다. 이하 같다]을 말한다.
32. "교통약자"란 「교통약자의 이동편의 증진법」 제2조제1호에 따른 교통약자를 말한다.
33. "이동편의시설"이란 「교통약자의 이동편의 증진법」 제2조제7호에 따른 이동편의시설을 말한다.
34. "보도의 유효폭"이란 보도폭에서 노상시설 등이 차지하는 폭을 제외한 보행자의 통행에만 이용되는 폭을 말한다.
35. "보행시설물"이란 보행자가 안전하고 편리하게 보행할 수 있도록 하기 위하여 설치하는 속도저감시설, 횡단시설, 교통안내시설, 교통신호기 등의 시설물을 말한다.
36. "시설한계"란 자동차나 보행자 등의 교통안전을 확보하기 위하여 일정한 폭과 높이 안쪽에는 시설물을 설치하지 못하게 하는 도로 위 공간 확보의 한계를 말한다.
37. "완화곡선(緩和曲線)"이란 직선 부분과 평면곡선 사이 또는 평면곡선과 평면곡선 사이에서 자동차의 원활한 주행을 위하여 설치하는 곡선으로서 곡선상의 위치에 따라 곡선 반지름이 변하는 곡선을 말한다.
38. "횡단경사"란 도로의 진행방향에 직각으로 설치하는 경사로서 도로의 배수(排水)를 원활하게 하기 위하여 설치하는 경사와 평면곡선부에 설치하는 편경사(偏傾斜)를 말한다.
39. "편경사"란 평면곡선부에서 자동차가 원심력에 저항할 수 있도록 하기 위하여 설치하는 횡단경사를 말한다.
40. "종단경사(縱斷傾斜)"란 도로의 진행방향으로 설치하는 경사로서 중심선의 길이에 대한 높이의 변화 비율을 말한다.
41. "정지시거(停止視距)"운전자가 같은 차로 위에 있는 고장차 등의 장애물을 인지하고 안전하게 정지하기 위하여 필요한 거리로서 차로 중심선 위의 1미터 높이에서 그 차로의 중심선에 있는 높이 15센티미터의 물체의 맨 윗부분을 볼 수 있는 거리를 그 차로의 중심선에 따라 측정한 길이를 말한다.
42. "앞지르기시거"란 2차로 도로에서 저속 자동차를 안전하게 앞지를 수 있는 거리로서 차로 중심선 위의 1미터 높이에서 반대쪽 차로의 중심선에 있는 높이 1.2미터의 반대쪽 자동차를 인지하고 앞차를 안전하게 앞지를 수 있는 거리를 도로 중심선에 따라 측정한 길

이를 말한다.

43. "교통섬"이란 자동차의 안전하고 원활한 교통처리나 보행자 도로횡단의 안전을 확보하기 위하여 교차로 또는 차도의 분기점 등에 설치하는 섬 모양의 시설을 말한다.

44. "연결로"란 도로가 입체적으로 교차할 때 교차하는 도로를 서로 연결하거나 높이가 다른 도로를 서로 연결하여 주는 도로를 말한다.

45. "환경시설대"란 도로 주변지역의 환경보전을 위하여 길어깨의 바깥쪽에 설치하는 녹지대 등의 시설이 설치된 지역을 말한다.

46. "교통정온화시설(交通靜穩化施設)"이란 보행자의 안전 확보 및 쾌적한 생활환경 조성을 위하여 자동차의 속도나 통행량을 줄이기 위한 목적으로 설치하는 시설을 말한다.

제3조(도로의 구분) ① 도로는 기능에 따라 주간선도로(主幹線道路), 보조간선도로, 집산도로(集散道路) 및 국지도로(局地道路)로 구분한다.

② 도로는 지역 상황에 따라 지방지역도로와 도시지역도로로 구분한다.

③ 제1항에 따른 도로의 기능별 구분과 「도로법」 제10조에 따른 도로의 종류의 상응 관계는 다음 표와 같다. 다만, 계획교통량, 지역 상황 등을 고려하여 필요하다고 인정되는 경우에는 도로의 종류를 다음 표에 따른 기능별 구분의 상위 기능의 도로로 할 수 있다.

도로의 기능별 구분	도로의 종류
주간선도로	고속국도, 일반국도, 특별시도 · 광역시도
보조간선도로	일반국도, 특별시도 · 광역시도, 지방도, 시도
집산도로	지방도, 시도, 군도, 구도
국지도로	군도, 구도

제4조(도로의 출입 등의 기준) ① 주도로와 부도로가 접속하는 도로에는 접근관리를 실시해야 한다.

② 고속국도와 자동차전용도로는 다음 각 호의 기준에 적합해야 한다.

1. 특별한 사유가 없으면 교차하는 모든 도로와 입체교차가 될 것
2. 지정된 곳에 한정하여 자동차만 출입이 허용되도록 할 것

제5조(설계기준자동차) ① 도로의 기능별 구분에 따른 설계기준자동차는 다음 표와 같다. 다만, 우회할 수 있는 도로(해당 도로 기능이나 그 상위 기능을 갖춘 도로만 해당한다)가 있는 경우에는 도로의 기능별 구분에 관계없이 대형자동차나 승용자동차 또는 소형자동차를 설계기준자동차로 할 수 있다.

도로의 기능별 구분	설계기준자동차
주간선도로	세미트레일러
보조간선도로 및 집산도로	세미트레일러 또는 대형자동차
국지도로	대형자동차 또는 승용자동차

② 제1항에 따른 설계기준자동차의 종류별 제원(諸元)은 다음 표와 같다.

제원(미터) / 자동차종류	폭	높이	길이	축간거리	앞 내민 길이	뒷 내민 길이	최소 회전 반지름
승용자동차	1.7	2.0	4.7	2.7	0.8	1.2	6.0
소형자동차	2.0	2.8	6.0	3.7	1.0	1.3	7.0
대형자동차	2.5	4.0	13.0	6.5	2.5	4.0	12.0
세미트레일러	2.5	4.0	16.7	앞축간거리 4.2 뒤축간거리 9.0	1.3	2.2	12.0

비고) 1. 축간거리: 앞바퀴 차축의 중심으로부터 뒷바퀴 차축의 중심까지의 길이를 말한다.
2. 앞내민길이: 자동차의 앞면으로부터 앞바퀴 차축의 중심까지의 길이를 말한다.
3. 뒷내민길이: 자동차의 뒷면으로부터 뒷바퀴 차축의 중심까지의 길이를 말한다.

제6조(도로의 계획목표연도) ① 도로를 계획하거나 설계할 때에는 예측된 교통량에 맞추어 도로를 적절하게 유지・관리함으로써 도로의 기능이 원활하게 유지될 수 있도록 하기 위하여 도로의 계획목표연도를 설정하여야 한다.

② 도로의 계획목표연도는 공용개시 계획연도를 기준으로 20년 이내로 정하되, 그 기간을 설정할 때에는 도로의 종류, 도로의 기능별 구분, 교통량 예측의 신뢰성, 투자의 효율성, 단계적인 건설의 가능성, 주변 여건, 주변 지역의 사회・경제계획 및 도시・군계획 등을 고려해야 한다.

제7조(도로의 설계서비스수준) 도로를 계획하거나 설계할 때에는 도로의 설계서비스수준이 국토교통부장관이 정하는 기준에 적합하도록 하여야 한다.

제8조(설계속도) ① 설계속도는 도로의 기능별 구분 및 지역별 구분(제2조제16호 및 제17호에 따른 도시지역 및 지방지역의 구분을 말한다)에 따라 다음 표의 속도 이상으로 한다. 다만, 지형 상황 및 경제성 등을 고려하여 필요한 경우에는 다음 표의 속도에서 시속 20킬로미터 이내의 속도를 뺀 속도를 설계속도로 할 수 있다.

도로의 기능별 구분		설계속도(킬로미터/시간)			
		지방지역			도시지역
		평지	구릉지	산지	
주간선도로	고속국도	120	110	100	100
	그 밖의 도로	80	70	60	80
보조간선도로		70	60	50	60
집산도로		60	50	40	50
국지도로		50	40	40	40

② 제1항에도 불구하고 자동차전용도로의 설계속도는 시속 80킬로미터 이상으로 한다. 다만, 자동차전용도로가 도시지역에 있거나 소형차도로일 경우에는 시속 60킬로미터 이상으로 할 수 있다.

제9조(설계구간) ① 동일한 설계기준이 적용되어야 하는 도로의 설계구간은 주요 교차로(인터체인지를 포함한다)나 도로의 주요 시설물 사이의 구간으로 한다.

② 인접한 설계구간과의 설계속도의 차이는 시속 20킬로미터 이하가 되도록 하여야 한다.

제10조(차로) ① 도로의 차로수는 도로의 종류, 도로의 기능별 구분, 설계시간교통량, 도로의 계획목표연도의 설계서비스수준, 지형 상황, 나눠지거나 합해지는 도로의 차로수 등을 고려하여 정해야 한다.

② 도로의 차로수는 교통흐름의 형태, 교통량의 시간별·방향별 분포, 그 밖의 교통 특성 및 지역 여건에 따라 홀수 차로로 할 수 있다.

③ 차로의 폭은 차선의 중심선에서 인접한 차선의 중심선까지로 하며, 설계속도 및 지역에 따라 다음 표의 폭 이상으로 한다. 다만, 다음 각 호의 어느 하나에 해당하는 경우에는 각 호의 구분에 따른 차로폭 이상으로 해야 한다.

1. 설계기준자동차 및 경제성을 고려하여 필요한 경우: 3미터
2. 「접경지역 지원 특별법」 제2조제1호에 따른 접경지역에서 전차, 장갑차 등 군용차량의 통행에 따른 교통사고의 위험성을 고려하여 필요한 경우: 3.5미터

설계속도 (킬로미터/시간)	차로의 최소 폭(미터)		
	지방지역	도시지역	소형차도로
100 이상	3.50	3.50	3.25
80 이상	3.50	3.25	3.25
70 이상	3.25	3.25	3.00
60 이상	3.25	3.00	3.00
60 미만	3.00	3.00	3.00

④ 제3항에도 불구하고 통행하는 자동차의 종류·교통량, 그 밖의 교통 특성과 지역 여건 등을 고려하여 불가피한 경우에는 회전차로의 폭과 설계속도가 시속 40킬로미터 이하인 도시지역 차로의 폭은 2.75미터 이상으로 할 수 있다.

⑤ 도로에는 「도로교통법」 제15조에 따라 자동차의 종류 등에 따른 전용차로를 설치할 수 있다. 이 경우 간선급행버스체계 전용차로의 차로폭은 3.25미터 이상으로 하되, 정류장의 앞지르기차로 등 부득이한 경우에는 3미터 이상으로 할 수 있다.

제11조(차로의 분리 등) ① 도로에는 차로를 통행의 방향별로 분리하기 위하여 중앙선을 표시하거나 중앙분리대를 설치하여야 한다. 다만, 4차로 이상인 도로에는 도로기능과 교통 상황에 따라 안전하고 원활한 교통을 확보하기 위하여 필요한 경우 중앙분리대를 설치하여야 한다.

② 중앙분리대의 분리대 내에는 노상시설을 설치할 수 있으며 중앙분리대의 폭은 설계속도 및 지역에 따라 다음 표의 값 이상으로 한다. 다만, 자동차전용도로의 경우는 2미터 이상으로 한다.

설계속도(킬로미터/시간)	중앙분리대의 최소 폭(미터)		
	지방지역	도시지역	소형차도로
100 이상	3.0	2.0	2.0
100 미만	1.5	1.0	1.0

③ 중앙분리대에는 측대를 설치하여야 한다. 이 경우 측대의 폭은 설계속도가 시속 80킬로미터 이상인 경우는 0.5미터 이상으로 하고, 시속 80킬로미터 미만인 경우는 0.25미터 이상으로 한다.

④ 중앙분리대의 분리대 부분에 노상시설을 설치하는 경우 중앙분리대의 폭은 제18조에 따른 시설한계가 확보되도록 정하여야 한다.

⑤ 차로를 왕복 방향별로 분리하기 위하여 중앙선을 두 줄로 표시하는 경우 각 중앙선의 중심 사이의 간격은 0.5미터 이상으로 한다.

제12조(길어깨) ① 도로에는 가장 바깥쪽 차로와 접속하여 길어깨를 설치해야 한다. 다만, 보도 또는 주정차대가 설치되어 있는 경우에는 설치하지 않을 수 있다.

② 차로의 오른쪽에 설치하는 길어깨의 폭은 설계속도 및 지역에 따라 다음 표의 폭 이상으로 해야 한다. 다만, 오르막차로 또는 변속차로 등의 차로와 길어깨가 접속되는 구간에서는 0.5미터 이상으로 할 수 있다.

설계속도(킬로미터/시간)	오른쪽 길어깨의 최소 폭(미터)		
	지방지역	도시지역	소형차도로
100 이상	3.00	2.00	2.00
80 이상 100 미만	2.00	1.50	1.00
60 이상 80 미만	1.50	1.00	0.75
60 미만	1.00	0.75	0.75

③ 일방통행도로 등 분리도로의 차로 왼쪽에 설치하는 길어깨의 폭은 설계속도 및 지역에 따라 다음 표의 폭 이상으로 한다.

설계속도(킬로미터/시간)	차도 왼쪽 길어깨의 최소 폭(미터)	
	지방지역 및 도시지역	소형차도로
100 이상	1.00	0.75
80 이상 100 미만	0.75	0.75
80 미만	0.50	0.50

④ 제2항 및 제3항에도 불구하고 터널, 교량, 고가도로 또는 지하차도에 설치하는 길어깨의 폭은 설계속도가 시속 100킬로미터 이상인 경우에는 1미터 이상으로, 그 밖의 경우에는 0.5미터 이상으로 할 수 있다. 다만, 길이 1천 미터 이상의 터널 또는 지하차도에서 오른쪽 길어깨의 폭을 2미터 미만으로 하는 경우에는 750미터 이내의 간격으로 비상주차대를 설치해야 한다.

⑤ 길어깨에는 측대를 설치하여야 한다. 이 경우 측대의 폭은 설계속도가 시속 80킬로미터 이상인 경우에는 0.5미터 이상으로 하고, 80킬로미터 미만이거나 터널인 경우에는 0.25미터 이상으로 한다.

⑥ 길어깨에 접속하여 노상시설을 설치하는 경우 노상시설의 폭은 길어깨의 폭에 포함하지 않는다.

⑦ 길어깨에는 긴급구난차량의 주행 및 활동의 안전성 향상을 위한 시설의 설치를 고려해야 한다.

제12조의2(차로로 활용되는 길어깨) ① 주간선도로의 기능을 하는 도로의 교통량이 일시적으로 증가하는 경우에 차로로 활용되는 길어깨의 폭은 해당 도로의 차로폭과 동일한 폭으로 한다. 이 경우 길어깨 바깥쪽에는 비상주차대를 설치해야 한다.

② 제1항 전단에 따라 길어깨를 차로로 활용하는 구간에는 운전자가 길어깨에 진입하기 전에 이를 인식할 수 있도록 신호, 표지판 및 노면표시 등을 설치해야 한다.

제13조(적설지역 도로의 중앙분리대 및 길어깨의 폭) 적설지역(積雪地域)에 있는 도로의 중앙분리대 및 길어깨의 폭은 제설작업을 고려하여 정하여야 한다.

제14조(주정차대) ① 설계속도가 시속 80킬로미터 이하인 도시지역도로에 주정차대를 설치하는 경우에는 그 폭이 2.5미터 이상이 되도록 해야 한다. 다만, 소형자동차를 대상으로 하는 주정차대의 경우에는 그 폭이 2미터 이상이 되도록 할 수 있다.

② 주간선도로에 설치하는 버스정류장은 차로와 분리하여 별도로 설치해야 한다.

제15조(자전거도로) ① 안전하고 원활한 교통을 확보하기 위하여 자전거, 자동차 및 보행자의 통행을 분리할 필요가 있는 경우에는 자전거도로를 설치하여야 한다. 다만, 지형 상황 등으로 인하여 부득이하다고 인정되는 경우에는 예외로 한다.

② 자전거도로의 구조와 시설기준에 관하여는 「자전거 이용시설의구조·시설기준에 관한 규칙」에서 정하는 바에 따른다.

제16조(보도) ① 보행자의 안전과 자동차 등의 원활한 통행을 위하여 필요하다고 인정되는 경우에는 도로에 보도를 설치해야 한다. 이 경우 보도는 연석(緣石)이나 방호울타리 등의 시설물을 이용하여 차도와 물리적으로 분리해야 하고, 필요하다고 인정되는 지역에는 이동편의시설을 설치해야 한다.

② 제1항에 따라 차도와 보도를 구분하는 경우에는 다음 각 호의 기준에 따른다.

1. 차도에 접하여 연석을 설치하는 경우 그 높이는 25센티미터 이하로 할 것
2. 횡단보도에 접한 구간으로서 필요하다고 인정되는 지역에는 이동편의시설을 설치해야 하며, 자전거도로에 접한 구간은 자전거의 통행에 불편이 없도록 할 것

③ 보도의 유효폭은 보행자의 통행량과 주변 토지 이용 상황을 고려하여 결정하되, 최소 2미터 이상으로 하여야 한다. 다만, 지방지역의 도로와 도시지역의 국지도로는 지형상 불가능하거나 기존 도로의 증설·개설 시 불가피하다고 인정되는 경우에는 1.5미터 이상으로 할 수 있다.

④ 보도는 보행자의 통행 경로를 따라 연속성과 일관성이 유지되도록 설치하며, 보도에 가로수 등 노상시설을 설치하는 경우 노상시설 설치에 필요한 폭을 추가로 확보하여야 한다.

제17조(도로 공간기능의 활용) ① 주민의 삶의 질 향상을 위하여 도로를 보행환경 개선공간 및 문화정보 교류공간, 대중교통의 수용공간, 환경친화적 녹화공간(綠化空間) 등으로 계획할 수 있다.

② 보행환경 개선이 필요한 지역에는 제2조제35호에 따른 보행시설물을 설치할 수 있다.

제18조(시설한계) ① 차도의 시설한계 높이는 4.5미터 이상으로 한다. 다만, 다음 각 호의 구분에 따라 시설한계 높이의 하한을 낮출 수 있다.

1. 집산도로 또는 국지도로로서 지형 상황 등으로 인하여 부득이하다고 인정되는 경우: 4.2미터 이상
2. 소형차도로인 경우: 3미터 이상
3. 대형자동차의 교통량이 현저히 적고, 그 도로의 부근에 대형자동차가 우회할 수 있는 도로가 있는 경우: 3미터 이상

② 차도, 보도 및 자전거도로의 시설한계는 별표와 같다. 이 경우 도로의 종단경사 및 횡단경사를 고려하여 시설한계를 확보하여야 한다.

제19조(평면곡선 반지름) 차도의 평면곡선 반지름은 설계속도와 편경사에 따라 다음 표의 길이 이상으로 한다.

설계속도 (킬로미터/시간)	최소 평면곡선 반지름(미터)		
	적용 최대 편경사		
	6퍼센트	7퍼센트	8퍼센트
120	710	670	630
110	600	560	530
100	460	440	420
90	380	360	340
80	280	265	250
70	200	190	180
60	140	135	130
50	90	85	80
40	60	55	50
30	30	30	30
20	15	15	15

제20조(평면곡선의 길이) 평면곡선부의 차도 중심선의 길이(완화곡선이 있는 경우에는 그 길이를 포함한다)는 다음 표의 길이 이상으로 한다.

설계속도 (킬로미터/시간)	평면곡선의 최소 길이(미터)	
	도로의 교각이 5도 미만인 경우	도로의 교각이 5도 이상인 경우
120	700 / θ	140
110	650 / θ	130
100	550 / θ	110
90	500 / θ	100
80	450 / θ	90
70	400 / θ	80
60	350 / θ	70
50	300 / θ	60
40	250 / θ	50
30	200 / θ	40
20	150 / θ	30

제21조(평면곡선부의 편경사) ① 차도의 평면곡선부에는 도로가 위치하는 지역, 적설 정도, 설계속도, 평면곡선 반지름 및 지형 상황 등에 따라 다음 표의 비율 이하의 최대 편경사를 두어야 한다.

구 분		최대 편경사(퍼센트)
지방지역	적설 · 한랭지역	6
	그 밖의 지역	8
도시지역		6
연 결 로		8

② 제1항에도 불구하고 다음 각 호의 어느 하나에 해당하는 경우에는 편경사를 두지 아니할 수 있다.

1. 평면곡선 반지름을 고려하여 편경사가 필요 없는 경우
2. 설계속도가 시속 60킬로미터 이하인 도시지역의 도로에서 도로 주변과의 접근과 다른 도로와의 접속을 위하여 부득이하다고 인정되는 경우

③ 편경사의 회전축으로부터 편경사가 설치되는 차로수가 2개 이하인 경우의 편경사의 접속설치길이는 설계속도에 따라 다음 표의 편경사 최대 접속설치율에 따라 산정된 길이 이상이 되어야 한다.

설계속도(킬로미터/시간)	편경사 최대 접속설치율
120	1 / 200
110	1 / 185
100	1 / 175
90	1 / 160
80	1 / 150
70	1 / 135
60	1 / 125
50	1 / 115
40	1 / 105
30	1 / 95
20	1 / 85

④ 편경사의 회전축으로부터 편경사가 설치되는 차로수가 2개를 초과하는 경우의 편경사의 접속설치길이는 제3항에 따라 산정된 길이에 다음 표의 보정계수를 곱한 길이 이상이 되어야 하며, 노면의 배수가 충분히 고려되어야 한다.

편경사가 설치되는 차로 수	접속설치길이의 보정계수
3	1.25
4	1.50
5	1.75
6	2.00

제22조(평면곡선부의 확폭) ① 차도 평면곡선부의 각 차로는 평면곡선 반지름 및 설계기준자동차에 따라 다음 표의 폭 이상을 확보하여야 한다.

세미트레일러		대형자동차		소형자동차	
평면곡선 반지름(미터)	최소확폭량(미터)	평면곡선 반지름(미터)	최소확폭량(미터)	평면곡선 반지름(미터)	최소확폭량(미터)
150 이상~280 미만	0.25	110 이상~200 미만	0.25	45 이상~55 미만	0.25
90 이상~150 미만	0.50	65 이상~110 미만	0.50	25 이상~45 미만	0.50
65 이상~90 미만	0.75	45 이상~65 미만	0.75	15 이상~25 미만	0.75
50 이상~65 미만	1.00	35 이상~45 미만	1.00		
40 이상~50 미만	1.25	25 이상~35 미만	1.25		
35 이상~40 미만	1.50	20 이상~25 미만	1.50		
30 이상~35 미만	1.75	18 이상~20 미만	1.75		
20 이상~30 미만	2.00	15 이상~18 미만	2.00		

② 제1항에도 불구하고 차도 평면곡선부의 각 차로가 다음 각 호의 어느 하나에 해당하는 경우에는 확폭을 하지 않을 수 있다.

1. 도시지역도로(고속국도는 제외한다)에서 도시·군관리계획이나 주변 지장물(支障物) 등으로 인하여 부득이하다고 인정되는 경우
2. 설계기준자동차가 승용자동차인 경우

제23조(완화곡선 및 완화구간) ① 설계속도가 시속 60킬로미터 이상인 도로의 평면곡선부에는 완화곡선을 설치하여야 한다.

② 완화곡선의 길이는 설계속도에 따라 다음 표의 값 이상으로 하여야 한다.

설계속도(킬로미터/시간)	완화곡선의 최소 길이(미터)
120	70
110	65
100	60
90	55
80	50
70	40
60	35

③ 설계속도가 시속 60킬로미터 미만인 도로의 평면곡선부에는 다음 표의 길이 이상의 완화구간을 두고 편경사를 설치하거나 확폭을 하여야 한다.

설계속도(킬로미터/시간)	완화구간의 최소 길이(미터)
50	30
40	25
30	20
20	15

제24조(시거) ① 도로에는 그 도로의 설계속도에 따라 다음 표의 길이 이상의 정지시거를 확보해야 한다. 다만, 종단경사 구간의 경우에는 종단경사를 고려한 길이를 가감하여 정지시거를 확보하여야 한다.

설계속도(킬로미터/시간)	최소 정지시거(미터)
120	225
110	195
100	170
90	145
80	120
70	100
60	80
50	60
40	45
30	30
20	20

② 2차로 도로에서 앞지르기를 허용하는 구간에서는 설계속도에 따라 다음 표의 길이 이상의 앞지르기시거를 확보해야 한다.

설계속도(킬로미터/시간)	최소 앞지르기시거(미터)
80	540
70	480
60	400
50	350
40	280
30	200
20	150

제25조(종단경사) ① 차도의 종단경사는 도로의 기능별 구분, 지형 상황과 설계속도에 따라 다음 표의 비율 이하로 해야 한다. 다만, 지형 상황, 주변 지장물 및 경제성을 고려하여 필요하다고 인정되는 경우에는 다음 표의 비율에 1퍼센트를 더한 값 이하로 할 수 있다.

설계속도 (킬로미터/시간)	최대 종단경사(퍼센트)							
	주간선도로 및 보조간선도로				집산도로 및 연결로		국지도로	
	고속도로		그 밖의 도로					
	평지	산지등	평지	산지등	평지	산지등	평지	산지등
120	3	4						
110	3	5						
100	3	5	3	6				
90	4	6	4	6				
80	4	6	4	7	6	9		
70			5	7	7	10		
60			5	8	7	10	7	13
50			5	8	7	10	7	14
40			6	9	7	11	7	15
30					7	12	8	16
20							8	16

비고) 산지등이란 산지, 구릉지 및 평지(지하차도 및 고가도로의 설치가 필요한 경우만 해당한다)를 말한다. 이하 이 조에서 같다.

② 소형차도로의 종단경사는 도로의 기능별 구분, 지형 상황과 설계속도에 따라 다음 표의 비율 이하로 해야 한다. 다만, 지형 상황, 주변 지장물 및 경제성을 고려하여 필요하다고 인정되는 경우에는 다음 표의 비율에 1퍼센트를 더한 값 이하로 할 수 있다.

설계속도 (킬로미터/시간)	최대 종단경사(퍼센트)							
	주간선도로 및 보조간선도로				집산도로 및 연결로		국지도로	
	고속도로		그 밖의 도로					
	평지	산지등	평지	산지등	평지	산지등	평지	산지등
120	4	5						
110	4	6						
100	4	6	4	7				
90	6	7	6	7				
80	6	7	6	8	8	10		
70			7	8	9	11		
60			7	9	9	11	9	14
50			7	9	9	11	9	15
40			8	10	9	12	9	16
30					9	13	10	17
20							10	17

제26조(오르막차로) ① 종단경사가 있는 구간에서 자동차의 오르막 능력 등을 검토하여 필요하다고 인정되는 경우에는 오르막차로를 설치하여야 한다. 다만, 설계속도가 시속 40킬로미터 이하인 경우에는 오르막차로를 설치하지 아니할 수 있다.

② 오르막차로의 폭은 본선의 차로폭과 같게 설치하여야 한다.

제27조(종단곡선) ① 차도의 종단경사가 변경되는 부분에는 종단곡선을 설치하여야 한다. 이 경우 종단곡선의 길이는 제2항에 따른 종단곡선의 변화 비율에 따라 산정한 길이와 제3항에 따른 종단곡선의 길이 중 큰 값의 길이 이상이어야 한다.

② 종단곡선의 변화 비율은 설계속도 및 종단곡선의 형태에 따라 다음 표의 비율 이상으로 한다.

설계속도(킬로미터/시간)	종단곡선의 형태	종단곡선 최소 변화 비율(미터/퍼센트)
120	볼록곡선	130
	오목곡선	60
110	볼록곡선	100
	오목곡선	50
100	볼록곡선	75
	오목곡선	40
90	볼록곡선	55
	오목곡선	35
80	볼록곡선	40
	오목곡선	30
70	볼록곡선	25
	오목곡선	25
60	볼록곡선	20
	오목곡선	20
50	볼록곡선	10
	오목곡선	11
40	볼록곡선	5
	오목곡선	7
30	볼록곡선	3
	오목곡선	4
20	볼록곡선	1
	오목곡선	2

③ 종단곡선의 길이는 설계속도에 따라 다음 표의 길이 이상이어야 한다.

설계속도(킬로미터/시간)	종단곡선 최소 길이(미터)
120	100
110	90
100	85
90	75
80	70
70	60
60	50
50	40
40	35
30	25
20	20

제28조(횡단경사) ① 차로의 횡단경사는 배수를 위하여 포장의 종류에 따라 다음 표의 비율로 해야 한다. 다만, 편경사가 설치되는 구간은 제21조에 따른다.

포장의 종류	횡단경사(퍼센트)
아스팔트콘크리트 포장 및 시멘트콘크리트 포장	1.5 이상 2.0 이하
간이 포장	2.0 이상 4.0 이하
비포장	3.0 이상 6.0 이하

② 보도 또는 자전거도로의 횡단경사는 2퍼센트 이하로 한다. 다만, 지형 상황 및 주변 건축물 등으로 인하여 부득이하다고 인정되는 경우에는 4퍼센트까지 할 수 있다.

③ 길어깨의 횡단경사와 차로의 횡단경사의 차이는 시공성, 경제성 및 교통안전을 고려하여 8퍼센트 이하로 해야 한다. 다만, 측대를 제외한 길어깨폭이 1.5미터 이하인 도로, 교량 및 터널 등의 구조물 구간에서는 그 차이를 두지 않을 수 있다.

제29조(포장) ① 차로, 측대, 길어깨, 보도 및 자전거도로 등은 안정성 및 시공성 등을 고려하여 적절한 재료와 두께로 포장해야 한다.

② 차로 및 측대는 교통량, 노상의 상태, 기후조건, 경제성, 시공성 및 유지관리 등을 고려하여 자동차가 안전하고 원활하게 통행할 수 있는 공법으로 포장해야 한다.

③ 삭제

제30조(배수시설) ① 도로시설의 보전(保全), 교통안전, 유지보수 등을 위하여 도로에는 측구(側溝), 집수정 및 도수로(차도에 모인 물을 차도 밖으로 빼내는 수로) 등 적절한 배수시설을 설

치하여야 한다. 이 경우 배수시설에 공급되는 전기시설은 침수의 영향을 받지 않도록 설치하여야 한다.

② 배수시설의 규격은 강우(降雨)의 지속 시간 및 강도와 지형 상황에 따라 적절하게 결정되어야 한다.

③ 길어깨는 노면 배수로로 활용할 수 있으며, 길어깨에 붙여서 측구를 설치하는 경우에는 교통안전을 위하여 윗면이 열린 측구를 설치하여서는 아니 된다.

제31조(도로의 교차) 도로의 교차는 특별한 경우를 제외하고는 네 갈래 이하로 하여야 한다.

제32조(평면교차와 그 접속기준) ① 교차하는 도로의 교차각은 직각에 가깝게 하여야 한다.

② 교차로의 종단경사는 3퍼센트 이하이어야 한다. 다만, 주변 지장물과 경제성을 고려하여 필요하다고 인정되는 경우에는 6퍼센트 이하로 할 수 있다.

③ 평면으로 교차하거나 접속하는 구간에서는 필요에 따라 회전차로, 변속차로, 교통섬 등의 도류화시설(導流化施設: 도로의 흐름을 원활하게 유도하는 시설)을 설치할 수 있다. 이 경우 도류화시설의 설치기준 등에 필요한 사항은 국토교통부장관이 따로 정한다.

④ 교차로에서 좌회전차로가 필요한 경우에는 직진차로와 분리하여 설치하여야 한다.

제33조(입체교차) ① 주간선도로의 기능을 가진 도로가 다른 도로와 교차하는 경우 그 교차로는 입체교차로 해야 한다. 다만, 교통량 및 지형 상황 등을 고려하여 부득이하다고 인정되는 경우에는 그렇지 않다.

② 주간선도로가 아닌 도로가 서로 교차하는 경우로서 교통을 원활하게 처리하기 위하여 필요하다고 인정되는 경우 그 교차로는 입체교차로 할 수 있다.

③ 입체교차를 계획할 때에는 도로의 기능, 교통량, 도로 조건, 주변 지형 여건, 경제성 등을 고려하여야 한다.

제34조(입체교차의 연결로) ① 입체교차의 연결로에 대하여는 제8조, 제10조제3항, 제11조제2항 및 제12조제2항 · 제3항을 적용하지 아니한다.

② 연결로의 설계속도는 접속하는 도로의 설계속도에 따라 다음 표의 속도를 기준으로 한다. 다만, 루프 연결로(고리 모양으로 생긴 연결로를 말한다)의 경우에는 다음 표의 속도에서 시속 10킬로미터 이내의 속도를 뺀 속도를 설계속도로 할 수 있다.

상급 도로의 설계속도 (킬로미터/시간) / 하급 도로의 설계속도 (킬로미터/시간)	120	110	100	90	80	70	60	50 이하
120	80~50							
110	80~50	80~50						
100	70~50	70~50	70~50					
90	70~50	70~40	70~40	70~40				
80	70~40	70~40	60~40	60~40	60~40			
70	70~40	60~40	60~40	60~40	60~40	60~40		
60	60~40	60~40	60~40	60~40	60~30	50~30	50~30	
50 이하	60~40	60~40	60~40	60~40	60~30	50~30	50~30	40~30

③ 연결로의 차로폭, 길어깨폭 및 중앙분리대의 폭은 다음 표의 폭 이상으로 한다. 다만, 교량 등의 구조물로 인하여 부득이한 경우에는 괄호 안의 폭까지 줄일 수 있다.

횡단면 구성요소 / 연결로 기준	최소 차로 폭 (미터)	길어깨의 최소 폭(미터)					중앙분리대 최소 폭 (미터)
		한쪽 방향 1차로		한쪽 방향 2차로	양방향 다차로	가속 · 감속 차로	
		오른쪽	왼쪽	오른쪽 · 왼쪽	오른쪽	오른쪽	
A기준	3.50	2.50	1.50	1.50	2.50	1.50	2.50(2.00)
B기준	3.25	1.50	0.75	0.75	0.75	1.00	2.00(1.50)
C기준	3.25	1.00	0.75	0.50	0.50	1.00	1.50(1.00)
D기준	3.25	1.25	0.50	0.50	0.50	1.00	1.50(1.00)
E기준	3.00	0.75	0.50	0.50	0.50	0.75	1.50(1.00)

비고)

1. 각 기준의 정의
   가. A기준: 길어깨에 대형자동차가 정차한 경우 세미트레일러가 통과할 수 있는 기준
   나. B기준: 길어깨에 소형자동차가 정차한 경우 세미트레일러가 통과할 수 있는 기준
   다. C기준: 길어깨에 정차한 자동차가 없는 경우 세미트레일러가 통과할 수 있는 기준
   라. D기준: 길어깨에 소형자동차가 정차한 경우 소형자동차가 통과할 수 있는 기준
   마. E기준: 길어깨에 정차한 자동차가 없는 경우 소형자동차가 통과할 수 있는 기준

2. 도로의 설계속도별 적용기준

상급도로의 설계속도(킬로미터/시간)		적용되는 연결로의 기준
100 이상	지방지역	A기준 또는 B기준
	도시지역	B기준 또는 C기준
100 미만		B기준 또는 C기준
소형차도로		D기준 또는 E기준

④ 연결로의 형식은 오른쪽 진출입을 원칙으로 한다. 이 경우 진출입의 연속성 및 일관성이 유지되도록 하여야 한다.

제35조(입체교차 변속차로의 길이) ① 변속차로 중 감속차로의 길이는 다음 표의 길이 이상으로 하여야 한다. 다만, 연결로가 2차로인 경우 감속차로의 길이는 다음 표의 길이의 1.2배 이상으로 하여야 한다.

본선 설계속도(킬로미터/시간)			120	110	100	90	80	70	60
연결로 설계속도 (킬로미터/시간)	80	변이구간을 제외한 감속차로의 최소길이 (미터)	120	105	85	60	–	–	–
	70		140	120	100	75	55	–	–
	60		155	140	120	100	80	55	–
	50		170	150	135	110	90	70	55
	40		175	160	145	120	100	85	65
	30		185	170	155	135	115	95	80

② 본선의 종단경사의 크기에 따른 감속차로의 길이 보정률은 다음 표의 비율로 하여야 한다.

본선의 종단 경사 (퍼센트)	내리막경사				
	0~2 미만	2 이상~3 미만	3 이상~4 미만	4 이상~5 미만	5 이상
감속차로의 길이 보정률	1.00	1.10	1.20	1.30	1.35

③ 변속차로 중 가속차로의 길이는 다음 표의 길이 이상으로 하여야 한다. 다만, 연결로가 2차로인 경우 가속차로의 길이는 다음 표의 길이의 1.2배 이상으로 하여야 한다.

본선 설계속도(킬로미터/시간)			120	110	100	90	80	70	60
연결로 설계속도 (킬로미터/시간)	80	변이구간을 제외한 가속차로의 최소길이 (미터)	245	120	55	–	–	–	–
	70		335	210	145	50	–	–	–
	60		400	285	220	130	55	–	–
	50		445	330	265	175	100	50	–
	40		470	360	300	210	135	85	–
	30		500	390	330	240	165	110	70

④ 본선의 종단경사의 크기에 따른 가속차로의 길이 보정률은 다음 표의 비율로 한다.

본선의 종단 경사 (퍼센트)	오르막경사				
	0~2 미만	2 이상~3 미만	3 이상~4 미만	4 이상~5 미만	5 이상
가속차로의 길이 보정률	1.00	1.20	1.30	1.40	1.50

⑤ 변속차로의 변이구간의 길이는 다음 표의 길이 이상으로 하여야 한다.

본선 설계속도 (킬로미터/시간)	120	110	100	90	80	60	50	40
변이구간의 최소 길이 (미터)	90	80	70	70	60	60	60	60

제36조(철도와의 교차) ① 도로와 철도의 교차는 입체교차를 원칙으로 한다. 다만, 주변 지장물이나 기존의 교차형식 등으로 인하여 부득이하다고 인정되는 경우에는 예외로 한다.

② 제1항 단서에 따라 도로와 철도가 평면교차하는 경우 그 도로의 구조는 다음 각 호의 기준에 따른다.

1. 철도와의 교차각을 45도 이상으로 할 것
2. 건널목의 양측에서 각각 30미터 이내의 구간(건널목 부분을 포함한다)은 직선으로 하고 그 구간 도로의 종단경사는 3퍼센트 이하로 할 것. 다만, 주변 지장물과 기존 도로의 현황을 고려하여 부득이하다고 인정되는 경우에는 예외로 한다.
3. 건널목 앞쪽 5미터 지점에 있는 도로 중심선 위의 1미터 높이에서 가장 멀리 떨어진 선로의 중심선을 볼 수 있는 곳까지의 거리를 선로방향으로 측정한 길이(이하 "가시구간의 길이"라 한다)는 철도차량의 최고속도에 따라 다음 표의 길이 이상으로 할 것. 다만, 건널목차단기와 그 밖의 보안설비가 설치되는 구간의 경우에는 예외로 한다.

건널목에서의 철도차량의 최고 속도(킬로미터/시간)	가시구간의 최소 길이(미터)
50 미만	110
50 이상 70 미만	160
70 이상 80 미만	200
80 이상 90 미만	230
90 이상 100 미만	260
100 이상 110 미만	300
110 이상	350

③ 철도를 횡단하여 교량을 가설하는 경우에는 철도의 확장 및 보수와 제설 등을 위한 충분한 경간장(徑間長)을 확보하여야 하며, 교량의 난간 부분에 방호울타리 등을 설치하여야 한다.

제37조(양보차로) ① 2차로 도로에서 앞지르기시거가 확보되지 않은 구간으로서 도로용량 및 안전성 등을 검토하여 필요하다고 인정되는 경우에는 저속자동차가 다른 자동차에게 통행을 양보할 수 있는 차로(이하 "양보차로"라 한다)를 설치해야 한다.

② 양보차로를 설치하는 구간에는 운전자가 양보차로에 진입하기 전에 이를 충분히 인식할 수 있도록 노면표시 및 표지판 등을 설치하여야 한다.

③ 양보차로는 도로용량 및 안전성 등을 검토하여 적절한 길이 및 간격이 유지되도록 해야 한다.

제38조(도로안전시설 등) ① 교통사고를 방지하기 위하여 필요하다고 인정되는 경우에는 시선유도시설, 방호울타리, 충격흡수시설, 조명시설, 과속방지시설, 도로반사경, 미끄럼방지시설, 노면요철포장, 긴급제동시설, 안개지역 안전시설, 횡단보도육교(지하횡단보도를 포함한다) 등의 도로안전시설을 설치하여야 한다.

② 도로의 부속물을 설치하는 경우에는 교통약자의 통행 편의를 고려하여야 하며, 필요하다고 인정되는 경우에는 교통약자를 위한 별도의 시설을 설치하여야 한다.

③ 자동차의 속도를 낮추고 통행량을 줄이기 위해 필요하다고 인정되는 곳에는 교통정온화시설을 설치할 수 있다.

제38조의2(고속국도 휴게시설 등에의 도로안전시설 설치 및 관리) 법 제47조의2제1항에 따라 설치하고 관리하여야 하는 도로안전시설은 다음 각 호와 같다.

1. 과속방지시설
2. 속도제한표지
3. 노면요철포장
4. 점멸식 신호등
5. 감속유도 차선
6. 그 밖에 안전을 위하여 필요한 시설

제39조(교통관리시설 등) ① 교통의 원활한 소통과 안전을 도모하고 교통사고를 방지하기 위하여 필요하다고 인정되는 경우에는 신호기 및 안전표지 등의 교통안전시설, 도로표지, 도로명판 등을 설치하여야 하며, 긴급연락시설, 도로교통정보 안내시설, 과적차량검문소, 차량 검지체계(도로 일정 지점에서 차량의 존재나 교통량, 속도, 점유율, 차량길이 등의 교통상황에 대한 자료를 수집하기 위해 설치한 장치) 등의 교통관리시설을 설치할 수 있다.

② 교통체계의 효율성과 안전성을 위하여 필요한 경우에는 도로교통 상황을 파악하고 관리할

수 있는 지능형 교통관리체계를 설치할 수 있다.

제40조(주차장 등) ① 원활한 교통의 확보, 통행의 안전 또는 이용자의 편의를 위하여 필요하다고 인정되는 경우에는 도로에 주차장, 버스정류시설, 비상주차대, 휴게시설과 그 밖에 이와 유사한 시설을 설치해야 한다.

② 제1항에 따른 시설을 설치하는 경우 본선 교통의 원활한 소통을 위하여 본선의 설계속도에 따라 적절한 변속차로 등을 설치하여야 한다.

제41조(방호시설 등) 낙석, 붕괴, 파랑(波浪), 바람 또는 적설 등으로 인하여 교통 소통에 지장을 주거나 도로의 구조에 손상을 입힐 가능성이 있는 부분에는 울타리, 옹벽, 방호시설, 방풍시설 또는 제설시설을 설치하여야 한다.

제42조(터널의 환기시설 등) ① 터널에는 안전하고 원활한 교통 소통을 위하여 필요하다고 인정되는 경우에는 도로의 설계속도, 교통 조건, 환경 여건, 터널의 제원 등을 고려하여 환기시설 및 조명시설을 설치하여야 한다.

② 화재나 그 밖의 사고로 인하여 교통에 위험한 상황이 발생될 우려가 있는 터널에는 소화설비, 경보설비, 피난대피설비, 소화활동설비, 비상전원설비 등의 방재시설을 설치해야 한다.

③ 터널 안의 일산화탄소 및 질소산화물의 농도는 다음 표의 농도 이하가 되도록 하여야 하며, 환기 시의 터널 안 풍속이 초속 10미터를 초과하지 아니하도록 환기시설을 설치하여야 한다.

구분	농도
일산화탄소	100ppm
질소산화물	25ppm

제43조(환경시설 등) ① 도로건설로 인한 주변 환경피해를 최소화하기 위하여 필요한 경우에는 생태통로(生態通路) 및 비점오염 저감시설(非點汚染 低減施設) 등의 환경영향 저감시설을 설치해야 한다.

② 교통량이 많은 도로 주변의 주거지역, 조용한 환경 유지가 필요한 시설이나 공공시설 등이 위치한 지역과 환경보존을 위하여 필요한 지역에는 도로의 바깥쪽에 환경시설대나 방음시설을 설치해야 한다.

제44조(교량 등) ① 교량 등의 도로구조물은 하중(荷重) 조건 및 내진성(耐震性), 내풍안전성(耐風安全性), 수해내구성(水害耐久性) 등을 고려하여 설치하여야 하며, 그 기준에 관하여 필요한 사항은 국토교통부장관이 정한다.

② 교량에는 그 유지 · 관리를 위하여 필요한 교량 점검시설 및 계측시설 등의 부대시설을 설치해야 한다.

제45조(일시적으로 설치하는 도로에 대한 적용의 특례) 도로나 그 밖의 시설에 관한 공사에 필요하여 일시적으로 사용할 목적으로 설치하는 도로에는 이 규칙을 적용하지 아니하거나 이 규칙에서 정하는 기준을 완화하여 적용할 수 있다.

제46조(사실상의 도로에 대한 적용의 특례) 「도로법」에 따른 도로 외의 도로로서 2차로 이상인 도로에 대하여는 그 도로의 설치 목적 및 기능 등을 고려하여 이 규칙에서 정하는 기준을 적용할 수 있다.

제47조(기존의 도로에 대한 적용의 특례) 확장하거나 개수 · 보수 공사 등을 하는 기존의 도로에 있어서 이 규칙에서 정하는 기준과 맞지 아니하는 부분이 있는 경우로서 실험에 의하거나 이론적으로 문제가 없다고 인정되는 경우에는 이 규칙에서 정하는 관련 기준을 적용하지 아니할 수 있다.

제48조(도로의 구조 등에 관한 세부적인 기준) 이 규칙에서 정한 사항 외에 도로의 구조 및 시설의 기준에 관한 세부적인 사항은 국토교통부장관이 정하는 바에 따른다.

부 칙

제1조(시행일) 이 규칙은 공포한 날로부터 시행한다.

제2조(정지시거 거리 등에 대한 적용례 등) ① 제24조제1항 및 제27조제2항의 개정규정은 「건설기술 진흥법 시행령」 제71조에 따른 기본설계 또는 같은 법 제73조에 따른 실시설계가 진행 중이거나, 신설, 개량 또는 확장 공사가 시행 중인 도로에 대해서도 적용한다.

② 제1항에도 불구하고 「건설기술 진흥법 시행령」 제73조에 따른 실시설계가 진행 중이거나, 신설, 개량 또는 확장공사가 시행 중인 도로에 제24조제1항 및 제27조제2항의 개정규정을 적용하는 것이 기술적으로 곤란하거나 비용을 과다하게 증가시키는 등의 사유가 있는 경우 그 부분에 대해서는 종전의 규정에 따른다.

[별표]

차도 및 보도 등의 시설한계(제18조 제2항 관련)

1. 차도의 시설한계

가. 차로에 접속하여 길어깨가 설치되어 있는 도로		나. 차로에 접속하여 길어깨가 설치되어 있지 않은 도로	다. 차로 또는 중앙분리대 안에 분리대 또는 교통섬이 있는 도로
터널 또는 100미터 이상인 교량을 제외한 도로의 차도	터널 또는 100미터 이상인 교량의 차도		
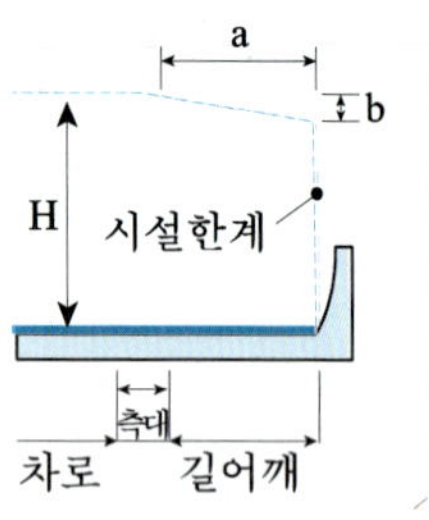	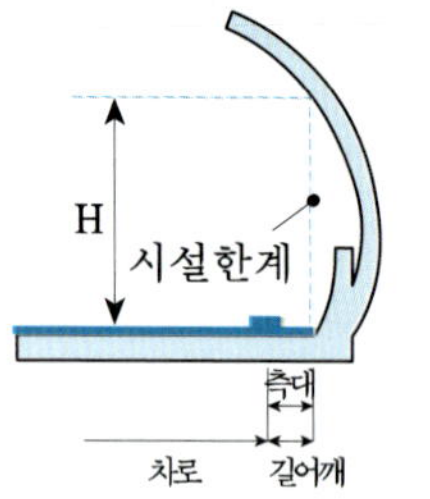	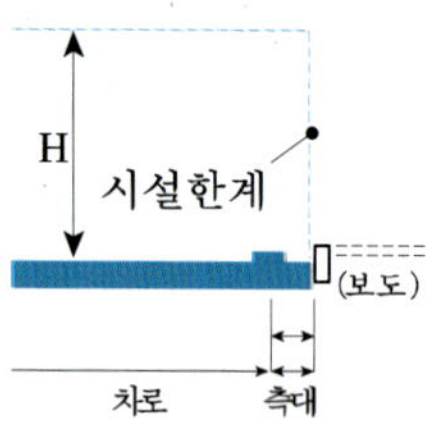	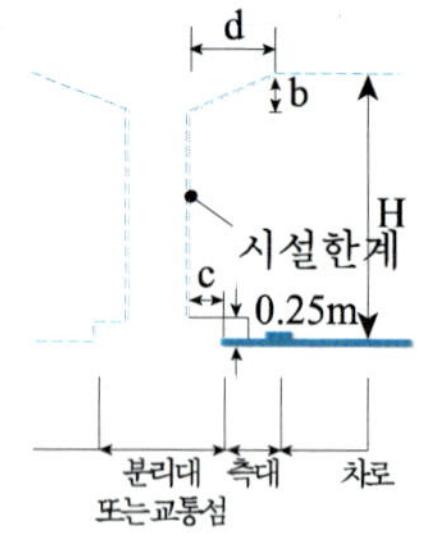

(비고)

1. 가목부터 다까지의 규정에서 "H"는 차도의 시설한계 높이를 말한다.
2. 가목(1)의 "a"는 시설한계 모서리의 폭으로, 차로에 접속하는 길어깨에서 측대의 폭을 뺀 값을 말한다. 다만, 길어깨에서 측대의 폭을 뺀 값이 1미터를 초과하는 경우 a는 1미터로 한다.
3. 가목(1) 및 다목의 "b"는 시설한계 모서리의 높이로, H에서 4미터를 뺀 값을 말한다. 다만, 해당 도로가 제18조제1항제2호 및 제3호에 해당하는 경우 b는 H에서 2.8미터를 뺀 값으로 한다.
4. 다목의 "c"는 노상시설 등의 보호를 위한 시설한계 폭을, "d"는 시설한계 모서리의 폭을 각각 말하며, c및 d는 분리대와 관계가 있는 것이면 도로의 구분에 따라 각각 다음 표에서 정하는 값으로 하고, 교통섬과 관계가 있는 것이면 c는 0.25미터로, d는 0.5미터로 한다.

(단위 : 미터)

구분		c	d
고속국도	지방지역	0.25 이상 0.50 이하	0.75 이상 1.00 이하
	도시지역	0.25	0.75
그 밖의 도로		0.25	0.5

2. 보도 및 자전거도로의 시설한계

노상시설을 설치하지 않은 보도 및 자전거도로	노상시설을 설치하는 보도 및 자전거도로
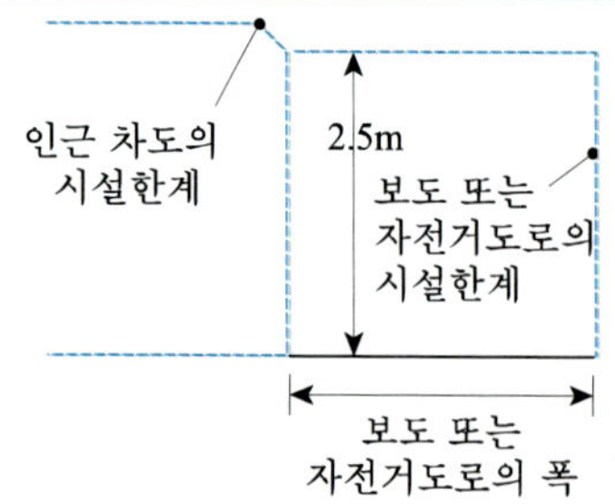	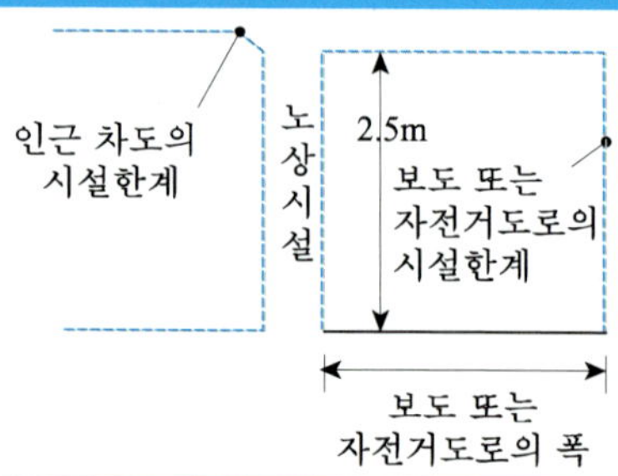

찾아보기

ㄱ

ㄴ

기타

저자 소개

권호진 서울대학교 공과대학 토목공학과 졸업
서울대학교 대학원 토목공학과 공학석사
서울대학교 대학원 토목공학과 공학박사
현대건설(주) 근무
전)광주대학교 공과대학 토목공학과 교수

(제4판) 도로공학 정가 25,000원

저자 : 권호진

발행인 : 임해진
발행처 : 도서출판 구미서관

발행 : 2017년 12월 5일 제3판 1쇄
2019년 1월 23일 제3판 2쇄
2022년 3월 5일 제4판 1쇄
2024년 3월 4일 제4판 2쇄

등록 : 1979년 6월 29일 No.9-6호
주소 : 서울시 마포구 신촌로 2길 5-15 구미빌딩
전화 : 02-333-1101
팩스 : 02-335-2201
http://www.goomibook.com

ISBN 979-11-6257-194-1 (93530)